C. M. Wielands

sämmtliche Werke.

Dritter Band.

Leipzig.
Verlag von Georg Joachim Göschen.
1839.

Poetische Werke

von

C. M. Wieland.

Leipzig.
Verlag von Georg Joachim Göschen.
1839.

Inhalt.

Musarion.

Erstes Buch.

In einem Hain, der einer Wildniß glich
Und nah' am Meer' ein kleines Gut begränzte,
Ging Phanias mit seinem Gram' und sich
Allein umher; der Abendwind durchstrich
Sein fliegend Haar, das keine Ros' umkränzte;
Verdrossenheit und Trübsinn malte sich
In Blick und Gang und Stellung sichtbarlich,
Und, was ihm noch zum Timon fehlt', ergänzte
Ein Mantel, so entfasert, abgefärbt
Und ausgenützt, daß es Verdacht erweckte,
Er hätte den, der einst den Krates deckte,
Vom Aldermann der Cyniker geerbt.
    Gedankenvoll, mit halb geschloss'nen Blicken,
Den Kopf gesenkt, die Hände auf dem Rücken,
Ging er daher. Verwandelt wie er war,
Mit langem Bart' und ungeschmücktem Haar,
Mit finstrer Stirn', in cynischem Gewand,
Wer hätt' in ihm den Phanias erkannt,
Der kürzlich noch von Grazien und Scherzen
Umflattert war, den Sieger aller Herzen,

Der an Geschmack und Aufwand Keinem wich
Und zu Athen, wo auch Sokraten zechten,
Beym muntern Fest', in durchgescherzten Nächten,
Dem Komus bald und bald dem Amor glich?
Ermüdet wirft er sich auf einen Rasen nieder,
Sieht ungerührt die reizende Natur,
So schön in ihrer Einfalt, hört die Lieder
Der Nachtigall, doch mit den Ohren nur.
Ihr zärtlicher Gesang sagt seinem Herzen nichts:
Denn ihn beraubt des Grams umschattendes Gefieder
Des innern Ohrs, des geistigen Gesichts.
Empfindungslos, wie Einer, der Medusen
Erblickt und starrt, erwägt er zweifelsvoll
Nicht, wie vordem, wofür er seufzen soll,
Für welchen Mund, für welchen schönen Busen?
Nein, Phanias spricht jetzt der Thorheit Hohn
Und ruft, seitdem aus einem hohlen Beutel
Die letzte Drachme flog, wie König Salomon:
Was unterm Monde liegt, ist eitel!
Ja wohl, vergänglich ist und flüchtiger als Wind
Der Schönen Gunst, die Brudertreu der Zecher;
Sobald nicht mehr der goldne Regen rinnt,
Ist keine Danae, sobald im trocknen Becher
Der Wein versiegt, ist kein Patroklus mehr.
Was Fliegen lockt, das lockt auch Freunde her;
Gold zieht magnetischer, als Schönheit, Witz und Jugend:
Ist eure Hand, ist eure Tafel leer,
So flieht der Näscher Schwarm, und Lais spricht von Tugend.

Der großen Wahrheit voll, daß Alles eitel sey,
Womit der Mensch in seinen Frühlingsjahren,
Berauscht von süßer Raserei,
Leichtsinnig, lüstern, rasch und unerfahren,
In seinem Paradies von Rosen und Jasmin
Ein kleiner Gott sich dünkt, setzt Phanias, der Weise,
Wie Hercules, sich auf den Scheidweg hin
(Nur schon zu spat) und sinnt der schweren Reise
Des Lebens nach. Was soll, was kann er thun?
Es ist so süß, auf Flaum und Rosenblättern
Im Arm der Wollust sich vergöttern
Und nur vom Uebermaß der Freuden auszuruhn!
Es ist so unbequem, den Dornenpfad zu klettern!
Was thätet ihr? — Hier ist, wie Vielen däucht,
Das Wählen schwer; dem Phanias war's leicht.
Er sieht die schöne Ungetreue,
Die Wollust — schön, er fühlt's! doch nicht mehr schön für ihn —
Zu jüngern Günstlingen aus seinen Armen fliehn;
Die Scherze mit den Amorinen fliehn
Der Göttin nach, verlassen lachend ihn
Und schicken ihm zum Zeitvertreib die Reue;
Hingegen winken ihm aus ihrem Heiligthum
Die Tugend und ihr Sohn, der Ruhm,
Und zeigen ihm den edeln Weg der Ehren.
Der neue Hercules schickt seufzend einen Blick
Den schon Entflohnen nach, ob sie nicht wiederkehren.
Sie kehren, leider! nicht zurück,
Und nun entschließt er sich, der Helden Zahl zu mehren!

Der Helden Zahl? — Hier steht er wieder an;
Der kühne Vorsatz bleibt in neuen Zweifeln schweben.
Zwar ist es schön, auf lorbernvoller Bahn
Zum Rang der Göttlichen, die in der Nachwelt leben,
Zu einem Platz' im Sternenplan'
Und im Plutarch sich zu erheben;
Schön, sich der trägen Ruh' entziehn,
Gefahren suchen, keine fliehn,
Auf edle Abenteuer ziehn
Und die gerochne Welt mit Riesenblute färben;
Schön, süß sogar — zum mindsten singet so
Ein Dichter, der zwar selbst beim ersten Anlaß floh —
Süß ist's und ehrenvoll, fürs Vaterland zu sterben.
Doch auch die Weisheit kann Unsterblichkeit erwerben!
Wie prächtig klingt's, den fesselfreien Geist
Im reinsten Quell des Lichts von seinen Flecken waschen,
Die Wahrheit, die sich sonst nie ohne Schleier weist
(Nie oder Göttern nur), entkleidet überraschen;
Der Schöpfung Grundriß übersehn,
Der Sphären mystischen verworrnen Tanz verstehn,
Vermuthungen auf stolze Schlüsse häufen
Und bis ins Reich der reinen Geister streifen;
Wie glorreich! welche Lust! — Nennt immer Den beglückt
Und frei und groß, den Mann, der nie gezittert,
Den der Trompete Ruf zur wilden Schlacht entzückt,
Der lächelnd sieht, was Menschen sonst erschüttert,
Und selbst den Tod, der ihn mit Lorbern schmückt,
Wie eine Braut an seinen Busen drückt:

Viel größer, glücklicher ist Der mit Recht zu nennen,
Den, von Minervens Schild bedeckt,
Kein nächtliches Phantom, kein Aberglaube schreckt;
Den Flammen, die auf Leinwand brennen,
Und Styx und Acheron nicht blässer machen können;
Der ohne Furcht Kometen brennen sieht,
Die hohen Götter nicht mit Taschenspiel bemüht
Und, weil kein Wahn die Augen ihm verbindet,
Stets die Natur sich gleich, stets regelmäßig findet.
War Philipps Sohn ein Held, der sich der Lust entzog,
In welcher unberühmt die Ninias zerrannen,
Und auf zertrümmerten Tyrannen
Von Sieg zu Sieg bis in den Indus flog?
Sein wälzender Triumph zermalmte tausend Städte,
Zertrat die halbe Welt — warum? laßt's ihn gestehn!
„Damit der Pöbel von Athen
Beim nassen Schmaus von ihm zu reden hätte."
Um wie viel mehr, als solch ein Weltbezwinger,
Ist Der ein Held, ein Halbgott, kaum geringer
Als Jupiter, der tugendhaft zu seyn
Sich kühn entschließt; dem Lust kein Gut, und Pein
Kein Uebel ist; zu groß, sich zu beklagen,
Zu weise, sich zu freun; der jede Leidenschaft
Als Sieger an der Tugend Wagen
Gefesselt hat und im Triumphe führt;
Den alles Gold der Inder nicht verführt;
Den nur sein eigener, kein fremder Beifall rührt;

Kurz, der in Phalari's durchglühtem Stier verdärbe,
Eh' er in Phrynens Arm — ein Diadem erwärbe.
In solche schimmernde Betrachtungen vertieft
Lag Phanias, schon mehr als halb entschlossen;
Als Amor unverhofft die neue Denkart prüft,
Die Gram, Philosophie und Noth ihm eingegossen.
Er sah und hätte gern den Augen nicht getraut,
Die ein Gesicht, wovor ihm billig graut,
Zu sehn sich nicht erwehren können.
Die Götter werden ihm den Ruhm doch nicht mißgönnen,
Ein Xenokrat zu seyn? Was hilft Entschlossenheit?
Im Augenblick, der uns Minerven weiht,
Kommt Cytherea selbst zur ungelegnen Zeit.
Zwar Diese war es nicht; doch hätte
Die Schöne, welche kam, vielleicht sich vor der Wette,
Die Pallas einst verlor, gleich wenig sich gescheut.
Schön, wenn der Schleier bloß ihr schwarzes Aug' entdeckte,
Noch schöner, wenn er nichts versteckte;
Gefallend, wenn sie schwieg, bezaubernd, wenn sie sprach:
Dann hätt' ihr Witz auch Wangen ohne Rosen
Beliebt gemacht; ein Witz, dem's nie an Reiz gebrach,
Zu stechen oder liebzukosen
Gleich aufgelegt, doch lächelnd, wenn er stach,
Und ohne Gift. Nie sahe man die Musen
Und Grazien in einem schönern Bund;
Nie scherzte die Vernunft aus einem schönern Mund',
Und Amor nie um einen schönern Busen.

So war, die ihm erschien, so war Musarion.
Sagt, Freunde, wenn mit einer solchen Miene
Im wildsten Hain' ein Mädchen euch erschiene,
Die Hand aufs Herz! sagt, liefet ihr davon?
„So lief denn Phanias?“ — Das konntet ihr errathen!
Er that, was Wenige in seinem Falle thaten,
Allein, was Jeder soll, der sicher gehen will.
Er sprang vom Boden auf und — hielt ein wenig still,
Um recht gewiß zu sehn, was ihm sein Auge sagte;
Und, da er sah, es sey Musarion,
So lief er euch — der weise Mann! — davon,
Als ob ein Arimasp ihn jagte.
Du fliehest, Phanias? ruft sie ihm lachend nach:
Erkennest mich und fliehst? Gut, fliehe nur, du Spröder!
Dein Kaltsinn macht Musarion nicht blöder;
Du schmeichelst dir doch wohl, sie sey so schwach,
Dir nachzufliehn? — Durch ungebahnte Pfade
Wand er wie eine Schlange sich:
So schlüpft die keusche Oreade
Dem Satyr aus der Hand, der sie im Bad' erschlich.
Die Schöne folgt mit leichten Zephyrfüßen,
Doch ohne Hast: denn (dachte sie) am Strand,
Wohin er flieht, wird er wohl halten müssen.
Es war ihr Glück, daß sich kein Nachen fand:
Denn, der Versuchung zu entgehen,
Was thät' ein Weiser nicht? Doch, da er keinen fand,
Wohin entfliehn? — Es ist um ihn geschehen,
Wenn ihn sein Kopf verläßt! — Seyd unbesorgt! Er blieb

Am Ufer ganz gelassen stehen,
Sah vor sich hin, schwang seinen Stab, beschrieb
Figuren in den Sand, als ob er überdächte,
Wie viele Körner wohl der Erdball fassen möchte,
Kurz, that, als säh' er nichts, und wandte sich nicht um.
Vortrefflich! rief sie aus: das nenn' ich Heldenthum
Und etwas mehr! Die alte Ordnung wollte,
Daß Daphne jüngferlich mit kurzen Schritten fliehn,
Apollo keuchend folgen sollte;
Du kehrst es um. — Fliehst du, mich nachzuziehn?
Den kleinen Stolz will ich dir gerne gönnen!
Du irrest dich, antwortet unser Held
Mit Mienen, welche nicht, wie sehr sie ihm mißfällt,
Verbergen wollen oder können:
Ein rascher meilenbreiter Spalt,
Der plötzlich zwischen uns den Boden gähnen machte,
Ist Alles, glaube mir, wornach ich sehnlich schmachte,
Seitdem ich dich erblickt. — Der Gruß ist etwas kalt
Erwiedert sie: du denkest, wie ich sehe,
Die Reihe sey nunmehr an dir,
Und weichst zurück, so wie ich vorwärts gehe.
Doch spiele nicht den Grausamen mit mir!
Was willst du mehr, als daß ich dir gestehe,
Du zürnst mit Recht? Ja, ich mißkannte dich;
Doch, war ich damals mein? Jetzt bin ich, was du mich
Zu seyn so oft zu meinen Füßen batest.
Wie? (unterbrach er sie) du, die mit kaltem Blut
Mein zärtlich Herz mit Füßen tratest,

Mich lächelnd leiden sahst — du hast den Uebermuth
Und suchst mich auf, mich noch durch Spott zu quälen?
Zwei Jahre liebt' ich dich, Undankbare, so schön,
Wie keine Sterbliche sich je geliebt gesehn.
Dein Blick, dein Athem schien allein mich zu beseelen.
Thor, der ich war! von einem Blick' entzückt,
Der sich an mir für Nebenbuhler übte;
Durch falsche Hoffnungen berückt,
Womit mein krankes Herz getäuscht zu werden liebte!
Du botst verführerisch das süße Gift mir dar
Und machtest dann mit einem Andern wahr,
Was dein Sirenenmund mir zugelächelt hatte.
Und, o! mit wem? — Dieß brachte mich zur Wuth!
(Nur der Gedank' empört noch jetzt mein Blut)
Ein Knabe war's — erröthe nicht, gestatte,
Daß ich ihn malen darf — gelblockig, zephyrlich,
Ein bunter Schmetterling, so glatt wie eine Schlange,
Mit Gänseflaum ums Kinn, mit rothgeschminkter Wange,
Ein Ding, das einer Puppe glich,
Wie kleine Töchterchen mit sich zu Bette nehmen:
Dem gabst du, ohne dich zu schämen,
Den Busen preis, um den der Hirt von Ilion
Helenen untreu worden wäre;
Dieß Aeffchen machte den Adon
Der Nebenbuhlerin der Göttin von Cythere.
Und Phanias, indeß so ein Insect
Auf deinen Rosen kriecht, liegt Nächte durch gestreckt,
Mit Thränen, die den Mai von seinen Wangen ätzen,

Die Schwelle deiner Thür', Undankbare, zu netzen!
Nein! Der versöhnt sich nie, der so beleidigt ward!
Hinweg! die Luft, in der du Athem ziehest,
Ist Pest für mich — Verlaß mich! du bemühest
Dich fruchtlos! — unsre Denkungsart
Stimmt minder überein als ehmals unsre Herzen.
Mich däucht (erwiedert sie), du rächest dich zu hart
Für selbst gemachte Liebesschmerzen.
Sey wahr und sprich, ist's stets in unserer Gewalt,
Zu lieben, wie und wen wir sollen?
Oft fragt der Liebesgott uns nur nicht, ob wir wollen?
Wir finden ohne Grund uns zärtlich oder kalt,
Jetzt dem Apollo spröd, jetzt schwach für einen Faunen.
Was weiß ich selbst? Wer zählet Amors Launen?
Ihr, die ihr über uns so bitter euch beschwert,
Laßt euer eignes Herz für unsres Antwort geben!
Ihr bleibt oft an der Stange kleben,
Und, was euch angelockt, war kaum der Mühe werth.
Ein Halstuch öffnet sich, ein Aermel fällt zurücke,
Und weg ist euer Herz! Oft braucht es nicht so viel;
Ein Lächeln fängt euch schon, ihr fallt von einem Blicke.
Ein flüchtiger Geschmack, ein Nichts, ein eitles Spiel
Der Phantasie regiert uns oft im Wählen;
Das Schöne selbst verliert auf kurze Zeit
Den Reiz für uns; wir wissen, daß wir fehlen,
Und finden Grazien bis in der Häßlichkeit.
Hat die Erfahrung, wie ich glaube,
Von dieser Wahrheit dich belehrt

So ist mein Irrthum auch vielleicht verzeihenswerth.
Wer suchet unter einer Haube
So viel Vernunft, als Zenons Bart verheißt?
Und wie? mein Freund, wenn ich sogar zu sagen
Mich untersteh, daß wirklich mein Betragen
Für meine Klugheit mehr als wider sie beweist?
Ich schätzt' an dir, wofür dich Jeder preist,
Ein edles Herz und einen schönen Geist:
Was ich für dich empfand, war auf Verdienst gegründet;
Du warst mein Freund und fordertest nicht mehr;
Vergnügt mit einem Band, das nur die Seelen bindet,
Sahst du mich Tage lang und fandest gar nicht schwer,
Mich, wenn der Abendstern dir winkte, zu verlassen,
Um an Glycerens Thür die halbe Nacht zu passen.
So ging es gut, bis dich ein Ungefähr
An einem Sommertag' in eine Laube führte,
Worin die Freundin schlief, die wachend dich bisher
So ruhig ließ. Ich weiß nicht, was dich rührte;
Der Schlaf nach einem Bad, wenn man allein sich meint,
Muß was Verschönerndes in euren Augen haben:
Genug, du fandst an ihr sonst unerkannte Gaben,
Und sie verlor den angenehmen Freund.
Nichts ahnend wacht' ich auf; da lag zu meinen Füßen
Ein Mittelding von Faun und Liebesgott!
In dithyrambische Begeistrung hingerissen,
Was sagtest du mir nicht! was hätt'st du wagen müssen,
Hätt' ich, der Schwärmerei die Lippen zu verschließen,
Das Mittel nicht gekannt! Ein Strom von kaltem Spott

Nahm deinem Brand die Luft. Mit triefendem Gefieder
Flog Amor zürnend fort; doch freut' ich mich zu früh:
Denn, eh' ich mir's versah, so kam er seufzend wieder.
Mit Seufzen, ich gesteh's, erobert man mich nie;
Der feierliche Schwung erhitzter Phantasie
Schlägt mir die Lebensgeister nieder.
Ich machte den Versuch, durch Fröhlichkeit und Scherz
Den Dämon, der dich plagte, zu verjagen;
Doch diese Geisterart kann keinen Scherz ertragen.
Ich änderte die Kur. Allein mein eignes Herz
Kam in Gefahr dabei; es wurde mir verdächtig:
Denn Schwärmerei steckt wie der Schnupfen an;
Man fühlt, ich weiß nicht was, und, eh man wehren kann,
Ist unser Kopf des Herzens nicht mehr mächtig.
Auf meine Sicherheit bedacht,
Fand ich zuletzt, ich müsse mich zerstreuen.
Mir schien ein Geck dazu ganz eigentlich gemacht.
Für Schönen, die den Zwang der ernsten Liebe scheuen,
Taugt eine Puppe nur, die trillert, hüpft und lacht;
Ein bunter Thor, der tändelnd uns umflattert,
Die Zähne weist, nie denkt und ewig schnattert;
Der, schwülstiger, je weniger er fühlt,
Von Flammen schwatzt, die unser Fächer kühlt,
Und, unterdeß er sich im Spiegel selbst belächelt,
Studirte Seufzerchen mit schaler Anmuth fächelt.

Das Alles, was du sagst (fiel unser Timon ein),
Soll, wie es scheint, ein kleines Beispiel seyn,
Kein Handel sey so schlimm, den nicht der Witz vertheidigt;

Nur Schade, daß die Ausflucht mehr beleidigt,
Als was dadurch verbessert werden soll.
Doch, lass' es seyn! mein Thorheitsmaß ist voll,
Wir wollen uns mit Zanken nicht ermüden.
Ich liebte dich; vergib! ich war ein wenig toll;
Dir selbst gefiel ein Geck, und ich — ich bin zufrieden,
Erfreut sogar. Denn, ständ' es jetzt bei mir,
Durch einen Wunsch an seinen Platz zu fliegen,
Bathyll zu seyn — um dir im Arm zu liegen,
Bei deiner Augen Macht! — ich bliebe hier.
Du hörst, ich schmeichle nicht. Genießt ihr das Vergnügen,
Durch falsche Zärtlichkeit einander zu betrügen;
Mich fängt kein Lächeln mehr! — Ich seh' ein Blumenfeld
Mit mehr Empfindung an, als eure schöne Welt;
Und, wenn zum zweiten Mal' ein Weib von mir erhält,
Durch einen strengen Blick, durch ein gefällig Lachen
Mich bald zum Gott' und bald zum Wurm zu machen,
Wenn ich, so klein zu seyn, noch einmal fähig bin:
Dann, holde Venus, dann verwirre meinen Sinn,
Verdamme mich zur lächerlichsten Flamme
Und mache mich — verliebt in meine Amme.
Wie lange denkst du so? versetzt Musarion:
Der Abstich ist zu stark, den dieser neue Ton
Mit deinem ersten macht! Doch, lieber Freund, erlaube,
Ich fordre mehr Beweis, eh' ich ein Wunder glaube.
Du, welcher ohne Lieb' und Scherz
Vor Kurzem noch kein glücklich Leben kannte;
Du, dessen leicht gerührtes Herz

Von jedem schönen Blick' entbrannte,
Und der (erröthe nicht, der Irrthum war nicht groß),
Wenn ihm Musarion die spröde Thür verschloß,
Zu Lindrung seiner Qual — nach Tänzerinnen sandte;
Du sprichst von kaltem Blut? du bietest Amorn Trutz?
Vermuthlich hast du dich, noch glücklicher zu leben,
In einer andern Gottheit Schutz
Und in die Brüderschaft der Fröhlichen begeben,
Die sich von Leidenschaft und Phantasie befrein,
Um desto ruhiger der Freude sich zu weihn?
Du fliehst den Zwang von ernsten Liebeshändeln
Und findest sicherer, mit Amorn nur zu tändeln;
Vermählst die Mäßigung der Lust,
Geschmack mit Unbestand, den Kuß mit Nektarzügen,
Studirst die Kunst, dich immer zu vergnügen,
Genießest, wenn du kannst, und leidest, wenn du mußt?
Ich finde wenigstens in einem solchen Leben
Unendlich Mal mehr Wahrheit und Vernunft,
Als von der freudescheuen Zunft
Geschwollner Stoiker ein Mitglied abzugeben.
Und, denkst du so, dann lächle sorgenlos
Zum Tadel von Athen, das deiner Aendrung spottet.
Nicht, wo die schöne Welt, aus langer Weile bloß,
Zu Freuden sich zusammen rottet,
An denen nur der Name fröhlich tönt,
Die, stets gehofft, doch niemals kommen wollen,
Wobei man künstlich lacht und ungezwungen gähnt
Und mitten im Genuß sich schon nach andern sehnt,

Die da und dort uns gähnen machen sollen:
Nicht im Getümmel, nein, im Schoße der Natur,
Am stillen Bach', in unbelauschten Schatten,
Besuchet uns die holde Freude nur
Und überrascht uns oft auf einer Spur,
Wo wir sie nicht vermuthet hatten.
Doch, Phanias, ist's diese Denkungsart,
Die dich der Stadt entzog, wozu die Außenseite
Von einem Diogen? wozu ein wilder Bart?
Mich däucht, ein weiser Mann trägt sich wie andre Leute?
„Mein Ansehn, schöne Spötterin,
Ist, wie es sich zu meinem Glücke schicket.
Wie? ist dir unbekannt, in welcher Lag' ich bin?
Daß jenes Dach, von faulem Moos gedrücket,
Und so viel Land, als jener Zaun umschließt,
Der ganze Rest von meinem Erbgut' ist?
Was Jeder weiß, kann dir allein unmöglich
Verborgen seyn: dein Scherz ist unerträglich,
Musarion, wie deine Gegenwart.
Mit wem sprichst du von einer Denkungsart,
Die von den Günstlingen des lachenden Geschickes
Das Vorrecht ist?" — Freund, du vergissest dich:
Ein Sklave trägt die Farbe seines Glückes,
Kein edles Herz. Im Schauspiel stimmen sich
Die Flöten nach dem Ton des Stückes;
Allein ein weiser Mann denkt niemals weinerlich.
Wie, Phanias? Die Farbe deiner Seelen
Ist nur der Widerschein der Dinge um dich her?

Und, dir die Fröhlichkeit, des Lebens Reiz, zu stehlen,
Bedarf es nur ein widrig Ungefähr?
Ich weiß, mein Freund, wohin uns mißverstandne Güte,
Ein Herz, das Freude liebt, die Klugheit leicht vergißt
Und Niemand, als sich selbst, zu schaden fähig ist,
Ich weiß, wohin sie bringen können.
Doch, Alles recht geschätzt, gewinnst du mehr dabei,
Als du verlierst. Was Thoren uns mißgönnen,
Beweist nicht stets, wie sehr man glücklich sey.
Das wahre Glück, das Eigenthum der Weisen,
Steht fest, indeß Fortunens Kugel rollt.
Dem Reichen muß die Pracht, die ihm der Indus zollt,
Erst, daß er glücklich sey, beweisen;
Der Weise fühlt: er ist's. Ihm schmecken schlechte Speisen
Aus Thon so gut als aus getriebnem Gold.
Wenn um ihn her die muntern Lämmer springen,
Indem er sorgenfrei in eignem Schatten sitzt,
Und Zephyrn, untermischt mit bunten Schmetterlingen,
Gemähter Wiesen Duft ihm frisch entgegen bringen,
Die Vögel um ihn her aus tausend Zweigen singen,
Und Alles, was er sieht, zugleich ergetzt und nützt:
Wie leicht vergißt er da, er, der so viel besitzt,
Daß sich sein Landhaus nicht auf Marmorsäulen stützt,
Nicht Sklaven ohne Zahl in seinem Vorhof lärmen,
Und Fliegen nur, wenn er zu Tische sitzt,
Die Parasiten sind, die seinen Kohl umschwärmen!
Kein Schmeichler-Heer belagert seine Thür,
Kein Hof umschimmert ihn! — Er freue sich! dafür

Besitzt er was, das jedem Midas fehlet,
Was der Monarch mit Gold zu kaufen fälschlich meint,
Was, wer es kennt, vor einer Krone wählet,
Das höchste Gut des Lebens, einen Freund.
„Du schwärmst, Musarion! — Er, dem das Glück den Rücken
Gewiesen, einen Freund?“ — Ein Beyspiel siehst du hier,
Erwiedert sie: mich, die von freien Stücken
Athen verließ, dich sucht' und, da du mir
Entflohest, dir (der mütterlichen Lehren
Uneingedenk) so eifrig nachgejagt,
Wie Andre meiner Art vor dir geflohen wären.
Ich dachte, das beweist, wenn einem Mann zu Ehren
Ein Mädchen — sich — und seinen Kopfputz wagt!
„Ich weiß die Zeit — ich trug noch deine Kette —
(Hier seufzte Phanias) da, mich entzückt zu sehn,
Dir weniger gekostet hätte.
Du durftest, statt mir nachzugehn,
Dich damals nur nach Art der Nymphen sträuben,
Die gern' an einem Busch' im Fliehen hangen bleiben,
Mit leiser Stimme dräun und lächelnd widerstehn;
Allein wer kann dafür, daß ungeneigte Winde
Von unsern Wünschen stets den besten Theil verwehn?
Dieß ist vorbei! Jetzt, wenn es bei mir stünde,
Wünscht' ich mir nichts als ein gelaßnes Blut.
Man nennt mich zu Athen unglücklich — doch, ich finde,
Zu etwas, wie man sagt, ist stets das Unglück gut:
Durch ein bezaubertes Gewinde
Von süßem Irrthum hat zuletzt

Die Thorheit selbst mich auf den Weg gesetzt,
Zu werden, was ich schien, als man mich glücklich nannte.
Gesegnet seyst du mir, Geburtstag meines Glücks!
Tag, der mich aus Athen in diese Wildniß sandte!
Nicht Phanias, der Günstling des Geschicks,
Nein, Phanias, der Nackte, der Verbannte,
Ist neidenswerth! Da war er wirklich arm,
Unglücklicher als Irus, gleich dem Kranken,
Der sich zu Tode tanzt, als Schmeichler, Schwarm an Schwarm,
Sein Herzensblut aus goldnen Bechern tranken,
Beim nächtlichen Gelag', an feiler Phrynen Brust,
Von jeder Leidenschaft! ein Opferthier der Lust!
Wie? Der, der siebenfach von einer Schlang' umwunden
Auf Blumen schläft und träumt, er sitz' auf einem Thron,
Der sollte glücklich seyn? — Und wenn Endymion
(Dem Luna, daß sie ihn bequemer küssen möge,
So schöne Träume gab) durch eine Million
Von Sonnenaltern stets in süßen Träumen läge
Und träumt', er schmaus' am Göttertisch
Mit Jupitern und buhle mit Göttinnen,
Ein süß betäubendes Gemisch
Von Allem, was ergetzt, berausche seine Sinnen,
Mit einem Wort', er schwimme wie ein Fisch
In einem Ocean von Wonne —
Sprich, wer geständ' uns, unerröthend, ein,
Er wünsche sich, Endymion zu seyn?
Diogenes, der Hund, in seiner Tonne
War glücklicher! — In unsrer eignen Brust,

Da oder nirgends fließt die Quelle wahrer Lust,
Der Freuden, welche nie versiegen,
Des Zustands dauernder Vergnügen,
Den nichts von außen stört! Wie elend hätte mich
Ein Wechsel, der mir Alles raubte,
Wodurch ich mich vor diesem glücklich glaubte,
Fortunens ganzen Kram, — wie elend hätt' er mich
Gemacht, wenn mir aus ihrer lichten Sphäre
Die Weisheit nicht zu Hülf' erschienen wäre,
Die aus den Wolken mir die Arme reicht, zu sich
Hinauf mich zieht und mich dahin versetzet,
Wo ihre Lieblinge, frei von Begier und Wahn,
Von keiner Lust gereizt, von keinem Schmerz verletzet,
Sich den Olympiern und ihrer Wonne nahn."

Hier war der hohe Schwung, den Phanias zu nehmen
Begriffen war, gehemmt. Schon schwanden Raum und Zeit
Aus seinem Blick, schon fühlt' er sich entkleid't
Vom niederziehenden Gewand der Sterblichkeit,
Schon war er halb ein Gott; — als eine Kleinigkeit,
Die wir uns fast zu sagen schämen,
Ihn plötzlich in die Unterwelt
Zurücke zog. — Ihr mächtige Besieger
Der Menschlichkeit, die ihr dem Sternenfeld'
Euch nahe glaubt — das Herz ist ein Betrüger!
Erkennet euer Bild in Phanias und bebt!
Der Weise, der so kühn sich zum Olymp erhebt,
Der schon so hoch empor gestiegen,
Daß er (wie Sancho dort auf Magellonens Pferd)

Die purpurnen und himmelblauen Ziegen
Des Himmels grasen sieht, die Sphären singen hört
Und aus der Glut, die sein Gehirn verzehrt,
Des Feuerhimmels Nähe schließet,
Ihn, der nichts Sterblichs mehr mit seinem Blick beehrt,
Den stolzen Gast des Aethers, schießet
Musarion mit einem — Blick' herab.
Doch freilich war's ein Blick, nur jenem zu vergleichen,
Den Coypel seinem Amor gab,
Der, euer Herz gewisser zu beschleichen,
Euch schalkhaft warnt, als spräch' er: Seht ihr mich?
Ihr denkt, ich sey ein Kind voll süßer Unschuld, ich?
Verlaßt euch drauf! Seht ihr an meiner Seite
Den Köcher hier? Wenn euch zu rathen ist,
So flieht! — Und doch, was hilft die kleine Frist?
Es sey nun morgen oder heute,
Ihr habt ein Herz, und das ist meine Beute!
So, oder doch in diesem Ton,
So etwas sprach der Blick, womit Musarion
Den weisen Phanias aus seiner Fassung brachte.
Er sah, er stockt', er schwieg; die alte Flamm' erwachte,
Und seine Augen füllt' ein unfreiwillig Naß.
Die Schöne stellte sich, sie sehe nichts, und lachte
Nur innerlich. Drauf sprach sie: Phanias,
Es dämmert schon. Ich habe mich zu lange
Bei dir verweilt. Athen ist weit von hier;
In dieser Gegend kenn' ich Niemand außer dir,
Und hier im Hain, gesteh' ich, wäre mir

Die Nacht hindurch vor Ziegenfüßlern bange.
Was ist zu thun? — Ich denk', ich folge dir?
„Mir? stottert Phanias: gewiß sehr viele Ehre!
Allein mein Haus ist klein" — Und wenn es kleiner wäre,
Für eine Freundin hat die kleinste Hütte Raum. —
„Du wirst an Allem Mangel haben:
Ein wenig Milch, ein Ei, und dieses kaum" —
Mich hungert nicht. — „Nur einen Hirtenknaben,
Dich zu bedienen" — Nur? Es ist an Dem zu viel.
Wir wollen gehn, mein Freund! die Luft wird kühl —
„Vergib, Musarion; ich muß dir Alles sagen:
Mein Häuschen ist besetzt; ich habe seit acht Tagen
Zwei Freunde, die bei mir" — Zwei Freunde? — „Ja, und zwar
Die, däucht mir, nicht zu deinem Umgang taugen." —
Was sagst du? — Philosophen gar?
Sie haben doch noch ihre Augen?
Gut, Phanias, ich will sie kennen, ich —
„Du scherzest." — Nein, mein Herr; ich hatte, wie ihr mich
Hier seht, von ihrer Art wohl eher
Um meinen Nachttisch stehn. — „Vergib, ich zweifle sehr:
Der stoische Kleanth" — O Ceres! und wer mehr?
„Theophron, der Pythagoräer,
Sind schwerlich von so blödem Geist'" —
O Phanias, ist Alles Gold, was gleißt?
Allein, gesetzt, sie wären lauter Geist,
Was hindert dieß? Nur desto mehr Vergnügen! —
„Kurz, wir sind drei, Madame, und auf den Mann
Ein kleines Ruhebett" — Man hilft sich, wie man kann;

Und können wir den Schlaf durch Schwatzen nicht betrügen?
Wir gehn, mein Lieber — deinen Arm!
Nun, Phanias? macht dir mein Antrag warm?
Man dächt', es wäre hier wer weiß wie viel zu wagen.
Drei Weise werden mir doch wohl gewachsen seyn?
Ich fürchte nichts bei euch und bin allein.
Was soll er thun? — Wo Widerstreben
Vorm Untergang das Schiff nicht retten kann,
Da wird ein weiser Steuermann
Mit guter Art sich in den Wind ergeben.
Mein Phanias, der nur aus blöder Scheu
Vor seinen Mentorn sich so lange widersetzte,
Schwor, daß er seine Einsied'lei
Dem Musentempel ähnlich schätzte,
Weil ihr das Glück beschieden sey,
Die liebenswürdigste der Musen zu beschatten.
Schon zeigte sich, daß ihre Reize noch
Nicht alle Macht auf ihn verloren hatten.
Der ausgetriebne Amor kroch,
So leise, wie auf Blumenspitzen,
Aus ihren Augen in sein Herz.
Des Gottes Ankunft künd't ein fliegendes Erhitzen
Der blassen Wang', ein wollustvoller Schmerz
Mit Thränen an, die wider seinen Willen
In runden Tropfen ihm die Augenwinkel füllen.
Er meint, er athme nur, und seufzt; starrt unverwandt
(Indeß sie schwatzt und scherzt) sie an, als ob er höre,
Und hört doch nichts; drückt ihr die runde Hand

Und denkt, indem durchs steigende Gewand
Die schöne Brust sich bläht, ob diese halbe Sphäre
Der Pythagorischen nicht vorzuziehen wäre?
Die Schöne wurde die Gefahr,
Worin der Ruhm der Stoa schwebte,
Den Kampf in seiner Brust und ihren Sieg gewahr,
Und wie vergebens er der Macht entgegen strebte,
Wovon (so lispelt ihr der Liebesgott ins Ohr)
Die Philosophen selbst, sie wollten
Nun oder wollten nicht, bald Zeugen werden sollten.
Sie sah, wie nach und nach sein Trübsinn sich verlor,
Und wie beredt, wie stark sein Auge sagte,
Was er sich selbst kaum zu gestehen wagte;
Allein sie fand für gut (und that sehr klug daran),
Ihm, was sie sah, und ihrer beider Seelen
Geheime Sympathie zur Zeit noch zu verhehlen.
Nur sah sie ihn mit solchen Blicken an,
Die er berechtigt war, so günstig auszulegen,
Als ihm gefiel. Allein, macht die Begier verwegen,
So macht die Liebe blöd'. Er sah in ihrem Blick
Sonst jeden Reiz, nur nicht sein nahes Glück.
So langten sie, da schon die letzten Strahlen schwanden,
Bei seinem Landgut' an, wo sie das weise Paar,
Von Linden, die im Vorhof standen,
Umduftet, unverhofft in einer Stellung fanden,
Die der Philosophie nicht allzu rühmlich war.

Zweites Buch.

Was, beim Anubis! konnte das
Für eine Stellung seyn, in welcher Phanias
Die beiden Weisen angetroffen?
„Sie lagen doch — wir wollen Beſſ'res hoffen! —
Nicht süßen Weines voll im Gras?" —
Dieß nicht. — „So ritten sie vielleicht auf Steckenpferden?"
Das könnte noch entschuldigt werden;
Plutarchus rühmt sogar es an Agesilas.
Doch von so fei'rlichen Gesichtern, als sie waren,
Vermuthet sich nichts weniger als das.
Ihr Zeitvertreib war in der That kein Spaß:
Denn, kurz, sie hatten sich einander bei den Haaren.
Der nervige Kleanth war im Begriff, ein Knie
Dem Gegner auf die Brust zu setzen,
Der, unter ihm gekrümmt, für die Philosophie,
Die keine Bohnen ißt, die Haare ließ, als sie
In ihrem skythischen Ergetzen
Des Hausherrn Ankunft stört. Beschämt, als hätte ihn
Sein Feind bei einer That, die keine fremde Leute
Zu Zeugen nimmt, ertappt, zum Stehn wie zum Entfliehn
Unschlüssig, wünscht er nur dem Gast' an seiner Seite

Ein Schauspiel zu entziehn, das sie weit mehr erfreute
Als von Mäandern selbst (dem attischen Goldon)
Das beste Stück. Allein sie waren schon
Zu nah, sie sah zu gut, der Schauplatz war zu offen,
Er konnte nicht sie zu bereden hoffen,
Sie habe nichts gesehn. Die Kämpfer raffen sich
Indessen auf; sie ziehen sittsamlich
Die Mäntel um sich her und stehen da und sinnen
(Weil Phanias, damit sie Zeit gewinnen,
Die Nymph' am Arm, nur schleichend näher kam),
Der Schmach sich selbst bewußter Scham
Durch dialektische Mäander zu entrinnen.
Vergebens, wenn Musarion
Großmüthig ihnen nicht zuvor gekommen wäre.
„Die Herren üben sich, spricht mit gelass'nem Ton
Die Spötterin, vermuthlich nach der Lehre,
Daß Leibesübung auch des Geistes Stärke nähre.
Ein männlich Spiel fürwahr! wovon
Mit bestem Recht zu wünschen wäre,
Daß unsrer Sitten Weichlichkeit
Nicht allgemach es aus der Mode brächte."
Man sieht, sie gab dem wilden Stiergefechte
Ein Colorit von Wohlanständigkeit
(Nicht ohne Absicht zwar) — Wer war dabei so freudig
Als Phanias! — Allein der stoische Kleanth
(Zu hitzig oder ungeschmeidig,
Zu fühlen, daß es bloß in seiner Willkür stand,
Das Compliment in vollem Ernst zu nehmen)

Zwang seinen Schüler, sich noch mehr für ihn zu schämen.
Der Augenblick, worin Musarion
Ihn überfiel, ihr Blick, der schalkhaft sanfte Ton
Der Ironie und (was noch zehnmal schlimmer
Als alles Andre war) ihr ungewohnter Schimmer,
Die Majestät der Liebeskönigin,
Das Wollustathmende, das eine Atmosphäre
Von Reiz und Lust um sie zu machen schien,
Bestürmt auf ein Mal, für die Ehre
Der Apathie zu stark, den überraschten Sinn.
Er stottert ihr Entschuldigungen,
Zupft sich am Bart, zieht stets den Mantel enger an,
Und unterdeß entwischt dem weisen Mann,
Was Niemand wissen will, — er hab' im Ernst gerungen.
Der Streit, versichert er, ging eine Wahrheit an,
Die er so sonnenklar, so scharf beweisen kann,
Nur ein arkadisch Thier, ein Strauß, ein Auerhahn —
Hier röthet sich sein Kamm, es schwellen Brust und Lungen,
Er schreit — Mich jammert nur der arme Phanias!
Bald lauter Glut, bald leichenmäßig blaß,
Steht er beiseits und wünscht vom Boden sich verschlungen,
Worauf er steht. — Die Schöne sieht's und eilt,
Ihn von der Marter zu erretten.
Mit einem Blick voll junger Amoretten
Und Grazien, der stracks an unsichtbare Ketten
Kleanthens Tollheit legt, Theophrons Rippen heilt,
Spricht sie: Wenn's euch beliebt, so machen wir die Fragen,
Wovon die Rede war, zu unserm Tischconfect',

Ich zög' ein solch Gespräch, sogar bei leerem Magen,
Der Tafel vor, die Ganymedes deckt.
Wie freu' ich mich, daß ich den Weg verloren,
Da mir das Glück so viel Vergnügen zugedacht!
Glücksel'ger Phanias, der Freunde sich erkoren,
Von denen schon der Anblick weiser macht!
Jetzt wundert mich nicht mehr, wenn er zum Spott der Thoren
Mitleidig lächeln kann und, glücklich, wie er ist,
Athen und uns und alle Welt vergißt!
So sprach sie; und mit Ohren und mit Augen
Verschlingt das weise Paar, was diese Muse spricht:
Begier'ger kann die welke Rose nicht
Den Abendthau aus Zephyrs Lippen saugen.
Zusehends schwellen sie von selbstbewußtem Werth:
Nicht, daß ein fremdes Lob sie dessen erst belehrt;
Nur hört man stets mit Wohlgefallen
Aus Andrer Mund das Urtheil widerhallen,
Womit uns innerlich die Eitelkeit beehrt.
Ein Philosoph bleibt doch uns Andern allen
Im Grunde gleich: wär' er so stoisch als ein Stein,
Und hätte nichts die Ehr', ihm zu gefallen,
Er selbst gefällt sich doch! Schmaucht ihn mit Weihrauch ein
Und seyd gewiß, er wird erkenntlich seyn.
Es stieg demnach von Grad zu Grade
Der Schönen Gunst bei unserm Weisenpaar';
Ihr lachend Auge fand selbst vor der Stoa Gnade,
Und man vergab es ihr, daß sie so reizend war.
Ein kleiner Saal, der von des Hauswirths Schätzen

Kein allzu günstig Zeugniß gab,
Nahm die Gesellschaft auf. Ein ungekämmter Knab'
Erschien, die Tafel aufzusetzen,
Lief keuchend hin und her und hatte viel zu thun,
Bis er ein Mahl zu Stande brachte,
Wovon ein wohlbetagtes Huhn
(Doch nicht, der Regel nach, die Kacius erdachte,
In Cypernwein erstickt) die beste Schüssel machte.
Ob die Philosophie des guten Phanias,
Der schönen Nymphe gegenüber,
Bei einem solchen Schmaus so gar gemächlich saß,
Läßt man dem Leser selbst zu untersuchen über.
Ein wenig falsche Scham, von der er noch nicht ganz
Sich los gemacht, schien ihn vor einem Zeugen
Von seines vor'gen Wohlstands Glanz
Ein wenig mehr als nöthig war zu beugen.
Allein der Dame Witz, die freie Munterkeit,
Die, was sie spricht und thut, mit Grazie bestreut,
Und dann und wann ein Blick voll Zärtlichkeit,
Den sie, als ob sie sich vergäß', erst auf ihn heftet,
Dann seitwärts glitschen läßt, entkräftet
Den Unmuth bald, der seine Stirne kräust;
Stets schwächer widersteht sein Herz dem süßen Triebe,
Und, eh' er sich's versieht, beweist
Sein ganzes Wesen schon den stillen Sieg der Liebe.
Indessen wird, so sichtbar als es war,
Den beiden Weisen doch davon nichts offenbar,
Ob sie die Schöne gleich mit großen Augen messen.

Die Herren dieser Art blend't oft zu vieles Licht;
Sie sehn den Wald vor lauter Bäumen nicht.
Doch sind die unsrigen entschuldigt: denn indessen
Daß Phanias ein liebliches Vergessen
Von Allem, was sein steifer Pädagog
Ihm jemals vorgeprahlt, aus schönen Augen sog,
War auf Musarions Verlangen
Das akademische Gefecht schon angegangen,
Womit sie etwas sich zu gut zu thun beschloß.
Kleanth bewies bereits: „der Weise nur sey groß
Und frei, geringer kaum ein wenig
Als Jupiter, ein Krösus, ein Adon,
Ein Hercules und zehnmal mehr ein König
Auf mürbem Stroh', als Xerxes auf dem Thron;
Des Weisen Eigenthum, die Tugend, ganz alleine
Sey wahres Gut, und nichts von allem dem
Was unsern Sinnen reizend scheine,
Sey wünschenswürdig" — Kurz, die Wuth für sein System
Ging weit genug, ganz trotzig, ohne Röthe,
Zu prahlen: „wenn in Cypriens Figur
Die Wollust selbst leibhaftig vor ihn träte,
Schön, wie die Göttin sich dem Sohn der Myrrha nur
Bei Mondschein sehen ließ, — und diese Venus böte
Auf seinem Stroh' ihm ihre schöne Brust
Zum Polster an — ein Mann wie er verschmähte
Den süßen Tausch."
Hier war es, wo die Lust
Des Widerspruchs Theophron sich nicht länger

Versagen kann — ein Mann von krausem schwarzem Bart'
Und Augen voller Glut, kein übler Sänger
Und Citharist, dabei ein Grillenfänger
So gut als jener, nur von einer andern Art.
Das geht zu weit (fiel er Kleanthen in die Rede),
Zum mindsten führet es gar leicht zu Mißverstand.
Nicht daß ich hier das Wort der Wollust rede
Im gröbern Sinn! Die ist unleugbar eitel Tand
Und Schaum und Dunst, ein Kinderspiel für blöde,
Unreife Seelen, die mit ihren Flügeln noch
Im Schlamm des trüben Stoffes stecken.
Doch sollt' uns nicht die Nektartraube schmecken,
Weil ein Insect auf ihrem Purpur kroch?
Der Mißbrauch darf nicht unser Urtheil leiten:
Alt ist der Spruch, zu selten sein Gebrauch!
Saugt nicht auf gleichem Rosenstrauch
Die Raupe Gift, die Biene Süßigkeiten?
Begeistert wie ein Korybant
Und von Musarion die Augen unverwandt,
Fing jezt Theophron an, in dichterischen Tönen,
Vom ersten wesentlichen Schönen
Zu schwärmen: „Wie das alles, was wir sehn
Und durch der Sinne Dienst mit unsrer Seele gatten,
Von dem, was übersinnlich schön
Und göttlich ist, nur wesenlose Schatten,
Nur Bilder sind, wie wenn in stiller Flut,
Von Büschen eingefaßt, sich Sommerwolken malen."
Von da erhob er sich, bei immer wärmerm Blut,

„Zu den geheimnißvollen Zahlen,
Zur sphärischen Musik, zum unsichtbaren Licht,
Zuletzt zum Quell des Lichts." — Ekstatischer hat nicht,
Wie aus der alten Nacht die schöne Welt entsprungen,
Und vom Deukalion und von der goldnen Zeit
Virgils Silen den Knaben vorgesungen,
Die ihn im Schlaf' erhascht und zum Gesang gezwungen.
Dann fuhr er fort und sprach „vom Tod der Sinnlichkeit,
Und wie durch magische geheime Reinigungen
Die Seele nach und nach vom Stoffe sich befreit,
Und wie sie, durch Enthaltsamkeit
Von Erdetöchtern und — von Bohnen,
Zum Umgang tüchtig wird mit Göttern und Dämonen,
Bis sie (dem Wurme gleich, der in die Sommerluft
Auf neuen Flügeln sich erhebet)
Dem Stoff sich ganz entreißt und ihres Körpers Gruft,
Zur Göttin wird und unter Göttern lebet."
Belustigt an dem hohen Schwung,
Den unser Doctor nahm, stellt sich die schlaue Schöne,
Als ob vor Hörenslust und vor Bewunderung
Ihr Busen sich in seinen Fesseln dehne.
Zum Unglück für den Mann, der lauter Wunder spricht,
Entsteht dadurch (und sie bemerkt es nicht)
Ich weiß nicht welche kleine Lücke,
Die seinen Flug auf ein Mal unterbricht;
Und, wie zulezt die Richtung seiner Blicke
Ihr sichtbar macht, was ihn zerstreut,
Und sie beschäftigt scheint, den Zufall zu verbessern,

Hat sie die Ungeschicklichkeit
(Wofern's nicht Bosheit war), das Uebel zu vergrößern.
Der Umstand ist an sich nur eine Kleinigkeit;
Doch wird vielleicht die Folge zeigen,
Daß er entscheidend war. Es folgt ein tiefes Schweigen,
Wobei Kleanth sogar das volle Glas
Und, was kaum glaublich ist, die Lust zum Zank vergaß,
Indeß, vertieft in Sinus und Tangenten,
Der Jünger des Pythagoras
Den wallenden Contour gewisser Sphären maß,
Woran die Lambert selbst sich übermessen könnten,
Vor Amorn unbesorgt, der hier zu lauern pflegt
Und schon den schärfsten Pfeil auf seinen Bogen legt.
Mit lächelnder Verachtung sieht die Dame
Das weise Paar mit seinem Flitterkrame
Von falschen Tugenden und großen Wörtern an;
Und, eh die Herren sich's versahn,
Weiß sie mit guter Art den unbescheidnen Blicken,
Was, ihres Gleichen zu entzücken,
Die Charitinnen nicht mit eigner Hand
So schön gedreht, auf ein Mal zu entrücken;
Und Alles sinkt sogleich in seinen alten Stand.
Drauf sprach sie: In der That, man kann nichts Schönres hören,
Als was Theophron uns von unsichtbarem Licht,
Von Eins und Zwey, von musikal'schen Sphären,
Vom Tod der Sinnlichkeit und von Vergöttrung spricht.
Wie Schade, wär' es nur ein schönes Luftgesicht,
Wornach er uns die Lippen wässern machte!

Und doch, der Weg zu diesem stolzen Glück'
Ist, däucht mir, das, woran er nicht gedachte?
Theophron, noch ganz warm von dem, was seinem Blick'
Entzogen war und voll von wollustreichen Bildern,
Beginnt den Weg, den Prodikus so schmal
Und rauh und dornig malt, so angenehm zu schildern,
So lachend wie ein Rosenthal
Zu Amathunt, dem Aufenthalt der Freuden.
Ein Sybarit, der einen Weg aus beiden
Zu wählen hätt', erwählte sonder Müh
Den blumigen, den die Philosophie
Theofrons ging, — durch zauberische Schatten,
Wo Geist und Körper sich, bei ungewissem Licht',
In schöne Ungeheuer gatten,
Und Amor, nicht der kleine Bösewicht,
Den Coypel mahlt, ein andrer von Ideen,
Wie der zu Gnid von Grazien, umschwebt,
Ein Amor, der vom Haupt bis zu den Zehen
Voll Augen ist und nur vom Anschaun lebt,
Der Seele Führer wird, sie in die Wolken hebt
Und, wenn er sie zuvor — in einem kleinen Bade
Von Flammen — wohl gereinigt und gefegt,
Sie stufenweis durch die gestirnten Pfade
Bis in den Schoß des höchsten Schönen trägt.
Doch, eh zu so erhabner Liebe
Die Seele leicht genug sich fühlt,
Befreit Theophron sie vorher von jedem Triebe,
Der thierisch im Morast des groben Stoffes wühlt.

„Und hier ist's, fährt er fort, wo unsre Afterweisen
Ein falsches Licht verführt. Die guten Leute preisen
Uns ihre Apathie als ein Geheimniß an,
Das uns zu mehr als Göttern machen kann.
Nach ihnen soll der Weise Alles meiden,
Was Aug' und Ohr ergetzt; so kleine Kinderfreuden
Sind ihm zu tändelhaft; stets in sich selbst gekehrt,
Beweist er sich allein durch das, was er entbehrt,
Die Größe seines Glücks, fühlt nichts, um nichts zu leiden,
Und — irret sehr. Das Schöne kann allein
Der Gegenstand von unsrer Liebe seyn;
Die große Kunst ist nur, vom Stoff' es abzuscheiden.
Der Weise fühlt. Dieß bleibt ihm stets gemein
Mit allen andern Erdensöhnen;
Doch diese stürzen sich, vom körperlichen Schönen
Geblendet, in den Schlamm der Sinnlichkeit hinein,
Indessen wir daran, als einen Widerschein,
Ins Urbild selbst zu schauen uns gewöhnen.
Dieß ist's, was ein Adept in allem Schönen sieht,
Was in der Sonn' ihm strahlt und in der Rose blüht.
Der Sinnensklave klebt, wie Vögel an der Stange,
An einem Lilienhals, an einer Rosenwange;
Der Weise sieht und liebt im Schönen der Natur
Vom Unvergänglichen die abgedrückte Spur.
Der Seele Fittig wächst in diesen geist'gen Strahlen,
Die, aus dem Ursprungsquell des Lichts
Ergossen, die Natur bis an den Rand des Nichts
Mit fern nachahmenden, nicht eignen Farben malen.

Sie wächst, entfaltet sich, wagt immer höhern Flug
Und trinkt aus reinern Wollustbächen;
Ihr thut nichts Sterbliches genug,
Ja, Götterlust kann einen Durst nicht schwächen,
Den nur die Quelle stillt. So, meine Freunde, wird,
Was andre Sterbliche, aus Mangel
Der höhern Scheidekunst, gleich einer Flieg' am Angel,
Zu süßem Untergange kirrt,
So wird es für den echten Weisen
Ein Flügelpferd zu überird'schen Reisen.
„Auch die Musik, so roh und mangelhaft
Sie unterm Monde bleibt — denn, ihrer Zauberkraft
Sich recht vollkommen zu belehren,
Muß man, wie Scipio, die Sphären
(Zum wenigsten im Traume) singen hören —
Auch die Musik bezähmt die wilde Leidenschaft,
Verfeinert das Gefühl und schwellt die Seelenflügel;
Sie stillt den Kummer, heilt die Milzsucht aus dem Grund'
Und wirkt (zumal aus einem schönen Mund)
Mehr Wunderding' als Salomonis Siegel."
Hier kann Kleanth nicht länger ruhn;
Er muß, vom Wahrheitsdrang gezwungen,
Der Schwärmerei des Mannes Einhalt thun:
Denn Alles, was Theophron uns gesungen,
War, seinem Urtheil nach, vollkommner Aberwitz.
Schon richtet er auf seinem Polstersitz,
Den rechten Arm entblößt, die Stirn' in stolzen Falten,
Sich drohend auf und hat, noch eh' er spricht,

Den leichten Sieg bereits erhalten;
Als ihn ein Auftritt unterbricht,
Auf den das weise Paar sich nicht gefaßt gehalten.
Der Saal eröffnet sich, und eine Nymphe tritt
Herein, das Haupt mit einem Korb beladen,
Den Busen leicht verhüllt und gleich den Oreaden
So hoch geschürzt, daß jeder schnelle Schritt
Den schlanken Fuß bis an die feinsten Waden
Und oft sogar ein Knie von Wachs entdeckt,
Das eilend wieder sich im dünnen Flor versteckt.
Nicht schöner malt die Heben und Auroren
Alban, der, wie ihr wißt, so gerne Nymphen malt.
Mit einem Wort, sie war so auserkoren,
Daß unser Theosoph (beim ersten Blick verloren
Im Widerschein, der ihm entgegen strahlt)
Die Düfte nicht empfind't, die aus dem Korbe steigen,
Und die Kleanth mit Mund und Nase in sich schlürft.
Musarion, die sich den Ausgang schon entwirft,
Winkt ihrem Freund' ein pythagor'sches Schweigen,
Indeß den Korb die schöne Sklavin leert
Und mit sechs großen Nektarkrügen
(Genug, von einem Faun den Weindurst zu besiegen),
Mit Früchten und Confect den runden Tisch beschwert.
Die Herren (spricht hierauf die Schöne) haben beide
Mich wechselsweise, so wie jeder sprach, bekehrt:
Wie sehr ich auch das Glück der Apathie beneide,
So däucht mich doch die geist'ge Augenweide,
Die uns Theophron zeigt, nicht minder wünschenswerth.

Erlaubet, daß ich mich ein ander Mal entscheide.
Es sey der Rest der Nacht, der mich so viel gelehrt,
Den Musen heilig und der Freude!
Nimm, Phanias, die Schal' und gieß sie aus
Der himmlisch lächelnden Cytheren;
Und du, Theophron, gib uns einen Ohrenschmaus
Und laß zum Saitenspiel' uns deine Stimme hören.
Das leichte philosoph'sche Mahl
Verwandelt nun (Dank sey der Oreade,
Die Hebens Dienste thut) durch unbemerkte Grade
Sich in ein kleines Bacchanal.
Zwar läßt zum Lob des unsichtbaren Schönen
Der bärtige Apoll das ganze Haus ertönen;
Allein sein Blick, der nie von Chloens Busen weicht,
Beweist, wie wenig, was er fühlet,
Dem, was er singt, und einer Rolle gleicht,
Die auch der künstlichste Komödiant so leicht
Und ungezwungen nie, wie seine eigne, spielet.
Die lose Sklavin hilft des Weisen Lüsternheit
Durch listige Geschäftigkeit
Mit jedem Augenblick lebhafter anzufachen;
Stets ist sie um ihn her und macht sich tausend Sachen
Mit ihm zu thun, in immer hellerm Glanz
Die Reizungen ihm vorzuspiegeln,
Die nur zu sehr die Seel' in ihm beflügeln,
Die unterm Zwergfell thront. Ein großer Blumenkranz,
Womit sie seine Stirne schmücket,
Vollendet, was ihm fehlt, damit, wer ihn erblicket,

Wie er den Zärtlichen und Angenehmen macht,
Fast überlaut ihm an die Nase lacht.
Wie traurig, Phanias, siehst du die schönste Nacht,
Dir ungenützt, bei diesem Spiel verstreichen!
Er gähnt die Freundin kläglich an,
Er winkt, er seufzt; umsonst, sie folget ihrem Plan'
Und denkt vielleicht nicht weniger daran,
Ihn mit dem seinen zu vergleichen.
Zu ihrer Freude bringt der schlauen Chloe Kunst
Den schlüpfrigen Pythagoräer
Dem abgeredten Ziel zusehends immer näher.
Er buhlt durch Blicke schon um ihre Gegengunst
So feierlich, antwortet ihren Blicken
Mit so fanatischem, so komischem Entzücken,
Daß Hogarths Laune selbst kaum weiter gehen kann.
Wozu, Verführerin, bietst du den Nektarbecher
Dem Lechzenden so zaubrisch lächelnd an?
Sein Brand bedarf kein Oel! Nimm lieber einen Fächer
Und kühle seinen Mund und seiner Wangen Glut!
Wohnt so viel Grausamkeit in sanften Mädchenseelen?
Glaubt ihr, ein weiser Mann sey nicht von Fleisch und Blut?
Doch Chloe weiß vermuthlich, was sie thut:
Sie hat die Miene nicht, ihn unbelohnt zu quälen.
Nicht wenig stolz auf sein gefrornes Blut,
Beweist indeß mit hoch empor geworfner Nase
Kleanth, der Stoiker, bei oft gefülltem Glase,
Daß Schmerz kein Uebel sey, und Sinnenlust kein Gut.
Ihm hängt, wie dort Horaz, dem trägen

Lastbaren Thiere gleich, sein Lehrling, weil er muß,
Verzweiflungsvoll ein schläfrig Ohr entgegen
Und widerspricht zuletzt aus Langweil' und Verdruß.
Natürlich reizet dieß noch mehr des Weisen Galle;
Im Eifer schenkt er sich nur desto öfter ein,
Glaubt, daß er Wasser trinkt, nicht Wein,
Und demonstrirt den Aristipp und Alle,
Die seiner Gattung sind, in Circens Stall hinein.
Sein Eifer für den Lieblingstanz der Halle,
Durch jeden Widerspruch und jedes Glas vermehrt,
Hat von sechs Flaschen schon die dritte ausgeleert;
Als der Planetentanz, womit der Geisterseher
Die Dame zum Beschluss' ergetzt,
Ihn vollends ganz in Flammen setzt.
Nun wird nichts mehr verschont: Aegypter und Chaldäer
Erfahren seine Wuth, wie er des Weingotts Macht;
Und, eh der Tänzer noch uns von den Antipoden
Den Gott des Lichts zurückgebracht,
Fällt taumelnd sein Rival und liegt besiegt zu Boden.
Der dritte Act des Lustspiels schließt sich nun,
Und Alles sehnet sich, den Rest der Nacht zu ruhn.
Kleanth, der, wie er lag, Virgils Silenen
Nicht übel glich (nur daß er nicht erwacht,
So sehr ihn Chloe zwickt, so laut man um ihn lacht),
Wird standsgemäß, umtanzt von beiden Schönen,
Mit bacchischem Triumph in — einen Stall gebracht,
Und lachend wünschet man einander gute Nacht.

Drittes Buch.

Die Schöne lag auf ihrem Ruhebette
Und hatte (fern, vermuthlich, vom Verdacht,
Daß sie bei Phanias sich vorzusehen hätte)
Ihr Mädchen fortgeschickt. Es war nach Mitternacht;
Ein leicht Gewölke brach des Mondes Silberschimmer,
Und Alles schlief: als plötzlich, wie ihr däucht,
Den Gang herauf zu ihrem kleinen Zimmer
Mit leisem Tritt' — ich weiß nicht was sich schleicht.
Sie stutzt. Was kann es seyn? Ein Geist nach seinen Tritten —
Besuch von einem Geist! den wollt' ich sehr verbitten,
Denkt sie. Indem eröffnet sich die Thür',
Und, eh sie's ausgedacht, steht — Phanias vor ihr.
Vergib, Musarion, vergib, (so fing der Blöde
Zu stottern an), die Zeit ist unbequem —
Allein — „Wozu, fiel ihm die Freundin in die Rede,
Wozu ein Vorbericht? Wann war ich eine Spröde?
Ein Freund ist auch zur Unzeit angenehm:
Er hat uns immer was, das uns gefällt, zu sagen."
Dein Ton (erwiedert er) beweist,
Wie wenig dieser Schein von Güte meinen Klagen
Mitleidiges Gefühl verheißt.

Du siehst mein Innerstes und kannst mich lächelnd plagen?
Siehst, daß ein Augenblick mir hundert Jahre scheint,
Und findest noch ein grausames Behagen
An meiner Qual? Du treibst mich zum Verzagen,
Kaltsinnige, und nennst mich deinen Freund?
Wie grausam rächst du dich! —
„Ich? — fällt sie ein, mich rächen?
Träumt Phanias? — Er liebte mich vordem;
Er hörte wieder auf! War dieses ein Verbrechen?
War's jenes? Mir, mein Freund, war beides angenehm.
Wir Mädchen sehn doch immer mit Vergnügen
Die Weisheit eines Manns zu unsern Füßen liegen.
Allein als Freundin säh' ich dich
Noch lieber kalt für mich — als lächerlich."
Wie du mich martern kannst, Musarion! Viel lieber
Stoß' einen Dolch in dieses Herz, das du
Nicht glücklich machen willst! —
„Nichts Tragisches, mein Lieber!
Komm, setze dich gelassen gegen über
Und sag' uns in Vertraun, wie viel gehört dazu,
Damit ich dich so glücklich mache,
Als du verlangst?" — Mich lieben, wie ich dich! —
„So liebt mich Phanias, der noch so kürzlich mich
Mit Abscheu von sich warf?" — Ist (ruft er) dieß nicht Rache?
Du weißt zu wohl, ich war nicht Ich
In jener unglücksel'gen Stunde;
Gram und Verzweiflung sprach aus meinem irren Munde;
Ich lästerte die Lieb' und fühlte nie

Mein Herz so voll von ihr. Ich war zu sehr betroffen,
Zu wissen, was ich sprach, und hielt für Ironie,
Was du mir sagtest. Konnt' ich hoffen,
Daß, was Athen von mir, mich von Athen verbannt,
Dein Herz allein mir plötzlich zugewandt?
Erwäge dieß und, kannst du nicht vergeben,
Was ich mir selbst zwar nicht vergeben kann,
So blicke mich noch ein Mal an,
Und nimm mit diesem Blick mir ein verhaßtes Leben.
Ob ich dich liebe? ach! —
„Nun, bei Dianen! Freund,
Die Liebe macht bei dir sehr klägliche Geberden;
Sie spricht so weinerlich, daß mir's unmöglich scheint,
In diesen Ton jemals gestimmt zu werden.
Die hohe Schwärmerei taugt meiner Seele nicht,
So wenig als Theophrons Augenweide:
Mein Element ist heitre sanfte Freude,
Und Alles zeigt sich mir in rosenfarbnem Licht'.
Ich liebe dich mit diesem sanften Triebe,
Der, Zephyrn gleich, das Herz in leichte Wellen setzt,
Nie Stürm' erregt, nie peinigt, stets ergetzt;
Wie ich die Grazien, wie ich die Musen liebe,
So lieb' ich dich. Wenn dieß dich glücklich machen kann,
So fängt dein Glück mit diesem Morgen an
Und wird sich nur mit meinem Leben enden."
Welch einen Strahl von unverhofftem Licht
Läßt dieses Wort in seine Seele fallen!
Er glaubte seinem Ohr den süßen Wechsel nicht;

Allein er sieht das Glück, das ihm der Mund verspricht,
In ihren schönen Augen wallen.
Vor Wonne sprachlos sinkt sein Mund auf ihre Hand;
Wie küßt er sie! Sein inniges Entzücken
Entwaffnet ihren Widerstand;
Sie gönnet ihm und sich die Lust, ihn zu beglücken,
Die Lust, die so viel Reiz für schöne Seelen hat;
Selbst da er sich vergißt, bestraft sie ihn so matt,
Daß er es wagt, den Mund an ihre Brust zu drücken.
Die Nacht, die Einsamkeit, der Mondschein, die Magie
Verliebter Schwärmerei, ihr eignes Herz, dem sie
Nur lässig widersteht, wie Vieles kommt zusammen,
Das leichte Blut der Schönen zu entflammen!
Allein Musarion war ihrer selbst gewiß;
Und, als er sich durch das, was sie erlaubte,
Nach Art der Liebenden, zu mehr berechtigt glaubte,
Wie stutzt' er, da sie sich aus seinen Armen riß!
Daß eine Phyllis sich erkläret,
Sie wolle nicht; daß sie mit — leiser Stimme schreit
Und, wenn nichts helfen will, euch — lächelnd dräut:
Und sich, solang' es hilft, mit stumpfen Nägeln wehret,
Ist nichts Befremdliches. Ein Satyr kaum verzeiht
Den Nymphen, die er hascht, zu viele Willigkeit.
Sie sträuben sich: gut, dieß ist in der Regel;
Und so verstand es auch der schlaue Phanias.
Er irrte sich, es war nicht Das!
Sie scherzte nicht und wies ihm keine Nägel.
Nach mehr als einem fehl geschlagenen Versuch

Fängt unser Held sehr kläglich an zu krähen.
Und in der That, wer hätte sich's versehen?
Man treibt in einem Ritterbuch
Die Tugend kaum so weit! — Doch will er nicht gestehen,
Daß dieß Betragen Tugend sey:
Er nennt es Eigensinn und Grillenfängerei;
Er schilt sie spröd', unzärtlich, unempfindlich.
Die Schöne, die gesteht, daß sie uns günstig sey,
Macht, seiner Meinung nach, sich zum Beweis verbindlich.
Und ich, mein Herr (versetzt sie), die so viel
Beweisen soll, bin ich, nach eurer Sittenlehre,
Nicht auch befugt, daß ich Beweis begehre?
Und wie, wenn eure Glut ein bloßes Sinnenspiel,
Ein flüchtiger Geschmack, ein kleines Fieber wäre?
Wenn Phanias mich liebt, so räumt er, hoff' ich, ein
Daß ich, eh' ich mich selbst verschenke,
Auf meine Sicherheit vorher ein wenig denke.
Bei Leuten von so warmem Blut'
Ist diese Vorsicht wohl nicht allzu weit getrieben.
Verzeihe, wenn sie dir ein wenig Unrecht thut;
Allein du selber willst, daß wir im Ernst' uns lieben!
Sonst tändelt' ich mit Amors Pfeilen nur;
Jetzt, da er mich erhascht, ist's nicht mehr Zeit zum Lachen;
Es ist darum zu thun, daß wir uns glücklich machen,
Und nur vereinigt kann dieß Weisheit und Natur.
Unwiderstehlich, sagt man, sey
Der Weisheit Reiz aus einem schönen Munde.
Wir geben's zu, sofern euch nicht dabei

Aus einem Nachtgewand mit nelkenfarbnem Grunde
Ein Busen reizt, der, jugendlich gebläht,
Die Augen blend't und niemals stille steht;
Ein Busen, den die Göttin von Cythere,
Wenn eine Göttin nicht zum Neid zu vornehm wäre,
Beneiden könnt'. In diesem Falle fand
Sich, leider! unser Held, von zwei verschiednen Kräften
Gezogen. Mußt' er auch so starr und unverwandt
Auf die Gefahr ein lüstern Auge heften?
Natürlich muß der stärkre Sinn
Des schwächern Eindruck bald verdringen;
Und, was die Freundin spricht, ihn zu sich selbst zu bringen,
Schwebt ungefühlt an seinen Ohren hin.
Was Amor nur vermag, um Spröden zu bezwingen,
Was, wie man sagt, schon Drachen zahm gemacht,
Die Künste, die Ovid in ein System gebracht,
Die feinsten Wendungen, die unsichtbarsten Schlingen
Versucht er gegen sie, und keine will gelingen.
    Ergib dich (spricht zuletzt die schöne Siegerin)
Mit guter Art! Du siehst, wie nachsichtsvoll ich bin,
So vielen Uebermuth zu tragen;
Mehr Eigensinn, erlaube mir's zu sagen,
Beleidigt meine Zärtlichkeit
Und dient zu nichts, als deine Prüfungszeit
Mehr, als ich selbst vielleicht es wünsche, zu verlängern.
Genug von diesem! Schwatzen wir,
Wenn dir's gefällt, von unsern Grillenfängern.
Ich weiß nicht, wie der Einfall mir

Zu Kopfe steigt — allein, ich wollte schwören,
Daß diesen Augenblick — was meinst du, Phanias? —
Mein Mädchen — rathe doch! — und dein Pythagoras —
Wie? etwa gar die Sphären singen hören?
(Versetzt mit Lachen Phanias),
Das hieße mir ein Abenteuer!
Und doch, wer weiß? Ich merkte selbst so was:
Es wallte, däuchte mich, ein ziemlich irdisch Feuer
In seinem Aug', als Chloens lose Hand
Den Blumenkranz um seine Stirne wand.
Wie viel, Musarion, hab' ich dir nicht zu danken!
Was für ein Thor ich war, Gesellen dieser Art,
An denen nichts als Mantel, Stab und Bart
Sokratisch ist (wie haſſ' ich den Gedanken!),
Ein Paar, das nur in einem Possenspiel
Bei rohen Satyrn und Bacchanten
Zu glänzen würdig ist, für Weise, für Verwandten
Der Götter anzusehn! —
Du thust dir selbst zu viel
(Fällt ihm die Freundin ein) und, wie mich däucht, auch ihnen.
Kein Uebermaß, mein Freund, ich bitte sehr!
Du schätztest sie vordem vermuthlich mehr,
Jetzt weniger, als sie vielleicht verdienen.
Was hör' ich (ruft er), spricht Musarion für sie?
Du scherzest! Hätt'st du auch (was du gewißlich nie
Gethan hast) dieß Gezücht so hoch als ich gehalten,
So müßte dir, nach dem, was wir gesehn,
Der günst'ge Wahn so gut als mir vergehn.

Wie? dieser Stoiker, der nur die Tugend schön
Und gut erkennt, entlarvt in einem alten
Bezechten Faun! — Theophron, der vom Glück
Der Geister singt, indeß sein unbescheidner Blick
In Chloens Busen wühlt — Was braucht es mehr Beweise? —
„Daß sie sehr menschlich sind (fällt ihm die Freundin ein)
Und in der That nicht ganz so weise
Als ihr System, das zeigt der Augenschein. —
Und dennoch ist nichts mächtiger, um Seelen
Zu starken Tugenden zu bilden, unsern Muth
Zu dieser Festigkeit zu stählen,
Die großen Uebeln trotzt und große Thaten thut,
Als eben dieser Satz, für welchen dein Kleanth
Zum Märtyrer sich trank. Die alten Herakliden,
Die Männer, die ihr Vaterland
Mehr als sich selbst geliebt, die Aristiden
Die Phocion und die Leonidas,
Ruhmvolle Namen!" — Gut! (ruft unser Mann) und waren
Sie etwan Stoiker? — „Sie waren, Phanias,
Noch etwas mehr! Sie haben das erfahren,
Was Zeno speculirt; sie haben es gethan!
Warum hat Hercules Altäre?
Den Weg, den Prodikus nicht gehn, nur malen kann,
Den ging der Held" —
— Und wem gebührt davon die Ehre
Als der Natur, die ihn, und wer ihm gleicht, gebar
Und auferzog, eh' eine Stoa war?
Ein Held wird nicht geformt, er wird geboren.

„Indessen hat, weil ihr der erste Preis gebührt,
Doch Plato nicht sein Recht an Phocion verloren.
Was die Natur entwirft, wird von der Kunst vollführt.
Die Blume, die im Feld sich unvermerkt verliert,
Erzieht des Gärtners Fleiß zum schönsten Kind der Floren."
Gesetzt, spricht Phanias, daß dieses richtig sey,
So ist doch, was von Zahlen und Ideen
Und Dingen, die kein Aug gehört, kein Ohr gesehen,
Theophron schwatzt, handgreiflich Träumerei!
„Und mit den nämlichen Ideen
War doch Archytas einst ein wirklich großer Mann!
Auch Seelen dieser Art erzeuget dann und wann
(Zwar sparsam) die Natur. Man wird zum Geisterseher
Geboren, wie zum Feldherrn Xenophon,
Wie Zeuris zum Palett, und Philipps Sohn zum Thron.
Und in der That, was hebt die Seele höher,
Was nährt die Tugend mehr, erweitert und verfeint
Des Herzens Triebe so, als glänzende Gedanken
Von unsers Daseyns Zweck? — das Weltall ohne Schranken,
Unendlich Raum und Zeit, die Sonne, die uns scheint,
Ein Funke nur von einer höhern Sonne,
Unsterblich unser Geist, Unsterblichen befreundt'
Und, ahmt er Göttern nach, bestimmt zu Götterwonne!"
Bei allen Grazien! (ruft lachend Phanias)
Du wirst noch mit der Zeit die Sphären singen hören!
Vor wenig Stunden gab dieß Galimathias
Dir Stoff zum Spott —
„Der Mann, nicht seine Lehren;

Das Wahre nicht, obgleich (nach aller Schwärmer Art)
Sein glühendes Gehirn' es mit Chimaren paart.
Nur diese trifft der Spott. — Doch stille! wir versteigen
Uns allzu hoch. Ich wollte dir nur zeigen,
Daß dich dein Vorurtheil für dieses weise Paar
Nicht schamroth machen soll. Nichts war
Natürlicher in deiner schlimmen Lage.
Der Knospe gleich am kalten Märzentage
Schrumpft, wenn des Glückes Sonnenschein
Sich ihr entzieht, die Seel' in sich hinein.
Entfiedert, nackt, von Allem ausgeleeret,
Was sie für wesentlich zu ihrem Wohlseyn hielt,
Was Wunder, wenn sich ihr ein Lehrbegriff empfiehlt,
Der sie die Kunst, es zu entbehren, lehret?
Der ihr beweist, was nicht zu ihr gehöret,
Was sie verlieren kann, sey keinen Seufzer werth;
Ja, ihren Unmuth zu betrügen,
Aus der Entbehrung selbst ein künstliches Vergnügen
Ihr, statt des wahren, schafft? — Was ist so angenehm
Für den gekränkten Stolz, als ein System,
Das uns gewöhnt, für Puppenwerk zu achten,
Was aufgehört, für uns ein Gut zu seyn?
Was, meinst du, bildete der Mann im Faß sich ein,
Der, groß genug, Monarchen zu verachten,
Von Philipps Sohn nichts bat, als freien Sonnenschein?
Noch mehr willkommen muß, im Falle, den wir setzen,
Die Schwärmerei des Platonisten seyn,
Der das Geheimniß hat, die Freuden zu ersetzen,

Die Zeno nur entbehren lehrt;
Der, statt des thierischen verächtlichen Ergetzen
Der Sinne, uns mit Götterspeise nährt.
Wir sehn mit ihm aus leicht erstiegnen Höhen
Auf diesen Erdenball als einen Punkt herab;
Ein Schlag mit seinem Zauberstab'
Heißt Welten um uns her bei Tausenden entstehen;
Sind's gleich nur Welten aus Ideen,
So baut man sie so herrlich, als man will;
Und, steht einmal das Rad der äußern Sinne still,
Wer sagt uns, daß wir nicht im Traume wirklich sehen?
Ein Traum, der uns zum Gast der Götter macht —"
Hat seinen Werth — zumal in einer Winternacht,
Ruft Phanias: allein auch aus den schönsten Träumen
Ist doch zuletzt Endymion erwacht!
Wozu, Musarion, aus Eigensinn versäumen,
Was wachend uns zu Göttern macht?
An Antworts Statt reicht sie, zum stillen Pfand
Der Sympathie, ihm ihre schöne Hand.
Er drückt mit schüchternem Entzücken
Sie an sein schwellend Herz und sucht in ihren Blicken,
Ob sie sein Klopfen fühlt. Ein sanftes Wiederdrücken
Beweist es ihm. Mit manchem süßen Ach,
Das ihr im Busen zu ersticken
Unmöglich ist, bekämpft sie allzu schwach
Die Macht des süßesten der Triebe,
Und kämpfend noch bekennt ihr Herz den Sieg der Liebe.
Der schönste Tag folgt dieser schönen Nacht.

Mit jedem neuen fühlt sich unser Paar beglückter,
Indem sich Jedes selbst im Andern glücklich macht.
Durch überstandne Noth geschickter
Zum weiseren Gebrauch, zum reizendern Genuß
Des Glückes, das sich ihm so unverhofft versöhnte,
Gleich fern von Dürftigkeit und stolzem Ueberfluß,
Glückselig, weil er's war, nicht weil die Welt es wähnte,
Bringt Phanias in neidenswerther Ruh'
Ein unbeneidet Leben zu;
In Freuden, die der unverfälschte Stempel
Der Unschuld und Natur zu echten Freuden prägt.
Der bürgerliche Sturm, der stets Athen bewegt,
Trifft seine Hütte nicht — den Tempel
Der Grazien, seitdem Musarion sie ziert.
Bescheidne Kunst, durch ihren Witz geleitet,
Gibt der Natur, soweit sein Landgut sich verbreitet,
Den stillen Reiz, der ohne Schimmer rührt.
Ein Garten, den mit Zephyrn und mit Floren
Pomona sich zum Aufenthalt' erkoren;
Ein Hain, worin sich Amor gern verliert,
Wo ernstes Denken oft mit leichtem Scherz sich gattet;
Ein kleiner Bach, von Ulmen überschattet,
An dem der Mittagsschlaf ihn ungesucht beschleicht;
Im Garten eine Sommerlaube,
Wo, zu der Freundin Kuß, der Saft der Purpurtraube,
Den Thasos schickt, ihm wahrer Nektar däucht;
Ein Nachbar, der Horazens Nachbarn gleicht,
Gesundes Blut, ein unbewölkt Gehirne,

Ein ruhig Herz und eine heitre Stirne,
Wie Vieles macht ihn reich! Denkt noch Musarion
Hinzu und sagt, was kann zum frohen Leben
Der Götter Gunst ihm mehr und Bess'res geben?
Die Weisheit nur, den ganzen Werth davon
Zu fühlen, immer ihn zu fühlen
Und, seines Glückes froh, kein andres zu erzielen!
Auch diese gab sie ihm. Sein Mentor war
Kein Cyniker mit ungekämmtem Haar,
Kein runzliger Kleanth, der, wenn die Flasche blinkt,
Wie Zeno spricht und wie Silenus trinkt:
Die Liebe war's. — Wer lehrt so gut wie sie?
Auch lernt' er gern und schnell und sonder Müh
Die reizende Philosophie,
Die, was Natur und Schicksal uns gewährt,
Vergnügt genießt und gern den Rest entbehrt;
Die Dinge dieser Welt gern von der schönen Seite
Betrachtet, dem Geschick sich unterwürfig macht,
Nicht wissen will, was alles das bedeute,
Was Zeus aus Huld in räthselhafte Nacht
Vor uns verbarg, und auf die guten Leute
Der Unterwelt, so sehr sie Thoren sind,
Nie böse wird, nur lächerlich sie find't
Und sich dazu, sie drum nicht minder liebet,
Den Irrenden bedaurt und nur den Gleißner flieht;
Nicht stets von Tugend spricht, noch, von ihr sprechend, glüht,
Doch, ohne Sold und aus Geschmack, sie übet;
Und, glücklich oder nicht, die Welt

Für kein Elysium, für keine Hölle hält,
Nie so verderbt, als sie der Sittenrichter
Von seinem Thron' — im sechsten Stockwerk sieht,
So lustig nie, als jugendliche Dichter
Sie malen, wenn ihr Hirn von Wein und Phyllis glüht.
So war, so dacht' und lebte Phanias,
Und weil er war — wornach wir Andern streben,
So that er wohl, zu seyn, zu denken und zu leben,
So wie er that. — „Das mag er denn! — Und was
Ward aus dem Manne, der so gerne — Sphären maß?"
Gut, daß ihr fragt, den hätt' ich rein vergessen —
Er ward in einer einz'gen Nacht
Zum γνωθι σεαυτον in Chloens Arm gebracht;
Er fand, er sey nicht klug, und lernte Bohnen essen.
„Und Herr Kleanth?" — Der kroch, sobald die Mittagssonne
Ihn aufgeweckt, ganz leise auf den Zehn
Aus seinem Stall — vielleicht in eine Tonne;
Kurz, er verschwand und ward nicht mehr gesehn.

Die Grazien.

Ein Gedicht in sechs Büchern.

An Danae.

Geschrieben im Jahr 1769.

Ich weiß nicht, woher Sie es nehmen, schöne Danae, daß ich mehr von den Grazien wissen müsse, als ein Andrer: genug, Sie wollen es so, und Sie bedienen sich eines meiner eigenen Grundsätze, um alle die Bedenklichkeiten zu vernichten, die ich mir darüber machen könnte, Ihnen, die mit allen Ihren Vortrefflichkeiten doch nur eine Sterbliche sind, die Geheimnisse meiner geliebten Göttinnen zu verrathen.

„Der poetische Himmel (sagen Sie) hat, wenn ich Ihnen selbst glauben darf, ganz andere Gesetze des Wohlanständigen, als diejenigen, wornach menschliche Sitten und Handlungen beurtheilt werden. Die Göttin der Liebe hat keine Ursache zu erröthen, daß sie den Adonis zum Glücklichsten unter den Sterblichen gemacht hat. Gesetzt also auch, Sie wüßten von Ihren Grazien mehr, als eine Sterbliche gern von sich wissen ließe, so würd' es doch keine Unbescheidenheit seyn —"

Verzeihn Sie mir, Danae! Warum sollten die Grazien nicht eben so wohl ihre Mysterien haben, als Isis und Ceres? Und sollt' es einem Dichter zu verdenken seyn, wenn er zu gewissenhaft wäre, die Geheimnisse der liebenswürdigsten Göttinnen vor profanen Augen aufzudecken?

Doch dieß ist hier der Fall nicht! Vor Ihnen, schöne Danae, können die Grazien keine Geheimnisse haben wollen; oder welche Sterbliche dürfte sich Hoffnung machen, zu selbigen zugelassen zu werden, wenn diejenige nicht dazu berechtigt wäre,

Die, mit dem Gürtel der Venus geschmückt,
Die Seelen fesselt, die Augen entzückt.

Nein, Danae! wenn Ihrem Verlangen nicht genug geschieht, so muß es bloß daher kommen, weil ich mit diesen reizenden Gespielen Amors und der Musen nicht so vertraut bin, als es Ihnen beliebt vorauszusetzen.

In ganzem Ernst, ich besorge, es ist mehr als Bescheidenheit in diesem Geständnisse. Warum, ich bitte Sie, warum wenden Sie sich nicht an einen Dichter, von welchem Sie stärkere Beweise haben, daß ihm die Grazien hold sind? — Sie denken doch nicht, daß ich den Cardinal von Bernis meine? Nein! dem Abbé mocht' es erlaubt seyn, von Ihnen zu singen; aber dem Bischof, dem Cardinal — Wer weiß? sagen Sie. Er mag immer der feinste Conclavist, der geschmeidigste Hofmann und ein Meister in der Kunst, die zwei großen Nebenbuhlerinnen um die Herrschaft der Welt mit einander zu vergleichen, seyn; ich wollte doch nicht dafür stehen, was er thun würde, wenn ihn die Grazien Homers, die er als Abbé so schön besang, den Grazien des heiligen Thomas ungetreu machen wollten!

Wie dem auch seyn mag, genug, Sie wollen keine französische Grazien; sonst würd' ich Ihnen den angenehmen Dichter vorschlagen, der Zelis im Bade so reizend gesungen und die deutsche Selima durch seine Nachahmung verschönert hat. Sie wollen die griechischen Grazien, die Grazien, die den Anakreon singen, den Xenophon schreiben, den Appelles malen lehrten, die Grazien, denen Platon opferte, und die sein Meister geschnitzt hatte, diese wollen Sie besungen haben, und in unsrer Sprache!

Gut! und Sie wenden sich nicht an den Dichter der Grazien?

„Meinen Sie Gleim oder Jacobi?"

Ich danke Ihnen für diesen Zweifel, Danae: er vergütet das Unrecht, das ich einem von beiden gethan hätte; ich, der stolz darauf ist, beide meine Freunde zu nennen, und es so gern der spätesten Nachwelt sagte, daß wenigstens drei Dichter in unsern Tagen gelebt haben, welche sich so liebten, wie die schwesterlichen Musen sich lieben; drei Dichter,

Die, von den Grazien selbst mit Schwesterarmen umschlungen,
Von gleicher Liebe der Musen beseelt,
Zur Dame ihrer Gedanken die freundliche Weisheit gewählt,
Die glücklicher macht und Witz mit Empfindung vermählt,
Und schönen Seelen, sich selbst und bessern Zeiten gesungen.

In der That, Danae, ich habe Lust, Sie zu einem oder dem andern von meinen Freunden zu weisen oder vielmehr an beide zugleich. Amöbäische Lieder von Gleim und

Jacobi, und die Grazien der Inhalt! Was für Lieder würden das seyn! Würdig, von Philaiden gesungen und von den seelenvollen Fingern einer D**n oder G**g auf dem melodischen Clavier begleitet zu werden.

Aber Sie wollen sich nicht abweisen lassen, Danae! Sie wollen zu keinem Wettstreit von poetischer Bescheidenheit Anlaß geben. Gleim und Jacobi, sagen Sie, würden mich an den Vater der Musarion zurück weisen, und am Ende würde Niemand dabei verlieren als ich.

Wohl! Sie verdienen für Ihren Eigensinn durch — meinen Gehorsam bestraft zu werden; und auf der Stelle sollt' es geschehen, wenn es nur auf einen muntern Entschluß ankäme. Aber die Geschichte der Grazien zu schreiben, setzt Offenbarungen voraus, die nur von Ihnen selbst herrühren können. Und glauben Sie wohl, daß diese Göttinnen so fertig sind, einem Jeden zu erscheinen, der ihnen ruft? Ich besorge sehr, daß sie Manchem, der vertraulich genug von ihnen spricht, ganz unbekannte Gottheiten sind. Nichts ist freilich leichter als immer von Pierinnen und Charitinnen zu schwatzen und auf allen Seiten Musen und Busen zusammen zu reimen. Das gibt einem doch die Miene, als ob man mit den Grazien und den Musen und den schönen Busen wenigstens so bekannt sey, als die Dichter, welche Günstlinge der ersten sind, und die Lieblinge der letzten zu seyn verdienen. Aber ich wollte für mehr als einen dieser guten Sänger schwören, daß die Muse, die ihn begeistert, mit ihren Grazien und mit ihrem Busen, weder mehr noch weniger als eine Trulla oder Maritorne ist.

Das mag seyn, sagen Sie: aber man wird doch, ohne Ihrer Bescheidenheit Gewalt anzuthun, voraussetzen dürfen, daß Sie von dieser Seite keine Vorwürfe zu besorgen haben? —

Stille, schöne Danae! Sie sollen Alles wissen, was mir eingegeben werden wird. Aber erst lassen Sie uns, als Platons echte Schüler, den Grazien opfern, ohne welche und Amorn und die lächelnde Venus unser Vorhaben nicht von Statten gehen kann.

Erstes Buch.

Die Menschen, womit Deukalion und Pyrrha das alte Gräcien bevölkerten, waren anfänglich ein sehr rohes Völkchen; so, wie man es von Leuten erwarten mag, die aus Steinen Menschen geworden waren.

Sie irrten, mit Fellen bedeckt, in dunkeln Eichenhainen,
Der Mann mit der Keule bewehrt, das Weib mit ihren Kleinen
Nach Affenweise behangen; und sank die Sonne, so blieb
Ein Jedes liegen, wohin der Zufall es trieb.

Der Baum, der ihnen Schatten gab,
Warf ihre Mahlzeit auch in ihren Schoß herab;
Und war er hohl, so wurde bei Nacht
Aus seinem Laub ihr Bett in seine Höhle gemacht.

Ich weiß nicht, Danae, wie geneigt Sie sich fühlen, es dem Verfasser der neuen Heloise zu glauben, daß dieses der selige Stand sey, den uns die Natur zugedacht habe. Aber wenn wir alle die Uebel zusammen rechnen, wovon diese Kinder der rohen Natur keinen Begriff hatten, so ist es unmöglich, ihnen wenigstens eine Art von negativer Glückseligkeit abzusprechen.

Und ein Dichter — was können wir Dichter nicht, wenn wir uns in den Kopf gesetzt haben, einen Gegenstand zu verschönern?

Auch, hätte nicht der Maler und Poet
Das Recht, ins Schönere zu malen,
Wo bliebe die Magie des schönen Idealen,
Das Uebermenschliche, wovon die Werke strahlen,
Vor denen still entzückt der ernste Kenner steht?
Der Reiz, wozu die rohe Majestät
Und Einfalt der Natur das Urbild nie gegeben,
Die Danaen, die Galatheen und Heben?

Das heißt ein wenig ausgeschweift, schöne Freundin: denn ich wollte Ihnen nur sagen, das Original zum goldnen Alter der Dichter sey vielleicht nichts Besseres gewesen, als der Stand solcher Wilden,

Die, ohne zu pflanzen, zu ackern, zu säen,
Mit Müßiggang sich, auf Kosten der Götter, begehen;

wie Homer von den alten Bewohnern des schönen Siciliens sagt.

Soll ich Ihnen eine Probe geben, wie ein Dichter diesen Stand verschönern würde?

Wo ist der Mann, der sich in seinem Stande
Zu wohl gefällt,
Um, wenigstens im Nachtgewande,
Sich nicht ganz leise zurück in eine Welt
Zu sehnen, wo Mutter Natur, wohlthätig wie Urgande,
Die beste der Feen, es auf sich selbst noch nahm,

Das Glück von ihren Kindern zu machen;
Wo, frei von Gesetzen, Bedürfniß und Gram,
Den Glücklichen, unter geselligem Lachen,
Beim ewigen Fest', in Lauben von wildem Jasmin,
Der Stunden zirkelnder Tanz ein seliger Augenblick schien?
Die Götter selbst, gelockt von sanfterm Glücke, stiegen
Aus ihren Sphären herab und theilten ihr Vergnügen.
Zusehends verschönerte sich die Gegend unterm Mond',
Und lange blieb der Himmel unbewohnt.
Die Götter eifern in die Wette,
Wer zur Begabung der Natur
Am meisten beizutragen hätte.
Die blonde Ceres deckt mit goldnen Aehren die Flur,
Mit Blumen Zephyr und Flora der Schäferinnen Bette;
Die Nymphen pflanzen für sie den labyrinthischen Hain
Und laden die Schäfer — zum Schlummern in stille Grotten ein;
Arkadiens Pan beschützt die silberwolligen Heerden
Und läßt sie oft vervielfacht werden;
Indeß von traubenvollen Höhn
Der neu erfundne Wein, der Erde Nektar, rauschet,
Und Bacchus, unterstützt vom lachenden Silen,
Der Hirten frohes Erstaunen belauschet.
Dem Gott der Dichter kam sogar
Die Grille, die seitdem den Dichtern eigen war,
Als Seladon sich zu verkleiden
Und, unerkannt, in blonder Hirten Schaar,
Die Heerden des Admet, der schönste Hirt, zu weiden;
Ihn macht sein Witz, der ihren rohen Freuden
Veränderung und Feinheit gibt,
Den guten Schäfern bald beliebt,

Vermuthlich auch den Schäferinnen;
Er lehrte sie der schönen Künste viel,
Manch Liedchen, manchen Tanz und manches kleine Spiel,
Mit Pfändern Küsse zu gewinnen.

Was sagen Sie, Danae? Wie manch liebliches Gemälde würd' uns nicht ein poetischer Watteau aus diesen ohne Ordnung hingeworfnen Bildern zusammen setzen? — Was für glückliche Leute die Menschen des goldnen Alters waren!

Ihr ganzes Leben ist Genießen!
Sie wissen nicht (beglückt, es nicht zu wissen!),
Daß außer ihrem Stand' ein glücklich Leben sey,
Und träumen, scherzen, singen, küssen
Ihr Daseyn unvermerkt vorbei.

Wer sollte denken, daß jene Autochthonen (erschrecken Sie nicht vor dem gefährlichen Worte!), jene rohen Kinder der Mutter Erde, die wir, mit zottigen Fellen bedeckt, unter Eichen und Nußbäumen herum liegen sahen, — Geschöpfe, die in diesem Zustande den großen Affen in Ostindien und Africa nicht so gar ungleich sehen mochten, — und diese glücklichen Kinder des goldnen Alters eben dieselben seyn sollten?

Aber wie hätten sie auch etwas Besseres seyn können, ehe sich die Grazien mit den Musen vereinten, um Geschöpfe, welche die Natur nur angefangen hatte, zu Menschen auszubilden, sie die Künste zu lehren, die das Leben erleichtern, verschönern, veredeln; ihren Witz zugleich mit ihrem Gefühl zu verfeinern und tausend neue Sinne dem edlern Vergnügen in ihrem Busen zu eröffnen?

Die Grazien waren in diesen Zeiten noch unbekannt.

Kein Dichter hatte sie noch mit aufgelöstem Gürtel
Am stillen Peneus tanzen gesehn;
Im schönsten Thale der Welt entzog sie die ländliche Hütte
Den Augen der Götter und Sterblichen noch.

„Und wie so?" Fragen Sie —

In der That war die Sache ein Geheimniß. Ihre Mutter hatte vermuthlich Ursachen. Aber, da diese Ursachen längst aufgehört haben, und da ich Ihnen, schöne Danae, vielleicht noch geheimere Dinge verrathen werde, so sollen Sie Alles wissen.

Sie müssen von den Dichtern oft gehört haben, daß Venus die Mutter der Grazien sey; aber nicht Jedermann kennt ihren Vater. Man hat verschiedentlich von der Sache gesprochen. Hier haben Sie die Anekdote frisch von der Quelle.

Als die neu entstandene Venus, von Himmel und Erde mit verliebtem Entzücken angeschaut, den Wellen entstieg, konnten die Götter nicht einig werden, welchem von ihnen sie zugehören sollte. Das Kürzeste wäre gewesen, die junge Göttin der Wahl ihres eigenen Herzens zu überlassen. Aber so schüchtern macht die Liebe, daß keiner von den Göttern sich liebenswürdig genug glaubte, den Vorzug vor seinen Nebenbuhlern zu erhalten. Eben so wenig konnten sie sich entschließen, das Los den Ausspruch thun zu lassen. Die

Sache blieb also eine geraume Zeit unentschieden und würde vielleicht immer so geblieben seyn, wenn nicht endlich Momus den Einfall gehabt hätte: um Alle zufrieden zu stellen, könnte man nichts Besseres thun, als sie dem Häßlichsten geben.

Der Einfall wurde mit allgemeinem Klatschen aufgenommen. Vulcan war der Glückliche; und die Götter machten sich an seiner Hochzeit so lustig, als ob jeder seine eigene beginge.

Der gute Vulcan! Er schmeichelte sich. — Aber was für einen Grund konnt' er auch haben, sich zu schmeicheln? — Die Tugend der Liebesgöttin? Welch ein Grund! Doch desto besser für ihn, daß er in diesem Stücke wie viele Sterbliche dachte!

Venus hatte indessen, daß die Götter unschlüssig waren, ihre Zeit nicht verloren. Sie war ganz heimlich — Mutter der Grazien geworden. Hören Sie, wie es zuging!

Noch hatte sie Amathunt nicht zu ihrem Sitz' erkiest;
Zu jung, sich die Lust des Wechsels zu versagen,
Ließ sie, die Welt zu sehn und, wie natürlich ist,
Gesehn zu werden von ihr, auf einem schönen Wagen
Bald da, bald dorten hin
Von ihren Schwanen sich ziehn.
Die Zephyrn flattern voran, mit Blumen jedes Gestad,
Wohin sie absteigt, dicht zu bedecken,
Und jedes einsame Bad,
Worin sich die Göttin erfrischt, umschweben Rosenhecken.

Alle diese reizvollen Gegenden, welche noch immer in den Werken der griechischen und römischen Dichter blühen, die schönen Ufer des Eurotas und die thessalische Tempe, das blumige Euna, durch Proserpinens Entführung berühmt, der aromatische Hybla, das rosenvolle Cythere und die wollüstigen Haine von Daphne, deren Reiz mächtig genug war, selbst den stoischen Marcus Antonius eine Zeit lang der Sorgen für die Welt vergessen zu machen, — kurz, die schönsten Oerter der Welt hatten ihre Vorzüglichkeit diesen Lustreisen der jungen Venus zu danken. Keiner wurde ohne Merkmale ihrer Gegenwart gelassen. Irdische Paradiese und Inseln, gleich den Inseln der Seligen, blühten unter ihren Blicken auf. Ein ewiger Frühling nahm davon Besitz. Wildnisse verwandelten sich in hesperische Gärten, und allenthalben boten Myrtenwäldchen oder Rosenbüsche den Liebenden ihren Schatten an.

Denn auch die Halbgötter, welche damals noch die Erde bewohnten, und vornehmlich die Menschen, erfuhren die Wirkungen ihrer Gegenwart.

Die Nymphe, sonst zu spröd', um einem männlichen Schatten
Nur im Vorübergehn die Freiheit zu gestatten
Sich mit dem ihrigen zu gatten,
Schmilzt plötzlich in Gefühl und irrt beim Mondenlicht'
In eines alten Hains nicht allzu sichern Schatten:
Ein Faun mit offnem Arm' und glühendem Gesicht'
Eilt auf sie zu, und sie, sie fliehet — nicht.

Der Schäfer, der zu Chloens Füßen
Von Liebesschmerzen halb entseelt

Ihr seine Leiden vorgezählt,
Gedroht, er werde sterben müssen,
Geseufzt, geweint und stets ihr Herz verfehlt,
Wird plötzlich kühn, fängt an zu küssen;
Und sie, anstatt auf einen Blick
Ihn, wie er wähnte, todt zu schießen,
Dreht lächelnd sich von seinen Küssen
Und gibt sie endlich gar — zurück.

Und Tithon, den Aurorens schöne Brust
Und seelenvoller Blick vergebens
Ins Daseyn rief, erwacht zur längst entwohnten Lust
Und sucht in ihrem Blick', auf ihrer schönen Brust
Zum letzten Male die Freuden des Lebens.

Vor allen andern Gegenden der Welt liebte Venus die anmuthsvollen Gefilde, die sich am Fuße des syrischen Amanus verbreiten; sie erwählte die junge Göttin, die Scene ihrer schönsten Siege zu seyn.

Hier war es, wo sie einst den jungen Bacchus fand, den Sohn Jupiters und der schönen Semele, den die Hyaden in einer Grotte des Berges Nysa erzogen hatten. Sie fand ihn, müde von der Jagd, auf Epheu und Rosen liegen.

O, könnt' ich ihn malen, Danae! Ihr eigenes Herz sollte Ihnen dann sagen, was die junge Göttin der Liebe bei seinem Anblick empfand.

„So versuchen Sie es wenigstens!“ —

Ich will, wofern Sie mir erlauben, daß ich die Farben zu meinem Gemälde von Winkelmann borge.

So eben betrat er die Grenzen
Des wollustathmenden Lenzen
Der ewigen Jünglingsschaft.
Sein Athem glich den Lüften,
Worin sich Rosen verdüften,
Und seine wallenden Hüften
Bläht jugendliche Kraft.

Zärtlichkeit und süße Schalkheit blitzen
Aus den schwarzen Augen; und, wie zarte Spitzen
Junger Pflanzen, drückt der Keim der Lust
Sanft hervor aus seiner Rosenbrust.

Kurz — Sie kennen ja das schönste Lied des Gleims der Griechen? — Anakreon hätte seinen Bathyll zu sehen geglaubt.

Er lag in der grünlichen Nacht
Vom schönsten Myrtenbaume,
Halb schlummernd, halb erwacht,
In einem entzückenden Traume
Und schien die Bilder, die noch um seine Augen lachen,
Zu sammeln und sich wahr zu machen.

Hätte der Zufall beide junge Götter in einem günstigern Augenblick überraschen können? Und wie hätte die Göttin der Liebe — sagen Sie, Danae! — wie hätte sie einem so lieblichen Knaben nicht gewogen werden sollen?

Cythere war schön und empfindlich,
Und Bacchus empfindlich und schön.
Wie konnt' es anders ergehn?
Sie lieben, sobald sie sich sehn.
Baumgarten beweist es uns gründlich,
Es konnte nicht anders ergehn!

Die junge Venus war nie so schön gewesen als in diesem Augenblicke. Sie, die den Geist der Liebe über Alles ausgoß, was ihre Blicke berührten, hatte selbst noch nie geliebt. Ein Seufzer, der erste, der mit wollüstigem Schmerz aus ihrer erröthenden Brust empor arbeitete, sagt' ihr, sie liebe.

Der erste Seufzer der Liebesgöttin! — Wie glücklich war der Unsterbliche, dem dieses Erröthen, dieser Seufzer ihre Rührungen gestand! Der junge Bacchus fühlte jetzt zum ersten Male, daß er mehr als ein Sterblicher sey. Und wohl kam es ihm! Kein Sterblicher hätte die Gewalt des Entzückens ertragen können, mit welchem er in ihre Arme flog.

Vergessen Sie nicht, Danae, daß er noch beinah ein Knabe war und so liebenswürdig, so unschuldig und doch bei aller seiner Unschuld so verführerisch aussah, daß es nicht möglich war, sich in Verfassung gegen ihn zu setzen.

Diana hätte vielleicht in diesem Augenblicke
Sich eben so wenig zu helfen gewußt.
Die Göttin meint, sie drück' ihn — sanft zurücke,
Und drückt ihn sanft — an ihre Brust.

Die poetischen Götter sind nicht immer die Gebieter der Natur. Es gibt Fälle, wo sie ihr eben so unterthan sind, als wir arme Sterbliche. Der junge Bacchus und die junge Cythere überließen sich, in aller Unschuld der Unerfahrenheit, den süßen Empfindungen, deren Gewalt sie zum ersten Male fühlten.

Seyn Sie ruhig, Danae! — Ich unterdrücke wirklich ein halbes Duzend Verse, wiewohl es vielleicht die schönsten sind, die mir jemals eingegeben wurden. — Und doch — wenn ich dächte, Sie glaubten, ich unterdrücke sie nur, weil es mir so bequemer sey —

„Nein! Nein! ich glaube nichts zu Ihrem Nachtheil; man kennt die Wärme Ihres Pinsels! Lassen Sie immer —"

Ein schönes, dicht verwebtes Rosengebüsche um das Gemälde herziehn, das ich machen wollte; nicht wahr? —

Ihr Wink soll vollzogen werden, Danae: hier steht es!

Zweites Buch.

Amor, — Sie kennen ihn doch, Danae?

„Und wie, wenn ich ihn nicht kennte oder ihn nicht anders als aus den Gemälden Ihrer Freunde oder aus alten Gemmen oder aus den Bildern kennte, welche Daullé und Mechel nach Coypel und Vanloo von ihm gemacht haben?"

In diesem Falle würde ein französischer Dichter sich sehr höflich erbieten, Sie näher mit ihm bekannt zu machen. Aber ich — Alles, was ich für Sie thun könnte, wäre, daß ich Sie bedaure.

Amor also verlor sich einst — er war noch sehr jung — auf einer seiner Wanderungen in einem Gehölze von Arkadien. Müde warf er sich unter einen wilden Myrtenbaum und entschlief.

Hyacinthen, Lotus, Violetten
Trieb die Erde, Amorn sanft zu betten,
Unter ihm hervor.
O, wie schön er lag! die Blumen hielten,
Gleich als ob sie seine Gottheit fühlten,
Federn gleich den Schlafenden empor.

Wenn Ihnen die Verse gefallen sollten, Danae, so bedanken Sie sich dafür beim Homer, der dem Vater der Götter ein ähnliches Lager bereitet, als Juno ein Mittel fand, ihn vergessen zu machen, daß sie seine Gemahlin sey.

Als Amor erwachte, fand er sich von drei jungen Mädchen umgeben, aber den artigsten, lieblichsten Mädchen, die er jemals gesehen hatte.

Beim ersten Anblicke hätte man sie für drei Nachbilder des nämlichen Urbildes gehalten, so ähnlich sahen sie einander.

Sie waren um Abendzeit ausgegangen, Blumen zu holen, womit sie das Lager ihrer vermeinten Mutter zu bekränzen pflegten.

Dort sind eine Menge Blumen, rief die kleinste, indem sie nach dem Orte hinhüpfte, wo Amor schlief. Stellen Sie sich vor, wie angenehm sie erschrak, als sie unter den Blumen den kleinen Gott erblickte!

Schwestern (rief sie, doch nur mit halber Stimme,
Um den kleinen Schläfer nicht aufzuwecken),
Was ich sehe! O Schwestern, helft mir sehen!
Ein — wie nenn' ich's? — kein Mädchen, doch so lieblich
Als das schönste Mädchen, mit goldnen Flügeln
An den runden lilienweißen Schultern.
Auf den Blumen liegt es, wie Sommervögel
Sich auf Blumen wiegen! In euerm Leben
Habt ihr so was Liebliches nicht gesehen!

Die Schwestern eilten herbei. Alle drei standen jetzt um den kleinen schlafenden Gott und betrachteten ihn mit süßer Verwunderung.

„Wie schön es ist! wie roth sein kleiner Mund!
Die gelben Locken, wie kraus! Sein weißer Arm, wie rund!
O seht, es lächelt im Schlaf'! — Und Grübchen in beiden Wangen,
Indem es lächelt — Aglaja, wir müssen es fangen,
Eh' es erwacht und uns entfliegt!" — Es fangen,
Du kleine Närrin! und was
Damit machen? — Welche Frag' ist das!

Kurzweil, liebe Schwester, soll's uns machen,
Mit uns spielen, scherzen, singen, lachen,
Schwestern, meint ihr nicht?

Aber, o Diana! — rief die kleinste der Schwestern, was seh' ich! Einen Bogen und einen Köcher voll kleiner goldener Pfeile, unter den Blumen verstreut. Mich schaudert!

„Ach, Schwestern, wenn es Amor wäre?
Wie würd' es uns ergehn!"
Nein, Pasithea, nein! Zum Amor ist's zu schön!
Wo hast du ein Gesichtchen gesehn
Wie dieß? Es machte dem schönsten Mädchen Ehre!

Der kleine Drache sollt' es seyn,
Von dem die Mutter spricht, er nähre
Von Mädchenherzen sich? Nein, Pasithea, nein!
Es schreckte, wenn es Amor wäre;
Und dieß ist lauter Reiz: es kann nicht Amor seyn!

Mein Herz klopft mir vor Angst, sprach die sanfte Pasithea. Die kleine Unschuldige! Es war nicht Angst, was in ihrem jungen Herzen klopfte; Liebe war's.

Kommt, Schwestern, sagte Aglaja; das Sicherste ist, wir fliehen.

Redet nicht so laut, flüsterte ihnen die muntre Thalia zu, welche sich nicht entschließen konnte, den kleinen Gott zu verlassen. Was es auch seyn mag, dieß bin ich gewiß, daß es uns kein Leid zufügen wird.

Aber, wenn es Amor wäre? wiederholte Pasithea: das Sicherste ist, wir fliehen.

Schwestern, erwiederte Jene, mir fällt was ein.

Wie, wenn wir ihn mit Blumen bänden?
Ihn um und um an Arm und Bein
Mit Fesseln von Epheu und Rosen umwänden?
Dann möcht' es immer Amor seyn!
Er möchte zappeln, wüthen, dräun,
Wir hätten ihn in unsern Händen!
Wir würden seine Pfeile zerbrechen
Und ließen ihn nicht frei, er müßt' uns erst versprechen,
Fromm, wie ein Lamm, zu seyn.

Der Einfall gefiel den Schwestern. Sie nahmen ihre Kränze ab, flochten noch frische dazu und umwickelten ihm Arme und Flügel und Füße so gut damit, daß alle Stärke dieses kleinen Bezwingers der Götter und der Menschen nicht vermögend war, sich loszureißen, als er erwachte.

Sie hatten sich hinter eine Rosenhecke verborgen, um sein Erwachen zu erlauschen. Aber sie ließen ihn nicht lange im Wunder, wer ihm den losen Streich gespielt habe. Ihr Lachen verrieth sie. Amor erblickte sie hinter der Hecke, und sein Herz hüpfte vor Freude: denn so liebliche Mädchen hatte er nie gesehen, seit er Amor war. Er rief ihnen in dem Tone, den er annimmt, wenn er verführen will, zu:

Schöne Nymphen, o, helft mir armen Knaben!
  Laufet nicht davon!
Ich bin Amor, Cytheräens Sohn,
  Der sich hier in euerm Hain verlief.
Faunen müssen mich so gebunden haben,
  Da ich unbesorgt in meiner Unschuld schlief.

Höret ihr, was er sagte? flüsterte Aglaja ihren Schwestern zu: er verräth sich selbst.

Aber er bittet so schön, sagte die sanfte Pasithea: wir wollen doch zu ihm hingehen; er ist so fest gebunden, daß er uns nichts thun kann.

So bist du Amor? fragte ihn Thalia lächelnd.

„Ja, schöne Nymphe, ich bin Amor, der Gott der Liebe, der Gott der süßesten Freuden; und nie fühlt' ich so vollkommen, daß ich es bin, als seitdem ich euch sehe."

Du bist ein kleiner Schmeichler, versetzte das Mädchen; aber du sollst uns nicht beschwatzen! Eben weil du Amor bist, binden wir dich nicht los.

„Und warum nicht, weil ich Amor bin?"

Wir müssen dir erst deine Pfeile zerbrechen. —

„Meine Pfeile müßt ihr erst zerbrechen?
  Und was that ich euch?
Ist euch lieben ein so groß Verbrechen?
  Doch, zerbrecht sie nur, es gilt mir gleich!

Kann ich doch mit euren schönen Blicken
Statt der Pfeile meinen Köcher schmücken!"

Er begleitete diese Schmeichelei mit so zärtlichen Bitten, daß die guten Mädchen unschlüssig wurden, was sie thun sollten.

Wenn er Amor ist, sagten sie leise zu einander, so müssen zwei Amorn seyn. Dieser hier sieht dem gar nicht ähnlich, vor welchem uns die Mutter zu warnen pflegt. Er sieht so freundlich, so unschuldig aus! Ich dächte, wir bänden ihn los?

„Aber, wenn er uns davon flöge?"

Amor hörte diese letzten Worte. Nein, liebenswürdige Nymphen! Lernet die Gewalt besser, die ihr über mich habt! Der bloße Gedanke, euch zu verlassen, würde mir unerträglich seyn. Ich habe keinen andern Wunsch, als ewig bei euch zu bleiben.

„Also willst du mit uns kommen, Amor, und bei uns wohnen und unser Gespiele seyn?"

Ja wohl will ich, sprach Amor:

Von euch zu scheiden begehren?
Ich müßte nicht Liebesgott seyn!
Euch ließ' ich im wilden Hain
Bei Faunen und Hirten allein,
Nach Paphos wiederzukehren?
Nein, holde Schwestern, nein!
Ihr seyd zu reizend, Cytheren
Nicht einzig anzugehören!
Ich führ' euch bei ihr ein,
Um ihren Hof zu vermehren
Und ihre Gespielen zu seyn.

Das gefiel den Mädchen. — Paphos! der Hof der Liebesgöttin! — Nach Amorn davon zu urtheilen, mußt' es dort sehr artig seyn.

Was für ein süßes — wie nenn' ich's? — bemächtiget sich meiner, indem er spricht? flüsterte Pasithea. — Mir ist, ich erwache aus einem Traume. — Ich fürcht', er hat uns bezaubert, sagte Aglaja. — Es ist unmöglich, seinem süßen Geschwätze zu widerstehen, sagte Thalia. — Kurz, sie fingen an, ihm seine Blumenfesseln abzunehmen.

Wie froh war er, da er einen seiner schönen Arme wieder frei hatte! Sie vermuthen doch, Danae, daß der erste Gebrauch, den er davon machte, kein anderer seyn konnte, als seine Befreierinnen — umarmen zu wollen.

Wie? du bist schon so leichtfertig, sagte Thalia lächelnd, und hast erst einen Arm frei? Warte, Amor! du sollst den andern nicht haben, wo du uns nicht schwörest, daß du sittsam seyn willst!

„Also soll ich euch keinen Kuß geben dürfen?"

Einen Kuß? — rief sie, indem sich ihr Gesicht mit der süßesten Rosenfarbe überzog: —

Nein, Amor, nein!
Nein, wir müßten's gar zu strenge büßen,
Wenn wir uns von Knaben küssen ließen!
Amor, nein, das kann nicht seyn!

Ein Kuß macht Schmerz,
Ich hört' es oft die Mutter sagen;
Es ist kein Scherz!

Er macht die Lippen hitzig
Und Kinn und Nase spitzig
Und fällt aufs Herz!

„Von Faunen, ja! das muß ich selber sagen,
Da macht er Schmerz.
Allein bei mir ist nichts zu wagen,
Mein Kuß erquickt das Herz.
Versucht es nur! ihr werdet Dank mir sagen!“

Nein, wir müssen erst die Mutter fragen;
Es ist kein Scherz!

Gut, rief Amor, mit einer kleinen trotzenden Miene, die in seinem schönen Gesichte tausend Reize hatte: ich sehe wohl, daß man euch wider euren Willen glücklich machen muß. Ihr sollt bald andre Gedanken von der Sache fassen.

Er glaubte, daß es nun sehr leicht seyn würde, sich los zu machen. Aber er erfuhr das Gegentheil. Er hätte leichter diamantene Fesseln zerreißen können, so sehr boten diese Blumenketten aller seiner Stärke Trotz. — Was für Mädchen sind das? dacht' er bei sich selbst, indem er Blicke auf sie heftete, mit denen er in das Geheimniß ihres Wesens dringen zu wollen schien.

Warum siehst du uns so ernsthaft an? sagte Aglaja.

„Ich frage mich selbst, welche von euch dreien ich am meisten lieben werde?“

Und was antwortest du dir?

„Ihr seyd alle drei so liebenswürdig, daß ich mir nicht anders zu helfen weiß, als — euch alle drei zu lieben.“

Aber welche von uns gefällt dir am besten?

„Die, welche sich zuerst küssen lassen wird!“

Schwestern, Schwestern, rief Aglaja mit einem kleinen Seufzer: ich besorge, es wird uns gereuen, daß wir uns mit ihm eingelassen haben.

Und doch! was sollten sie machen, die guten Kinder! die Sonne war schon untergegangen. Sie mußten zurück nach der Hütte, und, Amorn gefesselt im Haine zurück zu lassen, war ein so grausamer Gedanke, daß keine von ihnen fähig war, ihm nur einen Augenblick Gehör zu geben.

Komm, Amor, sagten sie, wird wollen dich losbinden; aber erst mußt du uns schwören, daß du recht artig seyn und Alles thun willst, was wir dir befehlen!

Wer hätte gedacht, rief er, daß so holdselige Mädchen so mißtrauisch seyn könnten! Doch ich will Alles, was ihr wollt.

Beim schmelzenden Entzücken
Von euren sanften Blicken!
Bei diesen Blumenketten
Und bei den Zephyretten,
Die erst im Hinterhalt'
In jungen Busen liegen,
Dann, von der Liebe Gewalt
Gepreßt, mit bangem Vergnügen
In kleiner Götter Gestalt
Den schönen Lippen entfliegen!
Beim Saft der Nektartraube,
Den Spröden Lüsternheit
Und Blöden Muth verleiht!

Bei meiner Mutter Taube,
Bei Daphnens Lorbeerbaum'
Und bei Endymions Traum!
Bei Ariadnens Faden,
Bei Jasons goldnem Vließ,
Bei Meleagers Spieß
Und Atalantens Waden,
Bei Leda's Ei und Danae's Gold
Schwört euch Amor — was ihr wollt!

„Und konnten so artige Mädchen einfältig genug seyn, einen solchen Schwur verbindlich zu glauben?"

Es ist wirklich wunderbar, Danae, daß — so viele Schönen, seit der ersten, die durch Schwüre betrogen worden ist, sich noch immer durch Schwüre betrügen lassen, die, im Grunde, nicht um das Gewicht eines Sonnenstäubchens verbindlicher sind, als dieser!

„Aber wissen Sie auch, daß Sie mir noch ein Gemälde schuldig sind?"

Das dächt' ich nicht; und wovon?

„Von den Grazien, von denen sie mich diese ganze Zeit über unterhalten, ohne sie gemalt zu haben."

Desto schlimmer für mich! Denn ich hatte wirklich die Absicht, sie zu malen; die naiven Grazien wenigstens, die Grazien, die, sich selbst noch unbekannt, Amors Beistand vonnöthen hatten, um die leichte Hülle, welche die arkadische Einfalt um sie geworfen hatte, abzustreifen und dem Gott der Liebe — seine Schwester darzustellen.

„Aber ihre Gestalt?" —

Vergeben Sie mir, Danae! Sie fordern mehr von mir, als ich leisten kann. Sie mögen sehr reizend in ihrer Schäfertracht ausgesehen haben; aber, wie sie aussahen, das müssen Sie sich von unsrer Grazienmalerin Angelika zeigen lassen.

„Sie waren also nicht — wie man sie gewöhnlich vorzustellen pflegt?“

Unbekleidet, meinen Sie? — Nein! Sie waren gekleidet, wie es die arkadischen Mädchen damals zu seyn pflegten, nur artiger. Denn die andern Mädchen eiferten ihnen darin nach. Aber umsonst! Das, was die Töchter des jungen Bacchus und der lächelnden Cythere, in welcher Tracht sie erschienen, zu Grazien machte, entschlüpfte der Nachahmung. Es war nicht ein Blumenstrauß, auf diese Art oder auf jene Art an einen Busen gesteckt; es war ein Blumenstrauß, von der Hand einer Grazie an den Busen einer Grazie gesteckt. Es war das Zauberische — das Niemand nennen kann, wozu die empfindsamen Seelen einen eigenen Sinn haben; was sich von diesen Günstlingen der Natur fühlen, denken, aber nicht beschreiben läßt.

Ich weiß nicht, ob die Grazien, welche Sokrates, der Weise, in seiner Jugend aus Marmor gebildet haben soll, in diesem Geschmacke gekleidet waren. Aber dieß weiß ich, daß ich einem jeden Maler, der nur ein Rubens oder nur ein Boucher wäre, möchte verbieten können, die Grazien mit aufgelöstem Gürtel zu malen.

Schöne, junge, wollustathmende nackte Mädchen sind darum noch keine Grazien. Sie können dazu erhoben werden; aber diese Apotheose kann nur in der Einbildungskraft eines Apelles, eines Raphael oder Correggio und auch da nur mit Hülfe einer außerordentlichen Begeisterung vorgehen. Wenn es jemals der Natur gefallen sollte, in einem Manne Correggio's Gefühl mit Raphael's Geist und mit der ganzen Magie des feinsten und wärmsten niederländischen Pinsels zu vereinigen: dann möchte diesem Phönix erlaubt seyn, Alles zu wagen, wozu er sich geboren fühlte. Ihm könnte man zutrauen, daß er den Charitinnen diese ideale Schönheit geben würde, von welcher Winkelmann mit einer Schwärmerei spricht, die in seinem Munde so viel Wahrheit hat; dieses Ueberirdische, „diese Einheit der Form, die wie ein Gedank' erweckt und mit einem leichten Hauche geblasen schiene;" — dieses Charakteristische endlich, dieses Seelenvolle, dieß über ihre ganze Gestalt ausgegossene Lächeln, diesen unter ihr, wie durch einen dünnen Schleier, hervorscheinenden Geist der Anmuth und der Freude, der uns beim ersten Anblick empfinden machte, daß wir die Grazien vor uns sähen.

Bis dahin, Danae, vereinigen Sie sich mit mir, die Artisten zu ersuchen, daß es ihnen belieben möchte, ihre Geschicklichkeit im Nackenden lieber an irdischen Formen, an Urbildern, welche man nicht profaniren kann, zu beweisen; — wofern sie anders nicht für anständiger halten, auch die unidealische Schönheit der Erdentöchter — von welcher eben deßwegen keine geistigen Eindrücke zu hoffen sind — des Schleiers, dem sie so viel zu danken haben, nicht ohne Noth zu berauben und den Vorhang vor **badenden Schönen** bloß aus dem ganz einfältigen Grunde **nicht** wegzuziehen, weil diese Schönen sich ganz sicher darauf verließen, daß sie außer Gefahr seyen, von männlichen Augen **betastet** zu werden.

Bekleidet also waren sie, aber so, wie **Grazien** bekleidet seyn sollen:

Nicht in den gothischen Schwulst
Des ehrenfesten Wulst
Der Dame Quintagnone;
Nicht in gewebte Luft,
Wie ehmals Roms Matrone;
Noch, wie Horaz zu Amors Fest sie ruft,
Mit aufgelöster Zone!
Dem leichten Silberduft
Glich ihr Gewand,
Das Zephyrs lose Hand,
Wenn Luna seufzend nieder
Auf ihren schönen Schläfer sieht,
Um ihr erröthend Antlitz zieht.

Drittes Buch.

Nun bin ich frei, rief Amor hüpfend, da sie ihn losgebunden hatten; und sehet, schöne Schwestern, was für einen Gebrauch ich von meiner Freiheit mache!

Er flatterte einer nach der andern in die Arme und liebkosete ihnen so schön, daß sie nicht umhin konnten, ihn freundlich an ihren Busen zu drücken und ihm alle die Küsse wieder zu geben, die er ihnen, ohne um Erlaubniß zu fragen, gegeben hatte. Ich wollte nicht Allen, denen diese Methode gefallen könnte, rathen, es ihm nachzuthun. Man muß Amor seyn oder Amorn zum Fürsprecher haben, um sich einen so guten Erfolg versprechen zu können.

Jezt flog Amor wieder aus ihren Armen, band die auf dem Boden verstreuten Blumenkränze in eine lange Kette zusammen, umwand mit einem Theile davon seine schönen Hüften und reichte lächelnd das andere Ende den Schwestern hin. Freiwillig, rief er, will ich euer Gefangner seyn!

Eure Ketten tragen
Ist so schön, so süß!
Niemals, seit ich Amor hieß,
Fühlt' ich dieß Behagen!

O! wie nenn' ich euch, von euren Blicken,
Eurem Lächeln, Allem, was ihr seyd,
Diese unnennbare Süßigkeit
Mit einem Worte auszudrücken?

Ich nenn' euch Grazien, ihr holden Drei!
So soll euch Gnid und Paphos nennen!
Und selbst Cythere soll erkennen,
Daß sie durch euch allein der Herzen Göttin sey!

Die Grazien fühlten sich selbst noch nicht genug, um Amorn ganz zu verstehen. Aber sie verstanden ihn doch genug, um das, was er ihnen sagte, sehr schön zu finden. Wer hätte gedacht, rief Thalia, daß Amor so artig wäre!

In der That, der kleine Gott wußte selbst nicht recht, wie ihm geschah. Er kannte sich nicht mehr, seitdem er bei diesen holden Mädchen war. Alle Schelmerei ging weg; er fühlte sich unfähig, ihnen einen seiner Streiche zu spielen. Seine Empfindungen verfeinerten sich und nahmen eine Farbe von Sanftheit und Unschuld an, wie man sagt, daß der Chamäleon die Farbe des Gegenstandes annehme, der ihm der nächste ist. Wären es gewöhnliche Nymphen gewesen, er hätte nicht zehn Minuten warten können, seinen kleinen Muthwillen auf Kosten ihrer Ruhe auszulassen. Aber diese lieblichen Mädchen, in denen Alles, was naive Unschuld, gefällige Güte und frohe Heiterkeit Göttliches hat, wie in der Knospe eingewickelt lag, diese konnte er nur — lieben; so lieben, als ob es ihm geahnet hätte, daß sie seine Schwestern wären; alle drei gleich zärtlich, und jede so sehr, daß die Eifersucht selbst hätte befriediget seyn müssen, wenn diese unedle, sich selbst quälende Leidenschaft einen Platz in dem Herzen der Grazien finden könnte.

Aber was werden wir unsrer Mutter sagen, wenn wir mit Amorn zurück kommen? fragte die kleine Pasithea.

Wißt ihr, was wir thun? sprach Thalia: wir füllen diesen Korb mit Blumen, setzen Amorn drauf und tragen ihn nach Hause und sagen, daß wir ihn unter den Blumen gehascht haben, und fragen sie, ob sie jemals in ihrem Leben einen so artigen Vogel gesehn habe? — Oder was meint ihr?

Vortrefflich, Thalia! rief Amor lachend: ich will mich so leicht machen, als ob ich ein Schmetterling wäre; und für die Aufnahme bei eurer Mutter laßt nur mich sorgen! Sie soll mit mir zufrieden seyn. Dieß sagend, hüpft' er in den Korb, und lachend und scherzend trugen ihn die Grazien davon.

Die Schäferin, welche von den Grazien Mutter genannt wurde, war, zu ihrer Zeit, so schön gewesen, als man sich die Amme der Grazien, von Venus selbst ausgewählt, vorstellen kann. Aber sie fing an zu welken. Ihr Hirt war kein Seladon, kein Pastorfido, auch kein Geßnerischer Daphnis; doch wich er dem besten Theokritischen Hirten nicht. Noch immer liebt' ihn seine Lycänion; aber er war alt.

Lycänion stand unter der Hütte, als die Mädchen mit ihrem Blumenkorb und Amorn daher gehüpft kamen. Liebe Mutter, rief Thalia:

Was wir dir für einen Vogel bringen!
Welche Locken! was für schöne Schwingen!
Und ein Mädchengesicht!
Kann er dir nur halb so lieblich singen,
Als er lieblich spricht,
O, so sahst du keinen schönern nicht!
Was wir dir für einen Vogel bringen!
Gelbe, krause Locken, goldne Schwingen
Und ein Mädchengesicht!

Venus sey uns gnädig! rief Lycänion, da sie in den Korb hinein guckte: was für einen Vogel habt ihr da! Arme Mädchen! Seht ihr nicht, daß es Amor ist?

Ja wohl ist es Amor, rief die kleine Pasithea; aber der beste, freundlichste Amor von der Welt.

Nicht der böse, ungestüme, wilde,
Der die Mädchen frißt!
Mütterchen, es ist
Ganz ein andrer, lachend, sanft und milde.
Auf den Blumen im Gefilde
Lag er schlummernd da;
Und wir banden ihn mit Blumenketten,
Eh' er sich's versah.
O, wie bat er uns! Allein wir hätten,
Als er sagte, daß er Amor sey,
Ihn nicht losgemacht, wiewohl wir drei,
Er nur einzeln war; — er mußt' uns schwören,
Eh' er seine Arme frei bekam,
Uns kein Leid zu thun und fromm zu seyn und zahm.

Und er schwor's! es war recht schön zu hören!
Und als ob wir seine Schwestern wären,
Liebt er uns und führt uns bei Cytheren,
Seiner Mutter, ein;
Und wir sollen, wenn wir artig wären,
Ihre Mädchen seyn!

Kinder, Kinder, rief die Amme — welche nicht wußte, daß ihre Pflegekinder die Töchter einer Göttin waren — ihr habt euch hintergehen lassen! So lieblich er aussieht, so schlimm ist er.

Ihr denkt, er ist ein Kind
Und süßer Unschuld voll, wie Kinder sind?
Verlaßt euch drauf! Er lockt euch nur ins Netze!
Traut seinem schmeichelnden, glatten Geschwätze:
Zu bald, zu bald gereut es euch!
Er ist der Wassernixe gleich,
Die unterm Schilf' am Ufer lauschet
Und singt ihr Zauberlied
Und, kommt ihr, sie zu sehn, euch schnell entgegen rauschet
Und euch hinab ins Wasser zieht.

Ei, ei, Mütterchen, rief Amor; was für eine Beschreibung du von mir machst! Ich bitte sehr, erschrecke mir meine lieben Mädchen nicht! Ist's billig, daß Amor es entgelten soll, wenn dir Hymen lange Weile macht? — Aber laß uns gute Freunde seyn, schöne Lycäuion! — He! Damöt, wo bist du, Damöt? — Wie gefällt dir diese junge Schäferin?

O Götter! riefen beide zugleich aus, indem sie einander

ansahen und umarmten: Bist du Licänion? Bist du Damöt? — Welche Gottheit hat uns unsre Jugend wieder gegeben? — O Amor, wir erkennen deine wohlthätige Macht! Unser Entzücken allein kann dir unsern Dank ausdrücken!

Wie gefällt Ihnen Amors Rache, schöne Danae? Stellen Sie sich selbst vor, welche Freude dieses unverhoffte Wunder verursachte.

Aber in dem nämlichen Augenblick erfolgte ein andres, welches Amorn selbst in angenehmes Erstaunen setzte. Die Hütte, worin sie waren, verwandelte sich plötzlich in eine große Laube, deren Wände und Dach aus Myrten, mit Epheu und Weinreben verwebt, dicht zusammen geflochten waren. Ringsum hingen große Kränze von frischen Rosen, in Liebesknoten gewunden, an den Wänden herab; und ein Krug und etliche geschnitzte Becher, die auf dem Tische standen, füllten sich selbst mit dem besten Weine, der sprudelnd über den Rand der Becher sich ergoß.

Amor erkannte die unsichtbare Gegenwart seiner Mutter und des schönen Bacchus, des Freudengebers. Er sah die erstaunten Grazien an. Aber wie erstaunt' er selbst, da er, wiewohl ihre Gestalt noch kenntlich blieb, die holden Mädchen zu wahren Göttinnen erhöhet sah!

Das Irdische schien wie eine leichte Hülle von ihnen abgefallen zu seyn. Namenlosen Reiz athmend, schwebten sie über dem Boden; in ihren Augen glänzte unsterbliche Jugend; Ambrosia düftete aus den flatternden Locken, und ein Gewand, wie von Zephyrn aus Rosendüften gewebt, wallte reizend um sie her.

O, laßt euch umarmen! rief Amor entzückt: meine Augen öffnen sich; die Götter erklären uns das Geheimniß eures Wesens; umarmet mich, holde Grazien, ihr seyd meine Schwestern!

Sie umarmten ihn — aber diese Scene — wenn Jemand sie malen kann, so muß es der Dichter seyn, der Pygmalions Statue beseelt und die Vergötterung der schönen Ino so göttlich gesungen hat. Ich gestehe Ihnen, Danae, daß ich hier an der Grenze meiner Fähigkeit bin.

Viertes Buch.

Die Bewohner Arkadiens in diesen Zeiten waren gute Leute, größten Theils Hirten, aber weit davon entfernt, so zärtlich und witzig zu seyn und so schöne Monologen halten zu können, als die Myrtillen und Korisken des sinnreichen Guarini.

Doch dieß wollen wir ihnen gerne zu gute halten, Danae: denn, wie sehr wir auch für die geistvolle Poesie dieses wälschen Dichters, für die Magie seines Ausdrucks und die Musik seiner Verse eingenommen sind; so können wir uns doch nicht verbergen, daß die Vermischung der arkadischen Einfalt mit der romantischen Spitzfindigkeit in Gedanken und Ausdrücken, die er seinen Liebhabern gibt, ungefähr eben die Wirkung auf uns mache, als wenn wir die künstliche Symmetrie, die in groteske Formen verschnittenen Bäume und die in einen Punkt zusammen laufenden, nach der Schnur gezogenen Hecken unsrer (ehmaligen) Lustgärten in arkadische Gegenden versetzt sehen würden;

In Gegenden, wo die Natur, vom Zwange der Regeln entbunden,
Als spielte sie nur, die großen Wunder gethan,
Wozu die Kunst noch nie den Schlüssel gefunden,

Und edel ohne Schwulst, harmonisch ohne Plan,
Den Reichthum mit Einfalt, den Reiz mit Majestät verbunden.
In stille Matten, an denen ein rieselnder Bach
Durch junge durchsichtige Büsche sich windet,
Und Wäldchen, wo der Hirt ein kühles Sonnendach,
Und Amor den Schlaf, und Begeistrung der Penseroso findet.

Allein diesen lieblichen Gegenden des schönen Arkadiens fehlt' es noch an Einwohnern, die ihrer würdig waren. Noch glichen sie jenen unvollendeten Menschen, die, von Prometheus aus geschmeidigem Thon gebildet, auf den beseelenden Funken warteten, den er für sie aus der geheimen Quelle des himmlischen Feuers im Olymp zu stehlen unternahm.

Freiheit und Ueberfluß des Nothwendigen theilte ihnen diejenige Art des Wohlstandes mit, welche die Grundlage der Glückseligkeit, aber nicht die Glückseligkeit selbst ist. Sie lebten friedsam unter einander; die Nothwendigkeit hatte ihnen sogar die edleren Begriffe von einem gemeinsamen Besten und dieses von Tugend und Verdienst gegeben; aber die Reize der verfeinerten Geselligkeit, diese kannten sie noch nicht. Ihre Jünglinge waren noch wild, ihre Mädchen blöde. Die Liebe war bei ihnen wenig mehr als die Sättigung eines thierischen Triebes; ihre Seele war noch nicht zur Idee einer feinen ausgesuchten Glückseligkeit aus der Wahl ihrer Gesellschaft (wenn ich mir einen Ausdruck von Milton eigen machen darf) erhöhet. Bei ihren Festen herrschte lärmende zügellose Fröhlichkeit, die sich oft, nach thrakaischer Weise, in Schlachten mit Bechern und Krügen und alle Mal in einem allgemeinen Rausch endigte. Denn sie kannten noch für Sterbliche und Götter selbst keine größere Wonne. Das feinere Gefühl des Schönen und Anständigen, die edlere Liebe, die allein dieses schönen Namens würdig ist, den züchtigen Scherz und das witzige Lachen und diese liebliche Trunkenheit, welche die Seele nicht ersäuft, nur sanft begeistert, sie (wie der Homerische Nepenthe) in süßes Vergessen aller Sorgen einwiegt, unfähig zur Traurigkeit macht und jeder zärtlichen Regung und schuldlosen Freude öffnet, — von allem diesem wußten die guten Leute nichts. Zwar hatten die Musen angefangen, ihnen ihre Gaben mitzutheilen; die Arkadier waren unter allen Griechen durch die Liebe zur Musik berühmt. Aber ohne die Grazien und Amorn in ihrer Gesellschaft ist es selbst den Musen nicht gegeben, die Verschönerung des Menschen zu vollenden.

So war es mit Arkadien beschaffen, als die Grazien, ehe sie mit Amorn nach Paphos, dem Sitz ihrer schönen Mutter, zogen, den lieblichen Gegenden, wo ihre Kindheit in ländlicher Einfalt und Unwissenheit ihrer selbst dahin geflossen war, die ersten Wirkungen ihrer neuen Macht zurücklassen wollten.

Ein alter König in Arkadien hatte Wettspiele der Schönheit, aber nur für die Jünglinge, angeordnet; und der Tag dieser Wettspiele stand bevor.

Warum schließen wir unsre Mädchen von einem Streit aus, der sie zum wenigsten so nahe angeht, als uns? — sagte Damöt zu seinen Landsleuten.

Du hast Recht, antworteten die Arkadier: die Mädchen sollen zu gleicher Zeit um den Preis der Schönheit streiten, — und aus des schönsten Jünglings Hand soll das schönste Mädchen einen Kranz von jungen Rosen, das Zeichen des Sieges, empfangen, sprach Damöt.

Nichts konnte einfältiger seyn, als dieser Gedanke Damöts; und doch hatte ihn noch Niemand gehabt. Sie wissen, Danae, daß dieses die allgemeine Geschichte der Erfindungen ist.

Aber auch Damöt würde ihn nicht gehabt haben. Die Grazien waren es, die ihn unbemerkt auf seine Lippen legten; und die Grazien waren es, welche die Arkadier so bereit und einstimmig machten, ihn auszuführen.

Die Nachricht von diesen neuen Wettspielen weckte die arkadischen Schönen auf ein Mal wie aus einem tiefen Schlummer auf.

Bisher waren sie, wie Winkelmann von der Diana sagt, schön gewesen, ohne sich ihrer Reizungen bewußt zu seyn; oder, noch richtiger zu reden, ihre Schönheit hatte noch keine Reizungen.

Wenn, wie es oft geschah, an Festen zum Exempel,
In einem heil'gen Hain (denn Tempel
Gab's nicht in diesem Schäferland)
Die schöne Welt sich bei einander fand,
Stieg unter hunderten nicht einer jungen Dirne
　　Der Einfall auf: Gefall' ich oder nicht?
　　Gefiel sie — gut! so hatt' ihr fein Gesicht,
Der rothe Mund, die weiße freie Stirne,

Die schöne Brust, dieß oder das, daran
Die Schuld; sie hatte selbst zur Sache nichts gethan.
Die Mädchen wußten nicht, daß große schwarze Augen
Zu etwas mehr, als in die Welt hinaus
Einfältiglich dadurch zu gucken, taugen;
Nicht, wie man einen Blumenstrauß
Mit Vortheil an den Busen stecket,
Damit, durch eine kleine List,
Die Hälfte, die er nicht bedecket,
Mehr als das Ganze ist.

Aber nun gingen ihnen plötzlich die Augen auf. Der Wunsch, zu gefallen, hob jeden Busen und strahlte aus jedem Auge. Einzeln schlichen sie sich jetzt in stille Gebüsche, an überschattete Bäche oder in Grotten, wo herab murmelnde Quellen in spiegelhelle Brunnen sich sammelten. Dort beschaueten sie sich selbst, dort schminkten sie sich, wie Hagedorns ländliche Dirne, aus der silbernen Quelle und versuchten, wie sie den Blumenkranz aufsetzen wollten, damit er ihnen am besten lasse, und überlegten, wie sie mit guter Art diese Schönheit hervorstechen lassen oder jenen Fehler verbergen könnten.

Unter allen diesen Schäferinnen hatte keine mehr Anspruch an den Preis der Schönheit zu machen, als Phyllis, eine junge Unempfindliche, welche das Vergnügen, zu gefallen, weniger als irgend eine von ihren Gespielen zu kennen schien. Der junge Daphnis, so schön und blöde, als Phyllis schön und unempfindlich, liebte sie. Schon zwei Sommer schlich er ihr nach. Tausend Mal hatte er sich ihr mit dem Vorsatze genähert, seine Liebe zu entdecken; aber noch nie hatte er den Muth in sich gefunden, ihn auszuführen.

Oft hatte zwar sein Blick die kühne That gewagt,
Oft Seufzer, Thränen oft, die ihm ins Auge drangen,
Sein stummes Leiden ihr geklagt:
Allein was konnte das bei einem Kind verfangen,
Dem die Natur noch nichts für ihn gesagt?

Jetzt wurde Phyllis von ihm überschlichen, da sie allein am Rand einer Quelle saß.

Sie saß auf Blumen und Moos,
In schönen Gedanken verloren.
Ein frischer Roth, als Auroren
In junger Rosen Schoß
Entgegen glänzt, umzog ihr liebliches Gesicht.
Sie schien zum ersten Mal zu fühlen,
Und sah — ganz Auge — nicht
Den Hirten; nein, die schönen Augen zielen
Nach einem Ast, wo unverhüllt
Vom jungen Laub, zwei sanfte Täubchen spielen,
Der schönen Liebe schönstes Bild!

Schon eine Weile stand der junge Hirt, die Augen an die ihrigen geheftet, hinter dem leichten Gebüsche, und Amor, der unsichtbar neben ihm schwebte, haucht' ihm Gedanken ein, über die er, als hätt' er gefühlt, daß sie nicht sein eigen waren, sich zu verwundern schien. Jetzt, dacht' er, jetzt,

Da ihrer Wangen Glut, die wallende Bewegung
Der sanften Brust, des Herzens innre Regung
Verräth; jetzt, da sie sich
Betroffen fragt: Wie ist mir? Was bedeutet
Der süße Schmerz, der mich
Zu seufzen zwingt? — Jetzt, Daphnis, zeige dich!
Jetzt ist sie, dich zu hören, vorbereitet!

Der junge Daphnis gab den geheimen Eingebungen des kleinen Gottes nach. Aber seine Blödigkeit war zu groß, um auf ein Mal zu weichen.

Er tritt hervor, mit vieler Sorgfalt zwar,
Damit sein Anblick sie zu sehr nicht überrasche;
Er fingert lang' an seiner Schäfertasche,
Stets lauter, sumst ein Lied und hustet endlich gar.

Alles umsonst! In ihre Gedanken vertieft, sah und hörte die schöne Phyllis nichts.

Eine kleine Ungeduld wandelte den Sohn der Venus an. Was zögerst du? flüstert' er ihm ein; zu ihren Füßen wirf dich! — Und mit einem kleinen Stoß, den ihm Amor gab, lag Daphnis, ohne selbst zu wissen wie, zu ihren Füßen.

Erschrocken schauert sie in sich hinein, will fliehn
Und bleibt im Fliehn am Boden kleben.
Er klagt und klagt so schön, daß ihn
Zu hassen, klagt so schön, daß ihm nicht zu vergeben
Nichts Leichtes war. —

Pasithea, die jüngste von Amors Schwestern, war dem schwärmenden Bruder unsichtbar nachgefolgt. Und jetzt, da, von Amorn angetrieben, der schöne Hirt die Kniee des bebenden Mädchens mit zärtlichem Ungestüm umfaßte, jetzt glaubte die Grazie, daß es Zeit sey, ihrer ehemaligen Gespielin beizustehen. Von ihrem sanften Anhauch glitschte eine zarte Flamme von schönem Unwillen aus den seelenvollen Augen des Mädchens, die über ihr ganzes reizendes Gesicht einen höhern Glanz verbreitete. Mit dem Stolze der Unschuld, aber mit bebender Hand, stieß sie den Jüngling zurück. Denn beinahe in dem nämlichen Augenblicke zerfloß ihr kleiner Unwille in Mitleiden und Liebe.

Amor schien alle seine Macht aufzubieten, um den jungen Hirten verführerisch zu machen.

Das Mädchen blickt erstaunt auf ihn
Und wundert sich, noch nie bemerkt zu haben,
Wie schön er ist, wie seine Wangen blühn,
Die krausen Locken, schwarz wie Raben,
Und schwarz sein Aug', und seinem runden Kinn
Von Amorn selbst ein Grübchen eingegraben.
Wie viel, sonst ungesehn, sieht jetzt die Schäferin!
Ihr Auge schmilzt in immer sanftre Blicke;
Es war des Hirten Schuld, wenn er von seinem Glücke
Die Zeugen nicht in ihnen schwimmen sah.
Unschlüssig zieht sie die Hand von seinem Kusse zurücke,
Und selbst ihr Weigern lächelt — Ja!

Noch niemals war eine Schäferin in Arkadien so reizend gewesen; und noch kein Schäfer hatte empfunden, was der Jüngling empfand: die feurigste Liebe, von der zärtlichsten Ehrerbietung gefesselt. Unfähig, ihre liebenswürdige

Schwachheit zu mißbrauchen, schien er keine größere Wonne zu wünschen, noch zu kennen,

Als einen Blick, der ihm Gefühl gestand,
Und einen Kuß auf ihre schöne Hand.

Ich habe nicht nöthig, Ihnen zu sagen, Danae, daß man so liebt, wenn die Grazien mit Amorn die Herrschaft über unsre Herzen theilen.

Endlich darf ich hoffen, sagte Daphnis, daß Amor durch meine geheimen Thränen, durch die verhehlten Schmerzen zweier trauriger Jahre versöhnt ist! Täuscht mich eine betrügliche Hoffnung, Phyllis? — O, dann laß mich, süßer Gott der Liebe, laß mich nie aus diesem beglückenden Traum erwachen!

Ein zärtlicher Blick und ein sanfter Druck seiner Hand gaben ihm die Antwort des gerührten Mädchens.

Aber, ach, Phyllis, der morgende Tag! Alle unsre Jünglinge wirst du versammelt sehen. Alle werden nur dir, nur dir gefallen wollen. Wie liebenswürdig wird sie dieß Verlangen machen! Was wird, ach Phyllis, was wird dann aus deinem Daphnis werden?

„Und du, Daphnis, du wirst alle unsre Mädchen versammelt sehen. Jede wird sich selbst für die Schönste halten, wenn sie dir gefällt, und jede wird es zu seyn wünschen und Amorn heimlich Gelübde thun. Ich werde mich schüchtern hinter sie verbergen und nicht Muth haben, die Augen aufzuheben. Daphnis, werden dann die deinigen mich suchen und, wenn sie mich gefunden haben, mir sagen, daß du mich noch liebest?"

Die Antwort eines zärtlichen Liebhabers auf einen solchen Zweifel ist etwas zu Bekanntes, Danae, als daß ich Sie damit aufhalten sollte.

Der gewünschte und gefürchtete Morgen war nun gekommen. Die Jünglinge und die Alten versammelten sich am Fuß eines Hügels, der in sanften Stufen wie ein Amphitheater sich erhob, oben mit hohen Bäumen bekränzt, hinter welchen die aufgehende Sonne hervorbrach. Sechs alte Arkadier, deren geübtes Auge noch scharf genug sah, jede Schönheit zu fühlen und keinen Fehler unbemerkt zu lassen, nahmen als Richter ihren Platz; und die Jünglinge begannen den Streit mit einem bewaffneten Reihentanze. Sie tanzten um die Bildsäule des schönen Hyacinth, des Amykliden, welchen Apollo geliebt hatte: ein Werk alter Kunst, aber schön genug, um das Modell einer tadellosen männlichen Schönheit zu seyn. Selbst ein Phidias oder Polyklet konnte sich nur den Apollo unter den Musen oder den jungen Bacchus schöner denken.

Kaum war der Tanz mit einem Lobgesang auf den delphischen Gott und seinen Liebling geendiget, so sah man die schöne Jugend in die Wette sich entwaffnen und entkleiden; jeder begierig, durch seine Eilfertigkeit zu zeigen, daß er keine Ursache habe, das strenge Auge der Richter zu scheuen. Ein schöner Anblick unverdorbner Natur und blühender ungeschwächter Jugend, in welcher der schöne Umriß des jugendlichen Alters, mit den Merkmalen der Stärke vereinbart und erhoben durch den warmen Glanz einer von frischen Rosen durchglühten Weiße, das beobachtende Auge so angenehm rührte, daß es schwer war, kalt genug zu bleiben, um Mängel in einzelnen Formen oder Theilen zu entdecken.

Neue Tänze, mit Wettspielen im Ringen und Laufen und allen andern Uebungen abgewechselt, welche geschickt sind, die Eigenschaften einer schönen Bildung zu entwickeln, gaben den Richtern Gelegenheit, ihr Urtheil festzusetzen; und oft waren kleine Ausrufungen, welche der Anblick einer vorzüglich schönen Stellung ihrem richterlichen Kaltsinn abnöthigte, die Vorboten des Ausspruchs, der auf ihren Lippen schwebte.

Die Gewohnheit befahl, aus allen diesen Nebenbuhlern um den Preis Vier zu erwählen, welche für die Würdigsten geachtet wurden, um den Vorzug zu streiten, wer unter ihnen dem Liebling des Apollo am nächsten komme. Alles, was diese Vier zu thun hatten, war, sich zwei und zwei zu beiden Seiten seiner Bildsäule in der nämlichen Stellung den Augen der Richter unbeweglich darzustellen.

Die Stimmen wurden gesammelt, und Daphnis erhielt den Preis.

Der erröthende Jüngling wurde gekrönt; und so groß war bei diesem glücklichen Volke die Liebe der Schönheit, daß unter allen Besiegten nicht Einer war, der sich durch den Vorzug des Siegers für beleidigt gehalten hätte. Ein lautes Freudengeschrei rief seinen Namen aus, und der Wiederhall brachte ihn bis in die Gegend, wo, durch einen den Nymphen geheiligten Hain abgesondert, die Mädchen unter der Aufsicht ihrer Mütter versammelt waren, um einen

Preis zu streiten, den jede wünschte und keine zu verdienen hoffte.

Vertheilt in kleine Gruppen, stunden
Die holden Mädchen schüchtern da,
Und unter so vielen ward keine gefunden,
Die nicht von jeder Gespielin sich übertroffen sah.
Ein leichtes weißes Gewand,
Mit künstlichen Blumen bemalet
Von ihrer eigenen Hand,
Schien um sie her zu weben
Und stahl dem Auge nicht den lieblichen Contour.
Es glich dem Schatten nur,
Wodurch die Apellen den Reiz der schönsten Theile heben
Und Feuer und täuschendes Licht dem schönern Ganzen geben.
Ein Theil der Locken floß
Die schönen Schultern herab, ein Theil war aufgewunden,
Der Busen halb verhüllt, die schönen Arme bloß,
Und, nymphenmäßig, ein Theil der Kleidung aufgebunden.

Unter die übrigen Schäferinnen hatten sich auch die Grazien gemischt, aber, um noch unerkannt zu bleiben, in ihrer vorigen Gestalt und Tracht; welche gleichwohl nicht verhindern konnte, daß nicht ein Schimmer von Göttlichkeit und der unbeschreibliche Reiz, der ihr ganzes Wesen ausmacht, alle Augen mit stiller Bewunderung auf sie geheftet hätten. „Wie reizend die Töchter der Lycänion sind! sagte eine zur andern — mich däucht, daß ich sie noch nie so schön gesehen habe. — Kannst du glauben, Aegle, daß du mir in diesem Augenblick schöner vorkamst, da dich Thalia anlächelte? — Für wen werden unsre Hirten Augen haben als für sie?“

Ich fühl' es (sagte Phyllis zu Aglajen und umarmte sie) ich fühl' es, indem ich dich ansehe, nur die Göttin der Liebe könnte dir den Preis zweifelhaft machen; und doch kann ich nicht satt werden, dich anzusehen, und das Vergnügen, das ich dabei empfinde, wird durch keine Unlust, übertroffen zu seyn, beschattet. Umarme mich, liebenswürdige Aglaja! Sage mir, du liebest mich, wie ich dich liebe!

Aglaja umarmte sie und heftete einen Blick auf sie, aus welchem die Grazie ganz hervor glänzte.

„Welch ein Blick war dieß! — rief die junge Schäferin mit dem Ausdruck eines süßen Erstaunens im Gesicht und im Ton ihrer Stimme. Aber — ach! was wird aus deiner armen Phyllis werden?"

Was fürchtest du, meine Liebe?

„Ich fürchte dich, und in eben dem Augenblick fühl' ich, daß ich dich unaussprechlich liebe."

Was für eine Sprache, meine Freundin! Du fürchtest mich?

„Ach, Aglaja! Ich will dir meine ganze Schwachheit gestehen! dein Anblick läßt keinem Mißtrauen, keiner Zurückhaltung Platz. — Ich liebe" — sagte das erröthende Mädchen, indem sie ihr Gesicht in dem Busen der Grazie verbarg.

Und wie sollte dich der nicht wieder lieben, den du liebest?

„Er liebte mich, Aglaja; ich bin es gewiß, er liebte mich. Aber, wenn er dich sehen wird! — Ach, liebste Freundin, ich fühl' es voraus, ich werde unglücklich seyn; und doch kann ich dich nicht weniger lieben! Er wird dich sehen und beim ersten Blick vergessen, daß eine Phyllis ist, die er liebte, und die ihr allzu weiches Herz gegen seine Thränen nicht verhärten konnte. Und — auch du, Aglaja, auch du wirst ihn lieben! Wie solltest du nicht? Er ist der schönste, der sanfteste unter allen Hirten!"

Fürchte nichts, liebe Phyllis! sagte die Grazie: wenn ich auch so gefährlich wäre, als die Furchtsamkeit der Liebe dich bereden will, deinem Hirten werd' ich, so bald er dich ansieht, nur ein gewöhnliches Mädchen seyn. In den Augen der Liebe ist nur das Geliebte schön.

„Vergib mir, liebste Freundin; mein eignes Herz sagt mir — und ich bin doch ein Mädchen — was das seinige fühlen wird, wenn du ihn mit einem solchen Blick ansehen würdest, wie du mich jetzt ansahest. Verachte mich nicht, daß ich so schwach bin, beste Aglaja! aber — wenn ich dich etwas bitten dürfte —"

Alles, was das Herz meiner sanften Gespielin beruhigen kann!

„Ach! es war eine alberne Bitte. Du kannst sie mir nicht gewähren. Nicht so reizend zu seyn, wollt' ich dich bitten, nicht so sehr einnehmend, so sehr rührend zu seyn, wie du bist. Aber wie könntest du?"

Sey ruhig, liebe Phyllis! — Sie kommen. — Besorge nichts! Bald wirst du sehen, wie vergeblich deine Sorge war. — Hier entschlüpfte die Grazie aus ihren Armen.

Musik und Gesänge verkündigten die Ankunft der Hirten. Mit Rosen bekränzt, kam der schöne Daphnis, gleich dem Apollo, wenn er, die goldne Leier in der Hand, vom Pindus herab steigt; von der blühenden Schaar der Jünglinge begleitet, kam er den sanften Hügel herab, der in die Ebne hinab führte, wo die Mädchen versammelt waren.

In einem weiten Kreise setzten sich die Väter und die Mütter paarweise auf der Anhöhe, welche die Wiese wie ein halber Mond umgab.

Die Jünglinge standen oder saßen am Fuße des Hügels; der schöne Daphnis in ihrer Mitte, den Kranz von Rosen in der Hand, der das schönste Mädchen krönen sollte; und die drei Jünglinge, die schönsten nach ihm, an seiner Seite.

Es war verordnet, daß diese drei eben so viele unter den Mädchen auswählen sollten, und zwischen den Ausgewählten sollte Daphnis den Ausspruch thun. Denn der selbst Schöne ist, wie Jupiter beim Lucian sagt, der natürliche Richter der Schönheit. Diejenige, welcher er den Kranz um die Stirne legen würde, sollte für die Schönste erkannt werden.

Der Herold rief eine allgemeine Stille aus, und nun begann der Tanz der Schäferinnen.

„Und die Grazien tanzten mit?" fragen Sie, Danae. Ja, sie tanzten mit.

„Die armen Schäferinnen! Der Streit war gar zu ungleich! Was für Ehre konnt' es den Grazien machen, sterbliche Mädchen, einfältige arkadische Schäferinnen auszulöschen?"

Sie irren sich, Danae; das thaten die Grazien nicht. Sie bewiesen ihr Daseyn vielmehr durch die Reizungen, welche sie mittheilten, als durch ihre eigenen. Sie dachten weniger daran, selbst zu gefallen, als zu machen, daß ihre Gespielen gefallen mußten.

Eine unruhige Bestrebung, gefallen zu wollen, ist das sicherste Mittel, seines Zweckes zu verfehlen.

Durch den geheimen Einfluß der Grazien ergoß sich ein allgemeiner Geist von Wohlwollen und sanfter Fröhlichkeit über diese jungen Schönen aus. Ohne Eifersucht, ohne Begierde, vor andern bemerkt zu werden, schien eine jede stolzer auf die Reizungen ihrer Gespielen, als auf ihre eigenen zu seyn.

Gestehen Sie, Danae, daß die Grazien hier ein Wunder wirkten!

Ihr Tanz schien die unvorbereitete Eingebung einer naiven Freude, welche ihren Füßen und Armen Seelen gab oder vielmehr durch alle ihre Bewegungen eine gemeinschaftliche Seele hauchte.

So tanzen, umschattet von flatternder Gase,
Am Fuße des Cynthus, auf kurzem, sammtnem Grase,
Die Nymphen um ihre Gebieterin her;
So sieht der alte Vater Homer
Latonens Tochter mit euch, ihr Charitinnen,
Und mit den Musen im delphischen Hain
Zum schönsten Gesang den schönsten Reigen beginnen.

Die Einbildung konnte sich nichts Angenehmeres dichten, als dieses Schauspiel war.

Die Augen schwammen, ergetzt, befriedigt, trunken von Lust,
Auf schönen Formen dahin, vergaßen sich im Schauen
Und irrten von Reiz zu Reiz, von schwarzen Augen zu blauen
Und von der reifen Brust,

Die, vollen Trauben gleich, zum Pflücken winkt,
Zu jener hin, die, wie ein Lilienbeet,
Von Amors Hauch zum ersten Mal gebläht,
In schönen Wellen steigt und sinkt.

Bei solchen Scenen war's, wo in den goldnen Zeiten
Der Kunst (die jetzt aus Schutt sich Muster graben muß)
Den Zeuxis und Parrhasius
Die schöne Menschheit sich von ihren schönsten Seiten
Zu sehen gab. Hier füllten sie
Das Magazin der Phantasie
Mit Stoff zu Göttern an und hatten nur zu wählen;
Den Bienen gleich, die auf der bunten Flur
Den schönsten Blumen nur die süße Beute stehlen.
Hier lernten sie der willigen Natur
Das Handwerk nicht, ihr ängstlich nachzuäffen,
Nein, das Geheimniß ab, sie selbst zu übertreffen.

Die Grazien hatten, wie gesagt, alle Vorsicht angewandt, ihre Gottheit zu verbergen; aber die Verkleidung in Schäferinnen konnte nicht verhindern, daß sie nicht noch immer die reizendsten unter allen ihren Gespielen schienen. Sie würden es

Selbst in dem gothischen Wulst
Der Dame Quintagnone

geblieben seyn. Was Wunder also, daß, wie es nun dazu kam, daß die erste Wahl geschehen sollte, die drei Jünglinge in einem Augenblick einig waren, Lycänions Töchter auszurufen? Jedermann billigte diese Wahl mit sanftem Händeklatschen; und unter so vielen Müttern, welche zugegen waren, fand sich nicht eine, welche den Vorzug, der Lycänions Töchtern vor ihren eigenen gegeben wurde, nicht mit Vergnügen anerkannt hätte.

Nur Daphnis, welcher jetzt unter diesen Dreien die Schönste krönen sollte, Daphnis allein stand in unschlüssiger Verwirrung da und suchte mit Augen voller Unruhe — seine Phyllis.

Das arme Mädchen! Sie ward es nicht gewahr; woher hätte sie den Muth, die Augen aufzuheben, nehmen sollen? Sie hatte keinen Wunsch, die Schönste zu seyn, als in ihres Daphnis Augen. Aber, wie konnte sie dieß hoffen, da er Lycänions Töchter, da er Aglajen, von lauter Reizen schimmernd, vor sich sah?

Lange hatte Daphnis gezögert; alle Augen waren auf ihn geheftet, und die Erwartung schwebte auf den halb geöffneten Lippen. Endlich trat er hervor. Wie schön seyd ihr, holde Schwestern! sprach er zu den Grazien: wahrlich, je mehr ich euch betrachte, keinen sterblichen Mädchen gleich! Es ist unmöglich, unter euch zu wählen. Aber — vergebet mir, wenn mich Amor gegen eure Vorzüge ungerecht macht!

Hier sah er sich wieder nach Phyllis um. Dieses Mal begegnete sein Blick dem ihrigen, und, o! wie viel Liebe, welche rührende Angst las er in ihren Augen! In jedem glänzte eine zurück gehaltene Thräne. Wär' er auch unentschlossen gewesen, so hätte ihn dieser Anblick fähig gemacht, sich dem Zorne der Venus selbst um ihrentwillen auszusetzen.

Vergebet mir, schöne Schwestern, rief er, und ihr Schäferinnen alle, deren jede werth ist, von Amorn gekrönt zu werden — ich liebe — und wie sollte sie, die ich liebe, nicht die Schönste in meinen Augen seyn? — Mit diesen Worten flog er der erröthenden Phyllis zu und wollte den Kranz auf ihre Stirne setzen. In Freudethränen verwandelt, schlichen die Thränen, die in ihren Augen standen, die glühenden Wangen herab. — Nein, Daphnis, sprach sie, dieß ist zu viel! Dein Herz, ja, dieß verdien' ich, und dieß ist Alles, was ich wünsche. Der Kranz gehört Aglajen zu!

Allgemeine Aufmerksamkeit war auf diese Scene geheftet; aber bald wurde sie von einem unerwarteten Wunder verschlungen.

Amor zeigte sich auf einer goldnen Wolke, von Zephyrn getragen; Gerüche von Ambrosia walleten, wie leichte Nebel, von ihr herab. Der irdische Schleier, den die Grazien um sich geworfen hatten, fiel von ihnen ab. Leicht schwebend erhoben sie sich in ihrer eigenen Gestalt, wahre Göttinnen, vom Boden zu Amorn auf.

Süßes Schrecken und allgemeines Entzücken kam über die ganze Versammlung. Daphnis und Phyllis warfen sich zur Erde. Der bebende Jüngling wollte reden — aber Amor unterbrach ihn, mit Worten, von deren Ton die Herzen schmolzen: Du hast meine Macht vor dieser ganzen Versammlung gerechtfertiget, junger Hirt! Du verdienst glücklich zu seyn; und wenn alle Gaben, welche Amor und seine Schwestern über Liebende auszugießen vermögen, euer Glück vollkommen machen können, so soll euch nichts zu wünschen übrig bleiben. — Und ihr, Jünglinge und Mädchen, höret Amors Gesetz! Vergebens würd' es seyn, künftig um den Preis der Schönheit zu streiten. Jede Schäferin sey zufrieden, in den Augen ihres Hirten die Schönste zu seyn!

Amor hatte noch nicht ausgeredet, als plötzlich ein kleiner Hain voll aufblühender Rosen unter ihm empor stieg. Alle Jünglinge liefen hinzu und pflückten Rosen, und jeder kränzte die Haare seines Mädchens.

Und nun, rief Aglaja, an die Arme ihrer schönen Schwestern angeschlungen, mit dem Lächeln und der Stimme der schönsten unter den Grazien herab, höret auch mich, ihr, einst meine holden Gespielen! Niemals werden euch die Grazien verlassen! Oft werden wir an Sommerabenden uns in eure frohen Tänze mischen; zwar euern Augen unsichtbar; aber an einem sanften Beben der Brust, an einem höhern Gefühl der seligen Triebe der Liebe und des Vergnügens, einander glücklich zu sehen, werdet ihr unsre Gegenwart erkennen! Feiert, Töchter Arkadiens, künftig diesen Tag! Er sey einem Wettstreit in jeder weiblichen Tugend heilig! Und nur diejenige, welche die Beste ist, erhalte den Preis der Schönheit!

Auf ein Mal entzog sich das himmlische Gesicht den entzückten Augen, die noch lange weit offen empor schauten, seine Spuren in der ambrosischen Luft zu suchen. Ueberall wuchsen Rosengebüsche, wo der Fuß der Grazien den Boden berührt hatte, und Myrtenhecken und Lauben von Jasmin schnell empor. In dieser Gegend, die ein andres Paphos schien, richteten die Arkadier den Grazien einen Altar auf. Freude und Eintracht und Liebe und Unschuld herrschten unter diesen Glücklichen, so lange sie sich des Schutzes der Liebenswürdigsten unter den Unsterblichen würdig erhielten; und so oft die Rosen blühten, wurde das Fest der Grazien gefeiert.

Fünftes Buch.

Ohne den Beistand der Charitinnen ist die Schönheit, was Pygmalions idealisches Bild war, eh' es zu athmen und zu empfinden anfing. Alles, was sie für sich allein thun kann, ist, den Wunsch, sie beseelt zu sehen, einzuflößen. Wenn man dieß Liebe nennen will, so mag es immer Liebe seyn. Aber was ist dieß gegen jene unbeschreibliche Süßigkeit, womit die Grazie sich in die Herzen hinein schmeichelt, gegen jene geistigen, unauflöslichen Fesseln, mit denen sie die Seelen an sich zieht, jenen unbegreiflichen Zauber, dessen Quelle und seltsame Wirkungen der reizend schwärmende Petrarca aus seiner Erfahrung so unübertrefflich besungen hat?

War es etwa die körperliche Schönheit seiner geliebten Feindin (wie er seine Laura zu nennen pflegt), oder waren es nicht

> diese Augen, aus denen Amor Süßigkeit und Anmuth ohne Maß zu regnen schien; — war es nicht dieses Lächeln, welches einen Wilden hätte in Liebe zerschmelzen können, — aus welchem eine selige Ruhe, die keinem Schmerze Raum ließ, derjenigen ähnlich, die man im Himmel genießt, in die Seele herab stieg; — dieses reizende

Erblassen, welches (beim Anblick seiner Qual) ihr süßes Lächeln mit einer verliebten Wolke bedeckte; — dieser Gang, nicht der Gang einer Sterblichen, sondern eines himmlischen Wesens, und diese Worte, in deren Klang eine mehr als menschliche Lieblichkeit war, — mit *einem* Worte, war es nicht diese (in dem süßen Irrthum eines Verliebten) ihr allein eigene und sonst nie gesehene Anmuth,

was die schöne Seele dieses *Platons der Dichter* in einen so außerordentlichen, so ekstatischen Zustand setzte, daß er Dinge fühlte und phantasirte und sang und that, die vor ihm in kein menschliches Herz gekommen waren und nach ihm nur der kleinen Zahl empfindungsvoller Seelen, die jemals etwas Aehnliches erfahren haben, verständlich seyn können?

Sie kennen die Lieder dieses liebenswürdigen Schwärmers zu gut, schöne Danae, daß Ihnen nicht zwanzig andere Stellen beifallen sollten, welche dieses bestätigen. Es ist wahr, er spricht an mehr als *einem* Orte von der körperlichen Schönheit seiner Geliebten mit genugsamer Empfindung, um das Lächerliche einer bloß intellectualen Leidenschaft zu vermeiden. Aber nur die *Schönheit ihrer Seele* und *die Grazien*, die diese über Alles, was sie sagt und thut, ausgießt, sind (wie er sich ausdrückt) *die Zauberer, die ihn verwandelt haben.*

Die Mutter der Liebe und der Grazien, sie, in welcher die griechischen Musen den höchsten Begriff der Schönheit zu verkörpern gesucht haben, läßt sich zwar nicht ohne eigenthümlichen Reiz denken; aber es ist dieser hohe Reiz, der (wie unser Winkelmann sagt) mehr mit den Augen des Verstandes unmittelbar erblickt, als durch Hülfe der Sinne empfunden werden kann.

„Wissen Sie auch, mein Herr, daß Sie und Ihr Winkelmann wirklich ein wenig schwärmen, um nicht ein härteres Wort zu gebrauchen? — Ein Reiz, der an einer körperlichen Gestalt — idealisch oder nicht — mit dem Verstande unmittelbar erblickt werden soll, welch eine Forderung! Und wie sollen wir uns überreden lassen, Ihnen ein solches Anschauungsvermögen zuzugestehen, mit dessen Hülfe Sie in jedem Gegenstande sehen könnten, was Sie wollten, ohne daß uns andern Sterblichen erlaubt wäre, mit Beihülfe der Augen unsers Leibes zu untersuchen, ob die Augen Ihres Verstandes recht gesehen hätten?"

Soll ich Ihnen die Wahrheit gestehen, Danae? Ich besorge selbst, Sie haben Recht. Aber es gibt Augenblicke, wo ich diese hohe unkörperliche Grazie (welche, wenn ich nicht irre, Winkelmann zuerst von den Grazien im gewöhnlichen Verstande unterschieden hat) wirklich zu empfinden glaube. Diese Empfindung ist so fein, so geistig, daß sie mich vielleicht betrügen könnte; aber ich kann doch, Alles wohl überlegt, selbst dem bescheidenen Geiste des Zweifels, den ich aus der sokratischen Schule geerbt habe, nicht so viel einräumen, daß ich seinen Bedenklichkeiten die Gewißheit meiner Empfindung aufopfern sollte.

Doch dem mag seyn, wie Sie wollen; dieß wenigstens geben Alle, von denen wir unsre Nachrichten aus der

Götterwelt empfangen, zu, daß Venus die Grazien von dem Augenblicke an, da Amor sie nach Paphos brachte, zu ihren vertrautesten und unzertrennlichsten Begleiterinnen gemacht habe. Nicht aus einem geheimen Mißtrauen in sich selbst (erlauben Sie mir, Danae, auf einen Augenblick diesen Rückfall in meine Grille), sondern um sich zu der Fähigkeit sinnlicher Wesen herab zu lassen, bediente sie sich der Hülfe der Grazien, wenn sie sterblichen Augen sichtbar werden wollte. Von den Grazien gebadet und mit Ambrosia gesalbt und ausgeschmückt und mit dem berühmten Gürtel umgeben, in welchen von den Händen ihrer lieblichen Töchter jeder anziehende Reiz und zärtliches Verlangen und das süße Liebkosen, das den Weisen selbst das Herz nimmt, eingewebt war, ging sie, sich dem Urtheil des Paris auf Ida auszustellen, ihres Sieges über die Schönsten unter den Göttinnen gewiß; — und an die Grazien angelehnt stand sie, als Adonis zum ersten Mal in den reizenden Gebüschen sie erblickte, welche in spätern Zeiten unter dem Namen Daphne den Göttern der Freude und den Musen gewidmet wurden.

Unwiderstehlich schön stand sie in Rosenschatten,
An ihre Grazien gelehnt
Und, Lilien gleich, die sich mit Veilchen gatten,
Durch sanftern Reiz verschönt.
Er blieb, in himmlischer Wonne verloren,
Schwebend, sprachlos, halb vergöttert stehn:
Denn, seitdem das Meer die Lust der Welt geboren,
Hatte noch kein Gott so reizend sie gesehn.

Auch in den Olympus begleiteten die Grazien ihre Mutter, und nun konnte kein Götterfest ohne ihre Gegenwart mehr vollkommen seyn. Die Götter selbst, deren Sitten uns Homer nicht immer so fein und polirt vorstellt, als man von Göttern billig erwarten sollte, änderten sich durch den geheimen Einfluß der Charitinnen gar sehr zu ihrem Vortheile. Sie brachen nicht mehr in ein unauslöschliches Gelächter aus, wenn der ehrliche hinkende Vulcan, um einem Hader zwischen seinem Vater und seiner Mutter ein Ende zu machen, mit wohlgemeinter, wiewohl possirlicher Geschäftigkeit die Stelle des Mundschenken vertrat; und Jupiter drohte seiner Gemahlin nicht mehr, daß er ihr Schläge geben oder sie, mit einem Amboß an jedem Fuße, zwischen den Wolken aufhängen wollte. Juno wurde die angenehmste Frau, Jupiter der gefälligste Ehemann und die Götter überhaupt die beste Gesellschaft von der Welt.

Minerva, welche sonst die Philosophin machte
Und, wenn die ganze unsterbliche Schaar
Bis auf den Momus selbst bei guter Laune war,
In einem Winkel saß und Hypothesen erdachte,
Ließ jetzt zuweilen doch der hohen Stirne Ruh'
Und sah dem Tanz der Musen und Grazien zu.
Die alte Vesta sogar, die (wie Homer erzählet)
Den edeln Jungfernstand
Zu ihrem Theil' erwählet
Und sonst an jedem Spiel viel Aergerliches fand,
Soll mit den Grazien und mit Amorn und dem Knaben,
Den Jupiter sokratisch liebt und küßt,

Oft blinde Kuh gespielet haben:
Ein Spiel, das in der That die Unschuld selber ist.

Die Grazien sind lauter Gefälligkeit. Sollten sie nicht, um die Stirne der guten alten Vesta zu entrunzeln, sich auch zu Kinderspielen herunter lassen?

Die Sympathie, welche zwischen liebenswürdigen Wesen eine Freundschaft stiftet, die in ihrem ersten Augenblick alle Stärke eines reifen Alters hat, machte aus den Musen, den Töchtern Jupiters und der Harmonie, und aus den Grazien die vertraulichsten Gespielen. Die ersten konnten nicht anders als unendlich viel dabei gewinnen; ihre Ernsthaftigkeit hatte es wohl vonnöthen, durch die Anmuth der letztern gemildert zu werden.

Die Gesänge, welche sie ihren Günstlingen eingaben, hatten nun nicht bloß erhabene und die menschliche Schwachheit übersteigende Gegenstände, die Vermählung des Chaos mit der alten Nacht, den Ursprung der Götter und der Welt und die Wanderungen der Seele, zum Gegenstande; sie hielten es nun für ein edles und wohlthätigen Gottheiten sehr anständiges Geschäft, auch die Freuden der Sterblichen zu verschönern.

Nicht den Orpheen nur, nicht nur den Amphionen,
Auch den Sappho's und Anakreonen
Hauchten sie, bei Lieb' und süßem Wein',
Unter Rosen sanfte Lieder ein.
Wenn zwischen jungen Dirnen,
Aus denen Freude glänzt,

Die heiterste der Stirnen
Mit Myrt' und Ros' umkränzt,
Der alte Tejer scherzt' und lachte
Und fröhlich, wie Silen, die Jugend neidisch machte:
Waren's oft die Grazien und Musen,
Die mit freiem Haar' und offnem Busen
Hand in Hand um ihren lieben Alten
Tanzten zu der goldnen Leier Klang
Und ihm jedes Lied mit einem Kuß vergalten,
Das er Amorn und der Freude sang.

Selbst die Muse der Philosophie lernte den Grazien das Geheimniß ab, zu gleicher Zeit zu unterrichten und zu gefallen.

Aus ihrer schönen Hand
Empfingen die Platon, die Humen
Und Fontenellen die Blumen,
Womit sie den steinigen Pfad der fliehenden Wahrheit bestreun,
Und, wenn sie erbitten sich läßt, den Sterblichen sichtbar zu seyn,
Das leicht gewebte Gewand,
Das unsrer Augen schont und unter schlauer Zierde
Nur das versteckt, was uns verblenden würde.

Vorzüglich waren die Grazien die Schutzgöttinnen der sokratischen Schule. Schon in der ersten Blume seiner Jugend von ihnen begeistert, versuchte es Sokrates, sie in Marmor zu bilden; und, daß es ihm gelungen sey, läßt sich daher vermuthen, weil die Athener dieses einzige Werk seiner Kunst würdig fanden, ihm in dem Vorhof ihrer Burg einen Platz unter Meisterstücken zu geben. Speusippus,

Platons Nachfolger, stellte die Grazien in dem Hörsaale auf, wo sie aus dem Munde seines Meisters gesprochen hatten. Und welchem Sterblichen sind sie jemals günstiger gewesen, als dem liebenswürdigen Xenophon? ihm, der die wahren Züge der sittlichen Grazie in seinen Werken so vollkommen ausgedrückt und in seinen Gedanken und Empfindungen, wie in seiner Schreibart, Wahrheit, Einfalt und ungeschminkte Anmuth so unverbesserlich vereiniget hat?

Den Grazien opferte bei den Griechen, wer gefallen wollte; und es war eine Zeit zu Athen, wo der Staatsmann und der Feldherr ihren Beistand eben so nöthig hatten, als der geringste mechanische Künstler. Die Zauberei der Grazie, die über Alles, was Alcibiades that und sagte, ausgegossen war, gab seinen Fehlern selbst einen Reiz, der Andrer Tugenden verdunkelte. Sollten wir uns wundern, daß durch ihren Einfluß eine Aspasia fähig wurde, Griechenland im Perikles zu beherrschen und im Sokrates zu unterrichten? — Und wie liebenswürdig müßten wir uns (wenn eine strengere Sittenlehre über diesen Punkt uns gerecht zu seyn erlaubte) diejenigen unter den Schönen des Sokratischen Jahrhunderts vorstellen, welche in einem besondern Verstande als Priesterinnen der Grazien angesehen wurden?

Nur den Phrynen, den Glyceren
Und Laiden konnt' es zugehören,
Euren Orgien
Würdig vorzustehn;
Ihnen, die zu Amors Künsten allen

Das Geheimniß, selbst den Weisen zu gefallen,
Euch in Paphos abgesehn.

O Danae, welch ein Jahrhundert war diese in den Jahrbüchern der Menschheit ewig unvergeßliche Zeit von Perikles zu Alexandern! diese Zeit, von der man mehr als von irgend einer andern sagen kann, daß sie unter der Herrschaft der Grazien gestanden hat.

Da Philosophen, Künstler, Dichter,
Archonten, Priesterinnen, Richter
Die Macht der Grazien empfanden,
Die Majestät im Phydias,
Den Reiz im Kalamis verstanden,
Geschmack mit jeder Lust verbanden
Und Lust an allem Schönen fanden;
Da Plato denken, Hippias
Gefallen, Lais fühlen lehrte;
Da, wer klein Sklave war, die Kunst der Musen ehrte,
Der Philosoph mit kritischem Gefühl'
Euphranorn malen sah, Damone singen hörte,
Und zwischen Scherz und Saitenspiel
Das Alter Munterkeit, die Jugend Weisheit lehrte;
Zeus-Perikles mit gleicher Leichtigkeit
Von Arbeit zu Ergötzlichkeit
Und von Aspasien ins Prytaneon kehrte,
(Denn alles Ding hat seine Zeit)
Und Alcibiades, wiewohl Gelegenheit
Ihn dann und wann zur Schelmerei verführte,
Im Rath Ulyß, Achilles in Gefahr
Und Paris nur bei freien Schönen war

Und, ob er Amorn gleich in seinem Schilde führte,
Die Feinde schlug, wie sichs gebührte.

O goldne Zeit, da noch sich schwesterlich umfaßt
Die Grazien und Musen hielten;
Da Helden noch die sanfte Lyra spielten,
Da Helden noch den Werth des Sängers fühlten,
Durch den Achilles lebt; da zwischen Theophrast
Und Glycera sich ein Menander bild'te;
Da noch kein blöder Wahn vor einem Alkamen
Und Zeuxis die Natur verhüllte;
Da ohne Neid Apelles, Protogen
Freundschaftlich sich den Vorzug streitig machten
Und, willig sein Verdienst dem andern zu gestehn,
Nur auf den Ruhm der Kunst bei ihrem Wettstreit dachten;
Und Jener, dem die Grazien
Zuerst aus allen Sterblichen
Am blumigen Cephisen
Sich ohne Gürtel wiesen,
Auf dessen Werke sie den Reiz, der nie verblüht,
Mit ihren süßen Lippen hauchten,
In Amors Flamme selbst ihm diesen Pinsel tauchten,
Durch den Cythere sich der Fluth entsteigen sieht,
Es wagen durfte, die Gunst der Grazien laut zu bekennen
Und ihren Maler sich zu nennen.

Nur mit flüchtigen Zügen, schöne Danae — denn die Grazien hassen ein mühsames nach der Lampe riechendes Werk — hab' ich Ihnen den Einfluß dieser liebenswürdigen Gottheiten auf Wissenschaften, Künste und Sitten entworfen. Aber noch weiter erstreckt sich ihre Macht. Nicht nur das grenzenlose Reich der Einbildungskraft, nicht nur das ganze Gebiet der Freude, — die Tugend selbst steht unter ihrer Herrschaft. Die Epaminondas und die Scipionen opferten ihnen nicht weniger, als die Menander und Aristippe. Auch den Handlungen, dem Charakter und dem Leben eines weisen und guten Mannes, — welches (wie Sokrates zu sagen pflegte) gleich einem vollkommnen Gemälde ein schönes Ganzes seyn muß — müssen die Grazien dieses Ansehen von zwangloser Leichtigkeit, diesen Glanz der Vollendung geben, der sie mehr zu Geschenken der Natur als zu Werken der Kunst zu machen scheint.

Diese Grazie war es, die der Tugend des Cato von Utica fehlte, und bloß die Abwesenheit derselben ist, was so vielen andern vermeinten Tugenden ein widriges, die Herzen zurückstoßendes Ansehen gibt. Nur unter den Händen der Grazien verliert die Weisheit und die Tugend der Sterblichen das Uebertriebene und Aufgedunsene, das Herbe, Steife und Eckige, welches eben so viele Fehler sind, wodurch sie, nach dem moralischen Schönheitsmaß der Weisen, aufhört Weisheit und Tugend zu seyn.

Dieß war es, was Musarion ihren Schüler lehren wollte; und sagen Sie mir, Danae, wie war es möglich, sie nicht zu verstehen?

Sechstes Buch.

Wie sehr man bei Ihnen auf seiner Hut seyn muß, Danae! — Ich dachte nicht, daß Sie sich eines Ausdrucks wieder erinnern sollten, der mir, ich weiß nicht wie, entschlüpft war; und nun glauben Sie sogar, ein Recht zu haben, mich, wie Sie sagen, zu Erfüllung meines Versprechens anzuhalten. — War es denn wirklich ein Versprechen? Ich sagte, vielleicht würd' ich Ihnen in der Folge von den Grazien Geheimnisse verrathen; und, ohne für mein Vielleicht die mindeste Achtung zu haben, bestehen Sie darauf, daß ich Ihre Neugierde gereizt hätte. Es wäre sehr unhöflich, gefällt es Ihnen zu sagen, die Neugier eines Frauenzimmers rege zu machen, wenn man nicht gesonnen sey oder sich nicht im Stande wisse, sie zu befriedigen.

In der That ist dieß ein Grund, gegen den ich nicht sehe was man einwenden könnte. Ich kann nicht daran denken, solche Vorwürfe von Ihnen zu verdienen: Sie sollen befriediget werden.

Göttinnen, in denen der höchste Grad des Reizes mit der ersten Blüthe einer ewigen Jugend gepaart ist, die unter lauter Freuden, Scherzen und Liebesgöttern leben und ihrer Natur nach lauter Gefälligkeit sind, — mit einem Worte, die Grazien, wie sollten sie immer ohne kleine Anekdoten geblieben seyn? Töchter des frohen Bacchus und der zärtlichen Cythere, müßten sie ganz aus der Art geschlagen seyn, wenn sie unempfindlich gegen die Liebe seyn könnten, die sie einflößen; und unter so vielen Göttern, Halbgöttern und Sterblichen, von denen sie jemals geliebt wurden, sollten wohl alle, alle, nicht einen ausgenommen, nur Platonische Liebhaber gewesen seyn? — Es ist nicht wahrscheinlich!

Gleichwohl habe ich die gemeine Meinung und das Zeugniß einer unendlichen Menge von Schriftstellern für mich, wenn ich Ihnen versichre, daß die Grazien — die unschuldigsten unter allen Göttinnen sind.

Es ist wahr, der jungfräuliche Stand, der ihnen gewöhnlich beigelegt wird, ist für sich allein nicht hinlänglich, sie gegen schalkhafte Vermuthungen völlig sicher zu stellen. Auch Minerva hatte ihr Abenteuer mit dem hinkenden Vulcan, Luna das ihrige mit dem schönen Endymion, die schöne Jo, Kallisto, Europa und zwanzig andre die ihrigen, die den reizenden Stoff der Maler und Dichter vermehren. Und erzählt uns nicht Ovid, wie wenig es gefehlt hätte, daß sogar die ehrwürdige Vesta von dem gefährlichsten Liebhaber, den eine Spröde haben kann, überrascht worden wäre? Ueberdieß find' ich nirgends, daß uns die geheimen Geschichtschreiber der Götter eine hinlängliche Nachricht geben, woher alle die kleinen Amoretten kommen, die in den Hainen von Paphos und Gnidos und Cythere, in größerer Anzahl als die Schmetterlinge in einem warmen Sommer, herumflattern. Der einzige Claudian (wenn ich nicht irre) begnügt sich, ihnen überhaupt die Nymphen zu Müttern zu geben. Sehen Sie, Danae, ob dieses genug ist, die Grazien frei zu sprechen, — wenn man anders Ursache haben könnte zu erröthen, so lieblichen kleinen Göttern, als die Amoretten sind, das Daseyn gegeben zu haben. Doch ich will Ihnen ohne Umschweife gestehen, was man sich am Hofe der Liebesgöttin in die Ohren geflüstert hat.

Erinnern Sie sich des reizenden Genius,

— Halb Faun, halb Liebesgott,
Der flatterhaft um alle Blumen scherzet,
Um alle buhlt, doch nur die schönsten herzet
Und, daß sein kleines Horn die Nymphen nicht erschreckt,
Es unter Rosen schlau versteckt.

Ein Dichter, den Sie kennen, malte Hamiltons Geist unter diesem Bilde ab; aber dieses Bild ist kein Geschöpf der Phantasie, wie Sie vielleicht dachten: wirklich findet sich unter den Paphischen Göttern einer, der das Urbild davon war.

Unter den jungen Faunen, welche die Spielgesellen der Amoretten sind, war einer,

Der schönste kleine Faun!
Der je, statt an der Brust, am Nektarschlauch gesogen!
Ihm fehlten nur Flügel und Bogen,
So glaubtet ihr, Amorn zu schaun.
An einem Rosenzaun
Ward einst um ihn ein Nymphchen vom Schlafe betrogen:
Denn auch dem Schlaf' ist nicht zu traun!
Dem schönen kleinen Faun
War alle Welt und Venus selbst gewogen;

Gefällig erzogen die Nymphen zu Gnid
Den holden Fündling auf; er hüpfte, scherzt' und lachte
Mit andern Amorn herum, und keine Seele dachte,
Daß Art noch nie von Art sich schied.
Thalia selbst, der Grazien munterste, machte
Sich eine Freude daraus, solang' er Knabe noch war,
Den schönen jungen Wilden
Zum Amor umzubilden,
Sein kleines Horn zu vergülden
Und Rosen zu flechten ins lockige Haar.

Wer hätte dem kleinen Faun zugetraut, daß er fähig wäre, so viele Liebe mit — einer Art von Gegenliebe zu erwiedern, welche, die Wahrheit zu sagen, der Natur eines Fauns so gemäß war, daß man sich vielmehr wundern sollte, wie man ihm weniger zutrauen konnte?

Ich weiß nicht, wie es kam; Göttinnen haben in gewissen Dingen besondre Vorrechte; man wurde nichts davon gewahr; — aber ein allerliebstes kleines Geschöpf, in dessen Gestalt und Zügen ein seltsames Gemische von Leichtfertigkeit und Anmuth seinen zweideutigen Ursprung verrieth, kam auf ein Mal in den Hainen zu Gnid zum Vorschein. Mit süßer Bestürzung fand es Pasithea, da sie einst in einer Sommerlaube eingeschlafen war, beim Erwachen,

So zärtlich und bekannt,
Als wären sie verwandt,
Auf ihrem Busen spielen
Und mit der kleinen runden Hand
In seinen Rosen wühlen.

Epheugleiches krauses Haar umkränzte
Seine breite Stirn', im schwarzen Auge glänzte
Süßer Trotz; die Mutter that der Mund,
Um und um von Reiz umflossen,
Hörnerchen, die aus den Locken sprossen,
Und der kühne Blick den Vater kund.

Mit tausend reizenden Grimassen
Stahl ins Herz der kleine Gott sich ein
Und schien ganz ausgelassen
Vor Freude da zu seyn.

Der schöne Faun und ihre Schwester Thalia waren der erste Gedanke, den Pasithea hatte, da sie das kleine Mitteldìng von Faun und Grazie betrachtete. Sie eilte damit ihren Schwestern zu. Aber keine wollte wissen, woher er gekommen seyn könnte. Und doch, sagte Thalia lächelnd, sieht er so sehr in unser Geschlecht, daß man wetten sollte, eine von uns müßt' ihm näher verwandt seyn, als sie gestehen will.

Ein scherzhafter Streit erhob sich darüber unter den Grazien; eine schob ihn immer der andern zu und machte gewisse Züge ausfündig, worin sie die eine oder die andere Schwester erkennen wollte. Ihr Lachen zog eine Menge von Amoretten und Nymphen herbei, die an dem kleinen Lustspiele Theil nahmen. Alle fanden den kleinen Gott unendlich liebenswürdig, aber keine wollte sich zu ihm bekennen. Sein Ursprung blieb eines von diesen Geheimnissen, die Jedermann weiß, und Niemand zu wissen scheint.

Die Zärtlichkeit, womit, da sie allein sich hielt,
Thalia den kleinen Faun, der kindlich nach ihr blickte,
An ihren Busen drückte,
Verrieth sie einer Najade,
Die an des Cepheus Gestade
Zwischen den Binsen hervor geschielt.

Wollen Sie wissen, Danae, was aus diesem kleinen Inpromtu der artigsten unter den Grazien geworden ist? Er wurde der Genius der Sokratischen Ironie, der Horazischen Satire, des Lucianischen Spottes.

Er lehrte Phänaretens Sohn
Die Kunst, durch lauerndes Verstellen,
Der Narren, die vor Weisheit schwellen
Der Gorgiassen, Stolz zu fällen;
Und dich, Horaz, den eleganten Ton,
Die Narren Roms, die Natta's, die Metellen,
Die Cacius und Cupiennius
Und zwanzig andre Narren in us
So fein zum Gegenstand von unserm Spott zu machen,
Daß selbst der Thor, indem wir ihn belachen,
Gern' oder nicht uns lachen helfen muß.

Den schönen Geistern neuer Zeiten
Scheint er nicht minder hold zu seyn.
Er gab den Lockenraub, den frommen Verd-verd ein,
Ließ Mancha's Helden kühn mit Klappermühlen streiten,
Den schönen Facardin an Cristallinens Seiten,
Ein Spinnrad in der Hand, im Schlafrock', unversehrt
Durch funfzig Mohrensäbel schreiten

Und meinen lieben Stern' auf seinem Steckenpferd —
Poor Yorik! — sich zu Tode reiten.

Doch Sie erwarten nicht, Danae, daß ich Ihnen ein Verzeichniß seiner Eingebungen aufschreibe; Sie wollen noch mehr von den geheimen Geschichtchen der Grazien erfahren. — Allein was könnte ich Ihnen, nach dem, was Sie bereits wissen, noch Unterhaltendes davon sagen? Wenn sie deren noch mehr gehabt haben, so müssen sie vermuthlich diesem ähnlich gewesen seyn.

Doch etwas hätte ich beinahe vergessen, das Ihnen vermuthlich unerwarteter ist, als alles Andre, was ich von meinen geliebten Göttinnen noch sagen könnte. Oder hätten Sie sich wohl vorgestellt, daß eine von den Grazien wirklich, im ganzen Ernste, verheirathet ist; so sehr im Ernste, daß Juno selbst die Ehestifterin war?

„Verheirathet?" — Nicht anders. — „Aber an wen?" — O! gewiß, Sie würden alle mögliche Götter rathen können und den rechten doch verfehlen. Wenn wir nicht einen so unverwerflichen Zeugen vor uns hätten, als Homer ist, wer würde sich einfallen lassen, eine Grazie an — den Schlaf zu verheirathen?

Doch vielleicht stellen Sie sich den Gott Schlaf nicht so liebenswürdig vor, als ihn die griechischen Dichter und Künstler zu bilden pflegten. — Und warum sollten wir ihn unter einem weniger lieblichen Bilde denken, den holden Schlaf, ihn, der, eben so wohl als die Grazien und Amor selbst, unter die Wohlthäter des Menschengeschlechtes zu zählen ist?

Ihn, dessen magischer Duft
Ein süßes Vergessen der Sorgen
Auf unsre Stirne träuft und uns mit jedem Morgen
In neues Daseyn ruft;
Ihn, dessen Gunst der Mann, in Purpur gekleidet,
Dem Mann am Pfluge, dem Sklaven beneidet;
Den holden Gott, der wenigstens bei Nacht
Des Glückes Eigensinn vergütet
Und, wenn der Gram an goldnen Betten wacht,
Und Harpax seinen Schatz mit hohlen Augen hütet,
Auf Stroh den Aermsten glücklich macht?

Welcher Unglückliche findet nicht in ihm das Ende seiner Schmerzen? Und wer ist so sehr den Göttern gleich, um durch seinen Verlust sich nicht für elend zu halten?

Schlummert nicht, von Küssen müde,
Mit gesenktem Augenliede
Amor selbst an seinem Busen ein?
Ja, es würden (glaubt's Homeren!)
Selbst die Götter in den Sphären
Ohne ihn nicht selig seyn.

Genug, der Schlaf, den Sie sich nun unter einem so angenehmen Bilde, als Sie immer wollen, denken mögen,

Mit krausem, gelbem Haar'
Und schlaffen, jugendlichen Zügen,
Schön, wie der Liebesgott, wenn er von seinen Siegen
In Psychens Armen ruht, — wie Lunens Schläfer war,
Als er, in ihrem einsamen Vergnügen

Sie nicht zu stören, tief in süßen Träumen lag;
Schön, wie die schönste Nacht nach einem Sommertag!

Er liebte Pasitheen,
Und Pasithea — zwar sie wollte nichts gestehen,
Allein man wußte doch, sie war ihm heimlich gut,
Wie jetzo noch manch artig Mädchen thut.
Man sagt, er habe bloß, sie länger anzusehen,
Sie oft bei hellem Tag' auf Rosen eingewiegt
Und, von des Anblicks Reiz besiegt,
Indem er neben ihr gesessen,
Sich und sein Amt so sehr dabei vergessen,
Daß allgemeine Agrypnie
Die Sterblichen befiel. Vergebens riefen sie
Dem süßen Schlaf. Die Hippokraten
Erschöpften fruchtlos Kunst und Müh;
Das Uebel widerstand den stärksten Opiaten.
Es griff zuletzt sogar die Götter an,
Und Zeus, der sonst doch in den Schlummerstunden
Vor Junons Aug' und Zunge Ruh gefunden,
Fand keinen Augenblick, den Schwan
Bei unsern Leben mehr zu machen,
Und spielte nun, aus bösem Muth, den Drachen.

Kurz, die ganze Natur kam aus ihrem Geleise, und, ihren Untergang zu verhüten, mußte auf ein schleuniges Mittel gedacht werden, den Gott des Schlafs wieder einzuschläfern. Man fand kein zuverlässigeres, als ihn unverzüglich mit der schönen Pasithea zu vermählen. Die Hochzeit wurde in größter Stille vollzogen. Die Grazien führten die erröthende Braut an den Eingang seiner Grotte; in wenigen Minuten schlossen sich die Augen des kleinen phlegmatischen Gottes, und die ganze Natur entschlief.

Ein so schläfriger Gemahl würde, wir gestehen es, nicht viele sterbliche Schönen glücklich machen, und vielleicht der sprödesten Tugend am gefährlichsten seyn. Nur die sanfteste unter den Grazien war dazu gemacht, einen Gemahl liebenswürdig zu finden, der, wenn ihre Küsse ihn weckten, kaum so lange wachte, um sie anzusehen und vor Vergnügen — wieder einzuschlafen.

Gleichwohl sagt man, daß die Welt der Vermählung des Schlafs mit der jüngsten Grazie diese süßen Träume zu danken habe,

Wobei der keusche Sinn
Von Vesta's Priesterin,
Wenn sie zu früh' erwacht,
Sich viel Gedanken macht
Und doch aus Neubegierde —
Wie Alles enden würde?
Der Wiederkunft der Nacht
Bei Tage schon entgegen gähnt
Und sich nach ihrem Traume sehnt;

Die Träume, deren Scherzen
In einsamen Nächten die Schmerzen
Der jungen Wittwe betrügt
Und unter günstigen Schatten
Den wieder gefundenen Gatten
In ihren Armen wiegt;

Kurz, Danae, im ganzen Träumereich
Die angenehmsten Träume,
Die, jungen Amorinen gleich,
Dich unter Myrtenbäume
Und, wenn sie Zeugen spüren,
In stille Grotten führen,

Wo Amor lachend sich versteckt,
Dann Abends dich zum Baden
In laue Brunnen laden,
Wo, wenn der Freund der fliehenden Najaden,
Ein Faun, die dunkeln Büsche schreckt,
Dich Leda's Schwan mit seinen Flügeln deckt.

Der verklagte Amor.

Ein Gedicht in fünf Gesängen.

Vorbericht.

Die Idee dieses Gedichts, welches eben sowohl als Musarion (zu welchem es als ein Gegenstück angesehen werden kann) nicht leicht unter eine schon bekannte Rubrik zu bringen ist, erschien dem Verfasser schon im Jahre 1771, und der kleinere Theil desselben wurde an einigen Winterabenden des besagten Jahres zu Papier gebracht. Wie Musarion, hatte es das Schicksal, einige Jahre bei Seite gelegt zu werden, bis es im Winter 1774 wieder hervorgesucht, vollendet und im siebenten Stücke des T. Merkurs dieses Jahres zuerst bekannt gemacht wurde. Es war anfangs in vier Bücher oder Gesänge abgetheilt; man hat aber, um ein besseres Verhältniß in Rücksicht der Größe zwischen den Gesängen zu bewirken, für gut gefunden, in dieser Ausgabe aus dem vierten Gesange zwei zu machen.

Erster Gesang.

Der große Tag war nun gekommen,
An dem im Götter-Parlament'
In Sachen zwischen den Weisen und Frommen,
Als Kläger, an einem — und Amorn, den man Cupido nennt,
Beklagten, am andern Theil gesprochen werden sollte.
Die Götter versammelten sich, indem das hehre Signal
Des großen Donnerers sieben Mal
Rings um die himmlische Burg durch heitre Lüfte rollte.
Sie schritten heran, Neptun vom alten Trözen,
Von Delos der schöne Apollo, und von den thracischen Höhn
Der junge Bacchus, begleitet von Vater Silen
Auf seinem trägen Thier. Die Jägerin Diane
Verließ den waldigen Cynthus, und ihr geliebtes Athen
Minerva. Nicht von ihrem lahmen Vulcane
Geschleppt, vom Mars im Triumphe geführt,
Schwamm auch Cythere daher in luftigem Morgengewande,
Nicht ohne List mit ihrem Gürtel geziert.
Die Götter von der fröhlichen Bande
Sehn ihr mit Lüsternheit nach, und jeder nimmt sich vor,
Wohlfeiler nicht für sie, als um den Preis, zu sprechen,
Um welchen Pallas und Juno den goldnen Apfel verlor:

Denn, daß sie die Richter für ihren Sohn zu bestechen
Gekommen sey, zischeln die Frauen einander laut ins Ohr.
Die Klugheit räth, bei zweifelhaften Sachen
Die Rhadamanten sich voraus geneigt zu machen;
Und wem ist unbekannt, wie groß in diesem Stück
Der Schönheit Vortheil ist? Sogar der Hippiassen
Berüchtigte Kunst muß ihr den Vorzug lassen;
Sie überzeugt mit einem einzigen Blick.
Man zeige mir vor seinem neunzigsten Jahre
Den Cato oder Catinat,
Bei dem (vorausgesetzt, er leide nicht am Staare)
Ein schöner Busen Unrecht hat!
Indessen sich nun im großen Saale die Götter
Und ihre Damen nach und nach
Versammelten, Venus die Männer bestach,
Und Hermes, der Höfling, und Momus, der Spötter,
Der alten Vesta die Stimme versprach,
War's ziemlich laut im zweiten Vorgemach.
Die hohe Dienerschaft der Götter,
Der Adler Jupiters, und, stolz wie seine Frau,
Der in sich selbst verliebte Pfau,
Cytherens Spatz, Minervens Eule,
Apollo's Schwan, und einer, der schon grau
In Mutterleibe war, und den man just nicht gerne
Vor zarten Ohren nennt, — wiewohl Freund Tristram-Sterne
In diesem Punkt, dem Himmel sey's geklagt!
Und noch in manchem Punkt, nichts nach dem Wohlstand fragt —
Kurz, und so züchtig als möglich gesagt,

Der Esel Silens, verkürzten sich die Weile,
Die Welt, an der sie viel, sehr viel zu bessern sehn,
In eine andre Form zu gießen:
Denn so, spricht Doctor Kauz, so kann's nicht länger bestehn.
Nur lassen wir uns, um nicht am Ziel vorbei zu schießen,
Die kleine Mühe nicht verdrießen,
Bis auf den Grund des Grundes zu gehn.
Die Leute sind nicht klug, ist eine alte Sage
Und nicht der Weisen allein, auch selbst der Thoren Klage;
Vom Spötter Lucian zu Gerhard Gerhardssohn,
Genannt Erasmus, ist Alles voll davon.
Akademien und Lyceen
Erschallen davon, beweisen's zum Greifen und zum Sehen,
In Duodez, in Quart, in Folio;
Man hört nichts anders. Gut, ihr Narren! ist ihm so —
Und, daß ihm so ist, scheint vom Ganges bis zum Po
(Um ohne Noth die Beweise nicht zu häufen)
Consensus gentium zu besteifen,
(Ein Argument, wovor nach Marcus Cicero
Sich billig aller Respect geziemet)
Nun gut, so sag' ich unverblümet:
Was hilft's den Narren, wenn einer den andern belacht,
Und keiner weder sich selbst noch andre weiser macht?
Zwar hör' ich diesen und jenen, der sein Arcan uns rühmet:
„Ihr Herrn, probatum est! Wer kauft mein Elixir?
Die Quintessenz der Weisheit aller Zeiten!
Es führt die Grillen ab, vertreibt die Uebelkeiten,
Stärkt Kopf und Herz" — Sehr wohl! Wir wollen uns hier

Nicht um des Esels Schatten zanken:
Hilft dein Arcan, so ist dafür zu danken;
Nur zeig' uns, Wundermann, die erste Probe an dir!
Kurz — denn wir andre Denker pflegen
Auch unsre Worte, so leicht sie sind, zu wägen —
Die Welt ist voller Narren, darin stimmt Jeder mir bei
(Nur mit dem Vorbehalt, sich selber auszunehmen);
Doch, wie den Narren zu helfen sey,
Ist immer noch das schwerste von allen Problemen.
Mich kümmert es nichts; indessen sag' ich frei,
Zeus thäte wohl, Notiz davon zu nehmen.
Wär' ich an seinem Platz' —
„An seinem Platze?" fällt
Der Adler ihm ins Wort: „ein blinder Regent der Welt!
Da wäre sie, ma Dia! wohl bestellt!
Doch immerhin! Laß sehn, an seinem Platze
Was thätest du, Herr Kauz?" —
Man wähne nicht, ich schwatze
Ins Blaue hinein! ich stehe zu meinem Satze.
Der Grund des Uebels ist: Die Leute denken nicht,
Nicht oder nicht genug und selten, wo sie sollen;
Allein das Aergste ist, auch wenn sie denken wollen,
Verhindert sie an dieser großen Pflicht
Die Sinnlichkeit, besonders das Gesicht.
Um tief zu denken, darf uns nichts von außen stören,
Und was zerstreut so sehr, als Licht?
Wie leicht wir Denker es entbehren,
Kann euch mein eignes Beispiel lehren.

Zwei Sinne oder drei aufs höchste sind genug
Zum Hausgebrauch; was soll das Auge dienen?
Was ist es, als ein Quell von Irrthum und Betrug?
Kurz, eure Leute sind, bloß weil sie sehn, nicht klug;
Die Augen, wär' ich Zeus, die Augen nähm' ich ihnen.
„Die Augen?" zwitschert ihm Cytherens Vogel zu,
„Und dieß, um klüger zu seyn? Ich denke nicht wie du!
Gesetzt, wir würden dabei fürs Raisonniren gewinnen,
An Wohlseyn, glaube mir, Kauz, gewännen wir nicht viel.
Wir Spatzen halten's mit den Sinnen
Und gäben um alles Andre nicht einen Pappenstiel.
Dank sey der Göttin, die uns von ihrem Nektar zu naschen
Freigebig erlaubt! wir wenden das Daseyn besser an,
Als Grillen in hohlen Aesten zu haschen.
Wir leben ohne Zweck und Plan
In stolzer Freiheit von allen andern Gesetzen
Als, was uns lüstert, zu thun. Ist's wohl oder übel gethan
In Andrer Augen, das ficht uns wenig an.
Was kümmert's uns, wenn wir uns nur ergetzen,
Ob unser Zettergesang dem Hausherrn wohl gefällt,
Von dessen Dache wir in Besitz uns setzen,
Und wer das Feld für uns bestellt,
Worin wir die Schnäbel an jungen Erbsen wetzen?
Kurz, unsre geringste Sorge ist, ob wir Pflichten verletzen,
Und unser ist dafür die Welt!
Willst du, Freund Kauz, deßwegen uns Narren schelten,
So lachen wir dazu; uns ist's Philosophie!
Die Worte, wie du weißt, sind Alles, was sie gelten.

Nur, daß wir zu Narren uns denken, dazu bekehrst du uns nie!
Mehr sag' ich nicht. — Was hältst du von der Sache,
Herr Nachbar mit dem langen Ohr'?"
Ich? (gähnt das träge Thier und reckt die Ohren empor)
Nicht daß ich besser mich als andre Leute mache,
Doch großen Dank dem, der mich Esel werden hieß!
Ich möchte nichts Andres seyn, wenn man mich wählen ließ.
Ich denke — nichts und finde, daß Nichtsdenken
Ein trefflich Mittel ist — sich über nichts zu kränken.
Ich trage meinen Herrn und seinen Schlauch dazu
Und käue meine Disteln in epikurischer Ruh;
Gibt's Feigen oder Macaronen,
Nun, desto besser! Wo nicht, so gilt mir's einerlei;
Ihm nachzusinnen mag sich nicht der Mühe verlohnen:
Ununtersucht glaub' ich, das Beste sey,
Was vor mir liegt, und bis zur Schwärmerei
Hat weder Liebe noch Haß kein Esel je getrieben.
Doch, wer mir nachgesagt, ich sey
Ein Narr gewesen und zwischen zwei gleichen Bündeln Heu
Mit offnem Maul' unschlüssig stehn geblieben,
Mag seyn, er ist zum Doctor übrig klug,
Allein zum Esel hat er nicht Verstand genug!
Daß wir die Kunst der Musen lieben,
Ist kein Verdienst vielleicht bei einem solchen Ohr';
Und, ziehn wir Mozarts Schwierigkeiten
Und Schweizers Gesange den schnarrenden Dudelsack vor,
So wird es uns gewiß kein Weiser übel deuten.
Wohl dem, der sich um einen kleinen Preis

Am Schlechten selbst zu laben weiß!
Seyd nur, wie wir, nicht allzu zart im Wählen,
So kann es euch nie an Vergnügen fehlen —
Dieß in Parenthesi! weil ich de gustibus
Mit Niemand hadern will. — Und also, um zum Schluß
Zu kommen, meint' ich unmaßgeblich,
Creirte Zeus die ganze Menschenschaar
Zu meines Gleichen, Paar und Paar,
Der Schade wäre unerheblich,
Und für die größre Zahl der Vortheil sonnenklar.
Vortrefflich! ruft der Vogel, der die Keile
Des Götterkönigs trägt, den Esel lob' ich mir!
Es lebe das naive Thier!
Was der verbuhlte Spatz und die gelehrte Eule
Nur zu verstehen gab, sagt Langohr rund heraus.
Ich hörte in Zenons Halle einst einen Bocksbart schwatzen,
Und, in der That, es kam auf Eins hinaus.
Beim Donner! eine Welt von lauter Eulen, Spatzen
Und Eseln müßt' ein feines Weltchen seyn!
Mir leuchtet die Erfindung ein;
Noch heute soll dem Oberherrn der Erden
Beim Schlafengehn Bericht erstattet werden:
Wer weiß, wozu er sich entschließt,
Wenn unsre liebe Frau bei guter Laune ist.
So viel ist ausgemacht, er würde
Der Weltregierung lästige Bürde,
Die jetzt ihm oft die Galle schwellt,
Sich selbst dadurch unendlich leichter machen.

Was würde bei dieser neuen Organisirung der Welt
Nur bloß an Blitzen erspart? Und uns im Sternenfeld,
Was blieb' uns zu thun, als Schmausen und Tanzen und Lachen?
Der Esel lebe hoch, und seine beste Welt!
Indessen daß man hier so stark philosophirte,
Saß Junons Pfau auf einem Polster da,
Dem größten Spiegel des Saals gegenüber, und amusirte
Sich mit dem Bilde, das ihm daraus entgegen sah.
Apollo's Schwan, erzogen unter den Musen
Und zärtlicher, als der beste, der je am Strymon sang,
Lag schmeichelnd ihm zu Füßen und schlang
Den langen buhl'rischen Hals hinauf an seinem Busen.
Er hatte von Leda's Schwan die Stellung abgesehn.
O Schönste, lispelt er ihm mit schmachtendem Flötengetön
(Zum Zeichen, wie weit der Taumel bei Dichtern gehen könne,
Verwandelt der Schwärmer den Pfau in eine Pfauenhenne),
Die Welt, o Schönste, die Welt mag meinethalben gehn,
So gut sie kann; Projecte bessern selten,
Und wirklich find' ich nicht sehr viel an ihr zu schelten;
Sie scheint zur Rosenzeit, zumal beim Mondenlicht,
Mit Allem dem so übel nicht;
Und sie für mich zur besten aller Welten
Zu machen, möcht' ich mir von Zeus nur Eins erflehn,
Nur dich, o Schönste, dich ewig aus eben so vielen Augen,
Als man in deinem Rade bewundert, anzusehn
Und ewig den süßesten Tod aus deinen Blicken zu saugen.
Sehr neu, ich muß es selbst gestehn,
Ist der Gedanke nicht; doch, wollten Sie vergönnen,

Sie sollten gleich ein kleines Beispiel sehn,
Welch einen frischen Glanz wir ihm ertheilen können.
Wir sind, zumal für ein Sonnet,
Die abgetragensten Ideen
Die liebsten; aber, sie zu drehen,
Zu drehn, Madame, zu drehn — o, diese Kunst versteht
Nicht jeder kaiserlich belorberte Poet!
Geruhn Sie —
Nein, Herr Schwan! Und, wäre dein Sonnet
Auf einer Drechselbank gedreht
Und düftete lauter Zimmt und Amber
Wie Mühlpfort oder Lohenstein,
Wir müssen fort! Man winkt uns aus der Antichambre
Zur Audienz im Götterrath' hinein.

Zweiter Gesang.

Nach Standes Gebühr, geliebte Brüder, Vettern
Und Söhne, auch Schwestern, Basen und Töchter lobesam
(So sprach jetzt Zeus vom Thron zu den ringsum stehenden Göttern),
Ich war zu jeder Zeit Processen herzlich gram
Und nie ein Gott von vielen Worten:
Um also kurz zu seyn, so ist euch Allen kund,
Wie lange schon Minerva und Consorten
Mit Klagen gegen den Sohn der Frau von Amathunt
Olymp und Erde betäuben. Er macht es wirklich so bunt,
Und täglich laufen von allen Enden und Orten
So viel Beschwerden bei uns ein,
Daß unser Richteramt uns wehret,
Ihm länger nachzusehn. Beklagter, dem der Schein
Vorhin nicht günstig war, erschweret
Durch Trotzen noch die aufgehäufte Schuld;
Sein Uebermuth zerreißt die Dämme der Geduld.
Was hielt ihn ab, sich vor Gericht zu stellen?
Ihr wisset, was in solchen Fallen
Sonst Rechtens ist. Jedoch, der ganzen Welt
(Die es theils ohne Scheu, theils heimlich mit ihm hält)

Zu zeigen, daß wir ihn nicht ungehört verdammen,
Ermangelten wir nicht, den Vater Sanchez dort
Ihm ex officio zum Anwalt zu bestellen.
Papa, fiel Venus hier dem Donnerer ins Wort,
Den Anwalt will ich mir im Namen meines Knaben
Aus Gründen sehr verbeten haben.
„Warum, mein Kind? Wenn ich nicht irrig bin,
Sind Naso selbst und Peter Aretin
In deinen Angelegenheiten
Nur arme Laien gegen ihn.“
Ich war, erwiedert sie, den tief gelehrten Leuten
Von seiner Gattung niemals gut
Und fühl' in mir, auch ohne Doctorhut
Für meinen Sohn im Fall der Noth zu streiten,
Beruf und Fähigkeit und Muth.
„Gut, gut, mein Töchterchen, gut! Um uns nicht aufzuhalten,
Thut, was ihr wollt!“ — Er spricht's und winkt dem Alten,
Der einem Aegipan an Bart und Miene glich,
Zum Saal' hinaus. — Und nun erhoben sich,
Hier Pallas, Hymen dort, als Sprecher an der Spitze
Der Klägerschaft, von ihrem Polstersitze;
Minerven folgt Aurora und Dian',
Und neben Hymen hinkt der gute Mann Vulcan.
Frau Pallas räuspert sich, wirft ihren Schleier zurücke,
Macht einen tiefen Knicks und fängt zu reden an;
Nur Schade, daß man das, was ihre sprechenden Blicke,
Was Augenbrauen und Arm und Hand dabei gethan,
Das ist gerade das Beste, nicht übersetzen kann.

„Wir sehen uns, Vater Zeus und ihr Unsterblichen alle,
Indem wir hier vor euch als Amors Kläger stehn,
Im außerordentlichsten Falle,
Worin sich Kläger je gesehn.
Es fällt uns schwer, uns selbst zu überzeugen,
Daß unsre Klage möglich sey;
Wir stehn verwirrt und möchten lieber schweigen.
Doch, schwiegen wir, so weckt uns das Geschrei
Der Erde, des Olymps für die gemeine Sache:
Wir dulden zu lange schon und fordern endlich Rache!
Und gegen wen? Ist's glaublich? Kann es seyn?
Kaum glauben wir's dem Augenschein';
Und welche Meinung wird die Nachwelt von uns haben?
Die Harmonie der Dinge wird gestört,
Die Tugend ausgezischt, der Götterstand entehrt,
Die ganze Schöpfung umgekehrt,
Und Alles dieß von wem? — von wem? — Von einem Knaben,
Der, bloß damit kein Unfug unverübt
Von ihm gelassen sey, für einen Gott sich gibt,
Wiewohl Cythere selbst zu ihm sich zu bekennen
Erröthet — wenigstens, aus einem Rest von Scham,
Indem sie ihm erlaubt, sich ihren Sohn zu nennen,
Uns nie gestand, woher sie ihn bekam.
Und er? was darf nicht Amor sich erfrechen?
Er prahlt noch mit der Dunkelheit,
Die seinen Ursprung deckt! Die Nacht, hört man ihn sprechen,
Hat lange vor der Götterzeit,
Als Alles Chaos war, mich ersten Gott geboren.

Und denket nicht, er prahl' in diesem Ton'
Aus Unverstand bei Kindern nur und Thoren:
Der schlaue Bube zieht davon
Den Vortheil, unter dem Namen des himmlischen Amors,
in Seelen
Von bessrer Art sich heimlich einzustehlen;
In Seelen, denen er als Aphroditens Sohn
Nicht nahe kommen darf. Um diese zu berücken,
Entkörpert sich der Schalk und spielt den reinen Geist,
Spricht Metaphysik, schwatzt von himmlischem Entzücken,
Von einer Liebe, die sich mit bloßem Anschaun speist,
Von Flammen, worin sich alle Begierden verzehren,
Und wie die Seelen, durch ihn aus ihrem Raupenstand
Zu Schmetterlingen entwickelt, ins unsichtbare Land,
Das sie geboren, wiederkehren.
Der Heuchler! Macht er nicht Dianens Nymphen weiß,
Es bleibe, wenn sein Geist nach ihrem Busen schiele
Und sich zum Urbild der Busen empor gezogen fühle,
Sein Blut dabei so kalt wie Alpeneis?
Ist gleich die Schlinge zu sichtbar — ein kluges Mädchen zu
fangen,
So bleibt doch zuweilen daran ein blödes Gimpelchen hangen.
„Doch dieses Alles ist, wiewohl bereits zu viel,
Mit dem, was uns zur Klage zwinget
Verglichen, bloßes Kinderspiel.
Wo ist ein Platz im Himmel und auf Erden,
Den Amors Frevel nicht entweiht?
Wo ist der Sterbliche, wo der Gott, der nicht Beschwerden

Zu führen hat? Ihr Alle wißt, wie weit
Sein Muthwill' es sogar mit unserm Stande getrieben,
Und wie die Unschuld selbst nicht sicher vor ihm geblieben.
Gesetzt auch, sie verwahre sich
Vor seinem Pfeil, was kann vor seiner Natterzunge
Sie schützen? Ach! ihr unsichtbarer Stich
Dringt selbst durch meinen Schild! Wie pflegt der wilde Junge
Beim Faunenfest, wenn auf der Mänas Schoß
Der Wein ihn schwärmen macht, uns Andern mitzuspielen?
Ihm ist, sein Müthchen abzukühlen,
Hestia nicht zu fromm, und Juno nicht zu groß.
Hofft nicht, durch Weisheit ihn zur Ehrfurcht zu vermögen!
Seyd ohne Tadel, seyd Latonens Tochter gleich;
Wenn Alles fehlt, so weiß er euch
Endymions Schlaf zur Last zu legen.
Doch diesen Muthwill könnte man
Auf Rechnung seines Alters schreiben;
Und, da sein Witz uns doch nicht treffen kann,
So möcht' er immerhin, um minder schädlich zu bleiben,
Mit Lästern sich die Zeit vertreiben;
Allein, den Unfug auszustehn,
Den sein Gewerb' in unsrer Herrschaft stiftet,
Und, was wir Gutes thun, stets ohne Frucht zu sehn,
Solang' er ungestraft die Sittenlehre vergiftet,
Solang' er singen darf: „ein Becher und ein Kuß
Könn' einen Sterblichen froher und, nach Gestalt der Sachen,
Selbst besser, als er war, und zehnmal klüger machen
Als alle Philosophien der Weisen in es und us,“

Was dünkt euch, selige Götter, von solchen Sittensprüchn?
Kein Wunder, daß er längst damit
Die Monarchie der Welt erschlichen!
Ein Lehrbegriff von diesem Schnitt
Wird nie an Schülern Mangel haben;
Den jungen Dirnen und den Knaben,
Um deren Kinn die erste Wolle spielt,
Scheint nichts so gründlich. — „O, man fühlt,
Man fühlt ja, rufen sie, die Wahrheit seiner Lehren!"
Nun, sagt mir, werden sie der Weisheit Stimme hören,
Wo Amor solche Schulen hält?
Wollt ihr die Früchte sehn? Schaut nieder auf die Welt,
Die ihr regieren sollt, und seht sie von Cytheren
Und ihrem Söhnchen so bestellt,
Als ob wir Andre nichts als Figuranten wären.
Wer präsidirt im Rath' und im Gericht?
Wer hat die Gnaden auszuspenden?
Ich und Asträa wahrlich nicht!
Cupido wälzt mit seinen Kinderhänden
Den Erdenball, sein Spiel; das Glück
Von einem ganzen Volk' entscheidet
Durch seinen Einfluß oft der Blick
Von einer Pompadour: sie winkt den Helden zurück,
Und ihr Adonis wird in einen Mars verkleidet,
Der, trotz Homers Achill, ein Fest
Besorgen kann und sich, wie Paris, jagen läßt.
Verwundern wir uns noch, wenn wir den Scepter sehen,
Der unterm Mond die Herrschaft führt,

Daß alle Dinge dort so widersinnig gehen?
Mich wundert nicht, daß er schlecht, nur, daß er nicht schlechter regiert.
Das Restchen von Weisheit, das noch aus jener guten alten
Saturnuszeit sich bis hieher erhalten,
Wiewohl schon längst der Geist davon
Verflogen ist, erweist noch seine Tugend.
Doch selbst den kleinen Rest von jener goldnen Jugend
Der erstern Welt mißgönnt Cytherens Sohn
Dem Erdenvolk. Sein Thorenreich zu gründen,
Soll jede Spur der Sittlichkeit
Und Unschuld aus der Welt verschwinden.
Fortunens Freunde haben sich
Zu diesem großen Werk vorlängst mit ihm verschworen.
Die Musen, zu meinen Gespielen geboren,
Die Musen selbst entehren sich und mich,
Seitdem sie Amorn zum Führer erkoren.
Und, ach! die Weisen sogar, die Weisen haben verloren,
Was ihren Orden sonst den Thoren
Verhaßt und fürchterlich gemacht.
Der Ernst ist lacherlich, der von den Pythagoren
Das Zeichen war. Jetzt trinkt man, scherzt und lacht
Und salbt sein Haar und kranzt mit Rosen die Scheitel,
Ruft mit Diogenes, der Menschen Thun ist eitel,
Und nennt sich Philosoph und wird dafür erkannt.
Was soll ich sagen, nachdem der Fürst der sieben Weisen,
Ein Mann, der fähig war, bis in das Wunderland,
Wo Isis thront, der Weisheit nachzureisen,

Ein Solon selbst Lyäen und Amorn anzupreisen
Und, was noch schlimmer ist, in seinem siebzigsten Jahr'
Ihr Priester zu seyn noch nicht zu weise war!
Und wie? den Mann, den Delphi für den besten
Der Griechen erklärte, den Mann, der meinem Athen
Den hohen Plato erzog, bei wenig ehrbaren Festen
Zum Lehrer, muß ich es gestehn?
Von einer Tänzerin herabgesetzt zu sehn,
Sprecht, wie gefällt euch dieß? und doch sind's Kleinigkeiten;
Sein Liebling Xenophon macht uns noch mehr bekannt:
Er läßt ihn gar zu einer Dirne schreiten,
Die als Modell für junge Künstler stand.
Ein Knabe hatte sie unsäglich schön genannt;
Gut, spricht der weise Mann, so werden wir, zu wissen,
Wie schön sie ist, die Augen brauchen müssen.
Der Griechen Lehrer geht, die Jünger hinterdrein
An hellem Tag bei einer Lais ein
(Ein Andrer, fällt der Spötter Momus ein,
Ein Andrer wäre bei Nacht zum mindsten eingegangen),
Und, für die Augenlust nicht undankbar zu seyn,
Was, meint ihr, lehrt er sie? — Die Weisheit, Herzen zu fangen.

„Nun, große Götter, sprecht, ist's nicht die höchste Zeit,
Dem Fortgang dieser Pest zu steuern?
Der Unfug geht, beim Styx! zu weit;
Was wird der Ausgang seyn, wenn wir noch länger feiern?
Verbannet Amorn, schließt ihn ein,
Der Hain zu Amathunt mag sein Gefängniß seyn;

Dort läßt ihn, was er will, mit seinen Charitinnen
Und Nymphen und Zephyretten und Amorinen beginnen!
Ist nur um seinen Rosenhain
Ein Zauberkreis, der ihm den Ausgang wehrt, gezogen,
Kann er nur nicht heraus, und Niemand zu ihm ein,
So spiel' er, wie er will, mit seinem goldnen Bogen
Und singe bis zum Ueberdruß
Von Kuß und Wein, von Wein und Kuß,
Regiere Löwen oder Schwanen
Mit seinem Rosenzaum' und plappre von Dianen
Und Pallas, was ihm wohlgefällt;
Nur, Götter, nur befreit von ihm die Welt."

Dritter Gesang.

Minerva schwieg, und mit verschämten Wangen
Trat Hymen jetzt hervor. Die Wahrheit zu gestehn,
Sein Aufzug gab kein mächtiges Verlangen,
Aus Amors Sold in seinen Dienst zu gehn.
An Schönheit fehlt' es ihm nicht, wiewohl sie etwas vergangen
Und abgetragen schien; hingegen fehlt' ihm sehr
Der Talisman, womit uns Amors Schwestern fangen.
Matt ist sein blaues Aug', und ohne Anmuth hangen
Die Locken ihm um Stirn' und Nacken her.
Er hatte (Vesta selbst bemerkt es heimlich gegen
Cybelen) ohne Furcht, zu viel darin zu thun,
Vor seinem Spiegel sich ein wenig saumen mögen.
Doch im Vorbeigehn dieß! denn nun
Ist's um die Sache selbst, nicht um die Form, zu thun.
Vielleicht war's List, die schönen Richterinnen
Beim ersten Anblick zu gewinnen —
Zur Liebe freilich nicht; allein
Er will auch nicht geliebt, bedaurt nur will er seyn,
Und wirklich nur ein Herz von Stein
War fähig, ihm so wenig zu versagen.

„Ihr Götter, fängt er stockend an,
Nach einer Pallas noch vor euch zu reden wagen
Ist kühn; allein, was Amor mir gethan
Und täglich thut, ist länger nicht zu tragen
Und spornte wohl zu lauten Klagen,
Beim Hercules! selbst einen Stummen an.
Ihr wißt, daß Themis, kurz eh sie der Welt enteilte,
Noch zwischen ihm und mir das Reich der Liebe theilte.
Er, sprach sie (weil sein Blick, der lauter Unschuld log,
Die Herzenskennerin betrog),
Er, sprach sie, soll es auf sich nehmen,
Den jugendlichen Trotz des Mädchens zu bezähmen,
Das, stolz auf seinen Reiz, in wilder Fröhlichkeit
Der Liebe lacht und Hymens Bande scheut:
Und ihrem Seladon, dem seine Schüchternheit
Mehr Schaden thut als ihre Sprödigkeit,
Ihm geb' er Muth, sich freier auszudrücken,
Und seinem Ton Musik und Feuer seinen Blicken.
Er zwinge sie mit sanfter Uebermacht,
Ihr fühlend Herz vergebens zu verhehlen.
Doch hüt' er sich, auch wenn die schönste Nacht
Verzeihlicher der Sinnen Irrthum macht,
In Hymens Grenzen sich verrätherisch einzustehlen!
Er soll in einer jungen Brust
Den sanft sich sträubenden verschämten Wunsch entfalten,
In Hymens Arm die unbekannte Lust
Des Mutternamens zu erhalten.
Ein Kuß, zum Pfand von ihrem Liebesbund,

Mag ihm verwilligt seyn, nur niemals auf den Mund:
Was weiter geht, das bleibt, nach unsrer Alten
Wohllöblichem Gebrauch, dem Hymen vorbehalten.
„So, Götter, sollten wir in aller Ehrbarkeit
Und Eintracht unser Amt verwalten;
Und thäte Amor nicht, o welche goldne Zeit!
Doch sehet selbst — der Sache Kundbarkeit
Kommt leider! meiner Scham zu Statten! —
Was mir der Schalk für Abbruch thut;
Wozu er, wenn sein Pfeil das jugendliche Blut
Zu Feuer macht, in kupplerische Schatten,
Da wo die Rose verliebt sich um die Myrte schränkt,
Die junge Unschuld lockt, die an nichts Böses denkt;
Mit welchem grausamen Vergnügen,
Wenn sie der Arglist sich am wenigsten versieht,
Er über ihr sein Garn zusammen zieht;
Wie er, die Wachsamkeit der Klügern zu betrügen,
Sich stellt, als ließ' er sich besiegen,
Und jeden warnenden Verdacht
Einschläfert oder gar zu seinem Freunde macht;
Wie oft er seine Masken tauschet,
Und wie geduldig der Schalk die Schäferstund' erlauschet;
Mit welchem Fleiß (nach mehr als tausend einer Nacht,
Worin der schlaue Gast Bemerkungen gemacht,
Die ihm zu schlechtem Ruhm gereichen)
Er die Verführungskunst in ein System gebracht,
Dem wenige an Gewißheit gleichen;
Und wie es nun — ihr Schönen wißt,

Ich übertreibe nicht — beinah' unmöglich ist,
Dem Tausendkünstler auszuweichen!
O Unschuld, holde Schüchternheit
Und süße Scham, Beschützerin der Tugend,
Wo seyd ihr hingeflohn, seit Amor unsre Jugend
Belehrte, daß ihr Blödigkeit
Und Vorurtheil und bloße Larven seyd!
Seit dieser Zeit, ich schwör' es bei den Flüssen
Des furchtbarn Styx! hat Hymen nichts zu thun,
Als, gleich dem Gott des Schlafs, auf seinem Pfühl zu ruhn:
Cupido lehrt die jungen Nymphen küssen
Und lehret sie so gut, daß mir
Nichts, das sie nicht schon besser wissen,
Zu lehren übrig ist. Und nun verwundern wir
Uns noch, wenn Weiber — wie wir sehen,
Aus Töchtern dieser Art entstehen?
Wenn Messalinen und Poppäen —
Verzeiht, Göttinnen, mir; allein mein Herz ist voll,
Und meinen Schmerz hat noch kein Gott gefühlet!
Daß ich, wenn Amor mich bestiehlet,
Ihm noch dazu die Fackel halten soll,
Gesteht, das ist zu viel für einen Gott von Ehre!
Auch sag' ichs öffentlich, wofern mir nicht in Zeit
Genug geschieht, und volle Sicherheit
Fürs Künftige gegeben wird, so kehre
Ich meine Fackel um und lösche sie und bin
Nicht Hymen mehr! Sey Hymen meinetwegen,
Wer Schultern hat, die dieß ertragen mögen!

In eine Gruft des rauhsten Apennin
Will ich zurück mich ziehn und ein Gelübde schwören —
(Beim ersten Tritt von einem Mädchenfuß,
Den er im Schnee erblickt, ganz sachte umzukehren,
Spricht Bacchus laut genug, daß man ihn hören muß)
Und, sag' ich, ein Gelübde schwören,
Der Weiber und des Weins auf ewig zu entbehren!"
Das ist ein grausamer Entschluß,
Erwiedert lachend Bromius;
Das heiß' ich Amors Schuld an deinem Leibe rächen! —
Sey unbesorgt, versetzt der Gott von Lampsakus,
Ich weiß, wie man ihn fangen muß;
Er soll mir bald aus anderm Tone sprechen!
Der Gott der Ehen schwieg, und unversehens trat
Der Spötter Momus auf und bat
Um günstiges Gehör. „Ihr Götter und Göttinnen,
So fing er an, ihr wißt, mir liegt
Daran sehr wenig, wer in dieser Fehde siegt;
Ich werde nichts dabei verlieren noch gewinnen.
Ich bin dem Hymen gut, ich bin auch Amorn gut;
Sie geben beide mir zu lachen,
Und, frisches Blut vel quasi uns zu machen,
Ist keine Panacee, die beſſ're Wirkung thut.
Kurz, wider oder für, am Ende bin ich immer
Freund der Person, der Sache Feind,
Und selbst mein Spott ist herzlich gut gemeint.
Ich sehe, daß das Frauenzimmer,
Das gegen Amorn hier mit Hymen sich vereint,

Aus Sittsamkeit nicht Alles sagen wollte.
Und Schwager Hymen hat, vor Eifer, wie es scheint,
Das Beste, was er sagen sollte,
Vergessen. Oder ist's vielleicht nicht ahndenswerth,
Wie mit uns Göttern selbst der kleine Schalk verfährt?
Ich sage nicht, wer Leda's Schwan gewesen,
Nicht, wer Alkmenen eine Nacht
Drei Sommertage lang gemacht:
Die Dichter geben uns nur zu viel davon zu lesen,
Und unser Ruhm gewinnt nicht sehr dabei;
Indessen gilt der Vorwurf freilich — Allen.
Die Hand aufs Herz und ohne Gleißnerei!
Wer unter uns ist nie in Amors Netz gefallen?
Wird nicht der Vesta selbst ein Buhler vorgerückt,
Den weder Frau noch Jungfrau gern gestehet?
Daß just Silens Grauschimmel drein gekrähet,
War sehr viel Glück für sie; allein es glückt
Nicht immer so; und, hätt' er nicht gekrähet,
Wer sagt uns, hätte man den Buhler fortgeschickt?
So spricht die böse Welt! Man hat nicht immer Zeugen
Von seinem Widerstand', und eine einzige Nacht
Hat große Tugenden schon um ihren Ruf gebracht.
Man darf Selenen nur von ihrem Wagen steigen
Und sich dem schlummernden Endymion nähern sehn,
Sie darf aus Neugier nur auf ihn herab sich beugen,
So ist es schon um sie geschehn,
Sie hat nichts mehr im Wahn der Leute zu verlieren;
Und, sollte gar ihr Mund den seinigen berühren,

So nennt, verlaßt euch drauf, die Welt es einen Kuß;
Und weh' ihr dann, wenn ein Ovidius
Den Einfall kriegt, das Mährchen zu brodiren!
Wir wissen insgesammt, wie weise Pallas ist;
Und dennoch zischelt man von einem feinen Knaben
(Mit Drachenfüßchen zwar), den sie aus einem Zwist
Mit Mulcibern soll aufgelesen haben;
Man spricht nicht gerne laut davon.
Sie wand sich, sagt man, los — und doch fiel Erichthon
Nicht aus dem Mond' herab. Sein Daseyn macht die Sache
Nicht besser. Hatte, wie sie spricht,
Das kleine Mittelding von Feuergott und Drache
Kein näher Recht an ihre Mutterpflicht,
Was trieb sie an, in ihrem eignen Tempel
Den Fündling zu erziehn? Man flieht doch gern den Schein
Und mag an den verhaßten Stempel,
Deß Bild der Unhold trägt, nicht gern' erinnert seyn.
Doch freilich lehrt ein neueres Exempel
Der Götterkönigin, daß gegen Amors List
Die strengste Sprödigkeit noch unzulänglich ist.
„Sie sollte sich mit Ganymeden,
Der so verhaßt ihr ist, vergehn?"
Gut! wenn uns nicht die Danaen und Leden
Zur Rache reizten! — Zwar hat Niemand zugesehn,
Und Iris schweigt, allein die Wände reden.
Des Himmels Chronik ist ein wenig ärgerlich;
Genug davon! Doch, daß die Damen mich
Nicht etwa für parteiisch halten,

Wer weiß die Kurzweil nicht, die Amor täglich sich
Mit unsern Herren macht? die komischen Gestalten,
In die er, wann und wo und wie es ihm gefällt,
Uns übersetzt? wie klein von uns die Welt
Um seinetwillen denkt, und, wenn sie uns verachtet,
Wie Recht sie hat? — Der Kriegsgott, spricht man, ist
Der Gott nicht mehr, der Krieg für Lustspiel achtet,
Der Hunger, Durst und Schmerz als Kleinigkeit betrachtet,
Und dem, wenn ja sein Aug' auf eine Stunde sich schließt,
Der harte Grund ein Schwanenlager ist:
Ein Weichling, der an Venus Busen schmachtet,
Ein Attys ist er, ein Bathyll,
Bei Grazien und bei Liebesgöttern
Entwöhnet von den Donnerwettern
Der wilden Schlacht, gepflegt auf Rosenblättern;
Und, rafft er auch einmal sich auf und will
Seyn, was er war in Hektors Heldentagen,
So fühlt er bald die Sehnen ihm versagen.
Apollo selbst, der Gott der hohen Schwärmerei,
Die jene schönen Thaten zeuget,
Auf deren Stufen man zum Sitz der Götter steiget,
Ist nicht Apollo mehr. Die Zeiten sind vorbei,
Da sein Geschäfte war, die Wilden
Am Rhodope zu Menschen umzubilden,
Da Löwen sich, wenn seine Leier klang,
Entzückt zu seinen Füßen schmiegten,
Da Steine, wie beseelt von seinem Zaubergesang,

Sich tanzend in einander fügten,
Und durch der Dichtkunst süßen Zwang
Deukalions Stamm aus Wäldern sich entfernte,
Gesellig ward und Götter ehren lernte.
Entgöttert schleicht im Hain', am Rosenbach,
Der Musengott den Schäferinnen nach;
Der von den Sphären sang, besingt jetzt junge Busen,
Singt von des Kusses Wunderkraft,
Und, ihrem Führer gleich, berauschen seine Musen
Mit Amorn sich in süßem Traubensaft.
„So könnt' ich, liebe Herrn und Brüder,
Das ganze Götterchor durchgehn;
Allein es möchte leicht Satiren ähnlich sehn,
Und diese waren mir, ihr wißt es, stets zuwider.
Ich bin fürwahr kein Rigorist;
Indessen geb' ich zu bedenken,
Ob Amors Lust zu losen Ränken
Des Uebels einzige Quelle ist.
Es wäre viel davon zu sprechen;
Doch Schweigen hat, wie Reden, seine Zeit.
Des Rangen Ungebundenheit
Bleibt allemal ein Polizeigebrechen.
Man muß ihm Einhalt thun. Nur, wie? ist überhaupt,
Wo man verbessern will, zumal in Sachen
Von dieser Häklichkeit, viel schwerer, als man glaubt.
Man kann so bald aus Uebel ärger machen!
Bedenket also wohl, ihr Herren, was ihr thut!
Ein Schluß ist freilich leicht zu fassen,

Zumal um Tafelzeit; allein, sich reuen lassen,
Was man gethan, steht Göttern gar nicht gut."
So sprach der Patriarch der Spötter,
Der im Besitze war, die andern sel'gen Götter
Und all ihr Thun zu tadeln und zu schmähn;
Und, weil es leichter war, ihn seitwärts anzusehn
Und stumm zu seyn, als ihn zu widerlegen:
So thaten auch die Damen, die es traf,
Was sie in solchen Fällen pflegen.
Die eine stellte sich, als könnte sie dem Schlaf
Nicht widerstehn und schloß die Augenlieder;
Unachtsam gafft die andre hin und wieder,
Spielt mit den Fingerchen an ihrer schönen Hand,
Bespiegelt sich, berichtiget ein Band
An ihrem Latz' und flüstert Kleinigkeiten
Der Nachbarin ins Ohr, als ob sie viel bedeuten,
Die Fächer rauschen auf und zu,
Kurz, keine thut, als ob sie Ohren habe.
Uns scheint dieß nicht der Damen kleinste Gabe,
Wir wünschen ihnen Glück dazu.
Auch Vater Zeus läßt, ohne sich zu rühren,
Die Danaen sich zu Gemüthe führen,
Und Mars, solang der Panegyrikus
Ihm um die Ohren saust, scherzt achtlos mit Auroren,
Fragt, ob ihr Alter noch die Schlafsucht nicht verloren,
Und trägt sich an zu ihrem Cephalus.
Der Musengott allein — man weiß, wie leicht die Galle
Den Dichtern schwillt — fährt zürnend auf und kräht,

Als ob die Nymphenwuth ihn plötzlich überfalle.
„Wie, ruft er, wenn vielleicht ein Reimer sich vergeht,
Die Leier zwingt, dem Liebesgott zu fröhnen,
Mit Paphos den Parnaß vertauscht
Und statt der klaren Hippokrenen
In Wein von Beaune sich berauscht,
Soll es der Musen Chor, soll Phöbus es entgelten?
Bekenn' ich mich zu jedem Dichterling'?
Und soll man mich für Amors Sünden schelten?
Wohl weislich spricht Aesop: das schlimmste Ding
In dieser besten Welt sey eines Narren Zunge —"
Halt, lieber Sohn! ruft Zeus vom Thron' ihm zu,
Besänftige dich und schone deiner Lunge!
Man kennt den Momus ja! Sey ruhig, goldner Junge!
Ei! bringt so wenig schon dich um die Seelenruh?
Bemerkst du nicht, wie unsre frommen Damen
Des Spötters Neckerein so ruhig auf sich nahmen?
Ich selber, wie du siehst, ich thu',
Als fühlt' ich nichts, wenn er von hinten zu
Mir Eins versetzt. Mit Leuten seines Gleichen
Gibt sich kein Kluger ab; man sucht ihm auszuweichen:
Und, kömmt er dennoch uns mit seiner Pritsche bei,
Was hilft ein knabenhaft Geschrei?
Das Klügste ist, sich schweigend wegzuschleichen.

Vierter Gesang.

Die Götter schickten nun, bei wohl verschloss'nen Thüren,
Mit hohem Ernst sich an, in Schachen zu votiren;
Als ein Getös' im Vorgemach
Das weitere Verfahren unterbrach.
Kaum lauscht man stutzend nach dem Orte,
Woher es kommt, so knarrt die goldne Pforte,
Die Flügel rauschen auf, und siehe! Paar an Paar
Schleicht leis' und schneckenhaft ganz Paphos und Cythere
Zum Saal' hinein: der Scherze leichte Schaar
Mit düsterm Blick' und ungebundnem Haar;
Die Grazien, in lange Trauerflöre
Wie Klageweiber eingehüllt,
Drei echte heilige Nituschen;
Die Liebesgötterchen, vermummt in Scaramuschen;
Der ganze Zug ein wahres Bild
Des Lustspiels, wo man — weint. Die ernsten Oberalten
Des Himmels hatten Mühe, die richterlichen Falten
Auf ihrer Stirn' in Ordnung zu erhalten.
Was wird daraus noch werden? dachten sie;
Vermuthlich hofft der Schalk, der selber zu erscheinen
Sich nicht getraut, durch dieses Possenspiel
Die Strafe von sich abzuleiten.

Allein sie schossen weit vom Ziel.
Denn, während daß zu beiden Seiten
Die Karawan' im Saal sich auszubreiten
Beschäftigt war, wer, meint ihr, schloß den Zug?
Kein Wunder, wenn das Herz den guten Göttern schlug.
Cupido war es selbst und, o! so ganz Cupido,
Als weder Raphael noch Guido,
Wiewohl des Gottes voll, ihn jemals dargestellt;
So schön, daß Vater Zeus für Ganymed ihn hält,
Daß Junons großes Aug' noch eins so feurig spielet,
Und Mutter Cybele, indem sie seufzend sich
Erinnerte, wie sehr ihm Attys glich,
Zum zweiten Mal des Lieblings Wunde fühlet;
So schön, so zart, so voll von ewiger Jugendkraft,
Daß Mulciber in seine Vaterschaft
Mehr Zweifel setzt als je, die Stirne sich befühlet
Und grimmig bald nach Mars, bald nach dem Weingott schielet.
So, Amor, schwebtest du daher,
Und deinen Feinden sank der Muth beim ersten Blicke.
Selbst Hymen spürt schon keine Galle mehr
Und schmiegt verwirrt sich an Vulcan zurücke.
Minerva nur blieb unerschüttert stehn
Und machte Miene, ihr Lied von vornen anzufangen;
Allein Zeus läßt es nicht geschehn
Und nimmt das Wort, indeß mit feuerrothen Wangen
Und halb gesenktem Augenlied,
Wie einer, der sich überwiesen sieht,
Der Liebesgott sich vor dem Throne bücket.

Dem Nymphchen gleich, das seine Fruchtbarkeit
Zum Protokoll laut zu gestehn sich scheut,
Allein, vom Augenschein gedrücket,
Ein schüchtern Mittelding von Weib und Mädchen, steht
Und, unserm Blick den Umstand zu entwenden,
Der das verrätherische Blut
Ihr in die Wangen pumpt, mit ihren beiden Händen,
Was Venus zu Florenz mit einem Händchen, thut:
So stand der lose Gast, den Heuchlerblick zur Erde
Geheftet, da, mit züchtiger Geberde,
Als Vater Zeus beginnt: Mein trauter Enkelsohn,
Es thut mir leid, allein sehr große Klagen
Sind gegen dich den Göttern vorgetragen.
Komm', hurtig! — denn die Tafel ruft uns schon —
Was hast du uns zur Gegenwehr zu sagen?
Bring's in beliebter Kürze vor!
„Nichts, leider nichts! erwiedert Cypripor:
Auch komm' ich nicht, mit losen Rednerstreichen
Ein mildes Urtheil zu erschleichen.
Nur allzu wahr ist, was die Schmähsucht spricht;
Und, wollt' ich leugnen, spränge nicht
Aus euren Augen mir die Wahrheit ins Gesicht?
Ja, ich bekenn' und leugne nicht:
Das Aergste, was Ovid uns angedichtet,
Ist ärger nicht, als was wir angerichtet,
Ich und mein Hofgesind. Wem ist es unbekannt?
Gestohlen ward durch uns aus Pelops schönem Land
Der Leda Schwanenkind; wir hetzten am Skamander

Um nichts und wieder nichts die Helden an einander;
Wir steckten Ilion in Brand;
Wir trugen Holz zu Dido's Scheiterhaufen;
Wo Fürsten sich mit Bürgerhaaren raufen,
Wo ein Eroberer in durchgeschwärmter Nacht
Die schönste Königsstadt zum zweiten Troja macht,
Um einen Kuß von Thais zu erkaufen,
Mit einem Wort, wo eine Büberei
Verübt wird, seyd gewiß, da sind auch wir dabei.
Durch wen, als uns, ward — Jemand einst zum Farren?
Zum Bock? zum Schwan? zu Allem, was ihr wollt?
Und wird nicht um der Minne Sold
Der Weise täglich noch zum Narren?
Was braucht es Klagen und Verhör?
Hier steh' ich, Götter, und bekenne,
Bekenne, was man mich beschuldigt, und noch mehr:
Verdien' ich noch, daß man mich störrig nenne?
Allein, wie Pallas weislich sprach,
Der Sünde folgt die Strafe billig nach.
Verbannet will die weise Frau mich sehen:
Verbannen will ich mich, ihr Wille soll geschehen!
Ich selbst — ersparet euch die Müh',
Ein Urtheil über mich zu sprechen —
Ich selbst will euch an Amorn rächen.
Kommt, meine Grazien, kommt, wir gehn:
Sie wollen's so! kommt, gute Knaben!
Die sollen scharfe Augen haben,
Die hier uns jemals wiedersehn!"

Kaum ist das letzte Wort dem schönen Mund' entfallen,
So hebt Cytherens lose Schaar
Sich in die Luft; die Trauermäntel fallen,
In schönen Locken fließt der Charitinnen Haar,
Und um die runden Hüften wallen
Gewänder, Rosen gleich in angestrahltem Thau.
Sie ziehn in lieblichem Gewimmel,
Von Zephyrn hoch getragen, durch den Himmel,
Und, wo sie fliehen, welkt sein reines Blau
Und stirbt in freudeleerem Grau.
Doch, eh sie sich den Augen ganz entzogen,
Zerbricht Cupido seinen Bogen,
Wirft ihn herab und ruft den Göttern zu:
Gehabt euch wohl! Wir wünschen euch Vergnügen;
An Amorn soll's gewiß nicht liegen,
Wenn fürderhin nicht unbegrenzte Ruh
Den Himmel wiegt. Nur wähnet nicht, Göttinnen,
Daß, was er thut, er bloß zur Hälfte thu'.
Ihr hofft vielleicht, dabei noch zu gewinnen,
Weil doch mein Brüderchen von linker Hand euch bleibt,
Der, wie verlauten will, euch stolzen Sultaninnen
Oft ingeheim die Zeit vertreibt.
Doch, ihm das Reich zu übergeben,
Das ich verlassen muß, verbeut
Die Ehre mir und selbst die Sittigkeit;
Wir werden ihn der Arbeit überheben!
So sprach der Gott und lächelt' und verschwand.
Die himmlische Synode stand

Ein wenig dummer da, als mancher vor der Hand
Dem andern merken lassen wollte.
Man that sein Möglichstes, um gutes Muths zu seyn.
Doch, was man kann, und was man können sollte,
Trifft, wie ihr wißt, nicht immer überein.
Gleich bei dem ersten Mahl schleicht sich die Langweil' ein,
Wie sehr die Götter auch sich quälen,
Ein düstres Vorgefühl durch übertriebnen Schein
Von Lustigkeit einander zu verhehlen;
Vergebens! denn sogar der Götterwein
Erfreuet nicht das Herz, wenn Amors Schwestern fehlen.
Man ißt und weiß nicht was, man lacht und fragt warum,
Man öffnet weit den Mund, will reden und bleibt stumm.
Der Witz verläßt den Gott der Musen,
Die Munterkeit den Gott des Weins;
Mercur ruft Heben stets, noch Eins!
Und gafft, indem er trinkt, nach — Vesta's plattem Busen.
Vergebens stimmt der Pieriden Chor
Der glühnden Sappho wärmste Oden,
Zwar etwas schläfrig, an: man hört mit halbem Ohr'
Und bleibt so frostig, als zuvor.
Die Damen sitzen wie Pagoden
In steifer Majestät, nach Juno's Beispiel, da,
Und, schleicht sich auch in einer Viertelstunde
Ein Wort aus einem schönen Munde,
So schnappt der Dialog beim ersten Nein und Ja
Gleich wieder zu: kurz, sumste hier und da
Nicht eine Fliege noch, so dächte man, es stünde

Der Puls der Schöpfung still. Zeus, der die Kurzweil liebt,
Fand diese Art zu tafeln sehr betrübt.
Noch nie ward Hebe so geschwinde
Des Dienst's entlassen. Aber, ach!
Die lange Weile schleicht den guten Göttern nach,
Wohin sie fliehn, bis in die Cabinetchen,
Bis in die Lauben von Jasmin
Und auf die nun nicht mehr wollüst'gen Ruhebettchen.
Zu bald erfuhren sie, sogar im Tét' à Tét',
Daß ohne der Grazien Gunst nichts wohl von Statten geht.
Vergebens wurde bei Auroren
Die Sommernacht ein wenig lang bestellt;
Selbst für die Heben und die Floren
Geht nun (so unbarmherzig hält
Der Liebesgott sein Wort) die schönste Nacht verloren.
Den schlummernden Endymion
Kann Lunens wärmster Kuß nicht aus der Schlafsucht küssen,
Und zu Aurorens Rosenfüßen
Petrarkisirt, trotz D'Urfé's Seladon,
Der weise Cephalus. Sogar der Gott der Gärten
Schleicht von Pomonen sich ein wenig früh davon
Und schwört, gerichtlich zu erhärten,
Daß einem Manne, wie er, durch alle Zauberei
Von allen Nestelknüpferinnen
Der ganzen Welt, so was noch nie begegnet sey.
Die hintergangenen Göttinnen
Benahmen zwar sich meisterlich
Und sprachen von der Lust der Sinnen

Wie Zenons strengste Schülerinnen;
Doch sage mir nur Niemand, daß man sich
Durch Scenen dieser Art bei ihnen sehr empfehle.
Natürlich dünkt ein schönes Weib
Sich etwas mehr als eine nackte Seele;
Und Metaphysik ist ein schaler Zeitvertreib
Für Nymphen, die in Lauben wachend schlafen
Und sich gefaßt gemacht, anstatt
Dem Günstling zu verzeihn, der nichts begangen hat,
Ihn für Verbrechen zu bestrafen.
  Wie dem auch sey, so hatten dieses Mal
Die Götter keine andre Wahl,
Als Amors Strafgericht so leicht auf sich zu nehmen,
Als möglich war, und, statt der Weisheit sich zu schämen,
Wozu er sie verdammt, sie, wo nicht angenehm,
Doch ehrenvoll zum wenigsten zu machen.
Diotima's gepriesenes System
Ist, wie ihr wisset, sehr bequem
Zu diesem Zweck. Zu was für schönen Sachen
Gibt es den Stoff! Wie fein es klingen muß,
Wenn selbst Priap, dem sonst der beste Kuß
Zu leichte Speise war, mit schwärmendem Entzücken
Von reiner Liebe schwatzt, sich sättiget an Blicken
Und in demüthiger Distanz
Von seinem Gegenstand, mit einem großen Kranz
Von Agnus castus um die Lenden,
Pomonen überzeugt, ein Busen, dessen Glanz
Den Schnee beschämt, sey nicht gemacht, von Händen

Gedrückt zu seyn, und, einen kleinen Mund,
Der reizend spricht und lacht, um einen Kuß zu pfänden,
Sey Hochverrath. — Wer kann so schön dich sehn
(So fährt Herr Phallus fort, zu krähn)
Und mehr, als dich zu sehn, verlangen?
Die Seele, die dich anschaut, streift
Flugs ihren Körper ab, so wie verjüngte Schlangen
Die alte Haut; sie fliegt empor, durchschweift
Ihr neues Element, die Rosen deiner Wangen,
Die Lilien deiner Brust, vergißt
Der Sinnen letzten Wunsch und fühlt, daß wahrer Liebe
Die Liebe selbst die höchste Wonne ist.
Dieß Alles, wir gestehn's, ist schön und gut zum Sagen;
Auch sagen es die Götter oft genug
Den Himmelstöchtern vor; man hört in dreißig Tagen
Und Nächten nichts als dieß. Doch, diesen hohen Flug
Noch dreißig Tage auszuhalten,
Fühlt kein Olympier sich stark genug bekielt.
Ein Andres ist's, wenn man dergleichen wirklich fühlt,
Wie einst Petrarc'. Allein bei unsern kalten
Entgeisterten Verliebten war gewiß
Dieß nicht der Fall: die guten Götter hatten
Nichts Besseres zu thun und sagten Alles dieß,
Von Nacht und Mond und kupplerischen Schatten
Heraus gefordert, bloß in Fugam Vacui.
Die Damen gähnten, traun! noch mehr dabei als sie;
Und, wie das Lustspiel enden mußte,
Erräth sich leicht. Denn trotz der harten Kruste,

Die ihr jungfräulich Herz beschützt,
Kann Pallas selbst den Mann, der zu nichts Anderm nützt,
Als ihr zu Fuß zu liegen und zu schmachten,
Nicht anders als aus Herzensgrund verachten.
Das tugendhaftste Weib flößt gern was Wärmeres ein,
Als was wir bloß für ihre Tugend fühlen,
Und, ohne minder darum der Weisheit treu zu seyn,
Beim ruhigsten Vorsatz, das Feuer nie zu kühlen,
Das euch verzehrt, ergetzt sie innerlich
An seinem Spiel', an seiner Flamme sich.
Worin bestände denn auch, im Grunde, das Behagen
Von einer Lage, wobei sie nichts zu wagen,
Nichts zu verlieren sieht? sich selbst nicht sagen kann,
Dein Sieg ist ein Verdienst, dein Gegner war ein Mann!
Wir unterstehen uns, zu sagen,
Daß dieß sogar auf Bilder sich erstreckt,
Und daß ein Cherub ohne Magen
Und Unterleib in seinem Federkragen
Des frommen Nönnchens Herz nicht halb so gut erweckt,
Als Guido's Amor, zwar divino
Der Absicht nach, allein der, wie ihr wißt,
Darum nicht minder als ein andrer Amorino
Ein sehr vollständig Bübchen ist.

Ist diesem so, wer kann den überirdischen Schönen
Verargen, wenn sie sich, sobald Cupido's Fluch
Durch manchen fehl geschlagenen Versuch
Bestätigt ist, nach andrer Kurzweil sehnen?
So manche schöne Sommernacht

Vorbei gegähnt! Die nie betrogne Macht
Von ihren Reizen nun dem Zweifel preisgegeben!
Und Rachsucht sollte nicht die holden Busen heben?
Der erste Schäfer wäre just,
Was eine Göttin braucht, wenn sie der Rache Lust
Sich geben will; oft ist dabei zu gewinnen:
Allein auch diesen Behelf entbehren die Göttinnen.
Der Erdkreis wird von Amors Interdict
Nicht leichter als der Göttersitz gedrückt.
Den einzigen Trost, den ihnen zu versagen
In Amors Macht nicht lag, war das Talent — zu plagen,
Womit das schöne Volk, zumal vom Götterstand,
Sehr reichlich sich versehen fand.
Die unfreiwilligen olympischen Kombaben
Wie sollen sie erfahren haben,
Was Schönen können, denen man
Mißfallen hat, und die uns quälen wollen?
Zu unserm Glücke kommt's, wenn wir's empfinden sollen,
Auf einen kleinen Umstand an,
Auf den die Herzensköniginnen
Sich, wie es scheint, nicht allemal besinnen.
Ins Ohr gesagt, ich weiß euch ein Arcan,
Womit die Götter sich so fest als Eisen machen.
Ihr wünscht es mitgetheilt? Wohlan!
Das Ganze ist: zu ihrem Zorn — zu lachen.
Das Mittel ist bewährt; von allen Remediis
Amoris in der Welt hilft keines so wie dieß.
Die Göttin starrt, zum Exempel, mit Augen von Medusen

Dich an und hofft, versteinert werdest du,
Ein Denkmal ihrer Macht, nun da stehn; aber du,
Du bist kein Geck, du hast aes triplex um den Busen,
Du issest, trinkst und pflegst der Ruh
Wie sonst und nimmst, statt abzunehmen, zu,
Und, statt der Quälerin was Dummes vorzuweinen,
Lachst du und gehst davon auf zwei gesunden Beinen.
Verachtung ist ein mächtiger Talisman,
Nur schlägt er nicht so gut in allen Fällen an,
Als wie in dem, worin für ihre Sünden,
Seit Amors Flucht, die Götter sich befinden.
Denn freilich thut ein gewisser geheimnißvoller Instinct,
Den wir in guter Gesellschaft nie unmaskirt erblicken,
Weit mehr dabei, als mancher Göttin dünkt,
Wenn ihre Reize selbst ein weises Hirn verrücken.
Durch ihn setzt oft ein Nymphchen in Entzücken,
Ist eine Ilia und Egeria, überall
Mit Grazien garnirt und tota merum sal
In deinen fascinirten Blicken,
Die dir, wie uns, sobald du nüchtern bist,
Ein sehr alltäglich Thierchen ist.
Ohn' ihn erblickte vielleicht Adonis an Cytheren
Nur abgeschoss'nen Reiz und Rosen im Verblühn;
Ohn' ihn wird Juno zur Megären,
Zur Galatee ein Austerweib durch ihn.
Sie, deren Lieblichkeit zu hyperbolisiren
Die Göttersprache selbst einst unzulänglich war,
Sind jetzt der Gegenstand von hämischen Satiren.

Auroren wird ihr Rosenhaar
Zur Last gelegt, Dianen ihre Länge;
Mit unbarmherziger, kunstrichterlicher Strenge
Wird jeder Reiz anatomirt,
Und, wie natürlich ist, verliert
Der Reiz dabei. — Bei Amors Zauberfackel
Muß man die Schönheit sehn! Der kalten Tadelsucht,
Die Reiz vor Reiz gerichtlich untersucht,
Ist Hebe selbst nicht ohne Makel.

Fünfter Gesang.

Nun, liebe Freunde, setzet euch
Ein wenig an der Götter Stelle
Und sagt mir, ist ein Himmelreich,
Wo man einander quält, nicht eine wahre Hölle?
O Amor, Gott der Freuden, kehre um!
(So rufen heimlich Götter und Göttinnen)
O, kommt zurück, ihr holde Charitinnen!
Wo ihr verbannet seyd, da rinnen
Kocyt und Phlegethon, da quälen Plaggöttinnen;
Ach, ohne euch ist kein Elysium,
Ist kein Olymp! — Allein, dieß laut zu rufen,
Verbietet Stolz und falsche Scham.
Sie mußten erst durch alle Stufen
Der langen Weile gehn. Zu welchen Mitteln nahm
Man seine Zuflucht nicht? Bald gab der dicke Komus
Ein prächtig Freudenfest, wobei
Nichts als die Freude fehlt; bald Momus
Ein possenreiches Allerlei,
Das desto mehr die Logen gähnen machte,
Je lauter Silen und Pan und der Verfasser lachte.
Herr Momus war, wie Dichter meistens sind,

Für seines Witzes Brut an beiden Augen blind
Und sprach im ersten Zorn zu seinem Freund, dem Thiere
Mit langem Ohr: Der Henker amusire
Die Damen und Herren, die nicht zu amusiren sind!
Doch dient' es ihm zum Trost, daß Azor und Zemire
Von Monsieur Marmontel nicht bess're Wirkung that.
Die Musen dachten, so was Neues,
Dergleichen der Olymp noch nie gesehen hat,
Muß Wunder thun; allein Apoll verzeih' es
Zemiren=Erato! man fand sie kalt wie Schnee.
Zwar schien das arme Thier von Azor zehnmal ärmer
An Feuer noch, wiewohl der größte Schwärmer
Im ganzen Götterthum, der Sohn der Semele,
Die Rolle spielte; nur der Götter=Assemblee
Ward, wie ihr seht, dadurch nicht desto wärmer.
Wißt ihr was Traurigers im Himmel oder hier
In diesem Jammerthal, wo wir, nach Standsgebühr
Mehr oder weniger, der langen Weile fröhnen,
Als, unergetzt, bei langen frostigen Scenen
Mit Sang und ohne Sang, einander anzugähnen?
Auch hielten's die Schönen des Himmels nicht manchen Abend aus.
Viel lieber, sprachen sie, b'ojahnen wir zu Haus
Und schneiden Bilderchen aus und putzen unsre Puppen.
Zuletzt, nachdem man lang' auf neue Kurzweil sann,
Bot die Astronomie sich an.
Seitdem es Sterne gibt, sah man so schöne Gruppen
Um kein Dollondisch Rohr gebückt:

Die Damen schienen ganz von Wissenslust entzückt,
Sie guckten Nächte lang und holten sich den Schnupen.
Der Wettstreit, wer im schönsten Nachtgewand
Den Sternen Cour zu machen käme,
Trug auch das Seine bei, daß man am Weltsystem
Und am Planetentanz so viel Vergnügen fand.
Nehmt noch dazu, was allen Lustbarkeiten
(Sogar den fei'rlichen, wozu die Glocken läuten)
So was, wie nenn' ich's? gibt, das sie pikanter macht,
Mit einem Wort, die Zeit der Mitternacht:
So hätte wohl zum Glück der Mondenfinsternissen
Nur Amor noch ins Spiel sich mischen müssen.
Allein, da dieser fehlt, verlor die Warte bald
Den ersten Reiz. Die Nächte waren kalt;
Die Damen klagten über Flüsse
Und Rückenweh' und Drücken auf der Brust:
Man fand, daß man die Wissenslust
Gemächlicher zu stillen suchen müsse.
Versuche folgten nun in Guer'ckens leerem Raum;
Man wiegt die Luft, zergliedert Sonnenstrahlen
Und lernt, warum sie leichter Wolken Saum
Bald blau, bald gelb, bald purpurfarbig malen;
Man mißt den Schall, man zählt den Sand am Meer,
Die Flocken Schnee, die Tropfen Regen,
Die auf das Erdrund ungefähr
Ein Jahr ins andre fallen mögen;
Was mißt und zählt man nicht? — Wenn man mit seiner Zeit
Sonst nichts zu machen weiß; alsdann ist Zeitersparuz

Nur Zeitverlust. Die kleinste Kleinigkeit
Wird wichtig dann, und eh die Seele Hunger leid't
Zieht sie aus Distelköpfen Nahrung.
Noch mehr — vorausgesetzt, daß euer Trismegist
Die Klugheit hat, mit Demonstrationen
Und a + b die Damen zu verschonen,
Wo ist — wenn den Endymionen
Was Menschliches begegnet ist,
Ein Zeitvertreib mit diesem zu vergleichen,
Dem Mütterchen Natur (die keine Zeugen liebt,
Wenn sie den Wangen Roth, dem Busen Lilien gibt)
Bis zur Toilette nachzuschleichen?
Die Schächtelchen, die Büchschen allzumal
Eins nach dem andern aufzumachen
Und tausend wunderbare Sachen,
Wovon euch nie geträumt, aus ihrem Futteral
Herauszuziehn und Stück vor Stück besehen,
Sie, jedes in sein Fach, zurück
Zu legen und — so klug davon zu gehen,
Als ihr gekommen seyd! — Man muß gestehen,
Dieß Spiel ist wohl so gut, als eines in der Welt.
Allein, so sehr es unterhält,
Verliert's doch, wenn ihr's lange spielet,
Der Neuheit Reiz, der anfangs es empfiehlet.
Ein andrer Spaß wird auf die Bahn gebracht;
Die Antlia, die nicht mehr Kurzweil macht,
Muß dem Elektrophor', und der dem Luftball weichen,
Und diesem geht's, wie allen seines Gleichen.

Was wollen wir? da nichts mehr Lindrung gab,
Sank man von Spiel zu Spiel zur blinden Kuh herab.
Vergebens! Amor fehlt, die Charitinnen fehlen!
Die blinde Kuh sogar wird int'ressant durch sie;
Umsonst, umsonst, ihr gute Seelen,
Hofft ihr Vergnügen ohne sie!
Vergebens schwanket ihr von einer Phantasie
Zur andern; ohne sie sind Freuden ohne Freude,
Ergetzt kein Ohrenschmaus und keine Augenweide,
Herrscht lange Weil' und dumme Apathie
Und Ueberdruß und Spleen und Agrypnie
Bei aller Lust, beim schönsten Sommerwetter,
Beim Nektartisch, bei Tanz, Gesang und Symphonie
Sogar im goldnen Saal der Götter.
Die weise Frau verzeih' uns, deren Rath,
Zwar wohlgemeint, die schlimme Wirkung that;
Doch unser Sokrates scheint wohl gewußt zu haben,
Warum er stets die schönen Knaben,
In deren Cirkel er sich so gerne finden ließ,
Den keuschen Grazien opfern hieß.
Der Mann that, was wir Alle sollten,
Wofern wir weiser werden wollten:
Er fragte die Natur. Sie war sein Genius
Und seine Pythia. Doch, wohl gemerkt, er fragte,
Wie man, belehrt zu werden, fragen muß;
Und, was sie ihm in Antwort sagte,
Vernahm er recht und ganz. Wem dieß ein Räthsel ist,
Der lass' es sich von Xenophon erklären:

Ein jeder echter Sokratist
Versteht uns. Kurz und gut, Frau Pallas (ihren Ehren
Unschädlich!) hatte wohl die Folgen nicht bedacht,
Da sie den Göttern aus Cytheren
So strenge den Proceß gemacht.
Der Spleen, der nun, seitdem man sie vertrieben,
Den Götterhof erfüllt, der Augen trübes Licht,
Die finstre Stirne, das faltenreiche Gesicht,
Das Unvermögen, was zu lieben,
Die Trägheit, was zu thun, war noch das Schlimmste nicht.
Ist's dahin erst mit uns gekommen,
So nimmt das Uebel zu. Zeus, der die Unterwelt
Regieren soll, regiert, so wie ein Würfel fällt,
Auf gutes Glück und plagt die Bösen und die Frommen.
Minerva, deren Ernst die milden Grazien
Sonst unvermerkt erheiterten,
Ist vor Pedanterei nicht länger auszustehn.
Der schöne Bacchus wird, seit Amor sich verbannt,
Mit Satyrn stets bezecht gesehn;
Mars tobt und macht den Sacripant;
Die Musen krähen uns in fremden rauhen Tönen
Kamtschatkische Gesänge vor,
Entsagen, um neu zu seyn, dem Schönen,
Betäuben den Verstand und martern unser Ohr.
Es hieß sogar (wir wollen Beſſ'res hoffen!),
Sie hätten einst in dickem Gerstensaft
Mit Wodans wilder Brüderschaft
Aus Menschenschädeln sich besoffen.

Genug, der Unsinn ging von Grad zu Grad so weit,
Daß endlich Aeskulap, der Göttern und Göttinnen
Zweimal des Tags mit großer Fei'rlichkeit
Den Puls fühlt, um ihr Blut ein wenig zu verdünnen
Und wieder sie in aller ihrer Sinnen
Nutznießung und Gebrauch zu setzen, nöthig fand,
Auf Amors Rückkehr vor der Hand
In vollem Amtsernst' anzutragen.
Die Krankheit, sprach er, hat die Zirbeldrüse schon
Ergriffen; Alles hier zu wagen,
Ist nichts gewagt. So schlimm Cytherens Sohn
Auch seyn mag, wird er doch bei unsern Frauenzimmern
Und Herren überhaupt im Hirnchen nichts verschlimmern,
Hingegen desto mehr an Laune, gutem Muth'
Und selbst am Herzen besser machen;
Wir leben wieder, scherzen, lachen,
Verdauen, schlafen sanft und machen frisches Blut
Und werden mehr dabei gewinnen,
Als Mancher denkt. — Der Arzt hat Recht,
Rief das olympische Geschlecht.
Man hatte Zeit gehabt, sich besser zu besinnen.
Sogar der Spröden weise Zunft
(Wiewohl sie sich's nicht merken ließen)
War müde, für Minervens Milz zu büßen,
Und sehnte heimlich sich nach Amors Wiederkunft.
Die Sache ging im Götterrathe
Einhellig durch. Es liegt dem ganzen Staate
Zu viel daran, sprach Zeus, daß wir in Einigkeit,

Wie Göttern ziemt, beisammen wohnen!
Stracks sendet man Mercurn mit Propositionen
Nach Paphos ab. Man gab sich etwas bloß,
Dieß ist gewiß; allein die Sehnsucht war zu groß,
Um durch Bedingungen den Frieden zu erschweren.
Ich sage nicht, sprach Momus, daß man es
Vermeiden konnte, just so weit zurück zu kehren,
Als man zu vorwärts ging. — Wohl Recht hat Sokrates:
„So arg der Schalk auch ist, man kann ihn nicht entbehren“ —
Dieß sag' ich nur: das, was wir jetzo thun,
War schon gethan, und, hätten wir's beim Alten
Gelassen, wie ich stets für räthlicher gehalten,
So brauchten wir jetzt nicht zu thun,
Was schon gethan war; nun ist Amor unser Sieger!
Dafür, spricht Aeskulap, sind wir um so viel klüger.
Von ungefähr stand mit gespitztem Ohr
Das Eselchen dabei und lachte
In sich hinein: „He? sagt' ich's nicht zuvor?
Die Welt geht, wie ich immer dachte,
So gut sie kann. Sie sollte besser seyn,
Spricht man, dieß fehlt und das! — Ich merk' es auch; allein
Den will ich sehn, der eine bess're machte!“

Nadine.

Eine Erzählung in Priors Manier.

1762.

„Nadine, komm' und misch' in deinen Kuß
Den Zauberton, der Philomelens gleichet,
Indeß die Nacht mit unbemerktem Fuß
Den jungen Tag in Florens Arm beschleichet.

„Ein Augenblick wird schon zu theu'r versäumt;
Sie fliehn, sie fliehn mit Flügeln an den Füßen,
Die Stunden fliehn, die unter unsern Küssen
Ein Quincica am Quell der Lust verträumt.

„Hat meinen letzten Hauch dein Mund einst aufgeküßt,
Was folget uns ins öde Reich der Schatten?
Ach! die Erinnerung, was wir genossen hatten,
Ist mehr vielleicht, als dann uns übrig ist."

So spricht Amynt und drückt, indem er's spricht,
An ihren Schwanenhals sein glühendes Gesicht
Und fühlt, vom Arm der Liebe sanft umwunden,
Den ganzen Werth der eilenden Secunden.

Mit Augen, wo die Traurigkeit
In süße Wollust schmilzt, verschämt, doch hingerissen
Von eurer Macht, Natur und Zärtlichkeit,
Entwind't sie lässig nur sich seinen heißen Küssen.

Die schlaue Nacht zieht jüngferlich bescheiden
Ein Wölkchen, wie vom dünnsten Silberflor,
Dem Seitenblick der spröden Luna vor;
Ein Rosenbusch wächst schnell um sie empor,
Und ungesehn umflattert sie ein Chor
Von Liebesgöttern und von Freuden.

Nur einer aus der kleinen Schaar,
Ein junger Scherz von dreisterem Geschlechte,
Den eine Grazie dem schönsten Faun gebar,
Setzt schalkhaft auf dem braunen Haar'
An deiner Stirn, Nadine, sich zurechte.

Amynt wird ihn zuletzt gewahr
Und will den losen Gaukler fangen;
Allein der Scherz, der leicht von Füßen war,
Entschlüpft und flieht in eins der Grübchen ihrer Wangen.

Auch hier verfolget ihn Amynt.
Nun, denkt er, soll mir's doch in ihren Lippen glücken!
Ja! wäre nicht sein Gegner schnell besinnt,
Den kleinen Gott mit Küssen zu ersticken.

Er zappelt, wie ein junger Aal
Im feuchten Netz', und schlägt und sträubt sich mit den Flügeln,

Bis zwischen sanft erhabnen Hügeln
Von warmem Schnee ein dämmernd Rosenthal
Sich ihm entdeckt. — Er glitscht an einer Leiter
Von Bändern unvermerkt herab.
Umsonst! Der Mund, der keine Rast ihm gab,
Folgt ihm durch Berg und Thal und treibt ihn immer weiter.

Wohin, o Venus, soll er fliehn?
Wo kann er zu entrinnen hoffen?
Wie soll er sich der Schmach, erhascht zu seyn, entziehn?
Wo ist noch eine Zuflucht offen?

So wie ein Reh, vom frühen Horn' erweckt,
Mit raschem Lauf, der kaum das Gras berühret,
Von Bergen flieht, dann steht, die Ohren reckt,
Dann schneller eilt, vom Nachhall fortgeschreckt,
Und sich zuletzt in einen Hain verlieret,
Wo krauser Büsche Nacht ihm seinen Feind versteckt:

So eilt der schlaue Scherz, ganz athemlos vor Schrecken,
So leis' er kann, in eine Freistatt sich,
Wo ihn sein Jäger sicherlich
Nicht suchen werde, zu verstecken.

Der Flüchtling glaubt, in Paphos tiefstem Hain,
Wo, unentdeckt sogar bei Sonnenschein,
Sich Amor oft an Spröden schon gerochen,
Glaubt in Cytherens Heiligthum,
In Dädals Labyrinth, ja im Elysium
Nicht sicherer zu seyn, als wo er sich verkrochen.

Allein der Liebesgötter Schaar,
Die, Bienen gleich, doch unsichtbar,
In Trauben an Nadinens Wangen,
An ihrem Rosenmund', an ihrem Busen hangen,
Bemerkten bald die reizende Gefahr
Und schrieen laut — als es zu späte war:
Ach, Brüderchen, du bist gefangen!

Erdenglück.

An Chloe.

1766.

Hüpfend, wie das Blut in deinen Adern, scherzet,
Chloe, deine Seel' ihr Daseyn hin;
Keine Ahnung ferner Uebel schwärzet
Deinen freien unbewölkten Sinn;
Alles, däucht dir, ist wie deine Wangen
Rosenroth; gleich Liebesgöttern hangen
Tausend Hoffnungen, von brütender Begier
Sanft entfaltet, gaukelnd über dir.
Jeder Wunsch, der mit Vergnügen schmeichelt,
Scheint dir schuldlos: du erfuhrst noch nicht,
Daß der Schmerz sich oft zu Wollust heuchelt,
Und die Hoffnung stets zu viel verspricht.
 Ach! warum, o Chloe, sind's nur Träume,
Wenn die Phantasie, mit eitler Schöpfungskraft,
Goldne Welten um uns her erschafft?
Lauter Lust, wohin das Auge gafft,
Lauter Rosen, lauter Myrtenbäume;
Göttertisch, von Grazien gedeckt,
Nektar aus Tokay in allen Flüssen,
Schlaf auf Schwanen, den zu stillen Küssen
Amor oft, die Sorge niemals, weckt;

Lauter Feste, Tänze, frohe Spiele,
Lauter Unschuld, Eintracht, Zärtlichkeit,
Kurz, der Menschen ganze Lebenszeit
Ein Gewebe lieblicher Gefühle —
Welch ein Traum! —
Warum (so ruft, entzückt
Von Nanett' im kurzen Unterrocke,
Tristram aus, indem des Mädchens schwarze Locke
Sich im ungelernten Tanz' entstrickt,
Und ihr lächelnd Aug' unwissend Liebe blickt)
„Ach! warum, du, dessen Wohlbehagen
Unsre Freuden schafft und unsre Plagen,
Kann nicht hier ein Mann sich in der Freude Schoß
Niederlegen, tanzen, singen und sein Pater sagen
Und gen Himmel mit Nanetten gehn?
Eitler Wunsch! vielleicht verzeihlich im Entstehn,
Aber dem Gesetz der ernsten Weisheit — Sünde!
Ein Verhängniß, dessen dunkle Gründe
Wir vielleicht in bessern Welten sehn,
Find't für diese Welt ein reines Glück zu schön,
Mischt in jeden Tropfen Lust geschwinde
Zwei von Bitterkeit, gefällt sich (wie es scheint),
Jede Hoffnung selbstgewählter Wonne,
Wenn zu unsern Wünschen Alles sich vereint,
Plötzlich zu verwehn, erfindet jedem Morgen,
Der uns Lust verhieß, unvorgesehne Sorgen,
Gibt die Unschuld oft der Bosheit, dem Betrug
Preis und lohnt die Treu' mit einem Aschenkrug.

Chloe, hoffe nicht, daß innerhalb dem Kreise,
Der den Erdball von dem Sternenfeld
Trennt, die Wonn' uns je ihr himmlisch Antlitz weise!
Ach, sie sinkt nicht bis zur Unterwelt!
Alle diese schönen Luftgesichte,
Deren Name deine junge Brust
Ueberwallen macht, sind bloße Schaugerichte,
Leichte Träum' unwesentlicher Lust!
Freundschaft, Liebe! ach, euch lassen uns die Götter
Nur von fern' aus offnem Himmel sehn;
Diesseits her versetzt, sind eure Früchte — Blätter,
Die mit leerem Schmuck das Auge hintergehn!

Celia an Damon.

Nach dem Englischen.

Collection of Poems Vol. III. p. 140.

Nein, Damon, länger soll mein Mund
Dich nicht um deinen Sieg betrügen!
Aufrichtig als ich widerstund,
Sollt' ich unedel unterliegen?
Du triumphirst! Was hälf' es mir,
Wenn ich's noch länger mir verhehle?
Ach, diese Spiegel meiner Seele
Verrathen mein Geheimniß dir!
Ja, Damon, ja, du triumphirest,
Mein Herz ergibt sich, es ist dein;
Doch lass', o, laß genug dir seyn,
Daß du es unumschränkt regierest.
Nimm zum Beweise diesen Kuß,
Den ersten, den ein Mann von mir davon getragen;
Nur fordre nicht — ich wär' es zu versagen
Vielleicht zu schwach — was ich versagen muß.
Laß, theurer Jüngling, nicht vergebens
Der Tugend letzten Seufzer seyn!
Das Glück, die Ruhe meines Lebens
Steht nun bei dir, bei dir allein.

Zwar hab' ich gegen dich Entschließungen genommen,
Und Engel hörten meinen Schwur;
Doch, bester Damon, lass' es nur,
O, lass' es nicht — zur Probe kommen!
Sey du vielmehr der Genius
Der Unschuld, die in deinen Schutz sich gibet,
Und die nur darum zittern muß,
Weil sie dich über Alles liebet!

Bruchstücke von Psyche,

einem unvollendet gebliebenen allegorischen Gedichte.

1 7 6 7.

Vorbericht.

Die bekannte Milesische Fabel von Amor und Psyche aus dem goldnen Esel des Apulejus, die schon in den frühesten Jahren unsers Dichters mit einem ganz eigenen Zauber auf seine Seele gewirkt hatte, bildete sich nach und nach in seiner Phantasie zu einem idealischen Traumgesicht einer Art von allegorischer Naturgeschichte der Seele, mit dessen Ausbildung er viele Jahre lang umging, ohne zu dieser besonderen feinen Stimmung des Gemüths und dieser äußeren Ruhe und Muße gelangen zu können, welche ihm zur Ausführung und wirklichen Darstellung des ihm vorschwebenden Ideals nothwendige Bedingungen zu seyn schienen. Die Idee dieser Psyche verfolgte ihn, so zu sagen, wie das Gespenst einer lieben Abgeschiedenen, das dem Geliebten mit offnen Armen entgegen schwebt, aber, sobald er es zu umfangen glaubt, zwischen seinen Armen in Liebe zerflossen ist. Vermuthlich lag es auch an den Hindernissen, welche die verschiedenen Lagen des Dichters in dem ganzen Zeitraume zwischen den Jahren 1758 und 75 der Ausarbeitung eines so zart gesponnenen psychologischen Feenmährchens entgegen setzten, daß er sogar über die Art der Einkleidung und den Hauptton, der durch das ganze Gemälde herrschen sollte, nie mit sich einig werden konnte.

Endlich brachte ihn ein zufälliges Zusammentreffen von Ideen auf den Einfall, diese Geschichte der Psyche, einer liebenswürdigen und zur feinsten Art von Schwärmerei aufgelegten Priesterin, von einem — Platonischen Liebhaber in einer Reihe schöner Sommernächte erzählen zu lassen. Glücklicherweise bot sich ihm hierzu die (aus Plutarch bekannte) zweite Aspasia an, die aus einer Geliebten des jüngern Cyrus, nach dem tragischen Tode dieses Prinzen, Oberpriesterin der Diana zu Ekbatana geworden war. Zum Erzähler machte er einen schönen jungen Magier aus Zoroasters Schule; und, da ihm diese Form der Erzählung unter allen andern, die sich nach und nach dargestellt hatten, die schicklichste zu seyn däuchte, um alle Zwecke zu vereinigen, die er bei diesem poetischen Werke beabsichtigte: so beschloß er, keine andere zu suchen, und machte sich an einigen heitern und geschäftfreien Tagen, die ihm im Jahre 1767 zu Theil wurden, an die Ausführun g

Diese Spiele mit seiner Muse waren ihm in seiner damaligen Lage, im eigentlichen Verstande, curarum dulce lenimen; und, wenn es allgemein wahr wäre, daß verstohlner Weise erzeugte Kinder schöner und geistreicher wären als andre, so müßten seine in der Canzlei der Reichsstadt Biberach entstandenen Gedichte nicht geringe Vorzüge vor den übrigen haben.

Aber das angefangene Werk war von einem zu großen Umfange, — die günstigen Stunden, die er dazu stehlen mußte, zu selten, — und, die Wahrheit zu sagen, das Gefühl der Geisteskraft, die zu dessen Ausführung erfordert wurde, nicht stark und anhaltend genug, als daß er die Lust fortzufahren nicht ziemlich bald verloren hätte. Er vertröstete sich selbst mehrere Jahre durch auf gelegnere Zeiten; aber sie kamen nicht: andere Plane, andere Arbeiten bemächtigten sich seiner Einbildungskraft; ein Theil des Stoffes, woraus jenes Werk hätte gewebt werden sollen, wurde nach und nach im Idris, im Neuen Amadis und in den Grazien verarbeitet; aus einem andern Theil entstand die Erzählung Aspasia" und von dem, was das erste, zweite, dritte und vierte Buch von Psyche ausgemacht haben sollte, erhielten sich bloß die Bruchstücke, welche theils in der Vorrede zur ersten Ausgabe der Musarion, theils als Anhang zur ersten Ausgabe der Grazien (1770) theils im Deutschen Mercur (Mai 1774) bereits abgedruckt worden sind und damals eine so günstige Aufnahme gefunden haben, daß sie hoffentlich des wenigen Raums, den sie in gegenwärtiger Sammlung einnehmen, auch jetzt nicht ganz unwürdig scheinen werden.

Bruchstücke von Psyche.

I.

Die folgenden Verse sind aus einer Art von Eingang übrig geblieben, der zu einer im Grunde sehr unnöthigen aber damals vielleicht nicht ganz unzeitigen Schutzrede ür die Gattung von Gedichten, unter welche diese Psyche ;ehören sollte, bestimmt war.

Man weiß, daß Pilpai, Trismegist
Und Plato selbst sich oft herab gelassen,
Was von der Geisterwelt zu sagen räthlich ist,
In eine Art von Mährchen zu verfassen,
Wobei, wie blau sie auch dem ersten Anblick sind,
Der beste Kopf zum Denken Stoff gewinnt.
Man pflegt' in jenen Kindheitstagen
Der Welt die Weisheit stets in Bildern vorzutragen
Und klüglich, wie uns däucht: denn ungebrochnes Lict
Taugt ganz gewiß für blöde Augen nicht.
Die Wahrheit läßt sich nur Adepten
Gewandlos sehn, und manches schwache Haupt,

Das ungestraft sie anzugaffen glaubt,
Erfährt das Los der alten Nympholepten
Und läßt für einen Augenblick
Zweideut'ger Lust sein Bißchen Witz zurück.
Ein Schleier, wie der Morgenländer
Um seine Dame zieht, nicht eben siebenfach,
Doch auch so gläsern nicht wie koische Gewänder,
Verhütet sehr bequem dergleichen Ungemach.
Liebhaber, die Geschmack mit Witz verbinden,
Gewinnen noch dabei. Sie finden
In einem Putz, der weder schwimmt noch preßt,
Viel Schönes sehn, doch mehr errathen läßt,
Die Wahrheit, just wie andre Schönen,
Nur desto reizender. Gemeinern Erdensöhnen
Gefällt doch wenigstens die feine Stickerei,
Der reiche Stoff, der Farben Spiel und Leben;
Sie würden um den Putz die Dame selber geben;
Und was verlören sie dabei?

II.

Alkahest, der junge Magier, der die schöne Oberpriesterin Aspasia mit dem Mährchen von Psyche unterhalten sollte, beginnt seine Erzählung mit einer Schilderung der goldnen Zeit, die in dem ersten Buche der Grazien einen schicklichen Platz gefunden hat. Und nun fährt die Erzählung des Dichters folgender Mäßen fort:

Hier kommt, mit Recht, ein unaufhaltbars Gähnen
Die aufmerksame Freundin an;
Sie weist dem jungen Mann die schöne Reih' von Zähnen
Im schönsten Munde, der sich jemals aufgethan:
„Und Psyche — gähnt sie aus — war damals schon geboren?"
Sie zupfen mich zu rechter Zeit, Madame
(Spricht Alkahest), ein wenig bei den Ohren;
Ich weiß nicht, wie ich da ins Phantasiren kam:
Und Psyche — in der That, der Faden ist verloren —
Wir müssen schon zurück! — In dieser goldnen Zeit,
Wovon die Rede war — die Wendung, ich gestehe,
Ist etwas rasch, allein der Umweg war zu weit.
Das Beste scheint mir jetzt, ich gehe
Den nächsten Weg zurück in meine Bahn
Und fange — bei dem Anfang an.
In jenen goldnen Tagen dann,
Wo? gilt uns gleich, lebt' eine junge Dirne,
Das angenehmste Ding, das man
Mit einem Schäferstab' und Rosen um die Stirne
Sich denken mag. Ihr Ursprung — unbekannt:
Es ward davon verschiedentlich gesprochen;
Doch, weil man sie an einer Hecke fand,
Gab der gemeine Wahn, von ihrem Reiz bestochen,
Ihr Dschinnistan zum Vaterland:
Denn ihre Wärterin gestand,
Die Windeln hätten nach Ambrosia gerochen.
Wie dem auch sey, genug aus Leda's Ei
War nichts so Liebliches wie Psyche ausgekrochen.

Sie schien beim ersten Blick die reizendste Copei
Von einem Urbild' aus dem Lande der Ideen:
Ganz Seele, ganz Gefühl, oft bis zur Schwärmerei,
Und dann, die Wahrheit zu gestehen,
Geneigt, im Rausch der süßen Raserei
Den ersten jungen Faun für — Amorn anzusehen,
Auch ihren Neigungen nicht immer sehr getreu;
Gefällig sonst und bildsam, leicht zu leiten,
Oft gar zu leicht, wiewohl zu andern Zeiten
Voll Eigensinn, von Launen selten frei
Und sinnreich, sich aus einer Kinderei
Bald Stoff zur Lust und bald zur Unlust zu bereiten;
Der Ruhe hold und doch nie ruhig; arbeitscheu,
Doch unermüdet zum Vergnügen;
Leichtgläubig Allem, was ihr neu
Und unbegreiflich schien, und, wenn ihr Herz dabei
Gewann, ein wenig rasch, sich selber zu betrügen;
Doch, ohne daß das gute Herz dabei
An Arges dachte; frank und frei
Von Arglist und von Schadenfreude,
Der Schwermuth herzlich gram, sowie der Gleisnerei;
Kurz, gar ein gutes Kind, das seine Augenweide
An Andrer Wonne sah und, wenn sie selbst der Freude
Sich überließ, in ihrer Phantasei
Rings um sich her gleich Alles glücklich machte,
Fest überzeugt und sehr vergnügt dabei,
Daß eine Welt, worin ihr Alles lachte,
Die beste aller Welten sey.

So war sie, da sie aus den Händen
Der Mutter Isis kam, noch ungebildet zwar,
Doch voller Stoff. Sie auszubilden, war
Der Musen Amt, sie zu vollenden,
Der Grazien. — Was fehlt zur Göttin ihr?
Der Götter Glück. Auch dieß ihr zuzuwenden,
Gebührt allein, o Gott der Liebe, dir!

III.

Psyche befand sich unmittelbar in dem Augenblicke, da dieses Fragment anfängt, in der Gemüthsstimmung, für einen jungen Hirten, mit welchem sie erzogen worden war, etwas zu empfinden, das mehr den Namen einer Anlage zur Zärtlichkeit als einer leidenschaftlichen Liebe verdiente.

So zärtlich fühlte sich ihr junges Herz noch nie.
Aus Neugier halb und halb aus Sympathie
Zieht sie die Hand, die er ergreift, zurücke,
So reizend ungewiß, daß er an seinem Glücke
Nicht zweifeln kann. Doch, wie er, hoch entzückt,
Die schöne Hand — noch nicht an seine Lippen drückt,
Nur eben drücken will — in diesem Augenblicke
Wird Psyche schnell empor gerückt
Und durch die Luft, verfolgt von seinen Klagen
Wie leichter Flaum von Zephyr fortgetragen.

Mit diesen Versen schloß sich das zweite Buch, und, was nun folget, machte einen Theil des dritten aus.

Wo bin ich? Welch ein Ort? Wer brachte mich hierher?
Rief Psyche, da sie sich, als wie von ungefähr,
Auf weichem Moos, beschneit mit Rosenblättern
Und mit Jasmin, an eine Myrtenwand
Gelehnt, an einem Ort, der würdig schien, von Göttern
Bewohnt zu seyn, auf ein Mal wieder fand.
Sie dreht mit zweifelhaften Blicken
Sich schüchtern um und fragt sich, ob sie wacht?
„Träumt' ich bisher? — Vor wenig Augenblicken,
Wo war ich da? — Nicht hier! — In Hirtentracht
Schien mir die Hand ein Liebesgott zu drücken.
Es war ein Traum! — und doch — Nein, nein,
Es kann kein Traum gewesen seyn!
Er lauscht gewiß in diesen Myrten.“
Sie sucht und findet weder Hirten
Noch Liebesgott; ganz einsam ist der Hain,
Nur zärtlich girrende, verliebte Turteltauben
Bewohnen ihn und fliehen nicht vor ihr.
Ihr Wunder steigt und ihre Neubegier
Mit jedem Blick. Was soll sie glauben?
„Wie? ruft sie, war ich nicht kaum eine Schäferin?
War's nur ein Traum, aus dem ich jetzt erwachte?
Das fühl' ich doch, je mehr ich mich betrachte,
Daß ich noch stets die kleine Psyche bin!“

Und dennoch eilet sie zu einer Quelle hin,
Die im Gebüsch' ihr Murmeln sichtbar machte.
Ihr erster Blick erkennt die reizende Gestalt,
Mit welchem innigen Entzücken!
Sie streckt die Arme aus, mit liebevollen Blicken
Die schöne Brust, die ihr entgegen wallt,
An ihr aufwallend Herz zu drücken.
So zärtlich liebten sich zwei schöne Schwestern nie.
Sey immerhin der junge Hirt verschwunden!
Verschwunden war er flugs aus ihrer Phantasie
Und alle Welt mit ihm, sobald sie — sich gefunden.
Noch schwebt sie über dem bezaubernden Gesicht',
Als eine Stimme sie in dieser Wonne störet:
Musik war jeder Ton; sie schaut empor und höret,
Doch, wen sie höre, sieht sie nicht.
Kann Psyche noch mit ihrem Schatten spielen,
Sie, die der schönste Gott zum Liebling sich erkiest?
O, wüßte sie, wie schön er ist,
Wie würde sie zu ihm sich hingerissen fühlen!
Sie, die der schönste Gott zu seiner Braut erkiest,
Sie fühlte sich zu groß, mit Puppen noch zu spielen."
So sang die Stimm' und schwieg. Das Mädchen schaut empor
Und um sich her, sieht Niemand, lauscht betroffen
Dem Wohlklang nach, der im entzückten Ohr
Noch wiedertönt. — „Wer heißt so stolz mich hoffen?
Hört' ich auch recht? Ein Gott, der liebte mich?
Der schönste Gott? — Warum verbärg' er sich?"

„Dein Aug' ist noch zu schwach, sein Anschaun zu ertragen
(Versetzt die Stimm'), obschon gewohnt, dich selbst zu sehn;
Du würdest, Psyche, vor Behagen
Und Wonne, sollt' er dir erscheinen, gleich vergehn."
Auf die Gefahr, denkt Psyche, wollt' ich's wagen,
Und lächelt mädchenhaft ihr Bild im Wasser an.
Sie möchte gern noch dieß und jenes fragen,
Allein die Stimme schweigt. Auch sie verstummt' und sann
Der Wunderstimme nach und dieser neuen Liebe.
„Mich liebt ein Gott! So war es seine Macht
Was mich hierher in einem Wink gebracht?
Der schönste Gott? — Gewiß der Gott der Liebe!
Gewiß er selbst! Noch nie gefühlte Triebe
Und süße Schauer sagen mir,
Sein Hain sey dieß! Wer anders herrschte hier?
O, die ihr euch in diesen Myrten gattet,
Ihr Täubchen, leitet meinen Fuß
Zur Laube hin, die ihn umschattet,
O, zeigt ihn mir, und Psychens erster Kuß
Sey euer Lohn!"
Dionens Vogel rühret
Der süße Lohn. Sie wird auf einem Blumenpfad'
In lieblich irrenden Gebüschen fortgeführet
Und nahet unvermerkt dem angenehmsten Bad'.
Ah, welch ein Anblick! — Rosenhecken,
Mit Epheu unterwebt, verhüllen und entdecken
Zugleich das Lieblichste, was Augen jemals sahn.
Darf sie der Götterscene nahn?

Sie darf. Ein Zephyr schwebt voran
Und zieht den Vorhang weg. O göttliches Vergnügen!
Auf Blumen, welche, leicht wie Geist
Und hell wie Luft, ein sanfter Quell befleußt,
Sieht sie die Huldgöttinnen liegen.
Wie schön gruppirt! Wie reizend schwesterlich!
Zum Spiel beschäftigt, Blumenketten
Um lose kleine Amoretten
Zu winden, welche schmeichelnd sich
Um jeden runden Arm und weißen Nacken schmiegen,
Hier schlau versteckt aus schwarzen Locken lächeln,
Dort sich auf Lilienbusen wiegen
Und ihre rege Glut mit goldnen Schwingen fächeln.
Ein Maler möcht' ich seyn, wie dieser Augenblick
Auf Psychen wirkte, auszudrücken!
Dieß süße Schaudern, dieß Entzücken,
Gemalt von Guido — welch ein Stück,
Die Dresdner Gallerie zu schmücken!
Doch dazu wählt' ich mir den schönern Augenblick,
Da sie, entdeckt vom ganzen kleinen Schwarme
Der Götterchen, den Grazien in die Arme
Getragen wird und (was ihr süßes Staunen mehrt)
Sich Schwesterchen, sich Psyche nennen hört,
An jeden holden Mund, an jede Brust gedrückt,
Der Zärtlichkeit, wovon ihr Herz erstickt,
Sich überlassen darf und küssend und geküßt
Vernimmt, daß Alles hier um ihrentwillen ist.
Indem sie unter so viel Freuden

Sich selbst vergißt, erhascht die kleine Schaar
Den Augenblick, der ihnen günstig war,
Zur Grazie sie umzukleiden.
In einem Wink steht sie gewandlos da,
Beschämt, den losen Blick der Götterchen zu weiden,
Zu denen sie des Streichs sich nicht versah.
Sie schmiegt, um ihnen zu entrinnen,
In Pasitheens Brust ihr glühendes Gesicht;
Die kleine Blöde wußte nicht,
Wie viel die Grazien selbst bei dieser Tracht gewinnen.
Ein lieblich Mittelding von Ideal
Und von Natur, auch zwischen Huldgöttinnen
Noch reizend, steht sie da, der Wahl
Des schönsten Gottes werth, der, hoch aus Rosenlüften
Auf einen Zephyr hingebückt,
Im Geiste sie an seinen Busen drückt.
Und nun, da Amphitritens Grüften
Apollons goldner Wagen naht,
Entsteigen sie dem kühlen Bad.
Schon wallet von den weißen Hüften,
Wie Silberduft, Sokratisches Gewand
Zum schönen Knöchel reizend nieder,
Und Psychen flicht Aglajens eigne Hand
Die Rosen ein, die Amors kleine Brüder
Für sie gepflückt. In einem Myrtensaal
Folgt jetzt dem Bad' ein leichtes Göttermahl,
Von Fröhlichkeit und süßem Scherz gewürzet,
Dem Mahl' ein Lied, dem Lied' ein Grazientanz;

Sie tanzen nymphenhaft geschürzet
Auf kurzem Gras bei Lunens Silberglanz,
Indeß geschäft'ge Amoretten
Für Amors Braut ein sanftes Lager betten.
Den Grazien und den Amoretten
Schließt jetzt auf ihren Rosenbetten
Der weiche Schlaf die Augen zu;
Nur Psychen läßt die Freude keine Ruh,
Sich an dem schönen Ort zu sehen.
Noch faßt sie nicht, wie ihr geschehen;
Nur dieses Einz'ge fühlet sie,
Der Ort, und was sie da gehöret und gesehen,
Sey nicht ein Spiel der Phantasie.
Was läßt nicht solch ein Anfang hoffen?
Geliebt vom schönsten Gott', und, wo sie geht, ein Schwarm
Von Zephyrn und von Amorinen
Und Charitinnen Arm an Arm,
Die neue Venus zu bedienen!
Wem würde nicht der Kopf von solchen Bildern warm
Auch sieht sie schon den hellen Himmel offen,
Sieht jeden Gott verliebt in Amors Glück
Und Eifersucht in jeder Göttin Blick,
Schwimmt um und um in Glanz und Wohlgerüchen,
In Harmonie und namenloser Lust
Und wird zuletzt — an Amors Brust
Vom Schlummer unvermerkt beschlichen.
Vermuthlich denken Sie — „Ich? spricht die Prieserin:
Sie selbst, wo denken Sie wohl hin,

Zu glauben, daß bei dieser Stelle
Sich was Besondres denken läßt?"
Ich meinte nur, erwiedert Alkahest,
Die Ursach wäre ziemlich helle.
Von Amorn ließe sich, schon seinem Rufe nach,
Ein wenig Hinterlist vermuthen.
Dient ihm sein Pfeil statt aller Zauberruthen,
Wer dächte, daß es ihm am Willen nur gebrach?
Auch öffnet er sich Psychens Schlafgemach
Und schleicht hinzu und — schaut. — Kann Venus schöner liegen?
Wie sanft sie ruht! Wie schmeichelhaft
Die leichten Träume sich auf ihrem Busen wiegen!
Und was aus eifersücht'gem Taft
Sein irrend Auge niederziehet,
Ein Tithon hätte sich zum Jüngling dran vergafft!
Wie hätte Vater Zeus vor diesem Fuß gekniect,
Der, halb versteckt, nur desto mehr verführt!
Und Amor, der aus Liebe sie entführt,
Er sah noch mehr und — wurde nicht gerührt?
Nichts scheint vom Glaublichen sich weiter zu entfernen,
Ich geb' es zu. Allein wir werden bald
Zwei Amorn unterscheiden lernen,
Halbbrüder zwar, allein an Herkunft und Gestalt
Und Neigung wahre Gegenfüßer.
Der eine find't den Mund unendlich süßer,
Der reizend küßt, als den, der göttlich spricht,
Und ihn versucht die weiseste der Musen

Vielleicht durch einen schönen Busen,
Doch sicherlich durch ihre Weisheit nicht.
Der andre sieht im schönsten aller Busen,
Nichts als — der Unschuld Wiederschein;
Ihm sind nur Seelen schön, und fänd' er an Medusen
Das Innre liebenswerth, sie würd' ihm Venus seyn.
Der Rest ist nichts, warum er sich bekümmert;
Die Tugend, die durch Psychens offne Brust,
Wie durch Krystall, ihm in die Seele schimmert,
Läßt für gemeine Augenlust
Ihm keinen Sinn. — Sie lächeln einer Tugend,
Die kaum mit Puppen noch gespielt?
Doch unser Amor sieht in Psychens grüner Jugend
Den Herbst bereits, den noch die Knosp' enthielt,
Und das Vergnügen, selbst sein Knöspchen zu entfalten,
Ist ihm, der bloß Platonisch fühlt,
Mehr als genug, sein Herz zu unterhalten.
Indessen, ob er gleich das liebe Kind bei Nacht
Nicht in der Ruhe stören wollte,
So war er doch nicht minder drauf bedacht,
Daß sie so schön erwachen sollte,
Wie noch kein Erdenkind erwacht.
Neun Musen, rings um Psychens Bette
Gelagert, wirbelten so reizend in die Wette,
Daß Psyche, die davon erwacht,
Schon im Olymp zu seyn sich gänzlich überredet.
Sie sangen, wie der Krieg, der in der alten Nacht
Das ungestalte Heer der Atomen befehdet,

Auf Amors Wink der Ordnung Platz gemacht,
Wie neue Formen sich zu bilden angefangen
Und, von der Liebe Geist geschwellt,
Voll sympathetischem Verlangen
Die Keime gleicher Art einander angehangen,
Bis durch den Ocean des Aethers Welt an Welt
Gleich Frühlingstagen aufgegangen u. s. w.

Das Leben ein Traum.

Eine Träumerei bei einem Bilde des schlafenden Endymion.

1 7 7 1.

Wie schön, von Luna eingewiegt,
Endymion hier im Mondschein liegt!
Auf seinen Wangen scheint der schönste Traum zu schweben.
Die Wonne, die sein Herz entzückt,
In jedem Muskel ausgedrückt,
Scheint was Vergötterndes dem Sterblichen zu geben.
Du, dem sein Schlaf ein Bild des Todes heißt,
Sieh' hier dich widerlegt! Ist glücklich seyn nicht leben?

2.

Wenn Demokrits, des Weisen, Geist
In andre Welten zieht, läßt er den Abderiten
Sein sichtbar Theil zurück. Sie nennen's Demokriten;
Da geht er ja und schwatzt und ißt und trinkt
Und macht es (wie die Herren dünkt)
So gut, als einer ihrer besten.
Und doch betrügen sich die Herr'n.
Der wahre Demokrit ist fern'
Im Geisterreich, bei Jovis Gästen,
Gibt unterwegs vielleicht Besuch dem Mann im Mond
Und irrt, von Welt zu Welt, durch Lamberts Himmelskreise,
Bis in den Raum, wo Niemand wohnt.

3.

Und glaubet nicht, daß etwa dieß der weise
Demokritus ex privilegio
Voraus gehabt. Es geht uns eben so.
Das träge Thier, das wir gewöhnlich reiten,
Ist (wie Pythagoras uns lehrt)
Kein Theil von unserm Selbst, wie des Centauren Pferd.
Was Wunder denn, wenn sich der Geist zu Zeiten
Veränderung macht (denn meistens geht der Trott
Des Thierchens etwas schwer) und, wie sich Anlaß zeiget,
Bald einen Schmetterling, bald einen Liebesgott,
Bald einen Cherub gar besteiget?

4.

Die letzte Art von Reiterei
Hat (die Gefahr des Schwindels ausgenommen,
Und daß man wissen will der Ein' und Andre sey
Ein wenig angebrannt davon zurück gekommen)
Den Werth der Schnelligkeit. Ihr kommt in gleicher Zeit
Auf keinem Pegasus so weit
Und steigt so hoch, daß euch (wie dort dem frommen
Stallmeister Don Quixotte's) der Sitz der Sterblichkeit
Ein Senfkorn nur, und wir, die auf zwei Beinen
Uns drauf bewegen, kaum wie Haselnüsse scheinen.

5.

Die Weisen, die zu Fuße gehn
Und nach den überird'schen Kreisen
Bei kaltem Blut durch lange Röhren sehn,
Sind keine Gönner zwar von solchen Seelenreisen
Und fordern trotziglich, ihr sollt, was ihr gesehn,
Durch x und y beweisen.
Bleibt noch so überzeugt dabei,
Ihr habt's gefühlt, gehört, gesehn — mit Geistessinnen:
Bei ihnen ist damit sehr wenig zu gewinnen.
Das große Machtwort Schwärmerei
Löst Alles auf! — Als ob, indem ich seh' und höre,
Am Wie? mir was gelegen wäre?

6.

Denkt zum Exempel euch, in aller seiner Pracht
Den ersten besten Schach aus tausend einer Nacht:
Mit aller Majestät, die seines Gleichen kleidet,
Füllt er den goldnen Thron in seinem Divan aus;
Er nickt (im Schlummer zwar), doch dieser Nick entscheidet!
Sein Seneschall macht ein Edict daraus,
Der Staatsversorgung folgt ein Schmaus
Und Saitenspiel und Tanz und Sängerinnen;
Bis endlich mit betäubten Sinnen
Der eingesungne Völkerhirt'
In großem Pomp zu seiner Ruhestätte
Um Mitternacht getragen wird.

Flugs nehmen an dem goldnen Bette
Zwei junge Nymphen ihren Stand,
An Lieblichkeit den Huri's zu vergleichen,
Mit großen Wedeln in der Hand
Von seiner Majestät die Fliegen wegzuscheuchen.
Nun setzet, daß auf diesem Fuß,
Wiewohl im Wahne bloß, ein Waldheimsbürger lebe,
Worin bestände wohl der Unterschied? — Ich gäbe
Für meinen Theil darum nicht eine hohle Nuß.
Hört, wenn ihr wollt, warum. — Als Dionysius
Die Knaben zu Corinth das Alpha=Beta lehrte,
Anstatt des goldnen Stabs, den ihm das Glück entwand,
Den Birkenscepter in der Hand:
Was, meint ihr, dacht' er da von seinem Fürstenstand?
„Was einer, der im Traum sich Sultan nennen hörte."
War's etwa mehr? — Ich glaube kaum.
Ihm däucht sogar, die ganze Posse währte
Nicht länger als ein Wintertraum.
Denn zwanzig Jahre gehn in einen engen Raum,
Wenn sie vorüber sind; sie werden zu Secunden:
Füllt sie mit Allem aus, was je in frohen Stunden
Ein Glücklicher an Seel' und Leib empfunden;
Sie fliehn vorbei und sind — ein Traum.

7.

Wenn Salomo in seinen alten Tagen
Uns predigt: „Unterm Sonnenwagen

Ist Alles eitel Eitelkeit!
Ihr gute Leute, braucht die gegenwärt'ge Zeit!"
War's ohne Zweifel dieß, was Seine Hoheit meinte.
Dieß war's, was bei Gelegenheit
Demokritus belacht', und Heraklit beweinte.
Deßwegen bloß hielt Diogen
Es nicht der Mühe werth, in diesem Traum von Leben
Um wie und um warum sich viele Müh' zu geben;
Und wenn er nicht, um Philipps Sohn zu sehn,
Aus seiner Tonne kriechen wollte,
Und da er eine Gunst von ihm sich bitten sollte,
Ihn bat: so gut zu seyn und seines Wegs zu gehn;
So denket nur, es sey aus diesem Grund geschehn.
Hingegen fand, ich wette, bloß deßwegen
Freund Aristipp, es sey daran gelegen,
Den Augenblick, worin wir sind,
Flugs, eh' er uns entschlüpft, zu etwas anzulegen,
Wovon wir, wenn das Glas zu Ende rinnt,
Uns mit Vergnügen sagen mögen:
„Da lebten wir! Dieß Tröpfchen Zeit,
Nach seinem innern Werth, war eine Ewigkeit!"
Was wollt ihr? Selbst ein Mann von unbescholtnem Leben,
Selbst Epiktet gibt uns den Unterricht:
„Genießen, was die Götter geben,
Sey aller frommen Menschen Pflicht."
Ist Alles gleich nur Luft und Seifenblase,
Gemalte Wolke, Wurmgespinnst
Und Flittergold und Schmuck von buntem Glase,

Kurz, eitel Eitelkeit — Herr Seneca, gewinnst
Du etwa mehr dabei, von unsern Kinderspielen
Dich abzusondern? nichts zu sehen, nichts zu fühlen,
Weil, was man sieht und fühlt, ein Spiel der Sinnen ist?

8.

„Gewinnen — (schnarrt mit aufgeworfner Nase
Ein neuer Seneca) man hört an dieser Phrase
Von welcher feinen Zunft du bist!
Gewinnen? — Wisse, daß ein Weiser
Nicht sich, daß er dem Ganzen lebt.
Gold, Diademe, Lorberreiser,
Mit Amors Rosen unterwebt,
Der Künste Zauberei, der Reiz verwöhnter Musen,
Der wollustvolle Tanz, das weiche Saitenspiel
Glitscht schadlos ab an seinem festen Busen.
Sein einzigs, unbewegliches Ziel
Ist, treu zu seyn den ewigen Gesetzen
Des großen Alls, und Arbeit sein Ergetzen.
Nie macht in seiner Pflicht ihn Furcht und Hoffnung schwank,
Und weder Phrynens Schoß, noch eine Folterbank
Wird über ihn erhalten können,
Die Lust ein Gut, den Schmerz ein Weh zu nennen.
Die ganze Welt verschwöre sich,
Was Unrecht ist, in Recht zu wandeln:
Betrogne Welt! bedauern kann er dich,
Doch anders wird er nicht dir zu Gefallen handeln.

Und träten, wie in Rom geschah,
Die Götter selbst auf Cäsars Seite:
Auch dann, im hoffnungslosen Streite,
Steht Cato ganz allein auf seiner Seite da;
Der Mann des Staats, sein Schutzgeist, sein Berather,
Nur für die Republik Freund, Bruder, Ehmann, Vater;
Der nur für Rom und für die Freiheit lebt
Und, ihren Fall den Göttern zu vergeben
Unfähig, sie zu überleben
Verschmähend, sich in ihrem Schutt begräbt. —
Und, solch ein Leben Traum zu nennen,
Erröthest du im Angesicht
Der Weisen aller Zeiten nicht?"
Freund Seneca, du wirst vergönnen —
Ich rede von der Brust — ich nenn' es: ein Gedicht.
Den Weisen, den du malst, hat ihn ein Weib geboren,
Und floß in seinen Adern Blut,
War er mit Augen und mit Ohren
Versehn und aß und trank, wie unser einer thut,
So war er wahrlich nicht der Mann, den du uns malest!
Herr Stoiker, wir kennen uns, du prahlest!
Wir wissen auch, was seyn kann oder nicht:
Dein weiser Mann bleibt ewig — ein Gedicht.
Ich sage mehr! Der Mann, der stets nach Regeln handelt,
Stets Herr ist von sich selbst und niemals sich verwandelt,
Allein für Andre lebt, nichts fürchtet, nichts begehrt,
Kurz, nie was Menschliches erfährt,
Der Mann, wofern' er nicht ein Gott ist, ist ein Schwärmer!

In seiner Art ein wenig beſſrer Mann
Als Attila und Gengiskhan,
Als Cromwell, Miriweys und andre solche Lärmer.
„Die Tugend?“ — O, die hat ein Cato selbst nicht wärmer
Geliebt als ich! Sie ehrt sogar der Bösewicht;
Und ohne Gleißnerei, aus Neigung, nicht aus Pflicht,
Ist schöner Seelen Lust, sie fröhlich auszuüben.
Doch selbst die Tugend kann kein Schwärmer weislich lieben.

9.

Die Tugend ist den schönen Formen gleich,
Die jungen Künstlern zu Modelen
Ein Polykletus gibt: „Ihr Knaben, hütet euch
Die Schönheitslinie nur ein Haar breit zu verfehlen!“
Sie hält in Allem Maß und Zeit;
Dem strengen Recht vermischt sie Billigkeit;
Sie wird sogar aus zweien Uebeln wählen,
Wenn ihr die Noth die schwere Wahl gebeut.
Fehlt dem geraden Weg, wie öfters, Sicherheit,
Läßt sie die Klugheit sich durch Seitenwege führen;
Und wenn der Widerstand ihr Werk zu hemmen dräut,
So gibt sie etwas nach, nicht Alles zu verlieren.

10.

Dieß thut ein Cato nie; sein edler Starrsinn geht
Allein und unverwandt auf seinem eignen Pfade

Und achtet nicht, woher der Wind des Zufalls wehrt.
Sein Anti-Cato selbst gesteht,
Halb ungern, ein, es sey um seine Tugend Schade:
Sie nahte sich vielleicht dem höchsten Grade,
Allein sie kam ein Säculum zu spät.
Was half es, Porcius, die gute Zeit der Alten,
Des armen Roms gezwungne Mäßigkeit
Der Königin der Welt zum Muster vorzuhalten?
Die Sitten wechseln mit der Zeit.
Soll sich Lucull, bereichert mit den Schätzen
Des goldnen Asiens, der Mehrer seines Staats,
Der Cimon Roms, der Sieger Mithridats,
Wie Curius, zu magern Rüben setzen?
Vergebens hoffest du, durch deines Beispiels Kraft
Die neuen Sitten zu besiegen.
Mit einer Art von schauerndem Vergnügen
Wirst du vielleicht wie einer angegafft,
Der aus der andern Welt zu uns herauf gestiegen;
Doch bald gewöhnt das Auge sich an dich
Und findet deinen Ton und deine strengen Sitten,
Gleich deinem Rock' ahnherrlich zugeschnitten,
Zwar ehrenfest, doch etwas lächerlich.
Von Allen, welche sich für deine Freunde gaben,
War auch nur Einer, der zum Muster dich erkor?
Den Einen wenigstens war's besser nicht zu haben:
Denn dieser Eine heißt Plutarchen selbst ein Thor.
Gestehe nur (wenn das Gesetz der Schatten
In die vergangne Welt dir einen Blick erlaubt),

Die Cäsarn und Pompejen hatten
So Unrecht nicht, wie du geglaubt.
Ein Cato war in Cäsars Tagen,
Was Mancha's Held, als ihn Cervantes schuf.
Aus eigenmächtigem Beruf
Mit Zauberern und Riesen sich zu schlagen
Und, weil der Riesenstamm längst ausgestorben war,
Windmühlen dafür anzusehen;
Dieß oder, so wie du, dem Manne widerstehen,
Der Rom allein zu retten fähig war,
Mich dünkt, es gleicht sich auf ein Haar.
Gut war, dieß ist gewiß, der Wille bei euch beiden:
Wohlthätig, tapfer, keusch, bescheiden,
Stolz ohne Uebermuth, ein Feind von trägen Freuden,
Fromm ohne Gleißnerei, an jeder Tugend reich
War er, warst du; — und wer, der Sinn hat, liebet euch
Von dieser Seite nicht, wünscht nicht, er wär' euch gleich?
Und dennoch stelltet ihr, mit allem guten Willen,
Mehr Unheil an als zwanzig Ginesillen.
Wer Tag und Nacht euch in Bewegung sah,
Bewehrt von Kopf bis zu den Füßen,
Stets wachsam, stets bald dort, bald da,
Mit eingelegtem Speer — der hätte denken müssen,
Wenn ihr nicht thätet, würde bald
Die Welt zurück ins Chaos fallen.
Bekenne, Porcius, mit deinen Thaten allen,
Warst du ein Rittersmann von trauriger Gestalt.
Der Widerstand, den du dem Schicksal thatest,

Bewies, wie wenig du von seinem Plan' errathest.
Dem Helden gleich, der auf des schwarzen Berges Höh
Thorheiten that, um Nachruhm zu erwerben,
Gabst du dein Daseyn preis, um unbesiegt zu sterben,
Und deine Tugend war — war seine Dulcinee.

11.

Hört eine Wahrheit, liebe Leute!
Nur ärgert euch, ich bitte, nicht daran.
Der Meisten Lebenslauf ist, von der schönsten Seite,
Ein kläglich Lustspiel ohne Plan,
Und ihr Verdienst oft bloß ein angenehmer Wahn.
Kaum daß wir aus dem Traum der Kindheit aufzuwachen
Beginnen, kaum die Freude, da zu seyn,
Durch Ueberlegung uns beginnen wahr zu machen:
So wiegt die Phantasie uns zwischen Lieb' und Wein
In süßer Trunkenheit zu neuen Träumen ein.
„Von Liebesgöttern und Freuden umgeben,
Däucht dem bezauberten Jüngling die Welt
Ein ewiges Paphos, unsterblich sein Leben
Und eine Venus die Erste, in deren Netz er fällt."
Gesetzt (ein seltner Fall!), daß seine bess're Jugend
Am Arm der Weisheit und der Tugend
In edlern Uebungen verfließt,
Und daß Homer sein Spiel, sein Lehrer Plato ist:
Auch dann, im Mittagspunkt von seiner Weisheit, schwärmet

Sein Kopf, warm wie sein Herz. Dem Unerfahrnen däucht
Das Leben — ein System und jede Tugend — leicht.
Athen und Rom ist seine Welt,
Sein Genius Sokrates, und Phocion sein Held.
O, warum konnt' er nicht in ihren Tagen leben!
Wie häßlich findet er die Gothen seiner Zeit!
Doch fehlt's der Phantasie wohl an Gelegenheit,
Auch Gothen selbst zu Griechen zu erheben?
Voll von der hohen Würdigkeit
Der Menschheit, o! wie leicht sieht er in ihren Söhnen
Und Töchtern überall Geschöpfe bess'rer Art,
Diotima's in allen sanften Schönen
Und einen Epiktet in jedem — weißen Bart!
Sein Ideal (von Bildern abgezogen,
An deren Schönheit ihm Plutarch und Xenophon
Vielleicht den dritten Theil gelogen)
Ist ihm des Schönen Maß, — ein Gott Timoleon,
Und Alcibiades ein schönes Ungeheuer,
Der stolze Cassius des Vaterlands Befreier
Und nichts als ein Tyrann der Sieger von Anton.
So lebt er unbesorgt im Lande der Ideen,
Glaubt Wunder, wenn er phantasirt,
Wie tief er die Natur studirt,
Und bleibt so unbekannt mit dem, was stets geschehen,
Und ist so ungewohnt, was vor ihm liegt, zu sehen,
Als hätt' ihn ein Komet zu uns herab geführt.
„Nur das, was wirklich ist (wie ihn sein Plato lehret),

Ist unsrer Neigung werth." — Er glaubt's! Und doch bethöret
Ihn tausend Mal (wie kann es anders seyn,
Solang' er schwärmt?) ein falscher Augenschein.
Was wollen wir? Wie soll er Andre kennen?
Er sieht ja gar sich selbst durch Platons Augen an:
Beglückt vielleicht in seinem Wahn,
So gut als Täuschungen uns glücklich machen können,
Doch stündlich in Gefahr, wenn er (wie Demokrit)
Vor lauter Himmel nicht die Erde vor sich sieht,
An irgend einen Baum die Nase anzurennen.
Und wenn dieß oft genug geschieht,
So weiß ich nicht, wie ich den Träumer nennen wollte,
Der nicht zuletzt erwachen sollte.

12.

Wohlan, er werde wach! — Wie lange? — Nur zu bald
Läßt Göttin Thorheit ihm in anderer Gestalt
Den Zauberkelch entgegen blinken.
Wir werden nie zu weise, noch zu alt,
Ihr süßes Gift mit Lust hinein zu trinken:
Unmerklich schläfert es die Weisheit wieder ein;
Wir träumen fort und glauben wach zu seyn.
Wenn Ritter Don Quixote den besten Platz im Himmel
Und noch vorher in diesem Weltgetümmel

Ein hübsches Kaiserthum sich zu erfechten denkt;
Wenn Sancho hinter ihm, auf seinem frommen Schimmel,
Den Inseln, die sein Herr ihm vor der Hand geschenkt,
Getrost entgegen trabt; wenn Harpax, reich begraben
Zu werden, dürftig lebt; wenn Flor den Schlaf vergißt,
Um einen neuen Stern zuerst begrüßt zu haben;
Wenn, in gelehrtem Staub vergraben,
Sich Rufus blind an alter Mönchsschrift liest;
Marullus sein Gehirn mit Wörtern so belastet,
Daß selbst Homer — für ihn nur Wörter schreibt;
Wenn (was, auch wenn's geschieht, noch unwahrscheinlich bleibt)
Ein Bonz' in vollem Ernst sich zur Pagode fastet;
Wenn Niphus, als getreuer Hirt,
Nach siebzig Wintern noch verliebte Seufzer girrt;
Wenn Brutus, ein Gespenst von Freiheit zu erlösen,
Aus Tugend lasterhaft, zum Vatermörder wird,
Und Timon, um von allem Bösen
Auf einmal frei zu seyn, in eine Wildniß irrt:
Was sind sie wohl? — Und sie, die man uns anzupreisen
Gewohnt ist, ohne recht zu wissen, was man preist,
Die ganze Zunft der Helden und der Weisen
(Den nehm' ich höchstens aus, den Delphi weise heißt),
Der Virtuosen und — der Reimer,
Wo sie am besten sind, was sind sie sonst, als Träumer?
Traum ist der Wahn von ihrer Nützlichkeit!
Die Hoffnung Traum, als ob noch in der spätsten Zeit
Ihr Nam' im Reihn der Götter unsrer Erde

Auf allen Lippen schweben werde!
Traum der Gedank', als ob ganz Paros Marmors kaum
Genug besitze, drein zu graben,
Durch welche Thaten sie die Welt verpflichtet haben!
Kurz, ihr Bemühn, ihr Stolz, ihr ganzes Glück — ein Traum!

Beilage

zu dem vorstehenden Gedichte.

Ein schlafender Endymion, den ich einst in einer müßigen Stunde mit Vergnügen betrachtete, brachte mir eine Stelle aus dem Cicero in den Sinn, wo dieser große Schriftsteller bei Gelegenheit des Satzes, „daß der Mensch zur Thätigkeit geboren sey," sagt: „Und wenn wir auch versichert wären, daß wir die angenehmsten Träume von der Welt haben sollten, würden wir uns doch Endymions Schlaf nicht wünschen; im Gegentheil, der Zustand eines Menschen, dem dieß begegnete, würde in unsern Augen um nichts besser seyn, als Tod."

Diese Stelle führte mich zu einer Folge von Betrachtungen über den Gegenstand des berühmten Monologs in Shakspeare's Hamlet — „Seyn und Nichtseyn;" — einen Gegenstand, der dem gedankenlosen Haufen so klar und einfach vorkommt, daß sie nicht begreifen, wie man etwas darüber sollte denken können, während der Philosoph mit Schwindeln in die Tiefe desselben hinab sieht.

Es war an einem schönen Sommertage, und ich befand mich eben ohne irgend etwas, das meinen Geist ve:hindert hätte, sich aus dem ersten besten Gegenstande, der sich ihm anbieten mochte, ein Geschäft zu machen. Ein Ueberrest von der Laune, welche den neuen Amadis geboren hatte, machte meine Gedanken in Verse hinfließen; und so entstand das Gedicht, welchem Herr Boie einen Platz in seiner poetischen Blumenlese auf das Jahr 1773, S. 81, einzuräumen beliebte. — Ein Gedicht, welches mehr einem Werke der Natur als der Kunst ähnlich sieht und keinen andern Plan hat, als die oft unsichtbaren Faden, wodurch freiwillige Gedanken in einem Dichterkopfe zusammen hangen, aber, seiner anscheinenden Unordnung ungeachtet, ein Ganzes, in der kunstmäßigen Bedeutung dieses Wortes, geworden wäre, wenn die Dazwischenkunft zufälliger Umstände dessen Vollendung nicht verhindert hätte.

Der Grundriß davon ist ungefähr dieser:

„In jeder Vorstellung, die für die Seele Empfindung ist, ist subjective Wahrheit. Endymion hat in seinem langen Traume die angenehmsten Gesichte. Es sind Einbildungen; aber diese Einbildungen haben für ihn die Stärke wirklicher Empfindungen: er genießt, weil er zu genießen glaubt. Das Daseyn dieser angenehmen Gegenstände außer seinem Gehirne — würde die Wonne dieses Genusses nicht vergrößern. Was geht es ihn an, ob sie für Andre, ob sie für sich selbst wirklich sind? Sie sind wirklich für ihn: dieß ist ihm genug. Er ist in diesem Falle so glücklich, als in jenem. — Wohl bemerkt, daß hier der Zustand, worin er sich vor diesem langen Traume, wovon die Rede ist, befunden, und der Zustand, in welchen er durchs Erwachen versetzt werden mag, hier in keine Betrachtung kommt. — Sein Zustand während des besagten Träumens ist also vom Tode so verschieden, als Leben und Tod verschieden sind, und Cicero hat Unrecht.

„Unsre Seele kann auch wachend träumen. Der speculative Weise — ein Demokrit, zum Beispiel, der (wie Horaz sagt) sein Vieh auf seinen Aeckern weiden läßt, indessen sein Geist in idealischen Welten herum wandert — oder ein Begeisterter aus einer andern Classe, der, wenn wir andere Erdensöhne uns auf gewöhnlichen Steckenpferden erlustigen, auf einem Cherub in die unsichtbaren Welten hinein trottet — Leute von dieser Art gelangen oft dazu, von dem, was sie wachend träumen, von ihren Hypothesen, Vermuthungen, Wünschen, sich so stark zu überreden, als ob es empfundene oder erwiesene Wahrheiten wären. Ohne es zu bemerken oder bemerken zu wollen, däucht ihnen die Fertigkeit, womit sie sich ihre Einbildungen anschauend denken, für die Gewißheit derselben gut zu sagen. Was sah nicht Poiret, dieser scharfsinnige Vernunftkünstler, nachdem er es einmal bis zu der muthigen Entschließung gebracht hatte, die Realität der Gesichte einer Antoinette Bourignon a priori zu beweisen? Was sind die wunderbarsten Feenmährchen gegen die erstaunlichen Träume, womit sein Buch von der Oekonomie Gottes angefüllt ist? Und was für ein demonstratives Ansehen hat er diesen Träumen nicht zu geben gewußt?

„Die Seher dieser Art finden einen wesentlichen Theil ihrer Glückseligkeit in dergleichen Träumereien, welche für sie Wahrheit sind; und sie würden Ursache haben, denjenigen, die sie ihrer Gesichte berauben, sie dadurch in den Stand gemeiner unbegeisterter Menschen setzen wollten — wie jener Argeer (der, in einer Art von Wahnsinn, ganz allein im Schauplatze sitzend die schönsten Tragödien zu hören glaubte) seinen Freunden, welche ihn mit Nieſewurz geheilt hatten — statt des Dankes zuzurufen: Pol me occidistis!

„Doch wozu haben wir nöthig, unsre Beispiele aus der Classe der ungewöhnlichen Menschen herzuholen? Ist nicht das Leben der Meisten eine Kette von angenehmen oder unangenehmen sinnlichen Eindrücken und Vorstellungen? Gesetzt, es wäre aus Allem, was die Sinne vergnügen und berauschen kann, zusammen gewebt und dauerte so lange, als Nestors Leben; wenn es vorüber ist, was ist es Andres, als ein verschwundener Traum?

„Von jeher fanden die Weisen, daß es so leicht nicht sey, als Viele meinen, sich zu überzeugen, daß Alles, was einem Sterblichen unterm Monde von seiner Geburt an bis zum Erwachen in eine andre Welt (denn was ist der Tod Andres?) begegnet, etwas mehr als ein langer Traum sey, in welchem die Sachen nur allzu oft wenig ordentlicher, weiser und zweckmäßiger zugehen, als in einem Sommernachtstraum.

„Vermuthlich dachte der weise Salomo so etwas, da er sein berühmtes „Eitelkeit der Eitelkeiten" über Alles, was unter der Sonne ist, ausrief.

„Aus diesem Grunde fand es vermuthlich Diogenes nicht der Mühe werth, in einem Leben, das einem Traume so ähnlich ist, sich den Kopf darüber zu zerbrechen, wie und warum wir so und nicht anders träumen? — oder, wenn er in seiner Tonne gemächlich lag, sich heraus zu begeben, um bei Alexandern Gefahr zu laufen, auf persischen Polstern übel zu liegen. Aber aus eben diesem Grunde fand Aristipp, indem er die Sache von einer andern Seite betrachtete, daß nichts thörichter wäre, als in einem Leben, worin der künftige Augenblick so wenig in unsrer Gewalt ist, den gegenwärtigen ungebraucht oder ungenossen entschlüpfen zu lassen.

„Ein weiser Mann, sagt er, geht nicht auf die Jagd des Vergnügens aus — denn wie oft findet man gerade das Gegentheil dessen, was man sucht! — Aber ein unschädliches Vergnügen, das man — wie ein Wanderer im Vorübergehen eine Blume, die an seinem Wege steht — pflücken kann, nicht zu pflücken, würde eine große Sünde — gegen uns selbst seyn.

„Man hat dem ehrlichen Aristipp diese Maxime übel ausgedeutet, und gleichwohl enthält sie mit Grunde nichts, als einen Gedanken, welchen Epiktet noch stärker und ernsthafter ausdrückt, da er sagt: „Es würde Gottlosigkeit seyn, die Annehmlichkeiten, womit uns die Götter dieses mühselige Leben versüßen wollen, zu verschmähen.“

So weit spricht der Dichter der zufälligen Rhapsodie, von welcher wir hier den Entwurf geben, gleichsam mit sich selbst. Aber nun fängt er zu dialogiren an — denn, in der That, die besten Monologen schläfern ein, wenn sie zu lange währen. Er stellt sich einen Stoiker vor, der ihn behorcht hat und über die Maxime des Aristipps oder überhaupt über den Ton, worin der Dichter von Träumen und Leben vernünftelte, den Kopf schüttelt. Er redet ihn an:

„Du hörest, sagt er, daß ich nicht viel dawider einwenden werde, wenn du alle Vergnügungen der Sinne und der Einbildung — wenigstens in Rücksicht auf ihren Gegenstand, auf ihre Dauer und auf ihre Ungewißheit — für eitel Eitelkeit erklärest. Aber, guter Seneca! wenn dieß nun einmal das Los der Erdenbewohner wäre: was gewännest du dabei, wenn du dich von unsern Kinderspielen absondertest, in deinem Winkel ernsthafte Grillen fingest und nichts Angenehmes fühlen, sehen, hören, schmecken und riechen wolltest, weil Alles, was wir fühlen, sehen, hören, schmecken und riechen, ein Spiel der Sinne ist?"

Der Stoiker antwortet dem Dichter, der ihn in der Person Aristipps anredet, in dem hohen Tone, der diese Secte unterscheidet. „Der Weise, spricht er, hat andere Dinge zu thun, als sich zu belustigen. Lebt er etwa für sich selbst? Was ist Vergnügen oder Schmerz für den Mann, der nichts bedarf, nichts wünschet, nichts fürchtet? der keine andere Gesetze kennt als das ewige Gesetz des Rechts, und unbeweglich der Einzige auf seiner Seite bleibt, wenn gleich die ganze Welt zum glücklichen Laster überginge? Immerhin mag das Leben eines Crassus, eines Antonius, eines Cäsars den Namen eines Traumes verdienen; aber das Leben eines Cato — ist das Leben eines Gottes!"

Natürlicher Weise kann der Dichter seinen Aristipp nicht sogleich verstummen lassen. Dieser hat noch etwas zu sagen, eh' er schweigen muß; und es wäre unbillig, ihn mit Strohhalmen fechten zu lassen, da es ihm nicht an bessern Waffen fehlt. „Es steht bei dir (erwiedert Aristipp), einem in deiner Phantasie erzeugten Menschen die Eigenschaften, die Selbstgenügsamkeit, die Unabhängigkeit, die immer weise, immer wohlthätige Wirksamkeit, mit einem Worte, die ganze Größe des vollkommensten Wesens zu geben. Aber, was nicht bei dir steht, ist, uns auf dem ganzen Erdboden einen Menschen zu zeigen, der diesem Ideal, das du den Weisen nennest, gleich wäre. Die Rede ist von Erdensöhnen, und du sprichst uns von einem Gott. Denn dieß ist der Weise, den du ohne Leidenschaften, ohne Ungleichheiten, ohne Bedürfnisse, ohne Schwachheit schilderst: er ist ein Gott oder — ein Schwärmer, dem es träumt, daß er ein Gott sey. Dein Cato zum Exempel —"

Bei diesem Namen brennt der Stoiker auf. „Wie? (ruft er) und selbst einen Cato, selbst den Helden der Tugend, verschont dein sträflicher Leichtsinn nicht?"

„Die Tugend (antwortet jener) — dieß Wort umfaßt Alles, was gut, schön und groß ist! Aber die Tugend gibt keinen Freibrief gegen das Urtheil der gesunden Vernunft, und nicht Alles ist Tugend, was ihren Stempel trägt. Die Tugend ist die Göttin der schönen Seelen; nichts ist liebenswürdiger als sie; aber ein Schwärmer, ein Mensch, der nicht Herr von seiner Einbildung ist, kann die Tugend selbst nicht weislich lieben. Dein Cato, mit allen seinen großen Eigenschaften, war gleichwohl nur ein Don Quixote: er kämpfte sein ganzes Leben durch mit phantasirten Ungeheuern, wie dieser mit Riesen und bezauberten Mohren Es ist wahr, er liebte die Tugend über Alles, er blieb ihr getreu — bis sie ihn auf eine gar zu harte Probe setzte; er unternahn das Unmögliche für sie; aber seine Tugend — war eine Dulcinee."

Hier wurde der Dichter unterbrochen. Andre Beschäftigungen brachten ihm dieses Spiel einiger müßigen Stunden aus dem Sinne, und seine Rhapsodie blieb ein Fragment. Seinem ersten Plane nach sollte es hier nicht aufgehört haben. Nicht der Stoiker sollte siegen; aber sein vorgeblicher Aristipp eben so wenig. Der Dichter wollte in seiner eigenen Person zwischen sie treten und Friede unter ihnen machen. Er wollte in einem lebhaften Gemälde gegen den Stoiker vorstellen, wie viel Chimäre, wie viel Träumerisches selbst in dem Leben der besten Menschen ist. Aber er wollte auch in der warmen kunstlosen Sprache der Empfindungen gegen Aristippen beweisen: „daß die Thätigkeit des Weisen und Tugendhaften allein den Namen eines wahren Lebens verdiene, und daß, mitten unter den angenehmen oder unangenehmen Täuschungen unsrer innern und äußern Sinne, die Vervollkommnung unser selbst und die Bestrebung, alles Gute außer uns zu befördern, unserm Daseyn Wahrheit, Würde und innerlichen Werth mittheilen, und ein Leben, welches ohne sie der Zustand einer sich einspinnenden Raupe wäre, zu einer Vorübung auf eine bessere Zukunft, zu einem wirklichen Fortschritt auf der langwierigen, aber herrlichen Laufbahn machen, auf welcher die Geister einem Ziele, das sie nie erreichen können, sich ewig zu nahen bestimmt sind."

Dieses unvollendete Gedicht, wovon bisher die Rede gewesen ist, sollte der Absicht des Dichters nach; entweder vollendet werden oder, wenn es Bruchstück bliebe, unter zwanzig andern verunglückten Geschöpfen der Laune, unbemerkt vermodern. Aber sein Schicksal wollte es anders. Der ehemalige Herausgeber des Göttingischen Musenalmanachs ersuchte ihn, mit einer so verbindlichen Art, um einen kleinen Beitrag zu seiner Blumenlese für das Jahr 1773, daß es unserm Dichter um so weniger möglich war, ihn mit Entschuldigungen abzuspeisen, da viele freundschaftliche Dienste, wodurch Herr B. ihn verpflichtet hatte, der Verweigerung einer so geringen Gefälligkeit einen Schein von Unerkenntlichkeit zu geben schienen. Gleichwohl fand sich unter seinen Papieren nichts, als dieß nämliche Bruchstück, was im Nothfall den Mangel eines vollendeten Stückes einiger Maßen ersetzen konnte. Er schickte es ihm also zu, mehr zum Zeichen seines guten Willens, als in der Meinung, daß es eines Platzes in einer Sammlung, die mit den Namen unsrer besten Dichter prangt, würdig sey. Ein freundschaftliches Vorurtheil hieß den Herrn B. anders denken, und so wurde dieses Fragment der Welt bekannt.

Was sich der Verfasser von dem Urtheile, das Manche darüber fällen würden, zum Voraus vorgestellt hatte, traf nun ein. Er vermuthete, daß die wackern Leute, die ihn (damals wenigstens) nicht verstehen konnten oder wollten, auch dießmal nicht errathen würden, was er mit diesen zufälligen Gedanken über einen schlafenden Endymion beabsichtigt haben könne. Und so erfolgte es. Man fand sehr ärgerlich, daß er von Aristipp in einem Tone, der wenigstens keine deutliche Mißbilligung merken läßt, gesagt hatte:

Und eine Lust in Unschuld, die ein Mann,
Wie einen Schmetterling, geschwinde
In seinem Wege haschen kann,
Nicht haschen, hielt der weise Mann
Für eine Sünde.

Aber noch ärgerlicher fand man, daß er sich nicht gescheuet hatte, eine höchst anstößige Vergleichung zwischen dem Tugendhelden Cato und dem irrenden Ritter Don Quixote von Mancha anzustellen, ja die Tugend des erstern gar für eine bloße Dulcinee auszugeben. „Dieß ist entsetzlich! sagte Jemand, dessen Namen wir aus billiger Schonung verschweigen: Dulcinee, so zärtlich und inbrünstig sie auch von dem Ritter von Mancha geliebt wurde, war im Grunde doch weder mehr noch weniger, als eine Chimäre. Wenn also Cato's Tugend eine Dulcinee war, so war sie ein bloßes Hirngespinnst. Welche Lästerung!“ — Gleichwohl hat es eine Menge gelehrter Männer, ja sogar heilige Kirchenväter gegeben, welche mit Cato's Tugenden noch weit unfreundlicher umgegangen sind. Eine Chimäre ist, nach der Erklärung der Gräfin Orsina, ein Ding, das kein Ding ist; und ein Ding, das kein Ding ist (sagt eben diese kluge Dame), ist so viel als gar nichts. Nun frage ich alle ehrliche Leute, ob es ihnen nicht auch so zu Muthe sey, wie dem guten Plutarch, der irgendwo sagt: „Ich würde mich weit weniger beleidigt halten, wenn man von mir sagte: Es gibt keinen Plutarch, es ist nie ein solcher Mann wie Plutarch gewesen,

Plutarch ist eine Chimäre; als wenn man sagte: Pluttarch ist ein hoffährtiger, ungerechter, neidischer, hartherziger, boshafter Mann." — Gesetzt nun auch, der Dichter hätte Cato's Tugend eine Chimäre genannt: was wäre dieß gegen das, was der heilige Augustinus gethan hat, da er die Tugemden Cato's und aller andern weisen und guten Heiden geradezu für Laster ausgibt? Wer vergreift sich wohl mehr an Cato's Tugend, derjenige, der sie für eine Dulcinee hält, oder die unendliche Menge von Theologen, die den guten Mann zusammt seiner Tugend — in die Hölle geworfen haben? Wenn der Dichter dieß Letztere gethan hätte, hätte er nicht die ehrwürdigsten Autoritäten und eine unendlich überwiegende Mehrheit der Stimmen auf seiner Seite? Aber er hat nie einen solchen Gedanken gehabt. Er ist ein gutherziger Mensch, der gern lebt und leben läßt, aber, wie Plato, es den Poeten ein wenig übel nimmt, wenn sie dem Vater der Natur ungerechte und seiner unwürdige Dinge nachsagen. Er hat Cato's Tugend nicht einmal für eine Chimäre ausgegeben, wiewohl er sie eine Dulcinee genannt hat. Sollte der ungenannt bleibende Jemand nicht aus der Geschichte des Ritters von Mancha gewußt haben, daß Dulcinee keine Chimäre, sondern ein hübsches Bauernmädchen von Toboso war, Alonza Lorenzo genannt, welche dadurch nichts von ihrer Wirklichkeit, Personalität, auch übrigen Eigenschaften und jungfräulichen Ehren verlor, daß der Ritter sie in seiner Einbildung zu einer Prinzessin von Toboso und zur Dame seiner Gedanken erhob? Und hier liegt eigentlich der Vergleichungspunkt, welchen der Ungenannte zu übersehen beliebte. Der Dichter, indem er von Cato sagt — und deine Tugend war nur eine Dulcinee — sagt weiter nichts als dieß: Cato liebte die Tugend, wie Don Quixote die schöne Alonza Lorenzo liebte. Beiden war es vollkommener Ernst damit. Aber in beider Köpfen stand es nicht so ganz richtig. Don Quixote erhob das Bauernmädchen Alonza Lorenzo in seiner Einbildung zu einem Ideal der Schönheit und weiblichen Vollkommenheit; und von diesem Augenblick an war sie für ihn nicht mehr Alonza Lorenzo, sondern die Prinzessin Dulcinea von Toboso. Cato machte sich ein Ideal von der politischen Tugend, welches nicht die Tugend eines weisen Staatsmannes, sondern die Tugend eines politischen Schwärmers war; und eben dadurch hörte sie auf, echte Tugend zu seyn, und wurde für ihn eben das, was Dulcinee für den Ritter von Mancha. Die Tugend konnte nichts dafür, daß Cato sich übertriebene Begriffe von ihr machte: so wie Alonza Lorenzo nichts dafür konnte und sich wenig darum bekümmerte, daß Don Quixote sie zu einer Dulcinee erhob. Diese war darum nicht weniger Alonza Lorenzo, jene nicht weniger Tugend; und der Ungenannte gab sich also eine sehr undankbare Mühe, da er dem Dichter in einer langen gereimten Epistel aus Gründen, die keinem Schulknaben unbekannt sind, bewies, die Tugend sey keine Chimäre. Davon war ja gar die Rede nicht; und der müßte wohl ein übel organisirter, unglücklicher Mensch seyn, der eines solchen Beweises vonnöthen hätte. Ob die Tugend eine Dulcinee sey, kann unter vernünftigen Leuten niemals eine Frage seyn. Aber ob Cato's Tugend eine Dulcinea war, darüber läßt sich wenigstens reden; und wer es behauptete, wäre darum noch lange kein Mensch, gegen welchen man das Kreuz predigen müßte.

Es lassen sich zwar ganz gute Gründe angeben, warum Esprit, Mandeville und Andre, welche ganze Bücher über die Falschheit der menschlichen Tugenden geschrieben, der Tugend eben nicht den wichtigsten Dienst dadurch geleistet haben. Denn Montaigne hat sehr Recht, da er sagt: „Man gebe mir die allerschönste und reinste Handlung, und es müßte mir übel fehlen, wenn ich nicht ganz wahrscheinlich funfzig schlimme oder unlautere Beweggründe dazu finden wollte." — Aber wer sich darum ein Bedenken machen wollte, die Tugend eines Dion, Cato, Seneca, Julian oder irgend eines andern Sterblichen, den man für ein Muster gibt, zu prüfen, um das Echte von den Schlacken, das Uebertriebene von dem Wahren darin abzusondern, würde dem abergläubischen Andächtler gleichen, der aus Furcht, zu wenig zu glauben, dem Gebrauch seiner Vernunft entsagte und lieber Gefahr laufen wollte, die ungereimtesten Mährchen für Wahrheit anzunehmen, als zu untersuchen, ob der Gegenstand seines Vorurtheils die Hochachtung auch wirklich verdiene, die er auf Hörensagen demselben gewidmet hatte.

Ueberhaupt scheint der Ungenannte sehr übel zu finden, daß man sich die Freiheit genommen, einen so ehrwürdigen Mann, wie Cato, mit einem so großen Narren, wie Don Quixote, zu vergleichen. Vermuthlich gehört er unter die weisen Männerchen, welche ihre Zeit übel anzuwenden glaubten, wenn sie ein Buch, das ihnen nur zum Zeitvertreib gemacht zu seyn scheint, mit Aufmerksamkeit lesen sollten. Gleichwohl sind wenig Bücher in der Welt, welche ernsthafter gelesen und öfter wieder gelesen zu werden verdienten, als Don Quixote; ja, wir erdreisten uns zu behaupten, daß ein Professor, der dazu angestellt würde, öffentliche Vorlesungen über den Don Quixote zu halten, wofern der Angestellte anders der Mann dazu wäre, der studirenden Jugend und dem gemeinen Wesen ungleich nützlicher seyn würde, als ein Professor des Aristotelischen Organons. Hätte der Ungenannte das Buch des weisen Cervantes gelesen, wie man lesen soll, so würde er vermuthlich klug genug daraus geworden seyn, um sich über eine Vergleichung zwischen Cato und Don Quixote nicht zu ärgern. Es ist immer noch eine Frage, ob Cato oder der Held von Mancha mehr dabei zu verlieren hat. Don Quixote war freilich ein Narr — was den Punkt der irrenden Ritterschaft anbetraf; aber, dieser Narrheit ungeachtet, ein so edelmüthiger, frommer und tugendhafter Mann, als irgend eine wahre Geschichte einen aufzuweisen hat. Es würde sehr überflüssig seyn, den Beweis hiervon führen zu wollen. Seine ganze Geschichte, von Anfang bis zu Ende, enthält diesen Beweis. Er hatte sich den erhabensten Begriff von dem Charakter und den Pflichten eines irrenden Ritters aus Allem, was man jemals edel, gut und lobenswürdig genannt hat, zusammengesetzt; und er war, seiner Absicht und den Gesinnungen des Herzens nach, der Mann wirklich, der er zu seyn wünschte. Daß die äußern Gegenstände seinen Vorstellungen nicht immer entsprachen, daß der Ausgang seine edelsten und wohlthätigsten Absichten so oft zu Schanden machte, war seine Schuld nicht. Was konnte er dafür, als er mit so viel Großmuth und Unerschrockenheit dem guten König Pentapolin mit dem aufgeschürzten Arm gegen den mächtigen Kaiser Alifanfaron, Herrn der Insel Taprobana, und gegen den Riesen Brandabarbaran, Herrn der drei Arabien, zu Hülfe kam und eine so große Niederlage unter dem zahlreichen Heere der Ungläubigen verursachte, was konnte er dafür, daß am Ende das, was er für zwei furchtbare Kriegsheere angesehen hatte, zwei Heerden Schafe waren? Und als er den wackern Ritter Don Gaiferos und die schöne Melisandra mit so vielem Eifer gegen die Mauren beschützte, hatte er darum weniger Recht, sich mit dem Bewußtseyn, eine tapfere und wohlthätige That gethan zu haben, über die Bosheit der Zauberer, seiner Feinde, zu beruhigen, weil sich's beim Ausgang zeigte, daß Don Gaiferos, die schöne Melisandra, der König Marsilius und alle seine Mauren — bloße Marionetten waren? Freilich sind wir Andere, welche dieß schon vorher wußten, nicht zu verdenken, wenn wir die Achseln zucken, da er, nachdem er die Ungläubigen in die Flucht gejagt und einen der edelsten Ritter von Karls des Großen Hofe so glücklich befreit zu haben glaubt, mit dem Triumphe der süßesten Selbstzufriedenheit ausruft: „Nun möcht' ich doch gleich alle Diejenigen vor mir haben, welche nicht glauben wollen, wie nützlich der Welt die irrenden Ritter sind! Man sehe mir einmal, was aus Don Gaiferos und der schönen Melisandra ohne mich geworden wäre? Es lebe die irrende Ritterschaft, trotz ihren Neidern und dem Unglauben Derjenigen welche nicht Muth genug haben, sich einem so gefahrvollen

Stande zu widmen!" u. s. w. — Allein demungeachtet ging in der Seele des guten Ritters eben dasselbe vor, was in ihr hätte vorgehen können, wenn der wirkliche Don Gaiferos und die wirkliche Melisandra seines Armes vonnöthen gehabt hätten; und er hatte — da er von Meister Petern, dem Eigenthümer des Marionettenspiels, aus seinem ekstatischen Gemüthszustande zurück gebracht wurde — vollkommen Recht, sich mit dem Gedanken zu trösten: „daß er bei der ganzen Sache keine andere Absicht gehabt, als die Pflichten seines Standes zu erfüllen. Entspricht der Erfolg meiner Absicht nicht, setzt er hinzu, so ist es nicht meine, sondern der verfluchten Zauberer Schuld, die mich aufs Aeußerste verfolgen."

Alles dieß beweist wenigstens so viel, daß die Vergleichung, welche den Ungenannten so sehr erhitzte, daß er in seinem Unwillen eine ganze Epistel voll platter Verse gegen den armen Dichter aufs Papier schüttete, — dem Herzen und der Tugend des großen Cato keine Schande macht.

„Aber Don Quixote war doch ein Narr (sagt man), ein Narr, der in einen Käficht eingesperrt zu werden verdiente?" — Gut! und nun fragt sich's, ob der große Cato, da er in dem äußerst verdorbenen, gesetzlosen und einer neuen monarchischen Verfassung schlechterdings bedürftigen Rom die Rolle seines Urgroßvaters spielte und durch eine moralisch unmögliche Wiederherstellung jener Sitten, die ehemals das arme Rom groß gemacht hatten, dem verzweifelt bösen Zustande des zu einer ungeheuren Größe aufgeschwollenen Roms abhelfen wollte, — ob er da was Weiseres und Schicklicheres unternommen habe, als Don Quixote, da er unternahm, den in Verfall gerathenen Stand der irrenden Ritterschaft (einen Stand, der in den Zeiten der Kreuzzüge wohlthätig und gewisser Maßen unentbehrlich gewesen war) in den Zeiten Philipps des Dritten wieder herzustellen?

Alles würde wohl bei Beantwortung dieser Frage darauf ankommen, ob und inwiefern die Umstände, unter welchen Cato die Sitten und Grundsätze des hölzernen Roms in dem marmornen Rom wieder herstellen wollte, sich gegen seine Unternehmung eben so verhielten, wie sich zu Don Quixote's Zeiten die Verfassung Spaniens gegen das Unternehmen dieses tapfern und wohlmeinenden Junkers verhielt? — Eine Frage, die durch die Geschichte beider Zeiten beantwortet wird, welche schwerlich irgend einem Unbefangenen den mindesten Zweifel übrig lassen kann, ob Cicero Recht gehabt habe, von seinem Freunde Cato zu sagen: er füge mit dem besten Willen und Herzen der Republik zuweilen Schaden zu, weil er bei manchen wichtigen Gelegenheiten im Senat wie in Platons Republik, nicht wie in Romuli faece (in den Hefen der alten Zeiten Roms) spreche.

Doch genug zur Vertheidigung eines unvollendeten Gedichtes, dem wir, damit es auch in seiner jetzigen Gestalt für ein Ganzes gelten könne, die Ueberschrift, Das Leben ein Traum, gegeben haben; damit der Leser sogleich auf den rechten Gesichtspunkt gestellt werde und nicht mehr davon erwarte, als man von einer poetischen Rhapsodie über einen Satz, der in demselben Sinne, worin ihn unser Dichter nimmt, seit undenklichen Zeiten von einer Menge weiser Männer behauptet worden ist, billiger Weise erwarten kann.

Aspasia

oder

die platonische Liebe.

Schön, liebenswerth, mit jedem Reiz geschmückt,
Der Aug' und Herz und Geist zugleich entzückt,
An edlem Bau und langen blonden Haaren
Der schönsten Frau in Artaratens Reich,
An Grazien nur Amors Mutter gleich,
Sah sich, im Flor von fünf und zwanzig Jahren,
Aspasia zum priesterlichen Stand
Aus eines Helden Arm, aus Cyrus Arm, verbannt.
Es hatte zwar zu Ekbatane
(So hieß ihr Sitz) die Oberpriesterin
Der stets jungfräulichen Diane
Die Majestät von einer Königin.
Ihr Kerker war ein schimmernder Palast,
Ihr Zimmer ausgeschmückt mit indischen Tapeten;
Und, ihr Brevier gemächlicher zu beten,
Schwoll unter ihr mit Polstern von Damast
Der weichste Canapee. Auch hielt die Frau im Beten
(Wie billig) Maß, aß viel und niedlich, trank
Den besten Wein, den Kos und Cypern senden,
Und, wenn sie sich zur Ruh begab, versank
Die schöne Last der wohl gepflegten Lenden
In Schwanenflaum; und doch, bei frischem Blut';
Und blühendem Gesicht, schlief sie — nur selten gut.

Man glaubt, der Stand der Oberpriesterinnen
Sey diesem Ungemach vor andern ausgesetzt.
Vergebens hoffen sie, mit ihren andern Sinnen,
Was einem abgeht, zu gewinnen;
Durch alle fünfe wird der sechste nicht ersetzt.
Die Stoa lehrt uns zwar, wir können, was wir wollen;
Allein dem Prahlen bin ich gram.
Aspasien hätte man, eh sie den Schleier nahm,
Vorher im Lethe baden sollen.
Liegt's etwa nur an ihr, sich nicht bewußt zu seyn?
Und kann man stets der Phantasie gebieten?
Sie mag sich noch so sehr vor Ueberraschung hüten,
Geberde, Kleidung, Blick mag noch so geistlich seyn;
Man ist deßwegen nicht von Stein.
Oft fällt im Tempel selbst, bei ihrer Göttin Schein,
Ein weltlicher Gedank' ihr ein:
„So schien durch jenen Myrtenhain,
Wo Amorn über sie der erste Sieg gelungen,
Der stille Mond!“ — Was für Erinnerungen!
An solchen Bildern schmilzt der priesterliche Frost.
Diana selbst, um ihr die Strafe gern zu schenken,
Darf an Endymion nur denken.
Ein Priester hälfe sich vielleicht, in süßem Most
Versuchungen, wie diese, zu ertränken;
Doch, wenn ich recht berichtet bin,
Schlägt dieß Recept nicht an bei einer Priesterin.
Galenus sagt: das Uebel quille
Bei dieser aus der Herzensfülle.

Nichts hemmt und Alles nährt bei ihr die Phantasie;
Die Einsamkeit, die klösterliche Stille,
Die Andacht selbst vermehrt, ich weiß nicht wie,
Den süßen Hang zu untersagten Freuden.
Muß Amor gleich Dianens Schwelle meiden,
Ist ihre Stirne gleich verhüllt:
Ihr Herz, von dem, was sie geliebt, erfüllt,
Läßt sich davon durch keine Götter scheiden
Und sieht im Mithras selbst des schönen Cyrus Bild.
Mit einem Wort': ihr ging's nach aller Nonnen Weise.
Die gute Priesterin gestand sich selbst ganz leise,
Es irre, wer sie glücklich preise.
Die Schäferin, die, statt auf Sammt und Flaum
Im dunkeln Busch' auf weiches Moos gestrecket,
Ihr junger Hirt, leibhaftig, nicht im Traum,
Mit unverhofften Küssen wecket,
War, wenn sie schlaflos sich auf ihrem Lager wand,
Oft ihres Neides Gegenstand.
Doch (wie uns die Natur für alle kleine Plagen
Des Lebens immer Mittel weist)
Auch unsre Priesterin fand endlich das Behagen,
Das ihr Gelübd' und Zwang versagen —
Wo meint ihr wohl? — in ihrem Geist!
Der Zufall führt ihr einen Magen
Vom Strand des Oxus zu. Es war in seiner Art
Ein seltner Mann, wiewohl noch ohne Bart,
Von Ansehn jung, doch altklug an Betragen;
An Schönheit ein Adon, an Unschuld ein Kombab;

Bei Damen, denen er sehr gern Besuche gab,
Kalt wie ein Bild von Alabaster;
Doch seelvoll, wie ein Geist in einem Luftgewand',
Und mit dem unsichtbaren Land
Beinahe mehr als unsrer Welt bekannt;
Mit einem Wort: ein zweiter Zoroaster!
Ein Weiser dieser Art schien wirklich ganz allein
Für eine Priesterin, wie sie, gemacht zu seyn.
Er sprach von dem, was in den Sphären
Zu sehen ist, mit aller Zuversicht
Der Männer, die, versengt an Angesicht
Und am Gehirn, vom Land der fabelhaften Seren,
Gebläht mit Wundern, wiederkehren.
Der Weg — nur bis zum nächsten Stern',
Ist ziemlich weit, wie uns die Sache lehren:
Drum lügt sich's gut aus einer solchen Fern';
Und was er ihr erzählt — setzt, daß es Mährchen wären —
So wünscht man's wahr und glaubt es gern.
Wie dem auch sey, die Luft der idealen Sphären
Bekam Aspasien gut; sie ward in kurzer Zeit
So schön davon! Ihr ist, es werde
So leicht ihr drin, so wohl, so weit
Ums Herz, daß ihr der Dunstkreis unsrer Erde
Bald grauenhafter scheint als eine Todtengruft.
Die vorbesagte Luft
Hat eine sonderbare Tugend
Mit Lethens Flut gemein.
Aspasia sog darin von ihrer freiern Jugend

Ein gänzliches Vergessen ein.
Bald wurde selbst an jenen Myrtenhain,
Wo sie dem Liebesgott' ihr erstes Opfer brachte,
Nicht mehr gedacht, als an ein Puppenspiel,
Das ihr vordem die Kindheit wichtig machte.
Ihr schien die Welt, und was ihr einst gefiel,
Ein Traum, woraus sie eben jetzt erwachte.
Ihr Geist (der ganz allein jetzt Alles bei ihr that,
Was bei uns Andern pflegt mechanisch zuzugehen)
Sah in der neuen Welt, in die er wundernd trat,
Rings um sich nichts als — Geister und Ideen.
Doch führt Herr Alkahest (so hieß der Weise) sie
Nicht so geradezu ins Land der Phantasie.
Ihr neu geöffnet Aug' ertrüge (wie er spricht)
Den unsichtbaren Glanz des Geisterreiches nicht.
Erst läßt er (wie ein weiser Oculiste
In solchem Fall verfahren müßte)
Von dem, was wahr und immer schön
Und selbstbeständig ist, ihr nur die Schatten sehn,
Die auf den Erdenklos, auf dem wir Alle wallen,
Herab aus höhern Welten fallen:
Denn, was uns Wesen heißt, ist bloßer Wiederschein.
So malen sich im majestät'schen Rhein',
Indem er stolz mit königlichem Schritte
Das schönste Land durchzieht, bald ein bejahrter Hain,
Bald ein zertrümmert Schloß, bald Hügel voller Wein,
Bald ein Palast, bald eine Fischerhütte.
Nachdem in weniger als einem Vierteljahr'

Ihr diese Art zu sehn geläufig war:
Nun war es Zeit zu höhern Lehren!
Nun wies ihr Alkahest die Kunst — zum Sehn
Der Augen gänzlich zu entbehren.
Nothwendig mußte dieß ein wenig langsam gehn.
Erst sah sie — nichts. Doch nur getrost und immer
Hinein geguckt! Schon zeigt ich weiß nicht welcher Schimmer
Von ferne sich. Was kann ein fester Vorsatz nicht!
Zusehends öffnet sich ihr innerlich Gesicht
Dem nicht mehr blendenden unkörperlichen Licht,
Dem Element' ätherischer Geschöpfe.
Sie sieht — o welche Augenlust! —
Sie sieht bereits die schönsten Engelsköpfe
Mit goldnen Flügelchen; bald wächst die schönste Brut
An jeden Kopf; an jeden Busen schließen
Sich schöne Arme an. Zuletzt stehn Geister da
(So geistig als Aspasia
Sie immer glaubt), vom Kopf bis zu den Füßen
Den schönsten Knaben gleich, die man sich denken kann;
Doch, da es Geister sind, macht sie sich kein Gewissen
Und sieht sie unerröthend an.

Der Name, wie man weiß, thut öfters viel zur Sache.
Vor Alters stellten euch die von Böotien
Drei Klötze auf und nannten's Grazien.
Man irrt noch heut zu Tag sehr gern' in diesem Fache.
Wie Mancher sieht bei seinem Trauerspiel,
Daß unsre Augen Wasser machen,
Und, überzeugt, wir weinen aus Gefühl,

Bemerkt er nicht, wir weinen bloß vor Lachen.
Zwar Thränen sind's, in diesem Falle wie
In jenem; nur die Quelle ist verschieden.
Allein wie selten gibt auch Jemand sich hienieden
Den Quellen nachzuspähen Müh!
Die muntre rasche Phantasie
Hat einen kürzern Weg. Sie gibt den Dingen Namen
Nach Willkür und Bequemlichkeit,
Vermenget Wesen, Form, Verhältniß, Ort und Zeit,
Bestimmt den Platz und Werth der Bilder nach den Rahmen
Und läßt, wie Kinder, gern von jeder Aehnlichkeit,
So plump sie ist, sich hintergehen.
Dieß war Aspasiens Fall. Die gute Frau befand
Nur darum sich so wohl im Lande der Ideen,
Weil Alles dort dem schönen Feenland,
Worin von Jugend an sie gern zu irren pflegte,
Dem Land der Phantasie, so wunderähnlich sah.
Ob Alkahest hiervon die Folgen überlegte;
Ob ihm nicht selbst vielleicht was Menschliches geschah,
Wovon er anfangs nicht den kleinsten Argwohn hegte;
Kurz, ob er, ohne die Gefahr
Voraus zu sehn, der Narr von seinem Herzen war,
Getrauen wir uns nicht zu sagen.
Er fing sein Werk so systematisch an,
Daß man zur Noth sich überreden kann,
Er habe nichts dabei zu wagen
Vermeint; wiewohl, für einen Mann
Von solcher Gattung gut zu sagen,

Bedenklich ist. Genug, Herr Alkahest gewann
Bei seiner guten Art, die Damen
In den Mysterien der Geister einzuweihn.
Von jeher, um ein Herz zu überschleichen, nahmen
Die Alkahesten erst das Cerebellum ein.
Die Geister — konnten sie auch wohlerzogner seyn? —
Die Geister kamen nun, zwar ohne Fleisch und Bein,
Doch so geputzt, als Geister nur vermögen,
In Mäntelchen von Sonnenschein
Aspasien auf halbem Weg' entgegen.
Den ganzen Weg zu ihr zurück zu legen,
Dieß hieße (meint Herr Alkahest)
Mehr fordern, als sich billig fordern läßt.
Man soll vielmehr zu beiden Theilen
Einander gleich entgegen eilen.
Wenn Geister einer schönen Frau
Zu Lieb' in Rosenduft sich kleiden:
So ziemt es auch der schönen Frau,
Der Geister wegen, selbst mit einem kleinen Leiden,
Von Fleisch und Blut sich möglichst zu entkleiden.
Nichts, dächt' ich, kann so billig seyn!
Aspasia ergibt sich desto leichter drein,
Da sie dabei an Schönheit zu gewinnen
Die beste Hoffnung hat. Den Salamanderinnen
An Reizen gleich zu seyn, dieß ist doch wohl Gewinn
Für eine Oberpriesterin,
Die ihrem Spiegel gegenüber
Mit jedem Tag' ein Reizchen welken sieht?

Die unsrige, wie ganz natürlich, glüht
Vor Ungeduld, je schleuniger je lieber
Entkörpert sich zu sehn. Allein Herr Alkahest
Belehrt sie, daß sich hier nichts übereilen läßt.
Das große Werk kann nur durch Stufen
Zur Zeitigung gedeihn. Die erste ist, den Geist,
Der oft zur Unzeit sich am thätigsten erweist,
Von aller Wirksamkeit zum Ruhen abzurufen;
Die zweite, nach und nach ihn von der Sinnlichkeit,
Von dem, worin wir uns den Thieren ähnlich finden,
Selbst vom Bedürfniß, los zu winden;
Die dritte Stufe — Doch so weit
Kam unser Pärchen nicht. Denn leider! auf der zweiten,
Schon auf der zweiten, glitscht der Fuß den guten Leuten.
Auch ist der Schritt ein wenig dreist,
Wenn man es recht bedenkt. Verwickelt
Im Stoffe, wie wir sind, — verstümmelt und zerstückelt
Man leichter sich, als daß man los sich reißt.
Zum mindsten ist den Candidaten
Des Geisterstandes kaltes Blut
Und Eile langsam! anzurathen:
Denn hier thut Eilen selten gut!
Herr Alkahest, um beim Entkörp'rungswesen
Recht ordentlich zu gehn, fing mit der Tafel an.
Aspasia aß und trank nach Skrupel und nach Gran
Und nur, was ihr der Weise ausgelesen;
Nichts, was nicht fein und leicht und geistig, kurz so nah'
An Nektar und Ambrosia

Als möglich, war, der echten Geisterspeise.
Dem Schlummer brach er gleicher Weise
Die Hälfte ab, zumal beim Mondenschein'
In schönen warmen Sommernächten;
Nur ließ er sie alsdann, aus Vorsicht, nie allein.
Wir selbst gestehn, wir sind den Sommernächten
Bei Mondschein gut, wiewohl wir dächten,
Daß unserm schwärmerischen Paar
Die Hälfte schon entbehrlich war.
Der Mondschein hat dieß eigen, wie uns däucht,
Er scheinet uns die Welt der Geister aufzuschließen:
Man fühlt sich federleicht
Und glaubt in Luft dahin zu fließen;
Der Schlummer der Natur hält rings um uns herum
Aus Ehrfurcht alle Wesen stumm;
Und aus den Formen, die im zweifelhaften Schatten
Gar sonderbar sich mischen, wandeln, gatten,
Schafft unvermerkt der Geist sich ein Elysium.
Die Werktagswelt verschwind't. Ein wollustreiches Sehnn
Schwellt sanft das Herz. Befreit von irdischer Begier
Erhebt die Seele sich zum wesentlichen Schönen,
Und hohe Ahnungen entwickeln sich in ihr.
Es sey nun, was ihr wollt — denn, hier es zu entscheien,
Ist nicht der Ort — es sey ein süßer Selbstbetrug,
Es sey Realität, es sey vermischt aus beiden,
Was diesen Seelenstand so reizend macht — genug,
Ein Schwärmer, der in diesem Stande
Mit einer Schwärmerin, wenn Alles dämmernd, still

Und einsam um ihn ist, platonisiren will,
Gleicht einem, der bei dunkler Nacht am Rande
Des steilsten Abgrunds schläft. Auch hier macht Ort und Zeit
Und Er und Sie sehr vielen Unterscheid!
Die zärtlichste Empfindsamkeit
Bemächtigt unvermerkt sich unsers Mystagogen.
Der Geist der Liebe weht durch dieß Elysium,
Wohin er mit Aspasien aufgeflogen.
Er schlägt, indem er spricht, den Arm um sie herum
Und schwärmt ihr von der Art, wie sich die Geister lieben,
Die schönsten Dinge vor, mit einem Wörterfluß,
Mit einer Glut, daß selbst Ovidius
Corinnens Kuß nicht feuriger beschrieben.
„Wie glücklich diese Geister sind!
Wie viel ein Geist dadurch gewinnt,
Daß ihn im Ausdruck seiner Triebe
Kein Körper stört! — An ihm ist Alles Liebe,
Und sein Genuß ist nicht ein Werk des Nervenspiels.
Wie matt, wie unvollkommen malet
In unsern Augen sich die Allmacht des Gefühls!
Wenn dort ein Geist den andern ganz durchstrahlet,
Ihn ganz durchdringt, erfüllt, mit ihm in Eins zerfließt
Und, ewig unerschöpft, sich mittheilt und genießt!
Ach! — ruft er aus und drückt (vor Schwärmen und Empfinden
Deß, was er thut, sich unbewußt)
Sein glühendes Gesicht an ihre heiße Brust —
Ach! ruft er, welch ein Glück, vom Stoff sich los zu winden,
Der so viel Wonn' uns vorenthält!"

Aspasia, in eine andre Welt
Mit ihm entzückt und halb, wie er, entkörpert, fühlte
So wenig als ihr Freund, daß hier
Der unbemerkte Leib auch eine Rolle spielte.
Zu gutem Glück kommt ihr — und mir
Ein Rosenbusch zu Hülf', in dessen Duft und Schatten
Sie, in Gedanken, sich zuvor gelagert hatten.
Wie weit sie übrigens in dieser Sommernacht
Es im Entkörp'rungswerk gebracht,
Läßt eine Lücke uns im Manuscript verborgen.
Nur so viel sagt es uns: Kaum war am nächsten Morgen
Das gute, fromme Paar erwacht,
So wurden sie gewahr, der Weg, den sie genommen,
Sey wenigstens — der nächste nicht,
Um in die Geisterwelt zu kommen.
Sie sahn sich schweigend an, verbargen ihr Gesicht,
Versuchten oft zu reden, schlossen wieder
Den offnen Mund und sahn beschämt zur Erde nieder.
Der junge Zoroaster fand,
Er habe bei dem Amt von einem Mystagogen
Sich selbst und seinen Gegenstand
Durch wie? und wo? und wann? betrogen.
Gern' hätt' er auf sich selbst, gern' hätt' auf sich und ihn
Aspasia gezürnt; allein sie fühlten beide
Ihr Herz nicht hart genug, in dem gemeinen Leide
Des Mitleids Trost einander zu entziehn.
„Freund, sprach die Priesterin zuletzt, wir müssen fliehn!
In dieser Art gilt ein Versuch für hundert:

Wir würden immer rückwärts gehn;
Und Alles, was mich jetzt bei unserm Zufall wundert,
Ist, daß wir nicht den Ausgang vorgesehn."
Und nun — was haben wir aus Allem dem zu lernen?
Sehr viel zu lernen, Freund, sehr viel!
Kennt ihr den Mann, der, als er nach den Sternen
Zu hitzig sah, in eine Grube fiel?
Es war ein Beispiel mehr! Laßt's euch zur Warnung dienen!
Auch, wenn ihr je bei Mondenlicht' im Grünen
Platonisiren wollt, platonisirt allein!
Und, kommt die Lust euch an, in einem heil'gen Hain'
Um solche Zeit — des Stoffs euch zu entladen,
So laßt dabei (so wie beim Baden
In einer Sommernacht) ja keine Zeugin seyn!
Wir zögen leicht mehr schöner Sittenlehren
Aus der Geschichte noch heraus;
Allein wir lassen gern den Leser selbst gewähren.
Wer eine Nase hat — spürt sie unfehlbar aus;
Die Andern können sie entbehren.

Anmerkungen.

Musarion.

Buch 1.

S. 3. Z. 8. Timon — Eine Anspielung auf den armseligen Aufzug, worin Lucian in einem seiner dramatischen Dialogen den berüchtigten Timon, den Menschenhasser, aufführt. — „Wer ist denn (fragte der auf die Erde herabschauende Jupiter den Mercur) da unten am Fuße des Hymettus der lumpige, schmutzige Kerl in dem Ziegenpelze, der ihm kaum bis über die Hüften reicht?" u. s. w. S. Lucians sämmtliche Werke I. Theil, S. 60 der neuen deutschen Uebersetzung. W.

S. 3. Z. 12. Aldermann der Cyniker — In der Ausgabe von 1769 lautete der letzte Vers so:

(Ihr wißt ja wo?) vom Diogen geerbt.

Nun wußten aber die meisten Leser nicht wo? Man hat also für besser gehalten, den Vers abzuändern und dem Leser, dem die Anekdote, auf welche hier angespielt wird, unbekannt oder entfallen seyn könnte, durch eine kleine Anmerkung zu dienen. Der Sinn dieser Stelle ist also: Der Mantel des aus seinem ehmaligen Wohlstande, gleich dem Timon, herunter gekommenen Phanias, der seine ganze Kleidung ausmachte, habe so abgenützt ausgesehen, als ob es eben derselbe wäre, welchen Diogenes über seinen Freund und Schüler Krates ausgebreitet haben soll, als dieser (aus einem kleinen Uebermaß von Eifer, die cynische Lehre, „daß nichts Natürliches schändlich sey," durch eine auffallende That zu bekräftigen) sich die Freiheit nahm, sein Beilager mit der schönen Hipparchia in der großen Halle (Stoa) zu Athen öffentlich zu vollziehen. — Daß dem Diogenes die Benennung eines Aldermanns der Cyniker zukomme, bedarf wohl keines Beweises, und man hat sie in dieser Ausgabe der in einigen vorgehenden, wo es, dem Aldermann der Stoiker, d. i. dem Zeno, hieß, vorgezogen, weil von einem Mantel, der vom Diogenes bis auf den Zeno und sodann weiter von einem philosophischen Bettler zum andern, endlich bis auf den Phanias fortgeerbt worden wäre, wahrscheinlich gar nichts mehr als Fetzen übrig geblieben seyn müßten. W.

S. 4. Z. 2. Sokraten zechten — Daß Sokrates bei Gelegenheit ein strenger Zecher gewesen sey, erhellet aus verschiedenen Stellen des Platonischen Symposion. So rühmt es ihm zum Beispiel Agathon, der Wirth in diesem berühmten Gastmahl, als keinen geringen Vorzug vor den übrigen Anwesenden nach, daß er den Wein besser ertragen könne, als die stärksten Trinker unter ihnen; und der junge Alcibiades, da er, um die Gesellschaft zum Trinken einzuladen, dem Sokrates einen großen Becher voll Wein zubringt, setzt hinzu: „Gegen den Sokrates, meine Herren, wird mir dieser Pfiff nichts helfen: denn der trinkt so viel, als man will, und ist doch in seinem Leben nie betrunken gewesen.“ — Auch leert Sokrates den vollgeschenkten Becher nicht nur rein aus, sondern, nachdem, auf eine ziemlich lange Pause, das Trinken wegen einiger noch von ungefähr hinzu gekommenen Bacchusbrüder von neuem angegangen war, und, unter mehrern Andern, die es nicht länger aushalten konnten, auch Aristodemus sich in irgend einen Winkel zurückgezogen hatte und eingeschlafen war, fand dieser, als er um Tagesanbruch wieder erwachte und ins Tafelzimmer zurückkam, daß alle Andere weggegangen, und nur Agathon, Aristophanes und Sokrates allein noch auf waren und aus einem großen Becher tranken. Sokrates dialogirte noch immer mit ihnen fort und fühlte sich durch allen Wein, den er die ganze Nacht durch zu sich genommen hatte, so wenig verändert, daß er, als es Tag geworden war, mit besagtem Aristodemus ins Lyceon baden ging und, nachdem er den ganzen Tag nach seiner gewöhnlichen Weise zugebracht, erst gegen Abend sich nach Hause zur Ruhe begab. — Ein Zug seines Temperaments, welcher (däucht uns) bei Schätzung seines sittlichen Charakters nicht aus der Acht zu lassen ist. Denn mit einem solchen Temperamente kann es, bei einem einmal festgefaßten Vorsatz, eben nicht sehr schwer seyn, immer Herr von seinen Leidenschaften zu bleiben. W.

S. 4. Z. 12. Medusen — Der Medusenkopf auf dem Schilde der Minerva, anfangs scheußlich und gräßlich gebildet, dann zu einem Ideal furchtbaren Ernstes verschönert, hatte die Kraft, den, der ihn erblickte, zu versteinern. Wer darüber sich genauer unterrichten möchte, kann es am besten durch Böttigers Furienmaske.

S. 4. Z. 23. Danae — Tochter des Akrisios, wurde Mutter durch Zeus, der als goldener Regen in ihren Schoß fiel.

S. 4. Z. 24. Patroklus — Dieser treue Freund und Gefährte des Achilles steht hier für jeden bis zum Tode treuen Freund.

S. 6. Z. 6. Im Plutarch — d. h. in der Sammlung von Lebensbeschreibungen berühmter Männer, durch welche dieser vielseitige Schriftsteller aus dem 1. Jahrhundert v. Chr. sich selbst den meisten Ruhm erworben hat.

S. 6. Z. 12. Ein Dichter, der — — floh — Horaz, der, ungeachtet seines „Süß ist's und edel sterben fürs Vaterland", in einem andern Gesang offenherzig genug ist, zu gestehen, daß er in der Schlacht bei Philippi sogar seinen kleinen runden Schild von sich geworfen habe, um dem schönen Tod fürs Vaterland desto hurtiger entlaufen zu können. — Wiewohl nicht zu verschweigen ist, daß unser Autor selbst an einem andern Orte nicht ganz unerhebliche Gründe, den Dichter gegen sich selbst zu rechtfertigen, vorgebracht zu haben scheint. S. die erste Erläuterung zur zweiten Epistel des Horaz an Julius Florus. W.

S. 7. Z. 2. Von Minervens Schild bedeckt — Unter dem Schutze der Göttin der Weisheit.

S. 7. Z. 4. Flammen, die auf Leinwand brennen — Die Schreckgestalten, die in den Mysterien bei Vorstellungen der Unterwelt vorkamen. Styx und Acheron, Flüsse der Unterwelt.

S. 7. Z. 12. Ninias — Sohn des Ninus und der Semiramis, ein assyrischer König, von welchem die Geschichte nichts zu sagen hat, als daß er die achtundzwanzig Jahre seiner Regierung (wie man bei seines Gleichen das divino far niente nennt) in der üppigsten Unthätigkeit in seinem Harem zwischen Weibern und Höflingen verträumt habe. W.

S. 7. Z. 17. Der Pöbel von Athen — — zu reden hätte — „O ihr Athener (soll Alexander, als er in einem äußerst mühseligen und gefährlichen Abenteuer am Flusse Hydaspes in Indien begriffen war, ausgerufen haben), werdet ihr jemals glauben können, was für Gefahren ich laufe, um mir eure gute Meinung zu erwerben?" W.

S. 8. Z. 11. Xenokrates — Vielleicht der enthaltsamste und — kälteste von allen Philosophen.

S. 9. Z. 12. Arimasp — Die Arimaspen sind (wie uns Plinius unter der Gewährleistung der berühmten Geschichtschreiber Herodot und

Aristeas meldet) ein skythisches Volk, das im äußersten Norden unweit der Höhle des Nordwindes wohnt, nur ein Auge mitten auf der Stirne hat und in ewigem Kriege mit den Greifen lebt, um ihnen das Gold zu rauben, welches diese ungeheuren Vögel mit unersättlicher Begierde aus den Adern der Erde hervorscharren, bloß um das Vergnügen zu haben, ihre Goldhaufen Tag und Nacht zu bewachen und gegen die Arimaspen zu vertheidigen. Das, was an diesem Mährchen historisch wahr ist, gehört nicht hierher. W.

S. 10. Z. 8. Daphne — Die Tochter des thessalischen Flußgottes Peneus, eine Nymphe der Artemis, ward von Apollon geliebt, entfloh dem liebenden Gotte, rief im Fliehen den Schutz des Zeus an und ward in einen Lorberbaum verwandelt, mit dessen Zweigen Apollon nachher Stirn und Lyra schmückte.

S. 15. Z. 9. Bathyll — Ein schöner, durch Anakreons Lieder verewigter Jüngling.

S. 16. Z. 8. Die Brüderschaft der Fröhlichen u. s. w. — Es hat seit undenklichen Zeiten Menschen gegeben, die durch die peinlichsten Enthaltungen, ja durch — Selbstverstümmelungen und Beraubung alles Empfindungsvermögens, kurz, durch das Aufhören des Umgangs der Seele mit dem Leibe den Genuß der höchsten Seligkeit zu erreichen meinten. Aeußerlich unthätig, gegen die Eindrücke der umgebenden Welt unempfindlich seyn und in sich brüten, darin bestand ihr Leben. Unter den Griechen zeigten die Pythagoräer Anlage dazu. Die Kirchengeschichte zeigt an den Valesiern, daß man sich darum — kombabisirte.

S. 18. Z. 26. Parasiten — Schmarotzer, nach Lessing die Harlekins der alten Komödie.

S. 19. Z. 1. Midas — Der phrygische König Midas, bekannt durch sein Urtheil über Apollon, welches ihm einen schlimmen Zuwachs an den Ohren brachte, erbat sich einst vom Bacchus, daß Alles, was er berühre, sich in Gold verwandeln möge. Da sich ihm nun auch Speise und Trank in Gold verwandelten, stand er in Gefahr, in der Mitte unermeßlicher Reichthümer zu verschmachten. — Die Goldwäschen, die er in dem Paktolus anlegte, haben diese Sage veranlaßt.

S. 21. Z. 28. Wie Sancho dort — Unter andern Wunderdingen, welche Sancho Pansa auf dieser eingebildeten Lustreise gesehen haben wollte, waren auch die sieben himmlischen Ziegen (das Siebengestirn), mit denen er sehr gute Bekanntschaft gemacht zu haben vorgab, und von welchen, wie er getrost versicherte, zwei grün, zwei fleischfarben, zwei himmelblau und eine von gemischter Farbe sind. W.

S. 22. Z. 9. Coypel — L'amour maitre du monde, gestochen von J. Daullé 1755, nach Charles Antoine Coypel (dem Sohn Antons), geb. zu Paris 1694, gest. daselbst 1752. Wiefern sein Amor des Dichters Lob verdiene, weiß der Herausgeber nicht. Coypel steht im Ruf eines Manieristen, den aber Benutzung des Zeitgeschmacks zum ersten königlichen Maler erhob.

S. 25. Z. 2. 3. Pythagoräische Sphäre — Dem Pythagoras war die runde Figur die vollkommenste, und eben deßhalb hielt er das Weltganze für rund.

Buch 2.

S. 26. Z. 1. Beim Anubis — einer ägyptischen Gottheit (in einer männlichen Figur mit dem Kopf eines Hundes gebildet), die in den meisten Hinsichten dem Hermes der Griechen oder Mercur der Römer entspricht, schwor Sokrates.

S. 26. Z. 9. Agesilas — Der Reim muß die kleine Freiheit entschuldigen, daß der Name Agesilaus hier in französischer Gestalt erscheint. Dieser berühmte spartanische König war ein so gefälliger Vater, daß er einsmals von einem seiner Freunde überrascht wurde, da er mit seinen Kindern auf dem Steckenpferde herumtrabte. Sage ja Niemanden etwas davon, sagte Agesilaus zu ihm, bis du selbst Vater bist. W.

S. 26. Z. 16. 17. Die Philosophie, die keine Bohnen ißt — Die Pythagorische. Das Gebot ihres Meisters, sich der Bohnen zu enthalten (über dessen wahren Grund schon viel Vergebliches geschrieben worden ist), wurde von den ersten Pythagoräern so heilig beobachtet und so weit getrieben, daß einige von ihnen, da sie sich vor ihren nachsetzenden Feinden nicht anders als durch ein Bohnenfeld retten konnten, lieber den Feinden in die Hände liefen — si fabula vera est. W.

S. 26. Z. 18. Skythischem Ergetzen — Die Skythen galten den Alten für das roheste Volk. Skythisch ist daher das Rohe, Ungeschliffene.

S. 27. Z. 2. Menander — Ein Lustspieldichter der Griechen, Goldoni der Italiener.

S. 27. Z. 12. Dialektische Mäander — Irrgänge der Disputirkunst. Von dem Mäander, einem wegen seiner vielen Krümmungen und Windungen berühmten Flusse in Kleinasien, haben die Irrgewinde und Alles, was sich durch viele und ungewöhnliche Windungen auszeichnet, denselben Namen erhalten.

S. 28. Z. 9. 10. Für die Ehre der Apathie — So nannten die Stoiker die vollkommene Gleichgültigkeit ihres Weisen gegen alle sinnliche Eindrücke von Schmerz und Vergnügen, die ihn natürlicher Weise allen Leidenschaften unzugänglich machen mußte.

S. 29. Z. 2. Die Tafel, die Ganymedes deckt — ist die Göttertafel.

S. 30. Z. 7. Der Regel nach, die Catius erdachte — „Kommt (sagt dieser durch seine von Horaz aufbehaltenen Aphorismen aus der Küchenphilosophie berühmt gewordene Epikuräer)

„Kommt unvermuthet dir des Abends spät
Ein Gast noch auf den Hals, so laß dir rathen,
Das alte zähe Huhn (womit die Noth
Dich ihn bewirthen heißt), damit es ihm
Nicht in den Zähnen stecken bleibe, in
Falerner Moste zu ersticken —" W.

S. 31. Z. 10. Der Weise nur sey groß u. s. w. — Bei dieser Stelle, die mehrere stoische Sentenzen zusammenfaßt, diente zum Vorbild Horaz, Brief l. 1, 127 fg.

Summa, der Weis' ist unter dem einzigen Jupiter, ist reich,
Edel und frei, bildschön und geehrt, ja der Könige König,
Auch vorzüglich gesund, nur nicht, wenn der Schnupfen belästigt.

S. 31. Z. 22. Sohn der Myrrha — Dem Adonis, dem geliebtesten unter ihren sterblichen Günstlingen. W.

S. 32. Z. 10. 11. Die mit ihren Flügeln noch im Schlamm des Stoffes stecken — Anspielung auf eine von den Pythagoräern und von Plato aus einer uralten morgenländischen Vorstellungsart angenommene Lehre von der dämonischen Natur der menschlichen Seele, ihrer Präexistenz in der Geisterwelt und ihrem Sturz in die Materie, wovon der göttliche Plato in seinem Phädrus, im zehnten Buche von den Gesetzen, im Timäus u. a. O. uns mancherlei schwer zu begreifende Dinge offenbart. W.

S. 32. Z. 18. Korybanten (Trembleurs, Kopfschüttler) — hießen, von ihren heftigen Verdrehungen, die tanzenden Priester der Kybele.

S. 32. Z. 20. Fing jetzt Theophron an — Aus dem, was der Dichter diesem Philosophen in den Mund legt (so wie aus einer Anführung des Scipio, ja sogar des salomonischen Siegels, weiter unten), muß man schließen, daß er in eine Zeit gesetzt werde, worin platonische und pythagoräische Philosophie längst in einander geschmolzen und eben dadurch verunstaltet waren. Die Ideen als Urbilder der wirklichen Dinge gehören dem Platon, die geheimnißvollen Zahlen und die Musik der Sphären dem Pythagoras zu, der bei jenen eine Theorie der Zeit und des Raumes, bei dieser eine allgemeine Harmonie des Weltalls als tiefer Denker ahnete. Das Vielverwirrte, welches Spätere hinein gebracht haben, zu lösen, ist hier der Ort nicht. Wieland wollte hier nur den Mißbrauch dieser Lehre darstellen, dem wahren Werthe derselben läßt er hier und anderwärts volle Gerechtigkeit wiederfahren. Was weiter unten vom Tod der Sinnlichkeit und magischen geheimen Reinigungen gesagt wird, gehört ebenfalls den späteren schwärmenden Pythagoräern und den mit ihnen verschmolzenen Geheimnißkrämern aus der orphischen Schule (Orpheotelesten) zu.

S. 33. Z. 6. Virgils Silen — S. Virgils Ekloge 6.

S. 34. Z. 8. Sinus und Tangenten — Ob Wieland bei diesen mathematischen Ausdrücken nicht an den Wortsinn zugleich schalkhaft gedacht habe, überlasse ich Jedem selbst zu entscheiden.

S. 34. Z. 10. Contour — Das Wort Contour (Contour, Conturno) scheint uns unter diejenigen ausländischen Kunstwörter zu gehören, welche man sonst, aus Ermanglung eines gleichbedeutenden deutschen Wortes, immer nur durch Umschreibung zu geben genöthigt wäre: denn Contour und Umriß sind keineswegs gleichbedeutend. Umriß heißt bloß das, was von der Form eines Körpers durch den Sinn des Gesichts erkannt wird; Contour hingegen bezeichnet eigentlich die Vorstellung, die wir von einer körperlichen Form vermittelst des Gefühls und Betastens erhalten. Es ist eine bloße Täuschung — nicht unsrer Sinne, sondern unsers voreiligen Urtheils, wenn wir den Contour eines Körpers (z. B. der Sphären, wovon hier die Rede ist) zu sehen glauben. Bevor wir ihn durch das Gefühl ausgetastet, haben wir von seiner Form nur eine sehr mangelhafte Vorstellung, weil uns das Auge nicht mit der Dichtheit, Rundung, Eckigkeit, Glätte, Rauheit u. s. w., sondern bloß mit der heller oder dunkler gefärbten Oberfläche der Körper bekannt macht. W.

S. 34. Z. 11. Lambert — (geb. 1728 zu Mühlhausen im Sundgau, gest. zu Berlin 1777), gehört zu den vorzüglichsten Mathematikern und Philosophen des vorigen Jahrhunderts.

S. 35. Z. 5. Der Weg, den Prodikus — — malt — Der Weg der Tugend, in der Erzählung von Hercules auf dem Scheidewege, auf welche im ersten Buche schon angespielt wird. W.

S. 35. Z. 8. Amathunt (Amathus, daher Venus Amathusia) — Stadt an der Südküste Cyperns, ein der Venus geweihter Ort.

S. 35. Z. 9. Sybarit — Die Bürger von Sybaris, einer Stadt in Großgriechenland, waren wegen ihrer ausnehmenden Weichlichkeit und Schwelgerei in der alten Geschichte berüchtigt.

S. 36. Z. 4. Das uns zu mehr als Göttern machen kann — Denn, da die Götter keine Bedürfnisse und also auch keine Leidenschaften haben, so würde ein Sterblicher, der es in der Apathie so weit als ein Gott bringen könnte, eben darum, weil sie nicht eine nothwendige Eigenschaft seiner Natur, sondern ein Werk seines freien Willens und eines nicht immer leichten Sieges über seine Sinnlichkeit wäre, mehr als ein Gott seyn. Daher sagt Seneca: „Est aliquid quo Sapiens antecedat Deum; ille naturae beneficio non timet, suo Sapiens." (Epist. 53.) Und an einem andern Orte: „Sapiens tam aequo animo omnia apud alios videt contemnitque quam Jupiter; et hoc se magis suspicit, quod Jupiter illis uti non potest, Sapiens non vult." (Epist. 73.) W.

S. 37. Z. 14. Muß man, wie Scipio — — hören — Anspielung auf eine Stelle in dem bekannten Traumgesichte des Scipio, dem schönsten Fragmente, das sich von dem verloren gegangenen Werke des Cicero, de Republica, erhalten hat, worin die Harmonie, die aus den verschiedenen Intervallen der Bewegung der Planetenkreise und des Sternhimmels entstehen soll, nach pythagorischen Begriffen, wiewohl nicht sehr verständlich, beschrieben wird. Cicero läßt den jungen Scipio diese himmlische Harmonie in seinem Traumgesichte hören; Pythagoras hatte, nach der Versicherung seines Legendenschreibers Jamblichus, das Vorrecht, sie sogar wachend zu vernehmen; und die Ursache, warum sie nicht von Jedermann gehört wird, ist bloß, weil dieses Getön so stark ist, daß es unser Ohr gänzlich übertäubt. Hoc sonitu oppletae aures hominum obsurduerunt, nec est ullus hebetior sensus in vobis. Somn. Scip. c. 5. W.

S. 37. Z. 11—16. Auch die Musik bezähmt die wilde Leidenschaft — Die glaubwürdigsten Schriftsteller behaupten, daß Pythagoras nicht bloß die Musik liebte, sie für sich und seine Jünger gebrauchte, um sich entweder von den Anstrengungen des Nachdenkens zu erholen oder zum neuen Nachdenken sich zu ermuntern, sondern es wird uns sogar erzählt, er habe durch besondere Melodien jede Art von Leidenschaft theils erregen, theils unterdrücken können; durch Musik habe er sich und seine Jünger zu sanften und tugendhaften Empfindungen gestimmt, die Ausbrüche wilder Leidenschaften zurückgehalten und zu guten Entschließungen aufgemuntert. Aber nicht bloß als Kunst trieb Pythagoras die Musik, sondern ward auch hier Erfinder, wie sich daraus schließen läßt, daß eine Reihe von 8 Tönen die pythagoräische Lyra (octochorda Pythagorae) genannt wird; ja er erhob die Musik zum Range einer mathematischen Wissenschaft, indem er die Ursache der consonirenden Intervalle entdeckte. — Darf man sich wundern, daß das System solch eines mathematisch-musikalischen Genies sich mit der Weltharmonie und der Musik der Sphären endigte? Der Gedanke gehört gewiß zu den erhabensten, die in einem menschlichen Geiste aufgestiegen sind.

S. 38. Z. 11. 12. Nicht schöner malt — — Alban — Franz Albano, geb. zu Bologna 1578 und gest. daselbst 1660, ein Schüler des Caracchi, behandelte am liebsten und glücklichsten anmuthige Sujets, wobei er Weiber und Kinder anbringen konnte, die er mit einem eignen Reize darzustellen wußte. Ueber seine Nymphen und Amoretten ist eine freundliche Grazie ausgebreitet.

S. 38. Z. 19. Ein Pythagor'sches Schweigen — Pythagoras hatte sein Institut nach der Weise der ägyptischen Priesterinstitute organisirt und bediente sich der Classen, in welche seine Jünger eingetheilt wurden, zu einem politischen Zwecke. Für jede gab es eigne Gesetze, und zu diesen gehört auch ein dreijähriges Stillschweigen, welches den Mitgliedern der ersten Classe auferlegt wurde, und welches von den Bedächtigsten dahin erklärt wird, daß jedes Mitglied einige Jahre nach seiner Aufnahme bloß zuhören und nicht selbst lehren solle.

S. 39. Z. 25. 26. Die Seele, die unterm Zwerchfell thront — Plato gibt in seinem Timäus dem Menschen drei Seelen, wovon die erste göttlicher und unsterblicher Natur ist und ihren Sitz im Haupte hat, von den beiden andern sterblichen aber die eine die Brusthöhle und die andere (deren Begierden bloß auf Befriedigung der körperlichen Bedürfnisse gehen) die Gegend zwischen dem Zwerchfell und Nabel zu ihrer Wohnung angewiesen bekommen hat, „wo sie (sagt der hochweise Timäus), gleich einem Thiere, das nichts zu thun hat, als zu fressen, an die Krippe angebunden, so weit als möglich von dem denkenden und regierenden Princip entfernt worden ist, um dasselbe desto weniger durch ihr Geräusch und Geschrei nach Futter in der Ruhe zu stören, deren es, zu der ihm obliegenden Besorgung dessen, was Allen zuträglich ist, vonnöthen hat." W.

S. 41. Z. 2. Ein schläfrig Ohr entgegen — Anspielung auf die Stelle in der neunten Satire des ersten Buchs der Horazischen Satiren:

Demitto auriculas ut iniquae mentis asellus
Dum gravius dorso subiit onus. W.

S. 41. Z. 8. In Circens Stall — Worin die Menschen bekanntlich in Schweine verwandelt waren.

S. 41. Z. 9. Den Lieblingstanz der Halle — Der stoischen Philosophie, die von der vornehmsten der Hallen (oder bedeckten Säulengänge) in Athen, welche gewöhnlich, wegen der Gemälde, womit sie geziert war, die Poikile (die bunte) genannt wurde, ihren Beinamen erhielt und, so wie diese Halle selbst, auch die Stoa schlechtweg hieß, weil Zeno und seine Nachfolger in derselben öffentlich zu lehren pflegten. W.

S. 41. Z. 12. Als der Planetentanz — Vermuthlich ein Pythagorischer Tanz, der die Bewegungen der Planeten nachahmt. Es scheint hier auf eine Stelle in Lucians Dialog über die Tanzkunst gedeutet zu werden, wo Lycinus sagt: „Die Tanzkunst habe mit dem ganzen Weltall einerlei Ursprung und sey mit jenem uralten Amor des Orpheus und Hesiodus zugleich zum Vorschein gekommen. Denn (setzt er hinzu) was ist jener Reigen der Gestirne und jene regelmäßige Verflechtung der Planeten mit den Firsternen und die gemeinschaftliche Mensur und schöne Harmonie ihrer Bewegungen anders, als Proben jenes uranfänglichen Tanzes?" W.

S. 41. Z. 15. Aegypter und Chaldäer erfahren seine Wuth — Will vermuthlich so viel sagen, Kleanth habe seinen Eifer gegen die Pythagorisch seynsollenden Thorheiten des Theophron bis zu einem Ausfall gegen die alten chaldäischen und ägyptischen Weisen getrieben, von welchen Pythagoras, nach der gemeinen Sage, die vornehmsten Lehren und den Geist seiner Philosophie geborgt haben sollte. W.

Buch 3.

S. 45. Z. 21. Und sich — mit stumpfen Nägeln wehret — Anspielung auf das Horazische — praelia virginum sectis in juvenes unguibus acrium, in der sechsten Ode des ersten Buchs. W.

S. 50. Z. 2. Hat Plato — Phocion verloren — Daß dieser unter den Feldherren und Staatsmännern so seltene Mann in seiner ersten Jugend noch den Plato und dessen ersten Nachfolger, den Xenokrates, gehört und in ihrer Schule die Maximen eingesogen habe, deren Ausübung ihn sein ganzes Leben durch und bis zu seinem Sokratischen Tode zum tugendhaftesten Manne seiner Zeit machte, bezeugt Plutarch in seiner Lebensbeschreibung. W.

S. 50. Z. 14. Wie zum Feldherrn Xenophon — In den vorigen Ausgaben lautet diese Stelle so:

— Man wird zum Geisterseher
Geboren, wie zum Held, wie zum Anakreon.

Da das Wort Held kein Indeclinabile ist und in allen seinen Biegefällen Helden lautet, so mußte es, nicht zum Held, sondern zum Helden, heißen. Weil dieß aber nicht in den Vers passen wollte, so mußte der Held hier ein Opfer der Sprachrichtigkeit werden, und auch Anakreon, wiewohl unschuldig, konnte seinen Platz nicht behalten. Die neue Lesart, wodurch dem Sprachfehler abgeholfen worden ist, hat außerdem, daß der Gedanke an Wahrheit nichts dadurch verliert, noch den Vorzug, sich mit dem folgenden Verse richtiger zu verbinden. — Daß man von Xenophon vorzüglich sagen könne, er sey zum Feldherrn geboren gewesen, scheint sich hinlänglich dadurch erwiesen zu haben, daß er, als er nach dem Tode des jüngern Cyrus aus einem bloßen Freiwilligen, der die Dienste eines gemeinen Soldaten verrichtete, auf ein Mal zum Rang eines Feldherrn stieg, auch die Talente eines Feldherren in einem Grade zeigte, der ihm bis auf diesen Tag einen Platz unter den Meistern der Kriegskunst erhalten hat. W.

S. 53. Z. 27. Ein Nachbar, der Horazens Nachbarn gleicht — Vermuthlich hatte der Dichter die Stelle im sechsten der Horazischen Sermonen (des zweiten Buchs) im Sinne:

> Cervius haec inter vicinus garrit aniles
> Ex re fabellas, u. s. w.

wo Horaz den alten Nachbar Cervius die berühmte Fabel von der Feldmaus und Stadtmaus in einem so unnachahmlich gutlaunigen und verständigen Ton erzählen läßt, daß man nicht umhin kann, den Dichter eben so sehr wegen seines Nachbars Cervius, als wegen seines Sabinums und des frohen Lebensgenusses, den es ihm gewährte, glücklich zu preisen. W.

S. 55. Z. 13. Zum γνῶθι σεαυτόν — (gnothi seauton) d. i. zur Selbsterkenntniß, welche diese zwei über die Pforte des Tempels zu Delphi geschriebenen Worte empfahlen, als den besten Rath, den der Delphische Gott allen Sterblichen, die sich bei ihm Rathes erholten, ertheilen konnte. W.

Die Grazien.

S. 60. Z. 18. Cardinal von B**s — Bernis, geb. 1715 in Languedoc, gest. 1794 zu Rom, aus einer alten gräflichen Familie stammend, aber in beschränkten Vermögensumständen, war dem geistlichen Stande gewidmet, glänzte aber in seiner Jugend durch Gestalt, Witz und Geist in den ersten Gesellschaften von Paris, wo seine Gedichte voll anmuthiger, lachender Phantasie allgemein bewundert worden. Gleichwohl konnte er es lange Zeit nicht über den Abbé hinausbringen. Schnell hinter einander ward er aber dann Erzbischof, Cardinal, Staatsminister, Commandeur des heiligen Geist-Ordens, unterzeichnete die Allianz zwischen Frankreich und Oesterreich und starb als Botschafter in Rom unter dem Titel Protector von Frankreich. Sein Uebergang von den Grazien Homers zu denen des heil. Thomas geschah wirklich, zeigt aber den Abbé Bernis nicht mehr; sein nachgelassenes Gedicht in 10 Gesängen: la religion (1797) wird von Laharpe unter das des jüngeren Racine gesetzt.

S. 61. Z. 3. Zelis im Bade — Ist ein Gedicht von Dorat (geb. 1734 u. gest. 1780 zu Paris), über welchen Laharpe (Cours de Littérature VIII. 297) ein sehr strenges Urtheil fällt. Wielands Urtheil über ihn, der zuerst eins seiner Gedichte — Selim und Selima — ins Französische übersetzt hatte, könnte bestochen scheinen, wofern er ihn etwas Anderes als einen angenehmen Dichter genannt und ihm etwas Anderes als französische Grazie zugeschrieben hätte. — Sonderbar genug haben Manche Wielands Grazien selbst nur dieß zugestehen wollen, was er an Dorat hier nur ironisch lobt; wir werden an einem andern Orte sehen, wie es sich damit verhält.

S. 61. Z. 27. Amöbäische Lieder — Nennt man eine Art Wechselgesänge, von Mehreren in einer Wette angestellt, von ähnlichem Inhalt, gleichem Versmaß und gleicher Länge. Die Idyllen Theokrits und Virgils enthalten mehrere dergleichen Wettgesänge zwischen zwei Hirten, und ein Dritter entscheidet über den Preis.

Buch 1.

S. 64. Z. 1. Deukalion und Pyrrha — Waren, nach der griechischen Sage, die einzigen aus einer Sündflut geretteten Menschen und die Stammeltern eines neuen Geschlechts. Beide warfen Steine hinter sich: aus denen des Deukalion entstanden Männer, aus denen der Pyrrha Weiber.

S. 64. Z. 14. Es dem Verfasser der neuen Heloise zu glauben — Wieland hat sich hierüber ausführlich erklärt in seinen Betrachtungen über J. J. Rousseau's ursprünglichen Zustand des Menschen, welcher Gegenstand seit Erscheinung von Rousseau's Preisschrift über den Einfluß der Wissenschaften und Künste ein noch größeres Interesse erhalten hatte, als er an sich zu jeder Zeit haben wird.

S. 67. Z. 6. Watteau — (gest. zu Paris 1721), sagt Fiorillo, der ihm übrigens Leichtigkeit und Originalität nicht absprechen kann, „bezeichnete durch den Beifall, womit er gekrönt wurde, mehr als Alles den tiefgesunkenen Geschmack seines Zeitalters. Was er lieferte, trug den Preis davon und wurde überall bewundert. Wer seine Cabinete, Kamine, Windschirme, spanische Wände oder die Räume über den Thüren auf irgend eine Weise verzieren wollte, eilte zu Watteau, dessen Urtheil sogar die Kleidermoden bestimmte, da jede Dame, welche auf Bildung Anspruch machte, à la Watteau geschmückt seyn wollte.“ Ein poetischer Watteau ist daher nicht mehr, als ein angenehmer, gefälliger Modeschriftsteller.

S. 69. Z. 2. Wenn nicht endlich Momus den Einfall gehabt hätte — Bei den Griechen war die altorientalische Idee von der Personification der beiden Naturprincipe, des Feuers und Wassers, wohl auch der Sonne und des Mondes, verloren gegangen, und sie verstanden daher die so natürliche Verbindung zwischen Hephästos (Vulcan, dem Feuergotte) und der Aphrodite (die aus Meerschaum geboren wird), eine der Ilias übrigens noch unbekannte Verbindung, selbst nicht mehr. Daher mußte sie ihnen seltsam und lächerlich vorkommen, und sie erklärten sie aus einem lustigen Einfall des Spötters Momus, den man besonders bei Lucian findet.

S. 69. Z. 15. 16. Venus, Mutter der Grazien — Unter den sehr abweichenden Abstammungen, welche die Alten selbst den Grazien (Charites) gegeben haben, findet sich auch die von Wieland angenommene, freilich nur bei Servius (zu Aeneis 1, 720.). Niemand kann aber tadeln, daß der Dichter aus der Menge von Genealogien die auswählte, die ihm zu seiner Absicht die passendste war. Ueber seine Absicht, die stets so wenig erkannt worden ist, werden wir uns an einem andern Ort erklären.

S. 70. Z. 10. Inseln der Seligen — Sind das Homerische Elysium westwärts im Strome des erdumgürtenden Oceanos. Bei den Alten selbst, unter denen Pindar (Ol. 2) die reizendste Schilderung davon entworfen hat, herrscht nur in so fern Einstimmigkeit, als sie die größten Annehmlichkeiten der Erde in Unveränderlichkeit dorthin versetzen. Vgl. Agathon, Bd. 2.

S. 70. Z. 12. Hesperische Gärten — Nach Hesiodus auf einer westlichen Oceaninsel, erblühten nach dem Mythus mit goldenen Aepfeln (Pomeranzen) zum Brautgeschenk für Here, die Königin der Götter.

S. 71. Z. 9. Tithon — Der Gemahl oder Geliebte der Aurora, die ihm die Unsterblichkeit wohl, aber nicht unsterbliche — Jugend erbeten hatte, weßhalb sich die ewig jugendliche Göttin bald an der Seite eines immer mehr verschrumpfenden Greises sah, der ihr weder zum Gemahl noch Geliebten sehr wünschenswerth schien.

S. 73. Z. 5. Baumgarten (Alexander Gottlieb) — Gegen die Mitte des vorigen Jahrhunderts der Schöpfer der Aesthetik, war aus der Schule des berühmten Wolff, der zu Allem gern — was Niemanden zu verdenken ist — den zureichenden Grund entdecken mochte. Sein Schüler versuchte dieß auch in der Aesthetik, wo es freilich, weil das Gefühl etwas so Geheimnißvolles und die Einbildungskraft so magisch ist, am mißlichsten seyn mag, und dadurch zog er sich — was der ihm gebührenden Achtung übrigens gewiß nichts entzieht — hier den kleinen ironischen Seitenblick unsers Dichters zu.

S. 74. Z. 12 — 14. Rosengebüsch — hier steht es — Diese Stelle erklärt sich eigentlich aus der Vignette zur ersten Ausgabe.

Buch 2.

S. 75. Z. 1 — 6. Amor nach Coypel von Daullé — siehe die frühere Anm. S. 282. Von Mechel nach Vanloo gestochen ist es l'Amour menaçant, prêt à décocher une fleche.

S. 85. Z. 24. 25. Rubens oder Boucher — Rubens war bei aller seiner sonstigen Vortrefflichkeit doch keiner wahren Idealität fähig: wie hätte er sonst seine wohlbeleibte Frau als Madonna gemalt? — Boucher, erster Maler des Königs und Director der Malerakademie zu Paris (geb. 1704, gest. 1770), den man damals den Maler der Grazien nannte, war es vornehmlich, der die Periode herbeiführte, worin die Maler ihr Heil in Darstellung des Wollüstigen suchten. Er arbeitete lediglich auf reizenden Effect hin.

S. 87. Z. 10. Dame Quintagnone — Diese, nach Don Quixote's

Charakteristik, weise und ehrenvolle Dame spielte in der Liebesgeschichte der Königin Genievre, Gemahlin des großen Artus, mit dem schönen und tapfern Ritter Lanzelot vom See die Unterhändlerin und gehört mithin zur Geschichte der Tafelrunde. S. Bibliothek der Romane.

Buch 3.

S. 89. Z. 6. Knidos — In Karien, verherrlicht durch die bewunderte Bildsäule der Venus von Praxiteles, und Paphos, auf der westlichen Küste der Insel Cypern (vgl. d. Anm. zu Anti-Ovid, Ges. 1. V. 83.), waren zwei Hauptverehrungsorte der Venus.

S. 90. Z. 22. Seladon — Ist durch seine fast mystische (Guarini's) Pastor fido (treuer Hirt), durch seine romantische, Geßners Daphnis, durch seine elegantere Empfindsamkeit in jeder Hinsicht ein Gegenbild zu Theokrits naiver, zuweilen etwas derber Natürlichkeit.

S. 94. Z. 6—8. Der Dichter, der Pygmalions Statue beseelt und die Vergötterung der Ino gesungen hat, — war Ramler. S. dessen Cantate.

Buch 4.

S. 96. Z. 6. Der Penseroso — Der gefühlvolle Dichter. Anspielung auf Miltons Penseroso. W.

S. 96. Z. 24. 25. Ausgesuchten Glückseligkeit aus der Wahl ihrer Gesellschaft —

A nice and subtle happiness, I see,
Thou to thyself proposest in the choice
Of thy associates —

Parad. Lost, B. VIII. v. 399. W.

S. 96. Z. 27. Nach thracischer Weise — Horaz Oden B. 1. Ode 27.

Fi, Brüder! wollt ihr kämpfen wie Thracier,
Mit Bechern, die zur Freude geschaffen sind?
Seyd nicht Barbaren, die den frommen
Bacchus durch blutige Fehd' entweihen.

S. 97. Z. 8. Der Homerische Nepenthe — Odyssee 4, 220 heißt es von Helena:

Schnell in den Wein warf jene, wovon sie tranken, ein Mittel,
Kummer zu tilgen und Groll und jeglicher Leiden Gedächtniß.

Dieses Zaubermittel ist der Homerische Nepenthe, der kummervertilgende Zaubertrank.

S. 99. Z. 9. 10. Die Hälfte mehr als das Ganze — Eine Anspielung auf den berühmten Vers des Hesiodus:

> *Νήπιοι οὐδ' ἴσασιν ὅσῳ πλέον ἥμισυ παντός!*
> Die Thoren, die nicht wissen, um wie viel die Hälfte mehr ist,
> als das Ganze!

S. 104. Z. 15. Hyacinth (Hyakinthos) — Nach der gewöhnlichsten Sage der Sohn des lacedämonischen Königs Amyklas, ein schöner Jüngling, war der Liebling Apollons, der sich gern in Spiele mit ihm einließ. Zephyr aber liebte den Jüngling auch und trieb aus Eifersucht einst die Wurfscheibe des Jünglings so, daß sie zurückfiel und diesen erschlug. Apollon verewigte sein Andenken durch ein Wunder, welches Ovid (Met. 10, 210.) beschrieben hat:

Siehe das Blut, das strömend des Erdreichs Kräuter gefleckt,
Endiget Blut zu seyn; voll Glanz, wie tyrischer Purpur,
Hebt sich die Blum' und empfänget Gestalt gleich Lilien, wenn nicht
Röthelnde Bläue die ein', und die andern Silber gefärbet.
Nicht genügt es dem Phöbus; denn der war Stifter der Ehre.
Selbst mit eigenem Wehe beschrieb er die Blätter, und Ai Ai
Sagt dem Griechen die Schrift, und es klagt auf der Blume der Buchstab.

Die Hyacinthe ist jedoch nicht die unsrige, sondern entweder die Iris, blaue Schwertlilie oder der kleine Rittersporn. — Außerdem aber erhielt sich Hyacinths Andenken noch durch ein jährliches Fest und feierliche Wettspiele, die zu Amyklä im heiligen Bezirke gehalten wurden. Die Feier dauerte drei Tage. Am ersten brachte man dem Hyacinth als Heros ein Todtenopfer, am zweiten ward dem Apollon ein Opfer gebracht, und feierlicher Gesang und Tanz zu seinen Ehren gehalten; den dritten Tag füllten vermuthlich Spiele aus. (S. Heyne's antiq. Aufs. 1, 97 fg.) Wieland hat dieses Fest zu seinem Zwecke mit Dichter-Freiheit benutzt.

Buch 5.

S. 116. Z. 14. 15. Waren es nicht diese Augen —

Tanto negli occhi bei fuor di misura
Par ch' Amore e dolcezza e grazia piova.
Son. 121.
Riso da far inamorar un uom selvaggio.
Son. 207.
Pace tranquilla senz' alcuno affanno,
Simile a quella, ch' è nel Ciel eterna,
Muove dal lor inamorato riso.
Canz. 20.
Quel vago impallidir, che'l dolce riso
D'un amorosa nebbia ricoperse.
Son. 93.
Non era l'andar suo cosa mortale,
Ma d'angelica forma, e le parole
Suonavan altro, che pur voce umana.
Son. 69.
Leggiadria singolare e pellegrina.
Son. 178.

S. 117. Z. 11—15. Dinge, die — — verständlich seyn können — Beweise hiervon finden sich vornehmlich in den Canzonen 18, 19, 20, 27, 30, 31, 35 und in den Sonetten 81, 123, 134, 142, 143. W.

S. 117. Z. 24. Die Zauberer, die ihn verwandelt haben —

Grazie ch' a pochi il Ciel destina, etc.
Da questi Magi transformato fui.
Son. 178. W.

S. 119. Z. 10. Mit dem berühmten Gürtel umgeben — Iliad. XIV. 215, 16, 17. W.

S. 120. Z. 2. Kein Götterfest ohne ihre Gegenwart — Pindar. Olymp. XIV. W.

S. 120. Z. 8—11. Vulcan — an die Stelle des Mundschenken — Iliad. I. 599. W.

S. 120. Z. 12. Ihr Schläge zu geben — Iliad. I. 567. XV. 17. W.

S. 120. Z. 13. Mit einem Amboß aufzuhängen — Iliad. XV. 18—21. W.

S. 121. Z. 16—17. Die Vermählung des Chaos mit der alten Nacht u. s. w. — Wieland bezeichnet in dieser Stelle den historisch erwiesenen Uebergang der griechischen Poesie aus der Periode der Theogonien und Kosmogonien (Orphische und Hesiodische Schule) in die Periode der Lyrik, die sich den Ausdruck des Gefühls bei den mannigfaltigsten Scenen und Interessen des Lebens, zu Erheiterung und Erhebung desselben, zum Geschäft machte. Da erschienen die erhabene Ode, das anmuthige Lied, der zürnende Jambus und die sanfte Elegie: Dichtungsarten, deren jede das Gemüth auf eine eigne Weise in Anspruch nimmt.

S. 122. Z. 4. Und fröhlich, wie Silen — Anakreon, Ode 38. W.

S. 123. Z. 26. Euren Orgien — Die Grazien hatten zu Athen eine Art von geheimem festlichem Gottesdienste, welcher die Orgien der Charitinnen genannt wurde. Pausanias in Boeotic. W.

S. 124. Z. 9. Priesterinnen, Richter — Anspielungen auf die Priesterin, welche sich weigerte, dem Alcibiades zu fluchen (s. Plutarch im Leben des Alcib.), und auf die Richter der schönen Phryne. Der Kunstgriff, dessen sich ihr Vertheidiger, Hyperides, bediente, ist zu bekannt, hier angeführt zu werden. W.

S. 124. Z. 11. 12. Phidias, Kalamis — Anspielung auf die Pallas des erstern und auf die Sosandra des letztern, wovon Lucian in dem Ideal einer vollkommnen Schönheit nachzusehen ist. W.

S. 124. Z. 19. Euphranor — als Bildhauer, Erzgießer, Maler und Schriftsteller gleich berühmt, der Vollender des Heroen-Ideals, gehört in Alexanders Zeitalter, worin der Styl der Grazie sich ausbildete.

S. 124. Z. 19. Damon — s. Agathon, Bd. 1.

S. 124. Z. 21. Die Jugend Weisheit lehrte — S. Xenophons Gastmahl. W.

S. 124. Z. 22. Zeus Perikles — Perikles wurde von den komischen Dichtern seiner Zeit häufig unter dem Namen Jupiters, mit Beifügung eines spöttischen Beiworts, satirisirt. W.

S. 124. Z. 24. Prytaneon — Das Rathhaus zu Athen. W.

S. 124. Z. 28. Ulysses — War der beredteste und listigste, Achilles der tapferste der Helden vor Troja; den Paris nennt Homer selbst den weibsüchtigen, schlauen Verführer.

S. 125. Z. 8. Menander — Ein Schüler des berühmten Charakterschilderers Theophrastos, gehört zu den vorzüglichsten Dichtern der sogenannten neuen Komödie bei den Griechen. Statt des Aristophanes hoher komischer Kraft zeichnete er sich durch sittliche Grazie aus. Sein Verhältniß zu Glycera hat Wieland späterhin selbst in Menander und Glycerion geschildert.

S. 125. Z. 11. Apelles, Protogen (Protogenes). — Den freundschaftlichen Wettstreit beider Künstler erzählt Plinius (H. N. 35, 10.). Die berühmte Linie des Apelles, die den Wettstreit veranlaßte, in dem sich Protogenes so rühmlich für den Besiegten erkannte, hat den Erklärern viel Noth gemacht, und — adhuc sub judice lis est. Das Beste darüber findet man bei Fiorillo kl. Schriften art. Inh. 1, 229 fgg. und Böttiger Archäol. d. Mal. 1, 153 fgg.

S. 125. Z. 15. 18. Und jener, dem die Grazien sich ohne Gürtel wiesen — Ist Apelles, von dem man sagte, daß die Götter ihm die Charis (Grazie) zum Eigenthum gegeben. Sein allbewundertes und in vielen Sinngedichten besungenes Werk war die aus dem Meer aufsteigende Venus (Anadyomene). Ist die Anekdote bei Athenäus (13, 6.) wahr, daß ihm Phryne zum Modell gedient, wie sie am Feste Neptuns vor den Augen des versammelten Griechenlands mit aufgelöstem Haar im Meere gebadet habe; so zeigt sie an einem auffallenden Beispiele, was der Dichter oben rühmte, daß damals kein blöder Wahn dem Künstler die Natur verhüllte.

Buch 6.

S. 128. Z. 21. Die ehrwürdige Vesta — Fastor. VI. Est multi fabula plena joci, sagt er; und zu seiner Ehre müssen wir gestehen, daß er sie den Grazien selbst nicht anständiger hätte erzählen können. W.

S. 128. Z. 28. Der einzige Claudian — Mille pharetrati ludunt in margine fratres, Ore pares, aevo similes, gens mollis Amorum. Hos Nymphae pariunt — De Nupt. Honorii et Mariae, v. 72. W.

S. 129. Z. 14. Ein Dichter, den Sie kennen — Wieland selbst in Idris und Zenide Ges. 1. St. 4.

S. 132. Z. 11—26. Phänaretens Sohn — Sokrates. — Der Lockenraub von Pope; — Verd-verd von Gresset; — Facardin von Hamilton.

S. 135. Z. 12. Agrypnie, Schlaflosigkeit.

Der verklagte Amor.

Erster Gesang.

S. 142. Z. 4. Amorn, den man Cupido nennt — Cupido, das Verlangen (Pathos bei den Griechen), wurde dem Amor eigentlich nur beigesellt, bald aber nahm man auch beide für eine und dieselbe Gottheit, und Amor als Cupido ist es eigentlich — der mit den Herzen sein Spiel treibt.

S. 143. Z. 6. 7. Der Hippiassen berüchtigte Kunst — Die Disputirkunst der Sophisten.

S. 143. Z. 10. Catinat — Im Jahr 1712 als Marschall von Frankreich gestorben, zu welcher Höhe ihn nur Verdienst gehoben hatte, wurde wegen seiner immer gleichen Stimmung von den Soldaten le père la Pensée genannt. In seiner Jugend war er Advocat gewesen, wegen einer Entscheidung aber, die ihm ungerecht schien, hatte er diese Laufbahn mit der militairischen vertauscht.

S. 144. Z. 18. Consensus gentium — Die gleiche Meinung aller Völker.

S. 145. Z. 1. Des Esels Schatten — S. Wielands Abderiten.

S. 145. Z. 15. Ma Dia — Eine den alten Griechen gewöhnliche Betheurung, beim Jupiter! — die sich für den Vogel Jupiters besonders zu schicken schien. W.

S. 147. Z. 12. Feigen oder Macaronen — Die Macaronen beziehen sich auf eine Stelle im VII. Theile des Tristram Shandy und die Feigen auf das Mährchen von einem Feigen essenden Esel, über den der stoische Philosoph Chrysippus, der ihn bei diesem ungewöhnlichen Schmaus ertappte, sich zu Tode gelacht haben soll. Das Nämliche wurde auch dem Komödien-Dichter Philemon nachgesagt. W.

S. 147. Z. 19. Und zwischen zwei gleichen Bündeln Heu — Johann Buridan, ein subtiler Scholastiker von der Secte der Nominalisten, im vierzehnten Jahrhundert, dessen zu seiner Zeit vielgeltende Commentarien über den Aristoteles längst vergessen sind, hat seine Unsterblichkeit einem, unter dem Namen der Esel Buridans, berühmten Sophisma zu danken oder vielmehr der Celebrität, die ihm Merlinus Coccajus (Theofilo Folengo) in seiner Macaronea durch seinen Spott und Bayle, Spinoza, Leibnitz u. A. durch ernsthafte Beantwortung desselben gegeben haben.

Wenn, sagt Buridan, ein hungriger Esel sich gleich weit zwischen zwei vollkommen gleichen Bündeln Heu oder Grasplätzen befände: was könnte er thun? Da kein objectiver Beweggrund vorhanden ist, warum er den einen dem andern vorziehen sollte, und der subjective (sein Hunger) ihn gleich stark zu beiden zieht: so muß er entweder in diesem fatalen Gleichgewichte Hungers sterben — welches wenigstens alle Esel in der Welt eben so ungereimt finden werden, als der Esel Silens — oder er muß, ohne Beweggrund, aus freiem Willen sich zum einen oder zum andern entschließen können, welches, nach den Scholastikern, ein Vorrecht der vernünftigen Wesen ist, das keinem Esel zukommen kann. Leibnitz gesteht ohne Bedenken, wenn der vorausgesetzte Fall Statt fände, müßte der Esel wirklich Hungers sterben; er behauptet aber, dieser Fall sey nach dem ordentlichen Laufe der Natur gar nicht möglich; — wiewohl er aus Achtung für die Theologen seiner Zeit (die nicht ganz so geschmeidig waren, wie die unsrigen) hinzusetzt: es wäre denn, daß unser Herr Gott es schlechterdings so veranstalten wollte. Aber auch in diesem Falle würde sich, glaube ich, jeder Esel noch zu helfen wissen: denn er würde sich ohne Zweifel vor Hunger oder Ungeduld so lange herumwälzen, bis er dem einen Heuhaufen näher wäre als dem andern. W.

S. 147. Z. 26. Schweizers Gesange — Die launenhafte Göttin Tyche, welche nicht gewohnt ist, „Glück und Verdienst gegen einander gleich zu wägen," hat dem hier genannten großen Musikkünstler den Platz, der ihm, neben den Jomelli's, Sacchini's, Gulielmi's, Sarti's und ihres Gleichen, unter den dramatischen Componisten gebührt, in der Meinung der Welt (die ihn wenig kennt, und in welcher er nie empor kommen konnte) nicht zu Theil werden lassen. Aber gewiß wird Niemand, der die von ihm in Musik gesetzten Singspiele, Elysium (von J. G. Jacobi), Alceste und Rosemunde, besonders das letztere, kennt oder ehmals zu Manheim aufführen gehört hat, es unserm Dichter verdenken, daß er seinem verewigten Freunde bei dieser Gelegenheit eine Gerechtigkeit erweist, die nichts dadurch verliert, daß sie aus dem naiven Munde eines so unbefangenen Wesens kommt, als Silens Esel, zumal da dieser hier als Repräsentant vieler anderer spricht, die sich, wiewohl mit kürzern Ohren, in einerlei Falle mit ihm befinden. W.

S. 149. Z. 16. Den Pfau in eine Pfauenhenne — Diese beiden Verse, die in den ältern Ausgaben fehlen, schienen, zu Beschönigung der Ungereimtheit, den Dichter-Schwan eine so ekstatische Rolle bei Junons Pfauen spielen zu lassen, unumgänglich nöthig zu seyn. W.

S. 150. Z. 12. Mühlpfort (Heinr.) — geb. zu Breslau 1639, gest.

daselbst 1681, gehörte zu den schlesischen Dichtern, die sich, nach Bouterwecks Ausdruck, durch galantes Kauderwälsch zu empfehlen dachten. — Lohenstein (geb. 1635) hat zwar auch alle Fehler jener schlesischen Dichterschule, war aber gewiß ein Mann von echt poetischem Genie, der zu einer andern Zeit ein Schiller geworden seyn würde.

Zweiter Gesang.

S. 158. Z. 2. Vater Sanchez — Jesuit, geb. zu Cordova 1551, gest. zu Grenada 1610, behauptete stets den Ruf strenger Sitten, ungeachtet er in seinem Werk über die Ehe (de matrimonio, zuerst erschienen 1592 fol. zu Genua; beste Ausgabe zu Antwerpen 1607) die schlüpfrigsten Fälle aus dieser delicaten Materie abhandelte. Was auf den Verfasser selbst keinen Eindruck gemacht hatte, machte dessen um so mehr auf den Censor, der die Genehmigung zum Drucke mit den Worten beifügte: Legi, perlegi, maxima cum voluptate.

S. 158. Z. 8. Naso, Ovid. — Peter Aretin, italienischer Dichter aus dem 16. Jahrhundert, der nächste Geistesverwandte Ovids, von seinen Zeitgenossen der Göttliche genannt, und nicht seiner — Erbauungsbücher wegen, die er neben den schlüpfrigsten Gedichten ebenfalls herausgab. S. Flögels Gesch. d. kom. Literatur 2, 144.

S. 158. Z. 1. Den tiefgelehrten Leuten von seiner Gattung — Mangel an Einsichten in die Geheimnisse der Venus Volgivaga war es gewiß nicht, was die Liebesgöttin gegen den ehrwürdigen Pater Thomas Sanchez, S. J. einzuwenden hatte, dessen berüchtigtes Buch de Matrimonio, nach dem Urtheile des berühmten Abts von St. Cyran, ein Werk von unendlicher Gelehrsamkeit in denjenigen Wissenschaften und Künsten ist, welche unter Asmodi's unmittelbarem Einfluß stehen, und in welchen unwissend zu seyn rühmlich und nützlich ist (s. oben). Vermuthlich rührt also der Widerwille Cytherens gegen ihn bloß daher, weil die Göttin der Liebe nicht die Göttin der Leichtfertigkeit ist. Ein Sachwalter, wie Doctor Sanchez, würde Amors Sache nur verschlimmert haben; und der Erfolg zeigt, daß dieser sein Interesse am besten verstand, da er sich mit seinen Gegnern in gar keine Rechtfertigung einlassen wollte. W.

S. 158. Z. 18. Aegipan — Dieser Ziegenfüßler steht hier im Allgemeinen statt Satyr.

S. 158. Z. 26. Was ihre sprechenden Blicke u. s. w. —

Wenigstens nach dem Urtheile des Demosthenes, der auf die Frage, was in der Redekunst das Erste sey, antwortete: Die Action ist das Erste, das Andere und das Dritte. Cicero de Oratore III. 56. W.

S. 153. Z. 26—28. Die Nacht hat — — mich geboren — Daß Amor (Eros) in dem ältesten griechischen Systeme der Weltentstehung die Stelle einer philosophischen Idee vertrat (durch Liebe — Wahlverwandtschaft — habe das Chaos sich harmonisch geordnet), erhellet noch aus Hesiod. Theog. 116 sgg.

S. 154. Z. 7. Aphrodite — Hieß Venus, weil sie aus Schaum des Meeres entsprungen war; ursprünglich eine naturphilosophische Idee, hier als ein Vorwurf, der auf die Natur des Meerschaumes anspielt; Gegensatz zur himmlischen Venus.

S. 155. Z. 11. Hestia (Vesta) nicht zu fromm — Anspielung auf eine Anekdote, welche Ovidius im sechsten Buche seines Festkalenders v. 331 f. erzählt, und deren noch etwas deutlicher zu erwähnen Momus im dritten Gesange sich die Freiheit nimmt. W.

S. 155. Z. 13. Latonens Tochter — Die keusche Artemis oder Diana. Ueber ihr Verhältniß zu Endymion.

S. 156. Z. 18. Asträa — Die Sternenjungfrau, Göttin der Gerechtigkeit. S. Anmerkungen zu den moral. Briefen, 5. Br.

S. 156. Z. 23. Pompadour — Durch den Einfluß dieser berühmten Maitresse Ludwigs XV. soll Prinz Soubise, der bei Roßbach geschlagen wurde, den Oberbefehl des Heeres erhalten haben.

S. 157. Z. 5. Saturnuszeit — Das goldene Weltalter voll Unschuld und Glück. Agathon, Bd. 3.

S. 158. Z. 1. Ein Solon selbst — Dieser berühmte Gesetzgeber der Athener vertrieb sich die Zeit noch in seinem hohen Alter mit Versemachen. Plutarch führt unter Anderm folgendes Distichon von ihm an, auf welches Minerva hier anzuspielen scheint:

Εργα δε Κυπρογενους μοι φιλα και Διονυσου,
Και Μουσων, α τιθησ' ανδρασιν ευφροσυνας.

Wiewohl man diese Verse in ihrem Zusammenhange mit den vorgehenden müßte lesen können, um ihren Sinn ohne Gefahr eines Mißverstandes ganz bestimmt angeben zu können: so erhellt doch immer so viel daraus, daß die runde Erklärung: „daß er noch immer Lust und Liebe zu den Werken (oder Gaben) der cyprischen Göttin und des Bacchus habe," Minerven einen hinlänglichen Vorwand zu geben scheint, seine Weisheit wenigstens denjenigen verdächtig zu machen, welche nicht so glücklich sind, in Solons damaligem Alter ein Gleiches von sich rühmen zu können. W.

S. 158. Z. 8. Von einer Tänzerin herabgesetzt zu sehen — S. Xenophons Gastmahl, wo diese Anekdote umständlich erzählt wird. W.

S. 158. Z. 22. Die Weisheit, Herzen zu fangen — S. Xenophons Denkwürdigkeiten des Sokrates III. 13. Daß Minerva auch des weisesten Mannes, den ihr geliebtes Athen je hervorgebracht, nicht verschont, soll den Richtern vermuthlich eine desto größere Meinung von der Gerechtigkeit ihrer Sache geben: indessen wäre es leichter, den guten Sokrates gegen diese beide Anschuldigungen, als die redselige Göttin gegen den Vorwurf der Chicane zu vertheidigen. W.

Dritter Gesang.

S. 160. Z. 10. Vesta — War die älteste Göttin (Hom. Hymn. in Vener. 32), Kybele hieß die Göttermutter. Beide also waren die Matronen des Olymps.

S. 163. Z. 17. Messalina — Die Gemahlin des Kaisers Claudius (s. die Anm. zu Anti-Ovid, Ges. 1. V. 112—119.), und Poppäa, des Nero, waren ihrer Ausschweifungen halber berüchtigt.

S. 164. Z. 9. Bromius, Bacchus. — Der Gott von Lampsakus, Priapus.

S. 164. Z. 15. Der Spötter Momus — Daß Momus hier ungefähr eben dieselbe Rolle spielt, wie in Lucians Götterversammlung und im Jupiter Tragödus, braucht für Leser, die mit diesem Schriftsteller nicht unbekannt sind, kaum erinnert zu werden. W.

S. 164. Z. 22. Frisches Blut vel quasi — Anspielung auf eine Stelle in Cicero's Dialogen de Natura Deorum, die wir im neuen Amadis schon angeführt haben.

S. 166. Z. 7. Mit Mulcibern soll aufgelesen haben — Die Rede ist von dem drachenfüßigen Erichthonius, der sein Daseyn einem ziemlich seltsamen Paroxysmus zu danken hatte, der den guten Vulcan überfiel, als Minerva einst allein in seine Werkstätte kam, um sich neue Waffen bei ihm zu bestellen — eine Anekdote, die man in Benjamin Hederichs mythol. Lexikon in einem Ton und Styl, die vermuthlich einzig in ihrer Art sind, erzählt finden kann. W.

S. 166. Z. 25. Allein die Wände reden — Dieser Ausfall des

Momus auf den Ruhm der Götterkönigin bezieht sich auf die komische Erzählung Juno und Ganymed und würde, da die Lauterkeit dieser Quelle mehr als verdächtig ist, in dem Munde eines jeden Andern als des Momus nicht zu entschuldigen seyn, da sich in der alten Mythologie nichts findet, was den Urheber derselben von dem Vorwurfe, diese Göttin verleumdet zu haben, frei sprechen könnte. W.

Vierter Gesang.

S. 171. Z. 13. Nitusch en — Une sainte Nitouche nennt man sprüchwörtlich einen, der sich heilig stellt.

S. 171. Z. 14. Scaramuschen — Scaramuccia, Scaramouche, Scaramutz, ist eine der italienischen komischen Masken, die in spanische Tracht, ganz schwarz, gekleidet waren.

S. 174. Z. 6. Die schönste Königsstadt zum zweiten Troja macht — Bei einem großen Gastmahl, welches Alexander zu Persepolis veranstaltet hatte, wünschte Thais, eine attische Hetäre, mit eigner Hand den Palast des Xerxes, des größten Feindes von Griechenland und Zerstörers von Athen, anzuzünden. Der zwiefach berauschte Sieger schleuderte selbst die erste brennende Fackel in den herrlichen Palast.

S. 175. Z. 20. Mein Brüderchen von linker Hand — Ich vermuthe, daß Wieland den sogenannten himmlischen Amor meint. Was die Sittigkeit (Z. 25.) freilich gegen diesen könnte einzuwenden haben, scheint nicht leicht zu erklären. Wahrscheinlich erinnerte sich aber der Dichter bei diesem kosmogonischen Amor, daß er in den Hymnen der Orphiker als König Priapus (auch als πολυσπορος, ἠρικαπαιος, Symbole der Befruchtung der Natur) dargestellt wurde, nahm dieß aber nicht im alterthümlichen, sondern im späteren Sinne, ganz seiner Ueberzeugung gemäß, daß es Liebe ohne einige Beimischung von Sinnlichkeit nicht gebe, und daß die himmlische Liebe meist ziemlich irdisch ende.

S. 177. Z. 19. d'Urfé's Selad on — Ein sentimental-romantischer Schäferroman von Honoré d'Urfé, welcher 1610 zum Erstenmal zu Paris unter dem Titel „Asträa" erschien und eigentlich auch für die nachfolgenden historischen Romane den alten ritterlichen Ton der Galanterie in den langweiligen Ton galanter schäferlicher Empfindsamkeit umstimmte. Als er im J. 1733 noch einmal in 5 Octavbänden herausgegeben wurde, mußten die ermüdend zärtlichen Monologe und Dialoge abgekürzt werden. — Seladon hat sich aus dieser Asträa wenigstens dem Namen nach im Andenken erhalten.

S. 178. Z. 17. Diotima's gepriesenes System — Die sogenannte platonische Liebe, welche Plato in seinem Gastmahl von der Wahrsagerin Diotima dem Sokrates vortragen läßt W.

S. 178. Z. 26. Agnus castus um die Lenden — Die Blätter dieser Staude haben, nach der Versicherung des Plinius, eine gewisse kühlende Kraft, die dem Gelübde der Enthaltung besonders zuträglich ist. Die athenischen Frauen, welche während der Thesmophorien (eines über 8 Tage dauernden Festes der Ceres) von ihren Männern abgesondert leben mußten, bestreuten, aus einer Vorsicht, die ihrer Gewissenhaftigkeit mehr Ehre macht, als ihrem Temperament, ihr Lager mit Blättern von Agnus castus Plin. H. N. XXIV. 9. W.

S. 179. Z. 2. Phallus — So viel als Itiphall, vergl. die Anm. zu Idris und Zenide, Ges. 1. St. 53.

S. 179. Z. 25. In Fugam Vacui — Um der Leere zu entfliehen.

S. 180. Z. 20. Als Guido's Amor, zwar divino — Auf einem von Robert Strange gestochenen Blatte, das einen nackten schlafenden Knaben von sechs oder acht Monaten vorstellt, neben welchem eine junge Nonne mit gefalteten Händen ihre Andacht verrichtet, aber unfreiwillige Zerstreuungen zu haben scheint. Statt der Unterschrift Amoris primitiae, die sich auf die Nonne bezieht, hätte sich Amore divino um so besser geschickt, weil dieses Blatt das Gegenstück von einem ebenfalls nach Guido Reni gestochenen Cupido ist. W.

S. 181. Z. 16. 27. Remedia Amoris — Hülfsmittel der Liebe, ist der Titel eines ovidischen Gedichtes.

S. 182. Z. 3. Aes triplex — Dreifaches Erz um den Busen haben, gebraucht Horaz, um die höchste Sorg- und Furchtlosigkeit auszudrücken.

S. 182. Z. 17. Ilia und Egeria — Ilia, die Mutter des Romulus und Remus; Egeria, eine Nymphe, Gemahlin des Numa. — Ilia et Egeria est, do nomen quodlibet illi. Horat. Tota merum sal (von Kopf bis zu Fuße lauter Reiz). Lucret. de Rerum Natura, VI. W.

Fünfter Gesang.

S. 185. Z. 13. Sohn der Semele — Bacchus.

S. 186. Z. 19. Guer'kens leerem Raum — Otto von Guericke,

Erfinder der Luftpumpe. Die Chronologie ist durch ihn und andre Angeführte verletzt, — absichtlich, zur Vermehrung der komischen Kraft.

S. 187. Z. 4. Trismegist — Hier Hermes, Mercur. Vergl. die sieb. Anm. zum 1. Buch der „Natur der Dinge" und die folg. Anm. S. 305.

S. 187. Z. 28. Antlia — Luftpumpe.

S. 188. Z. 10. Apathie — gefühllose Gleichgültigkeit. — Spleen, Milzsucht, launisches Wesen. — Agrypnie, Schlaflosigkeit.

S. 189. Z. 20. Sakripant — Der tscherkassische König, bekannt aus Ariosto's rasendem Roland — durch seinen Liebesschmerz und seine Abenteuer.

S. 189. Z. 26. Sie hätten einst in dickem Gerstensaft u. s. w. — Diese ganze Stelle enthält eine Selbstvertheidigung Wielands gegen Gerstenbergs Angriffe und zugleich einen Angriff auf dessen und Anderer damalige Bardengesänge. Hievon an einem andern Orte.

Psyche.

S. 209. Die Geschichte der Liebe Amors und der Psyche (Seele), wie sie Apulejus in seinem goldenen Esel (Buch 4. 5. 6.) erzählt, und der Graf Soden nacherzählt hat (s. Psyche, ein Mährchen des Alterthums. Berl. 1798.) ist von jeher für eine der gelungensten Allegorien in Platons Geschmack gehalten worden, und Wieland sah wohl nicht mit Unrecht in ihr eine Art von Naturgeschichte der Seele. Daß diese ihn in jener Zeit sehr lange und lebhaft müsse beschäftigt haben, würde man, auch ohne sein ausdrückliches Geständniß, aus Allem, was er sonst noch schrieb, errathen, so wie daraus auch hervorgeht, aus welchem Gesichtspunkt er jenes Mährchen vornehmlich angesehen habe. Schwerlich sah er in jener Psyche, wie Manso, überhaupt das Bild der menschlichen Seele, die durch Leiden und Unglück geläutert und so auf den Genuß reiner und echter Freude vorbereitet und für selbigen empfänglich gemacht wird, sondern er faßte vornehmlich das Verhältniß der Seele zur Liebe und den Einfluß dieser auf die menschliche Bildung und menschlichen Lebensgenuß auf. Die Naturgeschichte seiner eigenen Seele, wie sie aus dem Reiche platonischer Ideen allgemach in das wirkliche Leben sich gefunden hatte, lag ihm hiebei zu nah, als daß sie nicht Einfluß auf seine Darstellung und den Ton derselben hätte haben sollen. Eine gewisse Persiflage läuft durch das Ganze hin, die der Dichter eigentlich nur gegen sich selbst gerichtet hat, und die eben darum so heiterer Natur ist. Dieß würde seine Psyche der des Apulejus wahrscheinlich sehr unähnlich gemacht haben: und wäre seine Darstellung nun auch in ihrer Art gleich vortrefflich gewesen, wer weiß, ob man ihm verziehen hätte! Bemerkenswerth ist es wohl, daß er im Jahre 1767 für diese Gattung von Gedichten eine Schutzrede verfertigte, die er im Jahre 1795 für sehr unnöthig hielt, — jetzt aber wahrscheinlich wieder für nicht ganz unzeitig erklären würde.

S. 214. Z. 6. Pilpai oder Pidpai — Ein indischer Weiser, der eine Art von Volksphilosophie unter dem Gewande der Fabel geschrieben haben soll.

S. 214. Z. 6. Trismegist — Das ist der dreimal Große. Mit diesem Beinamen wurde Theut (Hermes), ein Phönicier oder Aegypter, der Erfinder der Buchstabenschrift und, wie man vorgibt, vieler geheimer Weisheit, belegt. Man schrieb ihm ehedem nicht weniger als 36,525 Schriften zu, unter denen, nach Wielands Meinung, wohl auch Mährchen — gewesen seyn könnten, wenn er nicht an den Poemander gedacht hat, der unter seinem Namen noch vorhanden ist.

S. 214. Z. 10. Wie blau sie sind — Man nennt Sammlungen von Mährchen aller Art die blaue Bibliothek, vielleicht in Beziehung auf die blauen Dünste oder den Schuß ins Blaue, bei denen beiden es eben nicht auf die Wahrheit abgesehen ist.

S. 214. Z. 16. Adepten — Hier: Eingeweihte in die Geheimnisse der Wissenschaften.

S. 215. Z. 2. Nympholepten — So hießen bei den Griechen eine Art von Wahnwitzigen, von welchen man glaubte, daß sie von dem unversehenen Anblick einer Nymphe den Verstand verloren hätten. W.

S. 215. Z. 7. Koische Gewänder — Eine sehr feine Art von Flor, die auf der Insel Kos verfertigt wurde. W.

S. 216. Z. 24. Dschinnistan — Das Feenland der persischen und arabischen Dichter. W.

S. 221. Z. 21. Dione — Venus.

S. 222. Z. 17. Guido Reni — Einer der anmuthigsten Maler der italienischen Schule aus dem 16. Jahrhundert.

S. 223. Z. 17. Amphitrite — Göttin des Meeres. Apollon hier als Sonnengott.

S. 223. Z. 21. Sokratisches Gewand — Anspielung auf die bekleideten Grazien, welche Sokrates in seiner Jugend aus Marmor gebildet haben soll. W.

Das Leben ein Traum.

S. 229. — Der Dichter sagt selbst, daß das Bild eines schlafenden Endymion gegenwärtiges Gedicht bei ihm veranlaßt habe: es ist also billig, daß wir uns vor allen Dingen über diesen schlafenden Endymion selbst erklären.

Apollodor (I, 7, 5) erzählt: Selene verliebte sich um seiner ausgezeichneten Schönheit willen in Endymion. Zeus stellte ihm frei, sich das ihm Liebste zu wählen, und er wählte sich immerwährenden Schlaf, Unsterblichkeit und ewige Jugend. — Heyne bemerkt dabei, es sey nicht recht klar, wie dem Erfinder dieser Sage die Glückseligkeit eines ewigen Schlafes vorgekommen seyn möge; und wer befindet sich hier nicht in Heyne's Falle, — selbst wenn er astronomische Hypothesen zu Hülfe nimmt? Wieland erinnerte sich dabei an Hamlets berühmten Monolog, und was hätte ihm daraus mehr auffallen müssen, als die Reflexion: Schlafen? — Nicht auch träumen? „Er hatte schon früher den Endymion im Schlafe träumen lassen, und so lag ihm allerdings die Betrachtung sehr nahe: worin sich denn der Traum vom Leben selbst unterscheide?" „Daß das Leben des Menschen nur ein Traum sey — schreibt Göthe's Werther —, ist Manchem schon so vorgekommen, und auch mit mir zieht dieses Gefühl immer herum. Wenn ich die Einschränkung ansehe, in welcher die thätigen und forschenden Kräfte des Menschen eingesperrt sind; wenn ich sehe, wie alle Wirksamkeit dahinaus läuft, sich die Befriedigung von Bedürfnissen zu verschaffen, die weiter keinen Zweck haben, als unsre arme Existenz zu verlängern, und dann, daß alle Beruhigung über gewisse Punkte des Nachforschens nur eine träumende Resignation ist, da man sich die Wände, zwischen denen man gefangen sitzt, mit bunten Gestalten und lichten Aussichten bemalt, — das Alles macht mich stumm. Ich kehre in mich selbst zurück und finde eine Welt! Wieder mehr in Ahnung und dunkler Begier, als in Darstellung und lebendiger Kraft. Und da schwimmt Alles vor meinen Sinnen, und ich lächle dann so träumend weiter in die Welt." Wer, der nicht sein ganzes Leben verträumte, hat nicht die tiefe, erschütternde Wahrheit hiervon gefühlt? Das Resultat davon ist, daß die Einbildung das Leben wie den Traum beherrscht, und daß der der Glücklichste sey, der lächelnd träumt. So ungefähr war Wielands Ideengang, als ihm die in der Beilage angeführte Stelle Cicero's beifiel, die — im Grunde hiemit gar nichts zu thun hat, denn Cicero stellt dem eingebornen Thätigkeitstriebe den Schlaf, Wieland aber dem Wachen den Traum entgegen. Er bestreitet also Cicero eigentlich ganz und gar nicht, sondern nur eine durch Vergesellschaftung ihm unterlegte Idee. Cicero behauptet, daß Schlaf kein Glück sey, Wieland, daß der Traum ein Glück sey; und wenn nun Wieland sagt, Cicero hat Unrecht, so hat Wieland Unrecht. Seine Behauptung indeß sucht Wieland zu beweisen. Sehr wenig würde man ihn aber verstehen, wenn man annehmen wollte, sein Ernst sey es, daß das Leben ein Traum, und daß glücklich seyn leben sey. Zu gut wußte er, daß Bewußtseyn und freies Streben nach dem Zweck der Vernunft, dem einzig guten, das Leben vom Traum unterscheiden, um jenen Satz anders als ironisch zu beweisen. Darum wählt er alle Belege zum Erweis von — wachenden Träumern. Wer es nicht merkt, daß es ihm um das Erwecken zu thun ist, dem weiß ich freilich nicht zu helfen, es wäre denn durch Anwünschung einer guten Nacht. Denen, die unserm Dichter das Erwecken nicht zu verzeihen vielleicht besondre Ursachen haben, lege ich ans Herz, daß er doch so freundlich und gutmüthig ans Bett tritt, und daß er darum doch wenigstens Schonung verdient. Es ist nun einmal seine ehrliche Meinung, daß es um die ganze Welt besser stehen würde, wenn sie — wachte. Hat er darin Unrecht, warum sollten wir denn ärger mit ihm verfahren, als er mit uns? Stellen wir ihn also getrost auch in die Reihe der Träumer und sagen: er jagte Zeitlebens einem Traumbild nach, da er wähnte, man würde ihm das freundliche Erwecken dereinst danken und sich des Wachens freuen. Betrogenster aller Träumer! Es schläft sich gar zu süß, und der Traum kostet so wenig Mühe. Kann also der Mensch dem Menschen etwas Besseres wünschen, als angenehme Ruhe?

S. 231. Z. 9. Demokrit und seine Landsleute, die Abderiten — werden den Lesern aus Wielands eigner Schilderung noch hinlänglich bekannt werden.

S. 231. Z. 19. Lambert — vgl. die frühere Anm. S. 284. Wieland nennt ihn hier in Beziehung auf seine kosmologischen Briefe über die Einrichtung des Weltbaues.

S. 232. Z. 5. Pythagoras — Hielt die Seele für einen Theil des Aethers, glaubte, daß sie von außen in den Körper komme und aus dem

Körper wieder in den Aether zurückgehe, nachdem sie ihren nothwendigen Kreislauf vollendet, während dessen sie mit verschiedenen lebenden Wesen vereinigt wird.

S. 232. Z. 19. Stallmeister Don Quixote's — Der ehrliche Sancho Pansa, der den hier mitgetheilten Bericht abstattete.

S. 233. Z. 18. Seneschall — (nach der wahrscheinlichsten Ableitung von dem alten Sin, Sein, des Seinen, und scalcus, Diener, wovon Schalk), ursprünglich der Diener eines Großen, der sein Hauswesen verwaltete (Hausvogt), dann einer, der an des Herrn Statt dessen Geschäfte verwaltete. Es kommt daher vor theils als Hofamt (jetzt Hof- und Haus-Marschall; Marschall war ursprünglich Oberstallmeister), theils als Staatsamt, wieder entweder am Hofe (jetzt vielleicht Minister-Staatssecretair) oder in Provinzen (jetzt etwa Amtshauptmann). — Edict, Befehl.

S. 234. Z. 3. Huris — Nymphen ausgezeichneter Schönheit im Paradies Muhammeds, welche mit zu den Belohnungen der Seligen gehören.

S. 234. Z. 7. Waldheimsbürger — Tollhäusler, benannt nach der sächsischen Irrenanstalt zu Waldheim.

S. 238. Z. 2. 3. Attila — Der Hunnenkönig, und der Mongolenfürst Temudschin, der sich Gengisthan (Dschengis-Khan), d. i. den größten Khan nannte, gehören zu den größten Eroberern und Verwüstern und sind wohl so bekannt, als Cromwell, der gefürchtete Protector von England. — Miriweys (Mir-Weis) gehörte zu den mächtigsten Häuptern der Afghanen, eines kriegerischen Nomadenvolks im persischen Reiche, welches unter Mir-Weis in den Jahren 1709—1713 seine Freiheit erkämpfte. Der so schlaue als tapfere Führer starb 1715.

S. 238. Z. 11. Polykletus — Aus Sicyon, einer der berühmtesten Künstler Griechenlands, zeichnete sich unter anderem auch durch genaue Beobachtung der Symmetrie aus. Besonders wurde die eine seiner Statuen dadurch berühmt, der Doryphoros, ein Jüngling, der einen Spieß trägt. Sie wurde als Kanon, Musterregel, betrachtet.

S. 239. Z. 10. Lucull — Plutarch in seinen vergleichenden Lebensbeschreibungen stellt dem Athener Cimon den Römer Lucius Licinius Lucullus entgegen, nicht bloß als Feldherrn, sondern auch als Kunstfreund Cimon verschönerte zuerst Athen mit der aus dem persischen Kriege gewonnenen Beute, Lucull verwendete seine von dem pontischen König Mithridates eroberten Reichthümer zur Verschönerung Roms. Plutarch wirft ihm die Anlage der kostbaren Gebäude, prächtigen Bäder und Spaziergänge, das Anschaffen von Gemälden und Statuen als Verschwendung vor.

S. 239. Z. 13. Curius — Empfing einst als Dictator die Gesandten der Samniter, da er gerade einige zu seinem Mittagsessen bestimmte Rüben am Feuer briet. Die angebotenen großen Geldsummen der Gesandten schlug er mit den Worten aus: Wem solche Kost genügt, der braucht kein Gold.

S. 239. Z. 24. Einer, der zum Muster dich erkor — Vermuthlich Statyllius, der dem Cato folgen wollte, den dieser selbst aber bei Plutarch einen aufgeblasenen jungen Menschen nennt. Doch fiel er mit Ehre in der Schlacht von Philippi.

S. 240. Z. 19. Ginesillen — Vielleicht hergeleitet von Argamesilla, einem spanischen Dorfe in der Provinz La Mancha, welches Cervantes als Geburtsort seines Don Quixote angibt.

S. 242. Z. 13. Diotima — Heißt die Seherin in Platons Gastmahl, aus deren begeistertem Munde Sokrates die Weisheit von der Liebe erhalten zu haben vorgibt.

S. 242. Z. 15—18. Sein Ideal ist ihm des Schönen Maß — d. h. er hat sich nach den Urbildern bei Xenophon und Plutarch einen Maßstab für die Menschen gemacht, nach welchem er nachher einige zu hoch, andere zu niedrig anschlägt. Der Dichter führt Beispiele in zwei Gegensätzen an, Timoleon und Alcibiades, Cassius und Augustus.

S. 242. Z. 18. Timoleon — War, wie Nepos sagt, nach Aller Urtheil ein großer Mann, denn ihm gelang, was vielleicht noch Keinem, daß er das eigne Vaterland vom Tyrannenjoch befreite, aus Syratus die verjährte Sklaverei vertrieb und in ganz Sicilien Freiheit und Glück wieder herstellte. Er selbst wollte lieber seines Vaterlandes Gesetzen gehorchen, als dasselbe beherrschen, da er es konnte. — Vielleicht aber, meint der Dichter, geht dem Helden der Freiheit doch etwas zum Gott ab, denn sein, wenn auch aus edler Absicht verfügter, Brudermord fällt wenigstens der Casuistik zur Beurtheilung anheim. — Für Alcibiades will der Dichter wohl geltend gemacht wissen, was Luden ihm zugesteht, daß auch ohne ihn, was kam, gekommen seyn würde, und daß er überhaupt nur den Zeitgeist seines Staates zurückspiegelte. — Die Motive des Cassius zur Ermordung Cäsars macht der Dichter durch das Beiwort der Stolze verdächtig, und sein Urtheil über Augustus hat er in seinen Einleitungen zum Horaz deutlich ausgesprochen. Die Vergleichung mit Luden kann auch hier nicht ohne Interesse seyn.

S. 244. Z. 13. Pagode — Nennt man nicht bloß in gewissen Gegenden Indiens und China's eine Art von Tempeln, sondern auch die Hauptgottheit, der ein solcher Tempel geweiht ist. Aus China kamen ehedem solchen Götterbildern ähnliche Figuren aus Porcellan, welche bei einer leichten Bewegung gleich mit dem Kopfe wackelten und von dem Ungeschmack zur Zierde auf die Kamine gestellt wurden.

S. 244. Z. 14. Niphus — Augustin, aus Calabrien gebürtig, ein sehr berühmter Philosoph des 16. Jahrhunderts, war während seines ganzen Lebens ein großer Freund des schönen Geschlechts gewesen und wurde noch in seinem hohen Alter von einer heftigen Leidenschaft ergriffen. Er selbst sagt: Crevit amor tandem adeo, ut non ad insanias modo, sed ad mortem compellerer.

Das in der Beilage von Cicero angeführte Urtheil über Cato findet sich in den Briefen an Atticus (Bd. 2. Br. 4. ed. Schütz. Bd. 1. Br. 26.) Der Herausgeber glaubt übrigens, den Schluß, welchen diese Beilage hatte, als sie 1773 im August-Stück des T. Mercur zum Erstenmal abgedruckt wurde, hier wieder beifügen zu müssen.

„Die Vergleichung Cato's mit dem Helden von Mancha ist kein rascher Einfall einer vorübergehenden Laune, sondern das Resultat langer Beobachtungen und wohlgeprüfter Grundsätze. Er empfindet indessen sehr wohl, daß die Frage: wiefern Cato als ein Beispiel der Tugend angesehen und nachgeahmet werden könne, nur zu sehr verdiene, von Cicero ein archimedisches Problem * genannt zu werden; und wenn er dieses Problem aufzulösen versucht, so gibt er auch seine Arbeit für nichts mehr, als einen Versuch, dessen bestes Verdienst vielleicht bloß darin besteht, Andre zu einer gründlichern Auflösung zu veranlassen. Irret er sich, so entschuldiget ihn das allgemeine Los der Menschheit, und Niemand ist williger als er, sich zurechte weisen zu lassen. Alles, was er verlangt, ist Freiheit, zu untersuchen und zu sagen, was er, seiner Ueberzeugung nach, für wahr und gut hält. Diese Freiheit ist ein unverlierbares Recht des Menschen und das wahre Palladium des allgemeinen Wohls unsrer Gattung. Was für eine Stirne müßte der haben, der ein Recht, welches er nur mit dem Leben verlieren möchte, irgend einem seiner denkenden Mitgeschöpfe absprechen wollte?“

* Briefe an Atticus Bd. 12. Br. 4. ed. Schütz. Bd. 4. Br. 445. Wielands Uebers. Bd. 5. S. 102.

Aspasia.

S. 263. — Diese Aspasia ist dieselbe, welche sich Wieland erwählt hatte, um ihr seine Psyche erzählen zu lassen. Sie war aus Phokäa in Jonien gebürtig, hieß eigentlich Milto und erhielt den Namen Aspasia nur von Kyros, weil sie der berühmten Gemahlin des Perikles an Schönheit und Geist so ähnlich war. (Plutarch im Leben des Perikles.) Dieser Kyros, dessen Geliebte oder Gemahlin sie war, war nicht der, welchen sich Wieland zum Helden einer Epopöe gewählt hatte, sondern ein späterer, Sohn des persischen Königs Darius Nothus, Bruder des Artaxerxes Mnemon und selbst Satrap von Lydien, Phrygien und Kappadocien. Xenophon (Anabasis Buch 1. Cap. 9.) erklärt ihn für einen tapfern Prinzen und für den Würdigsten, nach jenem ersten Kyros Krone und Reich zu besitzen. Um diese zu erwerben, kämpfte er mit seinem Bruder Artaxerxes, der ihn früher des Lebens hatte berauben wollen, fiel aber in einer Schlacht, worauf unter anderer Beute des Lagers auch Aspasia in die Gewalt des Artaxerxes fiel. Nach zwei verschiedenen Erzählungen erscheint sie als eine ganz verschiedene Person, höchst liebens- und achtungswürdig bei Aelian (Var. Hist. 12, 1.), nah ans Gemeine gränzend bei Plutarch (im Leben des Artaxerxes). Nach diesem Letzteren erbat sich des Artaxerxes Sohn, der nachher hingerichtete Darius, von seinem Vater die Aspasia. Der Vater stellte die Entscheidung in Aspasia's Willkür, wahrscheinlich hoffend, daß sie ihn vorziehen werde. Da sie jedoch, wider sein Erwarten, den Darius wählte, so ernannte sie der König bald darauf zur Priesterin der Anaitis (Artemis, Diana) in Ekbatana und glaubte dadurch, wie Plutarch sagt, eine scherzhafte Rache genommen zu haben, weil sie nun zu ewiger Keuschheit verpflichtet war. Dieß Alles entstellt vollkommen das schöne Bild von ihr, welches man bei Aelian immer gern wieder betrachtet; und so mag auch Plutarch verantworten, daß Wieland von Aspasien Begebenheiten dichtete, die sich nur der Plutarchischen Aspasia nachsagen lassen. Daß sich übrigens unser Dichter mit der Geschichte eine kleine Freiheit erlaubt hat, wird man nach dem Gesagten bald entdecken.

S. 265. Z. 4. Artaxatens Reich. — Wenn nicht Artaxerxes Reich zu lesen ist, so ist mit dieser armenischen Residenz das Gebiet des Kyros in jedem Sinne sehr uneigentlich bezeichnet.

S. 267. Z. 9. Mitras — Der Sonnengott bei den Persern.

S. 267. Z. 24. Magen — Magus war der Priester bei den Persern, wovon noch die Magie (eigentlich als Wissenschaft von göttlichen Dingen) den Namen führt.

S. 267. Z. 28. Kombab — Siehe die Erzählung Kombabus.

S. 268. Z. 12. Land der Seren — Hieß bei den Alten das jetzige China, was ihnen das äußerste Land und wenig bekannt war. Desto besser ließ sich darüber fabeln.

S. 268. Z. 15. Die Zache — Herr von Zach statt aller berühmten Astronomen genannt.

S. 270. Z. 23. Die von Böotien — Zu Orchomenos verehrte man als Grazien lange Zeit rohe, unbearbeitete Steine, die unter des Eteokles Regierung vom Himmel gefallen seyn sollten. Erst zu des Pausanias Zeit wurden Bildsäulen an ihre Stelle gesetzt.

S. 272. Z. 5. Cerebellum — Das kleine Gehirn, statt des Gehirns überhaupt als Organs der Seele. Wäre zu der Zeit, als Wieland dieß schrieb, Gall's Theorie schon vorhanden gewesen, so möchte man leicht einen Doppelsinn vermuthen.

S. 275. Z. 6. Mystagog — Hieß der Priester, der in die heiligen Geheimnisse (Mysterien) einweihte.

C. M. Wielands

sämmtliche Werke.

Vierter Band.

Leipzig.
Verlag von Georg Joachim Göschen.
1839.

Geschichte

des

Agathon.

Von

C. M. Wieland.

Quid Virtus et quid Sabientia possit
Utile proposuit nobis exemplum.

Erster Band.

Leipzig.
Verlag von Georg Joachim Göschen.
1839.

Vorbericht

zur ersten Ausgabe

vom Jahre 1767.

Der Herausgeber der gegenwärtigen Geschichte siehet so wenig Wahrscheinlichkeit vor sich, das Publicum zu überreden, daß sie in der That aus einer alten griechischen Handschrift gezogen sey, daß er am besten zu thun glaubt, über diesen Punkt gar nichts zu sagen, und dem Leser zu überlassen, davon zu denken was er will.

Gesetzt, daß wirklich einmal ein Agathon gelebt hätte, daß sich aber von diesem Agathon nichts Wichtiger's sagen ließe, als was gewöhnlich den Inhalt des Lebenslaufs aller alltäglichern Menschen ausmacht: was würde uns bewegen können, seine Geschichte zu lesen, wenn gleich gerichtlich erwiesen werden könnte, daß sie in den Archiven des alten Athens gefunden worden sey?

Die Wahrheit, welche von einem Werke, wie dasjenige ist, so wir den Liebhabern hiermit vorlegen, gefordert werden kann, bestehet darin: daß alles mit dem Laufe der Welt übereinstimme; daß die Charakter nicht bloß willkürlich nach der Phantasie oder den Absichten des Verfassers gebildet, sondern aus dem unerschöpflichen Vorrathe der Natur selbst hergenommen seyen; daß in der Entwicklung derselben sowohl die innere als die relative Möglichkeit, die Beschaffenheit des menschlichen Herzens, die Natur einer jeden Leidenschaft, mit allen den besondern Farben und Schattirungen, welche sie durch den Individualcharakter und die Umstände jeder Person bekommen, aufs genaueste beibehalten, das Eigene des Landes, des Ortes, der Zeit, in welche die Geschichte gesetzt wird, niemals aus den Augen gesetzt, und, kurz, daß alles so gedichtet sey, daß sich kein hinlänglicher Grund angeben lasse, warum es nicht gerade so, wie es erzählt wird, hätte geschehen können. Diese Wahrheit allein kann ein Buch, das den Menschen schildert, nützlich machen, und diese Wahrheit getrauet sich der Herausgeber den Lesern der Geschichte des Agathon zu versprechen.

Seine Hauptabsicht war, sie mit einem Charakter, welcher genau gekannt zu werden würdig wäre, in einem mannichfaltigen Lichte und von allen seinen Seiten bekannt zu machen. Ohne Zweifel gibt es wichtigere, als derjenige, auf den seine Wahl gefallen ist. Allein, da er selbst gewiß zu seyn wünschte, daß er der Welt keine Hirngespenster für Wahrheit verkaufe, so wählte er denjenigen, den er am genauesten kennen zu lernen Gelegenheit gehabt hat. Aus diesem Grunde kann er ganz zuverlässig versichern, daß Agathon und die meisten übrigen Personen, welche in seine Geschichte eingeflochten sind, wirkliche Personen sind, und daß (die Nebenumstände, die Folge und besondere Bestimmung der zufälligen Begebenheiten, und was sonsten bloß zur willkürlichen Auszierung gehört, ausgenommen) alles, was das Wesentliche derselben ausmacht, eben so historisch, und vielleicht noch um manchen Grad gewisser sey, als die neun Musen des Vaters der Geschichte Herodot, die Römische Historie des Livius, oder die Französische des Jesuiten Daniel.

Es ist etwas Bekanntes, daß im wirklichen Leben oft weit unwahrscheinlichere Dinge begegnen, als der ausschweifendste Kopf zu erdichten sich getrauen würde. Es würde also sehr übereilt seyn, die Wahrheit des Charakters unsers Helden deßwegen in Verdacht zu ziehen, weil es zuweilen unwahrscheinlich seyn mag, daß jemand so gedacht oder gehandelt habe wie er. Da es aber wohl unmöglich seyn und bleiben wird, zu beweisen, daß ein Mensch, unter den besondern Bestimmungen, unter welchen sich Agathon von seiner Kindheit an befunden, nicht so denken oder handeln könne wie er, oder wenigstens es nicht ohne Wunderwerk oder Bezauberung hätte thun können: so glaubt der Verfasser mit Recht erwarten zu können, daß man ihm auf sein Wort glaube, wenn er zuversichtlich versichert, daß Agathon wirklich so gedacht oder gehandelt habe. Zu gutem Glücke finden sich in den beglaubtesten Geschichtschreibern, und schon allein in den Lebensbeschreibungen des Plutarch, Beispiele genug, daß es möglich sey, so edel, so tugendhaft, so enthaltsam, oder (in einer Sprache des Hippias, und einer ansehnlichen Classe von Menschen seines Schlages zu reden) so seltsam, eigensinnig und albern zu seyn, als es unser Held in einigen Gelegenheiten seines Lebens ist.

Man hat an verschiedenen Stellen des gegenwärtigen Werkes die Ursache angegeben, warum man aus dem Agathon kein Modell eines vollkommen tugendhaften Mannes gemacht hat. Es ist im Grunde die nämliche, warum Aristoteles nicht will, daß der Held eines Trauerspiels von allen Schwachheiten und Gebrechen der menschlichen Natur frei seyn solle. Da die Welt mit ausführlichen Lehrbüchern der Sittenlehre angefüllt ist, so steht einem jeden frei (und es ist nichts leichter) sich einen Menschen vorzubilden, der von der Wiege bis ins Grab, in allen Umständen und Verhältnissen des Lebens, allezeit und vollkommen so empfindet und handelt, wie eine Moral. Aber damit Agathon das Bild eines wirklichen Menschen wäre, in welchem viele ihr eigenes und alle die Hauptzüge der menschlichen Natur erkennen möchten, durfte er (wir behaupten es zuversichtlich) nicht tugendhafter vorgestellt werden, als er ist; und wofern jemand hierin anderer Meinung seyn sollte, so wünschten wir, daß er uns denjenigen nenne, der unter allen nach dem natürlichen Laufe Gebornen, in ähnlichen Umständen und alles zusammen genommen, tugendhafter gewesen wäre als Agathon.

Es ist möglich, daß irgend ein junger Taugenichts,

wenn er siehet, daß ein Agathon den reizenden Verführungen der Liebe und einer Danae endlich unterliegt, eben den Gebrauch davon machen könnte, den der junge Chärea beim Terenz von einem Gemälde machte, welches eine von den Schelmereien des Vaters der Götter vorstellte. Wir möchten nicht dafür stehen, daß ein solcher, wenn er mit herzlicher Freude gelesen haben wird, wie ein so vortrefflicher Mann habe fallen können, nicht zu sich selbst sagen könnte: Ego homuncio hoc non facerem? ego vero illud faciam ac lubens. Eben so möglich ist es, daß ein übel gesinnter und ruchloser Mensch den Discurs des Sophisten Hippias lesen, und sich einbilden könnte, die Rechtfertigung seines Unglaubens und seines lasterhaften Lebens darin zu finden. Aber alle rechtschaffnen Leute werden mit uns überzeugt seyn, daß dieser Ruchlose und jener Unbesonnene beides gewesen und geblieben wären, wenn gleich keine Geschichte des Agathon in der Welt wäre.

Dieß letztere Beispiel führt uns auf eine Erläuterung, wodurch wir der Schwachheit gewisser gut gesinnter Leute, deren Wille besser ist als ihre Einsichten, zu Hülfe zu kommen, und sie vor unzeitig genommenem Aergerniß oder ungerechten Urtheilen zu verwahren, uns verbunden glauben.

Diese Erläuterung betrifft die Einführung des Sophisten Hippias in unsere Geschichte, und die Rede, wodurch er den jungen Agathon von seinem liebenswürdigen Enthusiasmus zu heilen sucht, um ihn zu einer Denkungsart zu bringen, welche er (nicht ohne Grund) für geschickter hält, sein Glück in der Welt zu machen. Leute, welche aus gesunden Augen gerade vor sich hinsehen, würden ohne unser Erinnern aus dem ganzen Zusammenhange dieses Werkes, und aus der Art, wie darin bei aller Gelegenheit von diesem Sophisten und seinen Grundsätzen gesprochen wird, ganz deutlich eingesehen haben, wie wenig der Verfasser dem Manne und dem System günstig sey: und wiewohl es sich für den Ton und die Absicht dieses Buches keinesweges geschickt hätte, mit dem heftigen Eifer gegen ihn auszubrechen, welcher einen jungen Candidaten treibt, wenn er, um sich seinem Consistorio zu einer guten Pfründe zu empfehlen, gegen die Tindal und Bolingbroke zu Felde zieht; so hofft der Verfasser doch bei vernünftigen und ehrlichen Lesern keinen Zweifel übrig gelassen zu haben, daß er den Hippias für einen schlimmen und gefährlichen Mann, und sein System (insofern als es den ächten Grundsätzen der Religion und der Rechtschaffenheit widerspricht) für ein Gewebe von Trugschlüssen ansehe, welches die menschliche Gesellschaft zu Grunde richten würde, wenn es moralisch möglich wäre, daß der größere Theil der Menschen darin verwickelt werden könnte. Er glaubt also, vor allem Verdacht über diesen Punkt sicher zu seyn. Indessen, da doch unter den Lesern dieses Buchs einige seyn können, welche ihm wenigstens Unvorsichtigkeit zur Last legen, und dafür halten möchten, daß er diesen Hippias entweder gar nicht einführen, oder, wenn der Plan seines Werkes es ja erfordert hätte, wenigstens seine Lehrsätze ausführlich hätte widerlegen sollen: so sieht man für billig an, ihnen die Ursachen zu sagen, warum das erste geschehen, und das andre unterlassen worden sey.

Weil, vermöge des Plans, der Charakter Agathons auf verschiedene Proben gestellt werden sollte, durch welche seine Denkart und seine Tugend geläutert, und dasjenige, was darin unächt war, nach und nach von dem reinen Golde abgesondert würde: so war es um so viel nöthiger, ihn auch dieser Probe zu unterwerfen; da Hippias eine historische Person ist, und mit den übrigen Sophisten derselben Zeit sehr viel zur Verderbniß der Sitten unter den Griechen beigetragen hat. Ueberdem diente er, den Charakter und die Grundsätze unsers Helden durch den Contrast, den er mit ihm macht, in ein helleres Licht zu setzen. Und da es nur gar zu gewiß scheint, daß der größte Theil derjenigen, welche die sogenannte große Welt ausmachen, wie Hippias denkt, oder doch nach seinen Grundsätzen handelt; so war es auch den moralischen Absichten dieses Werkes gemäß, zu zeigen, was für eine Wirkung diese Grundsätze thun, wenn sie in den gehörigen Zusammenhang gebracht werden.

Eine ausführliche Widerlegung dessen, was in seinen Grundsätzen irrig und gefährlich ist (denn in der That hat er nicht immer Unrecht), wäre im Plan dieses Werks ein wahres Hors d'œuvre gewesen, und schien auch selbst in Rücksicht auf die Leser überflüssig; indem nicht nur die Antwort, welche ihm Agathon gibt, in der That das beste enthält, was man dagegen sagen kann, sondern auch das ganze Werk als eine Widerlegung desselben anzusehen ist. Agathon widerlegt den Hippias beinahe auf die nämliche Art, wie Diogenes den Metaphysiker, welcher läugnete, daß eine Bewegung sey. Der Metaphysiker führte seinen Beweis durch Distinctionen und Schlußreden; und Diogenes widerlegte ihn, indem er, ohne ein Wort zu sagen, davon ging. Dieß war unstreitig die einzige Antwort, die der Sonderling verdiente.

Vorbericht

zu der Ausgabe der sämmtlichen Werke vom Jahre 1794.

Die Geschichte des Agathon, welche der Verfasser schon lange zuvor, ehe er sich der Ausarbeitung unterzog, in seinem Kopf entworfen hatte, wurde in den Jahren 1764, 65, 66 und 67 nach und nach, unter sehr ungleichen Einflüssen von außen und in sehr verschiedenen Gemüthsverfassungen, zu Papier gebracht; während der Verfasser in der Reichsstadt Biberach, seiner Vaterstadt, ein öffentliches Amt verwaltete, dessen mannichfaltige, mit seinen Lieblingsstudien kaum verträgliche Beschäftigungen einer solchen Unternehmung wenig günstig waren, und die Ausführung hätten unmöglich machen müssen, wenn seine ganze Seele nicht so voll von ihr gewesen wäre, und wenn er nicht alle seine Nebenstunden und einen Theil der Nächte auf sie verwendet hätte.

Dem ungeachtet konnte er damals nicht dazu gelangen, weder seinen ganzen Plan, noch die zweite Hälfte des Werkes (die den zweiten Theil, oder das 8te. 9te. 10te. und 11te Buch der Zürcher Ausgabe von 1767 ausmacht) so gut auszuführen, daß die Wenigen, welche damals in Deutschland Geisterwerke dieser Art scharf zu beurtheilen fähig waren, nicht Ungleichheit des Tons, ästhetische Lücken und eine ziemlich auffallende Bestrebung, die Lücken im psychologischen Gange der Geschichte mit Räsonnements auszustopfen oder zu überkleistern, in dem zweiten Theile hätten wahrnehmen müssen, welches alles sie gewissermaßen zu der Frage berechtigte:

— — Amphora coepit
Institui, currente rota cur urceus exit?

Jene fatalen Umstände enthalten den Grund der Nothwendigkeit der beträchtlichen Veränderungen, die im letzten Theile des Werkes vorgenommen werden mußten, wiewohl es in der ersten Ausgabe mit allen seinen Mängeln und Gebrechen eine sehr günstige Aufnahme fand; wie es denn auch in der That zur damaligen Zeit für eine ungewöhliche Erscheinung in unsrer literarischen Welt gelten konnte, so wußte doch der Verf. selbst am besten, was ihm fehlte und warum es fehlte: und da die Ursache mehr in zufälligen Umständen und dem physischen Einflusse derselben auf seine Phantasie und innere Stimmung lag, als in einer wesentlichen Veränderung der Denkart, worin die Idee des Werkes in seiner Seele empfangen wurde, so blieb es immer sein Vorsatz, sobald er die dazu nöthige Muße und innere Ruhe finden würde, jenen Mängeln abzuhelfen, und den Agathon demjenigen, was er nach dem ursprünglichen Plane hätte werden sollen, so nahe zu bringen als ihm möglich wäre. Dieß würde denn auch bei der zweiten Ausgabe von 1773 schon geschehen seyn, wenn nicht eine abermalige große Veränderung der Lage und Umstände des Verf. ihn daran verhindert hätte. Die geheime Geschichte der Danae, welche bei dieser Ausgabe hinzu kam, war also (außer einer Menge kleiner Veränderungen, die sich hauptsächlich auf Sprache, Ton und Styl bezogen, einer andern Eintheilung der Bücher und Kapitel, und einem ganz neuen Schluß) alles was der Verf. damals für seinen Liebling thun konnte, und Agathon blieb, wider seinen Willen, über 20 Jahre lang noch immer unvollendet.

Diesem Gebrechen hofft der Verf. nunmehr in der Ausgabe von der letzten Hand abgeholfen zu haben. Er hat weder Zeit noch Fleiß gespart, alle Flecken, die er, in Rücksicht auf die Reinigkeit der Sprache, die Harmonie des Styls, die Richtigkeit der Gedanken, die Schicklichkeit des Ausdrucks, und alle andern Erfordernisse dieser Art, noch entdecken konnte, sorgfältig abzuwischen. Aber seine hauptsächlichste Bemühung war darauf gerichtet, die Lücken, die den reinen Zusammenhang der Seelengeschichte Agathons bisher noch unterbrochen hatten, zu ergänzen, einige fremdartige Auswüchse dafür wegzuschneiden, dem moralischen Plane des Werkes durch den neu hinzu gekommenen Dialog zwischen Agathon und Archytas (der den größten Theil des XVIten Buchs ausmacht) die Krone aufzusetzen, und vermittelst alles dieses das Ganze in die möglichste Uebereinstimmung mit der ersten Idee desselben zu bringen, um es der Welt mit dem innigsten Bewußtseyn hinterlassen zu können, daß er wenigstens sein Möglichstes gethan habe, es der Aufschrift

quid Virtus et quid Sapientia possit

würdig zu machen.

Inhalt

des ersten Theils.

Zweites Buch. Agathon im Hause des Sophisten Hippias.

Drittes Buch. Darstellung der Philosophie des Hippias.

Viertes Buch. Agathon wird durch Hippias mit der schönen Danae bekannt.

Fünftes Buch. Agathon im Hause der Danae.

Geschichte des Agathon.

Erster Theil.

Ueber

das Historische im Agathon.

Wiewohl beim ersten Anblick Agathon weniger in die Classe des berühmten Fieldingischen Findlings (wie Einige gemeint haben) als in die Classe der Cyropädie des Xenophon zu gehören scheint, — mit dem Unterschiede jedoch, daß in dieser das Erdichtete in die historische Wahrheit, in jenem hingegen das Historisch-wahre in die Erdichtung eingewebt ist: so ist doch, von einer andern Seite, nicht zu läugnen, daß unser Held sich in einem sehr wesentlichen Stücke von dem Xenophontischen eben so weit entfernt, als er dem Fieldingischen näher kommt. Xenophon hatte (wenn wir einem Kenner von großem Ansehen glauben dürfen) die Absicht, in seinem Cyrus das Ideal eines vollkommnen Regenten aufzustellen, in welchem die Tugenden des besten Fürsten mit den angenehmen Eigenschaften des liebenswürdigsten Mannes vereinigt seyn sollten; oder, wie ein späterer Schriftsteller sagt, es war ihm weniger darum zu thun, den Cyrus zu schildern wie er gewesen war, als wie er hätte seyn sollen, um als

König ein Sokratischer *Καλος και αγαθος* zu seyn. Hingegen war die Absicht des Verfassers der Geschichte des Agathon nicht sowohl in seinem Helden ein Bild sittlicher Vollkommenheit zu entwerfen, als ihn so zu schildern, wie, vermöge der Gesetze der menschlichen Natur, ein Mann von seiner Sinnesart gewesen wäre, wenn er unter den vorausgesetzten Umständen wirklich gelebt hätte. In dieser Rücksicht hat er den Horazischen Vers: Quid Virtus et quid Sapientia possit, zum Motto seines Buches gewählt: nicht als ob er an Agathon hätte zeigen wollen, was Weisheit und Tugend an sich selbst sind, sondern, „wie weit es ein Sterblicher durch die Kräfte der Natur in beiden bringen könne; wie viel die äußerlichen Umstände an unsrer Art zu denken, an unsern guten Handlungen oder Vergehungen, an unsrer Weisheit oder Thorheit Antheil haben, und wie es, natürlicher Weise, nicht wohl möglich sey, anders als durch Erfahrung, Fehltritte, unermüdete Bearbeitung unsrer selbst, öftere Veränderungen in unsrer Art zu denken, hauptsächlich aber durch gute Beispiele und Verbindung mit weisen und guten Menschen, selbst ein weiser und guter Mensch zu werden." Und aus diesem Gesichtspunkte hoffet der Verfasser von den Kennern der menschlichen Natur das Zeugniß zu erhalten, daß sein Buch (ob es gleich in einem andern Sinn unter die Werke der Einbildungskraft gehört) des Namens einer Geschichte nicht unwürdig sey.

Da aber gleichwohl der Ort und die Zeit der Begebenheiten sowohl als verschiedene in dieselbe verflochtene Personen wirklich historisch sind: so hat man dem größern Theil der

Leser, die vielleicht in dem alten Grácien niemals sehr bewandert gewesen, oder manches was sie davon wußten wieder vergessen haben, einen kleinen Dienst zu erweisen geglaubt, wenn man einige aus alten Schriftstellern gezogene Nachrichten voraus schickte, vermittelst welcher besagte Leser sich desto leichter in diese Geschichte hinein denken, und von der Uebereinstimmung des erdichteten Theils mit dem historischen richtiger urtheilen könnten.

Um also zuvórderst die Zeit, in welcher diese Geschichte sich zugetragen haben soll, festzusetzen, so kann man ungefähr die fünf und neunzigste und hundert und zehnte Olympiade oder das dreihundert acht und neunzigste und dreihundert acht und dreißigste Jahr vor unsrer gemeinen Zeitrechnung als die beiden äußersten Punkte annehmen, in welche die Begebenheiten Agathons eingeschlossen sind. Erweislicher Maßen haben alle in dieselben eingeflochtene Personen innerhalb dieses Zeitraumes gelebt. Und dennoch wollen wir lieber offenherzig gestehen, als erwarten, bis es einem Gelehrten einfallen möchte uns dessen zu überweisen, daß es eine beinahe unmögliche Sache wäre, die Zeitrechnung im Agathon von einigen merklichen Abweichungen von der historischen frei zu sprechen. Die größte Schwierigkeit (wenn die Sache etwas zu bedeuten haben könnte) würde von dem Sophisten Hippias und der schönen Danae entstehen. Der erste war unstreitig ein Zeitgenosse des Sokrates; und da dieser in einem Alter von siebenzig im ersten Jahre der fünf und neunzigsten Olympiade getödtet wurde, Agathon aber, nach den Umständen, welche in seiner Geschichte angegeben werden, nicht wohl vor der fünf und neunzigsten Olympiade hätte geboren werden können: so ließe sich ziemlich genau berechnen, daß in der hundert und zweiten (welches ungefähr die Zeit ist, worin Agathon und Hippias zusammen gekommen) dieser Sophist, wenn wir auch annehmen, daß er zwanzig Jahre jünger als Sokrates gewesen sey, entweder gar nicht mehr gelebt haben, oder wenigstens viel zu betagt gewesen seyn müßte, um die Schönen zu Smyrna im Bade zu besuchen. Bei Danae wird die nämliche Schwierigkeit noch beträchtlicher. Denn gesetzt auch, daß sie nicht über dreizehn Jahre gehabt habe, da sie mit dem Alcibiades bekannt wurde, der, wie man glaubt, im ersten Jahre der vier und neunzigsten Olympiade umkam: so müßte sie doch, als sie dem Agathon eine so außerordentliche Liebe einflößte, bereits eine Frau von funfzig gewesen seyn. Es ist wahr, das Beispiel der schönen Lais, welche wenigstens eben so alt war, als sie die Unhöflichkeit hatte, dem großen Demosthenes zweitausend Thaler für einen Kuß abzufordern; das weit ältere Beispiel der schönen Helena, welche damals, da die alten Räthe des Königs Priamus durch die Magie ihrer Schönheit einen Augenblick lang in Jünglinge verwandelt wurden, sechzig volle Jahre zählte; das Beispiel der Flötenspielerin Lamia, welche den König Demetrius fesselte, wiewohl sie alt genug war seine Mutter zu seyn; und die neueren der Ninon Lenclos und der Marquise von Maintenon könnten mit gutem Fug zur Verminderung der Unwahrscheinlichkeit einer solchen Dichtung angeführt werden. Aber alle möglichen Beispiele dieser Art würden doch das Unschickliche derselben nicht vermindern; und das beste ist also, den Leser zu ersuchen: daß er sich die schöne Danae, der Chronologie zu Trotz, nicht älter vorstelle, als man seyn muß, um ohne Wunder oder Zauberei noch einen Liebhaber zu haben wie Agathon war. Wenn wir bei der Dido des Virgil oder Metastasio ohne Mühe vergessen können, daß sie dreihundert Jahre nach dem frommen Aeneas, ihrem Verführer, erst geboren wurde: warum sollten wir uns nicht eben so leicht vorstellen können, daß Alcibiades einige Jahre später das Opfer seiner Feinde und seines unruhigen Geistes geworden sey, als uns die griechischen Geschichtschreiber, deren Zeitrechnung ohnehin äußerst verworren ist, berichtet haben?

Von den verschiedenen Orten, wohin die Scene im Agathon verlegt wird, wird in diesem Werke immer nach den Begriffen gesprochen, welche die Alten davon haben. Die Gelehrten werden beim ersten Anblick in dem Tempel von Delphi, wo Agathon erzogen wurde, eben denselben Delphischen Tempel erkennen, den uns Euripides in seinem Jon, und Pausanias in seiner Beschreibung von Grácien schildert; in dem Syrakus, wo die Tugend des armen Agathon eine eben so starke Verdunkelung erlitt, als seine Weisheit zu Smyrna erlitten hatte, dasselbe Syrakus, welches uns Plutarch im Leben Dions und Timoleons, und Plato in einem seiner Briefe charakterisirt; und in dem Smyrna, welches Hippias und Danae aus allen andern griechischen Städten zum Aufenthalt erkoren, dieses Smyrna, von welchem auf den Oxfordischen Marmorn gesagt wird, daß es die schönste und glänzendste aller asiatischen Städte sey, und welches uns der Redner Aristides und der Sophist Philostratus als den

Sitz der Musen und der Grazien und aller Annehmlichkeiten des Lebens anpreisen. Eben dieß gilt auch von den Sitten, von dem Costume, und von allem, was Zeit, Völker und Personen unterscheidend bezeichnet. Die Athener, welche Agathon beschreibt, sind das nämliche Volk, welches wir aus dem Aristophanes, Xenophon, Demosthenes u. s. w. kennen; die Sophisten nicht viel besser als sie Plato (wiewohl selbst in seiner Art kaum weniger Sophist als jene in der ihrigen) in seinen Dialogen schildert. Lebensart, Ergötzungen, Beschäftigungen und Spiele, alles ist Griechisch, und das Unterscheidende der Griechen in Jonien von den Griechen in Achaja, und dieser von denen in Sicilien und Italien, ist überall mit kennbaren Zügen ausgedrückt, und dem Begriffe gemäß, den das Lesen der Alten in unserm Gemüthe davon zurück läßt — wiewohl zu der Zeit, da Agathon geschrieben wurde, der gelehrte und im alten Grácien so ganz einheimische Abbé Barthelemy seinen jungen Anacharsis noch nicht hatte reisen lassen.

Was die in dieser Geschichte vorkommenden Personen, und zwar fürs erste den Agathon selbst betrifft, so müssen wir unverhohlen gestehen, daß man ihn vergebens in irgend einem Geschichtschreiber suchen würde. Gleichwohl finden wir unter den Freunden des Sokrates einen Agathon, der einige Grundzüge zu dem Bilde unsers Helden hergegeben haben könnte.

Dieser Agathon war, wie es scheint, aus einem guten Hause in Athen und einer der liebenswürdigsten Leute seiner Zeit. Plato, der von ihm als einem noch sehr jungen Manne redet, schreibt ihm die schönste Gestalt und eine natürliche Anlage zu einem edeln und tugendhaften Charakter zu. Er that sich unter den dramatischen Dichtern der besten Zeit hervor, und es gereicht ihm zur Ehre, daß ein Kunstrichter, wie Aristoteles, ihn seines Lobes sowohl als seines Tadels gewürdiget hat. Der Vorwurf selbst, der ihm wegen seiner zu großen Neigung zu Gegensätzen gemacht wurde, beweiset seinen Ueberfluß an Witz; einen schönen Fehler, der ihn bei der guten Sinnesart, die man ihm beilegt, nur zu einem desto liebenswürdigern Gesellschafter machen mußte. Dieß ist es auch was Aristophanes, welcher selten rühmt und auch dieses Agathons nicht geschont hat, gleichwohl an ihm lobet; wobei einer seiner Scholiasten (vermuthlich um dieses Lob desto begreiflicher zu machen) anmerkt, daß der Dichter Agathon einen guten Tisch geführt habe. Als ein Beispiel davon pflegt man das berühmte Gastmahl anzuführen, welches er bei Gelegenheit eines Sieges gab, den er in einem öffentlichen Wettstreite der tragischen Dichter davon getragen, und von welchem Plato Gelegenheit zu einem seiner schönsten Dialogen genommen hat. Der Umstand, daß er einen Theil seines Lebens an dem Hofe des Königs Archelaus von Macedonien zugebracht, dem seine Liebe zu den schönen Künsten und die Achtung die er einem Euripides zu beweisen fähig war, einen Platz in dem Andenken der Nachwelt erworben hat, scheint den Beweis, daß dieser Agathon unter die schönen Geister des Sokratischen Jahrhunderts zu zählen sey, vollkommen zu machen; und alles dieß erhöht das Bedauern über den Verlust seiner Tragödien und Lustspiele ,aus denen nur wenige unbedeutende Fragmente bis zu uns gekommen sind.

Wiewohl nun dieser historische Agathon einige Züge zu dem Charakter des erdichteten geliehen haben mag, so ist doch gewiß, daß der Verfasser das eigentliche Modell zu dem letztern in dem Jon des Euripides gefunden hat. Beide wachsen unter den Lorbern des Delphischen Gottes in gänzlicher Unwissenheit ihrer Abkunft auf; beide gleichen sich an körperlicher und geistiger Schönheit; die nämliche Empfindsamkeit, dasselbe Feuer der Einbildung, dieselbe schöne Schwärmerei, bezeichnet den einen und den andern. Es würde zu weitläuftig seyn, die Aehnlichkeit umständlich zu beweisen; genug daß wir den jungen Freunden der Litteratur einen Fingerzeig gegeben haben, wofern sie die nähere Vergleichung selbst vornehmen wollen. Der Verfasser des Agathon hatte in seinen jüngern Jahren den Euripides vorzüglich aus dem Gesichtspunkt und in der Absicht studirt, woraus und womit junge Künstler den Laokoon, die Gruppe der Niobe, den Vaticanischen Apollo, die Mediceische Venus und andere Werke der höchsten Kunst studiren sollten, — und er hat sich, ob er gleich kein Euripides geworden ist, nicht übel dabei befunden.

Auch von der schönen Danae finden wir nicht bloß in der poetischen Welt, sondern unter den griechischen Schönen von derjenigen Classe, die unter dem unmittelbaren Schutze der Liebesgöttin standen, eine Art von Gegenbild gleiches Namens. Leontium, berühmt durch ihre Freundschaft für den Philosophen Epikur, und durch die Aehnlichkeit, welche St. Evremond zwischen ihr und seiner Freundin Ninon Lenclos fand, war die Mutter dieser historischen Danae, welche (nach dem Berichte des Athenäus) die Profession ihrer Mutter mit so gutem Erfolge trieb, daß sie zuletzt die Beischläferin eines gewissen Sophron, Statthalters von Ephesus, und die Vertraute der berüchtigten Königin Laodice von Syrien wurde. Doch weder dieser Umstand, noch dasjenige, was der angezogene Autor von ihrem tragischen Tod erzählt, scheint hinlänglich, ihr die Ehre (wofern es eine ist) zuzuwenden, das Modell der liebenswürdigen Verführerin unsers Helden gewesen zu seyn. Richtiger werden wir es in der schönen Glycera, welche Alciphron so reizende Briefe an ihren geliebten Menander schreiben läßt, und in einigen, mit der wollüstigsten Schwärmerei der Liebe ausgemalten Schilderungen finden, welche den ersten, zweiten, zwölften und sechs und zwanzigsten der Briefe, oder vielmehr Erzählungen, die dem Aristänet zugeschrieben werden, auszeichnen.

Bei dem Sophisten Hippias sind die Nachrichten zum Grunde gelegt worden, welche man im Plato, Cicero, Philostratus und andern alten Schriftstellern von ihm antrifft; aber sein Aufenthalt in Smyrna, und was dahin gehört, ist vermuthlich eine bloße Erdichtung; wenigstens finden sich dazu keine historischen Zeugen. Dieser Hippias war von Elis, einer Stadt in einer im Peloponnesus gelegenen Provinz gleiches Namens, gebürtig. Er war ein Zeitgenosse des Protagoras, Prodikus, Gorgias, Theodorus von Byzanz, und anderer berühmter Sophisten des Sokratischen Jahrhunderts, und that sich durch seine Beredsamkeit und Geschicklichkeit in Geschäften so sehr hervor, daß er, häufiger als irgend ein anderer seinesgleichen, in Gesandtschaften und Unterhandlungen gebraucht wurde. Da er überdieß, nach dem Beispiele des Gorgias, seine Kunst um Geld lehrte: so brachte er ein Vermögen zusammen, welches ihn in den Stand setzte, die prächtige und wollüstige Lebensart auszuhalten, die man ihn im Agathon führen läßt. In der That, wenn man sagen kann, daß es jemals Leute gegeben habe, welche das Geheimniß besaßen, Materien von wenigem Werth in Gold zu verwandeln, so läßt es sich von den Sophisten sagen; und Hippias wußte sich desselben so gut zu bedienen, daß er, seiner eigenen Versicherung nach, mehr damit gewann, als zwei andere von seiner Profession zusammen genommen.

Ueberhaupt wurden die Sophisten in der Zeit, wovon hier die Rede ist, für Leute gehalten, die alles wußten. Der vorerwähnte Gorgias soll der erste gewesen seyn, der so viel Zuversicht zu sich selbst oder vielmehr eine so geringe Meinung von seinen Zuhörern hegte, daß er einst bei den olympischen Spielen die ganze griechische Nation heraus gefordert haben soll, ihm welche Materie sie wollten zu einer Rede aus dem Stegreif aufzugeben. Eine Prahlerei, die damals für einen vollständigen Beweis einer ganz außerordentlichen Geschicklichkeit galt, und dem Redekünstler Gorgias nichts Geringer's als eine Bildsäule von gediegenem Golde im Delphischen Tempel erwarb; in der Folge aber etwas so Gemeines wurde, daß schon zu Cicero's Zeiten kein auf der Profession des Bel-esprit herum irrender Graeculus war, der nicht alle Augenblicke bereit gewesen wäre, einer geneigten Zuhörerschaft über alles

Wirkliche und Mögliche, Große und Kleine, Alte und Neue, stehendes Fußes alles was sich davon sagen lasse, vorzuschwatzen. Auch in diesem Stücke ließ Hippias seine übrigen Professionsverwandten hinter sich. Er ging so weit, daß er (wie ihm der Platonische Sokrates ins Angesicht sagt) die Dreistigkeit hatte, zu Olympia, vor allen Griechen aufzutreten und zu prahlen: es gebe keinen Zweig der menschlichen Erkenntniß, den er nicht verstehe, und keine Kunst, deren Theorie sowohl als Ausübung er nicht in seiner Gewalt habe. „Meine Herren, habe er gesagt, ich verstehe mich nicht nur vollkommen auf Gymnastik, Musik, Sprachkunst und Poetik, Geometrie, Astronomie, Physik, Ethik und Politik, ich verfertige nicht nur Heldengedichte, Tragödien, Komödien, Dithyramben und alle Arten von Werken in Prosa und in Versen; sogar, wie ihr mich hier seht (und er war sehr prächtig gekleidet), hab' ich mich mit eigener Hand ausstaffirt: Unterkleid, Kaftan, Gürtel, Mantel, alles hab' ich selbst gemacht; den Siegelring an meinem Finger hab' ich selbst gestochen; sogar diese Halbstiefeln sind von meiner eigenen Arbeit." Ich weiß nicht, ob alle Achtung, die wir dem Plato und seinem Sokrates (der dem Sohne des Sophroniskus nicht immer ähnlich sieht) schuldig sind, hinlänglich seyn kann, uns von einem Manne, wie Hippias (einem Weltmanne, welcher Geschicklichkeit und Klugheit genug besaß, sich bei seinen Zeitgenossen in das größte Ansehn zu setzen) einen Zug, der den Aufschneidereien eines Marktschreiers in einem Cirkel von Austerweibern und Sackträgern so ähnlich sieht, glauben zu machen. Platons Zuverlässigkeit in demjenigen, was er zum

Nachtheil des Hippias sagt, scheint ohnehin um so verdächtiger, da er in den beiden Dialogen, welche dessen Namen führen, den armseligen Kunstgriff gebraucht, diesen Sophisten, um ihn desto lächerlicher zu machen, so unausstehlich dumm und unwissend vorzustellen, ihn so erbärmliche Antworten geben, und am Ende, nachdem er ihn ohne Mühe zu Boden geworfen hat, gleichwohl so abgeschmackt prahlen zu lassen: daß entweder die Griechen zu Platons Zeiten wenig besser als Topinambus gewesen seyn müßten, oder Hippias unmöglich der elende Tropf seyn konnte, wozu ihn Plato erniedrigt. Indessen läßt sich doch aus jener Stelle, und überhaupt aus allem, was der Philosoph und seine Abschreiber von unserm Hippias sagen, so viel ableiten: daß der Verfasser des Agathon hinlänglichen Grund vor sich gehabt habe, diesen Sophisten als einen Prätendenten an allgemeine Gelehrsamkeit, Geschmack, Weltkenntnisse und feine Lebensart abzuschildern.

Alles, was von Perikles, Aspasia und Alcibiades im Agathon gesagt wird, ist den Nachrichten gemäß, die uns Plutarch, ein Schriftsteller, der in jedermanns Händen ist oder seyn soll, in den Lebensbeschreibungen des ersten und des letzten hinterlassen hat. Eben dieß gilt auch von dem jüngern Dionysius zu Syrakus, von Philistus, seinem Minister und Vertrauten, und von Dion, seinem Verwandten und Antagonisten. Denn wiewohl die Rolle, die man den Agathon an dem Hofe dieses Fürsten spielen läßt, und verschiedene Begebenheiten, in welche er zu diesem Ende eingeflochten werden mußte, ohne historischen Grund sind: so hat man sich gleichwohl zum Gesetz gemacht, die an diesen philosophischen Roman

Antheil habenden historischen Personen weder besser noch schlimmer, als wir sie aus der Geschichte kennen, vorzustellen; und man hat der Erdichtung nicht mehr verstattet, als die historischen Begebenheiten näher zu bestimmen und völliger auszumalen, indem man diejenigen Umstände und Ereignisse hinzu dichtete, welche am geschicktesten schienen, sowohl die Hauptperson der Geschichte, als den bekannten Charakter der vorbenannten historischen Personen in das beste Licht zu stellen, und dadurch den Endzweck des moralischen Nutzens, um dessentwillen das ganze Werk da ist, desto vollkommner zu erreichen.

Diejenigen, welchen es vielleicht scheinen möchte, daß der Verfasser den Philosophen Aristipp zu sehr verschönert, dem Plato hingegen nicht hinlängliche Gerechtigkeit erwiesen habe, werden die Gründe, warum jener nicht häßlicher und dieser nicht vollkommner geschildert worden, dereinst in einer ausführlichen Geschichte der Sokratischen Schule (wenn wir anders Muße gewinnen werden, ein Werk von diesem Umfang auszuführen) entwickelt finden. Hier mag es genug seyn, wenn wir versichern, daß beides nicht ohne sattsame Ursachen geschehen ist. Aristipp, bei aller seiner Aehnlichkeit mit dem Sophisten Hippias, unterschied sich unstreitig durch eine bessere Sinnesart und einen ziemlichen Theil von Sokratischem Geiste. Ein Mann wie Aristipp wird der Welt immer mehr Gutes als Böses thun; und wiewohl seine Grundsätze, ohne das Laster eigentlich zu begünstigen, von einer Seite der Tugend nicht sehr beförderlich sind: so erfordert doch die Billigkeit zu gestehen, daß sie auf der andern, als ein sehr wirksames Gegengift gegen die Ausschweifungen der Einbildungskraft und des Herzens, gute Dienste thun, und dadurch jenen Nachtheil reichlich wieder vergüten können. Aber wir besorgen sehr, daß Plato, anstatt einige Genugthuung an den Verfasser des Agathons fordern zu können, bei genauester Untersuchung ungleich mehr zu verlieren, als zu gewinnen haben dürfte.

Der edelste, ehrwürdigste und lehrreichste Charakter in dem ganzen Werke ist unstreitig der alte Archytas; und um so viel angenehmer ist uns, zur Ehre der Menschheit versichern zu können, daß dieser Charakter ganz historisch ist. Archytas, der beste Mann, den die Pythagorische Schule hervorgebracht, vereinigte wirklich in seiner Person die Verdienste des Philosophen, des Staatsmannes und des Feldherrn; was Plato scheinen wollte, das war Archytas; und wenn jemals ein Mann verdient hat als ein Muster von Weisheit und Tugend aufgestellt zu werden, so war es dieser Vorsteher der Tarentinischen Republik. Da er ein Zeitgenosse der hauptsächlichsten Personen in unserer Geschichte war, so schien er sich dem Verfasser gleichsam selbst zu dem Gebrauch anzubieten, den er von ihm macht. Wen hätte er mit besserm Grund und Erfolg einem Hippias entgegen stellen können, als diesen wahren Weisen, dessen Grundsätze das gewisseste Gegengift gegen die verführerischen Trugschlüsse des Sophisten enthielten, und dessen ganzes Leben die vollständigste Widerlegung derselben gewesen war?

Erstes Buch.

Agathon wird durch Cilicische Seeräuber aus einem gefährlichen Abenteuer gerettet, und in Smyrna zum Sklaven verkauft.

Erstes Kapitel.

Erster Austritt unsers Helden.

Die Sonne neigte sich zum Untergang, als Agathon, der sich in einem unwegsamen Walde verirrt hatte, abgemattet von der vergeblichen Bemühung einen Ausgang zu finden, an dem Fuß eines Berges anlangte, welchen er noch zu ersteigen wünschte, in Hoffnung von dem Gipfel desselben irgend einen bewohnten Ort zu entdecken, wo er die Nacht zubringen könnte. Er schleppte sich mit Mühe durch einen Fußweg hinauf, den er zwischen den Gesträuchen gewahr ward; allein da er ungefähr die Mitte des Berges erreicht hatte, fühlte er sich so entkräftet, daß er den Muth verlor den Gipfel erreichen zu können, der sich immer weiter von ihm zu entfernen schien, je mehr er ihm näher kam. Er warf sich also ganz athemlos unter einem Baum hin, der eine kleine Terrasse umschattete, und beschloß die einbrechende Nacht daselbst zuzubringen.

Wenn sich jemals ein Mensch in Umständen befand, die man unglücklich nennen kann, so war es dieser Jüngling, in der Lage, worin unsere Bekanntschaft mit ihm sich anfängt. Vor wenigen Tagen noch ein Günstling des Glücks und der Gegenstand des Neides seiner Mitbürger, sah er sich, durch einen plötzlichen Wechsel, seines Vermögens, seiner Freunde, seines Vaterlandes beraubt, allen Zufällen des widrigen Glücks und selbst der Ungewißheit ausgesetzt, wie er das nackte Leben, das ihm übrig gelassen war, erhalten möchte. Und dennoch, wiewohl so viele Widerwärtigkeiten sich vereinigten seinen Muth niederzuschlagen, versichert uns die Geschichte, daß derjenige, der ihn in diesem Augenblicke gesehen hätte, weder in seiner Miene noch in seinen Gebärden einige Spur von Verzweifelung, Ungeduld oder nur von Mißvergnugen hätte bemerken können.

Vielleicht erinnern sich einige hierbei an den Weisen der Stoiker, von welchem man ehemals versicherte, daß er in dem glühenden Ochsen des Phalaris zum wenigsten so glücklich seyn würde, als ein morgenländischer Bassa in den Armen einer schönen Tschirkassierin. Da sich aber in dem Laufe dieser Geschichte verschiedene Proben einer nicht geringen Ungleichheit unsers Helden mit dem Weisen des Seneca zeigen werden: so halten wir für wahrscheinlicher, daß seine Seele von der Art derjenigen gewesen sey, welche dem Vergnügen immer offen stehen, und bei denen eine einzige angenehme Empfindung hinlänglich ist, sie alles vergangenen und künftigen Kummers vergessen zu machen. Eine Oeffnung des Waldes zwischen zwei Bergen zeigte ihm — die untergehende Sonne. Es brauchte nichts mehr als diesen Anblick, um das Gefühl seiner widrigen Umstände zu unterbrechen. Er überließ sich der Begeisterung, in welche dieses majestätische Schauspiel) empfindliche Seelen zu setzen pflegt, ohne sich eine Zeit lang seiner dringendsten Bedürfnisse zu erinnern. Endlich weckte ihn das Rauschen einer Quelle, die nicht weit von ihm aus einem Felsen hervor sprudelte, aus dem angenehmen Staunen, worin er sich selbst vergessen hatte; er stand auf, und schöpfte mit der hohlen Hand von diesem Wasser, dessen fließenden Krystall, seiner Einbildung nach, eine wohlthätige Nymphe ihm aus ihrem Marmorkrug entgegen goß; und, anstatt die von Cyprischem Weine sprudelnden Becher der gewohnten Athenischen Gastmähler zu vermissen, däuchte ihm, daß er niemals angenehmer getrunken habe. Er legte sich wieder nieder, entschlief unter dem sanft betäubenden Gemurmel der Quelle, und träumte, daß er seine geliebte Psyche wieder gefunden habe, deren Verlust das Einzige war, was ihm von Zeit zu Zeit einige Seufzer auspreßte.

Zweites Kapitel.

Etwas ganz Unerwartetes.

Wenn es seine Richtigkeit hat, daß alle Dinge in der Welt in der genauesten Beziehung auf einander stehen, so ist nicht minder gewiß, daß diese Verbindung unter einzelnen Dingen oft ganz unmerklich ist; und daher scheint es zu kommen, daß die Geschichte zuweilen viel seltsamere Begebenheiten erzählt, als ein Romanschreiber zu dichten wagen dürfte. Dasjenige, was unserm Helden in dieser Nacht begegnete, gibt eine neue Bekräftigung dieser Bemerkung ab. Er genoß noch der Süßigkeit des Schlafs, welchen Homer für ein so großes Gut hält, daß er ihn auch den Unsterblichen zueignet, als er durch ein lärmendes Getöse plötzlich aufgeschreckt wurde. Er horchte gegen die Seite, woher es zu kommen schien, und glaubte in dem vermischten Getümmel ein seltsames Heulen und Jauchzen zu unterscheiden, welches von den entgegenstehenden Felsen fürchterlich widerhallte. Agathon, der nur im Schlaf erschreckt werden konnte, beschloß diesem Getöse muthig entgegen zu gehen. Er bestieg den obern Theil des Berges mit so vieler Eilfertigkeit als er konnte, und der Mond, dessen voller Glanz die ganze Gegend weit umher aus den dämmernden Schatten hob, begünstigte sein Unternehmen. Das Getümmel nahm immer zu, je näher er dem Rücken des Berges kam. Er unterschied itzt den Schall von Trommeln und ein schmetterndes Getön von Schalmeien und Pfeifen, mit einem wilden Geschrei weiblicher Stimmen vermischt, die ihn nicht länger ungewiß ließen, was dieser Lärm bedeuten möchte; als sich ihm plötzlich ein Schauspiel darstellte, worüber der obenerwähnte Weise selbst seiner Göttlichkeit auf einen Augenblick hätte vergessen können. Ein schwärmender Hause von jungen Thracischen Frauen war es, welche sich in dieser Nacht versammelt hatten, die unsinnigen Gebräuche zu begehen, die das heidnische Alterthum zum Andenken des berühmten Zuges des Bacchus aus Indien eingesetzt hatte. Ohne Zweifel könnte eine ausschweifende Einbildungskraft, oder der

Griffel eines la Fage von einer solchen Scene eine ziemlich verführerische Abbildung machen; allein die Eindrücke, die der wirkliche Anblick auf unsern Helden machte, waren nichts weniger als von der reizenden Art. Das stürmisch fliegende Haar, die rollenden Augen, die beschäumten Lippen, die aufgeschwollenen Muskeln, die wilden Gebärden und die rasende Fröhlichkeit, womit diese Unsinnigen, in tausend frechen Stellungen, ihre mit Epheu und zahmen Schlangen umwundnen Spieße schüttelten, ihre Klapperbleche zusammenschlugen, oder abgebrochene Dithyramben mit lallender Zunge stammelten: alle diese Ausbrüche einer fanatischen Wuth, die ihm nur desto schändlicher vorkam, weil sie den Aberglauben zur Quelle hatte, machten seine Augen unempfindlich, und erweckten in ihm einen Ekel vor Reizungen, welche mit der Schamhaftigkeit alle Macht über seine Sinnen verloren hatten. Er wollte zurück fliehen, aber es war unmöglich, weil er in dem nämlichen Augenblicke von ihnen bemerkt wurde. Der Anblick eines Jünglings, an einem Ort und an einem Feste, welche von keinem männlichen Aug' entweihet werden durften, hemmte plötzlich den Lauf ihrer lärmenden Fröhlichkeit, um alle ihre Aufmerksamkeit auf diese Erscheinung zu wenden.

Hier können wir unsern Lesern einen Umstand nicht länger verhehlen, der in diese ganze Geschichte keinen geringen Einfluß hat. Agathon war von einer so wunderbaren Schönheit, daß die Zeuris und Alkamenes seiner Zeit, weil sie die Hoffnung aufgaben, eine vollkommnere Gestalt zu erfinden oder aus den zerstreuten Schönheiten der Natur zusammen zu setzen, die seinige zum Muster zu nehmen pflegten, wenn sie den schönen

Apollo oder den jungen Bacchus darstellen wollten. Niemals hatte ihn ein weibliches Aug' erblickt, ohne die Schuld ihres Geschlechtes zu bezahlen, welches für die Schönheit so empfindlich gemacht zu seyn scheint, daß diese einzige Eigenschaft den meisten unter ihnen die Abwesenheit aller übrigen verbirgt. Agathon hatte der seinigen in diesem Augenblicke noch mehr zu danken: sie rettete ihn von dem Schicksal des Pentheus und Orpheus. Seine Schönheit setzte diese Mänaden in Erstaunen. Ein Jüngling von einer solchen Gestalt, an einem solchen Orte, zu einer solchen Zeit! Konnten sie ihn für etwas Geringeres halten, als für den Bacchus selbst? In dem Taumel, worin sich ihre Sinnen befanden, war nichts natürlicher als dieser Gedanke; auch gab er ihrer Phantasie plötzlich einen so feurigen Schwung, daß sie zur Gestalt dieses Gottes, welche sie vor sich sahen, alles Uebrige hinzu dichtete, was ihm zu einem vollständigen Bacchus mangelte. Ihre bezauberten Augen stellten ihnen die Silenen vor, und die ziegenfüßigen Satyrn, die um ihn her schwärmten, und Tiger und Leoparden, die mit liebkosender Zunge seine Füße leckten; Blumen, so däucht' es sie, entsprangen unter seinen Fußsohlen, und Quellen von Wein und Honig sprudelten von jedem seiner Tritte auf, und rannen in schäumenden Bächen die Felsen hinab. Auf einmal erschallte der ganze Berg, der Wald und die benachbarten Felsen von ihrem lauten Evan, Evoe! mit einem so entsetzlichen Getöse der Trommeln und Klapperbleche, daß Agathon, von Entsetzen und Erstaunung gefesselt, und wie eine Bildsäule stehen blieb, indeß die entzückten Bacchantinnen gaukelnde Tänze um ihn her wanden, und durch tausend unsinnige Gebärden ihre Freude über die vermeinte Gegenwart ihres Gottes ausdrückten.

Allein auch die unmäßigste Schwärmerei hat ihre Gränzen, und muß endlich der Obermacht der Sinnen weichen. Zum Unglück für den Helden unserer Geschichte kamen diese Unsinnigen allmählich aus einer Entzückung zurück, worüber sich vermuthlich ihre Einbildungskraft gänzlich abgemattet hatte, und bemerkten immer mehr Menschliches an demjenigen, den seine ungewöhnliche Schönheit in ihren trunknen Augen vergöttert hatte. Etliche, die das Bewußtseyn ihrer eignen stolz genug machte, die Ariadnen dieses neuen Bacchus zu seyn, näherten sich ihm, und setzten ihn durch die Lebhaftigkeit, womit sie ihre Empfindungen ausdrückten, in eine desto größere Verlegenheit, je weniger er geneigt war, ihre umgestümen Liebkosungen zu erwiedern. Vermuthlich würde unter ihnen selbst ein grimmiger Streit entstanden seyn, und Agathon zuletzt das tragische Schicksal des Orpheus erfahren haben, wenn nicht die Unsterblichen, die das Gewebe der menschlichen Zufälle leiten, ein unverhofftes Mittel seiner Errettung in dem nämlichen Augenblicke herbei gebracht hätten, da weder seine Stärke, noch seine Tugend ihn zu retten hinlänglich war.

Drittes Kapitel.

Unterbrechung des Bacchusfestes.

Eine Schaar Cilicischer Seeräuber, welche, um frisches Wasser einzunehmen, bei nächtlicher Weile an dieser Küste ge=

landet, hatten von fern das Getümmel der Bacchantinnen gehört, und es für einen Aufruf zu einer ansehnlichen Beute angenommen. Sie erinnerten sich, daß die vornehmsten Frauen dieser Gegend die geheimnißvollen Orgien um diese Zeit zu begehen, und dabei in ihrem schönsten Putz aufzuziehen pflegten; wiewohl sie vor Besteigung des Berges sich dessen gänzlich entledigten, und alles bis zu ihrer Wiederkunft von einer Anzahl Sklavinnen bewachen ließen. Die Hoffnung, außer diesen Frauen, von denen sie die schönsten für die Gynäceen asiatischer Fürsten und Satrapen bestimmten, eine Menge von kostbaren Kleidern und Juwelen zu erbeuten, schien ihnen wohl werth, sich etwas länger aufzuhalten. Sie theilten sich also in zwei Haufen, wovon der eine sich der Sklavinnen bemächtigte, welche die Kleider hüteten, indessen die übrigen den Berg bestiegen, und, mit großem Geschrei unter die Thracierinnen einstürmend, sich von ihnen Meister machten, ehe sie Zeit oder Muth hatten sich zur Wehre zu setzen. Die Umstände waren allerdings so beschaffen, daß sie sich allein mit den gewöhnlichen und anständigen Waffen ihres Geschlechts vertheidigen konnten. Allein diese Cilicier waren allzu sehr Seeräuber, um auf die Thränen und Bitten, ja selbst auf die Reizungen dieser Schönen einige Achtung zu geben, wiewohl sie in diesem Augenblicke, da Schrecken und Zagheit ihnen den sanften Zauber der Weiblichkeit wieder gegeben hatte, selbst dem sittsamen Agathon so verführerisch vorkamen, daß er für gut befand, seine nicht gerne gehorchenden Augen an den Boden zu heften. Die Räuber hatten jetzt andre Sorgen, und waren nur darauf bedacht, wie sie ihre Beute aufs schleunigste in Sicherheit bringen möchten. Und so entging Agathon — für etliche nicht allzu feine Scherze über die Gesellschaft worin man ihn gefunden hatte, und für seine Freiheit — einer Gefahr, aus welcher er, seinen Gedanken nach, sich nicht zu theuer loskaufen konnte. Der Verlust der Freiheit schien ihn in den Umständen, worin er war, wenig zu bekümmern. In der That, da er alles verloren, was die Freiheit schätzbar macht, so hatte er wenig Ursache sich wegen eines Verlustes zu kränken, der ihm wenigstens eine Veränderung im Unglück versprach.

Nachdem die Cilicier mit ihrer gesammten Beute wieder zu Schiffe gegangen, und die Theilung derselben mit größerer Eintracht, als womit die Vorsteher mancher kleinen Republik sich in die öffentlichen Einkünfte zu theilen pflegen, geendigt hatten, brachten sie den Rest der Nacht mit einem Schmause zu, bei welchem sie nicht vergaßen, sich für die Unempfindlichkeit zu entschädigen, die sie bei Eroberung der Thracischen Schönen bewiesen hatten. Unterdessen aber, daß das ganze Schiff beschäftiget war, das angefangene Bacchusfest zu vollenden, hatte sich Agathon unbemerkt in einen Winkel zurückgezogen, wo er vor Müdigkeit abermals einschlummerte, und gerne den Traum fortgesetzt hätte, aus welchem ihn das Evan Evoe der berauschten Mänaden geweckt hatte.

Viertes Kapitel.

Unverhoffte Zusammenkunft zweier Liebenden. Erzählung der Psyche.

Als die aufgehende Sonne das Jonische Meer mit ihren ersten Strahlen vergoldete, fand sie alle diejenigen (mit Virgil zu reden) von Wein und Schlaf begraben, welche die Nacht durch dem Bacchus und seiner Göttin Schwester geopfert hatten. Nur Agathon, gewohnt mit der Morgenröthe zu erwachen, wurde von den ersten Strahlen geweckt, die in horizontalen Linien an seiner Stirne hinschlüpften. Indem er die Augen aufschlug, sah er einen jungen Menschen in Sklavenkleidung vor sich stehen, welcher ihn mit großer Aufmerksamkeit betrachtete. Wie schön Agathon war, so schien er doch von diesem liebenswürdigen Jüngling an Feinheit der Gestalt und Farbe übertroffen zu werden. In der That hatte dieser in seiner Gesichtsbildung und in seiner ganzen Figur etwas so Jungfräuliches, daß er, gleich dem Horazischen Gyges in weiblicher Kleidung unter eine Schaar von Mädchen gemischt, gar leicht das Auge des schärfsten Kenners betrogen haben würde.

Agathon erwiederte den Anblick des jungen Sklaven mit einer Aufmerksamkeit, in welcher ein angenehmes Erstaunen nach und nach sich bis zur Entzückung erhob. Eben diese Bewegungen enthüllten sich auch in dem anmuthigen Gesichte des jungen Sklaven: ihre Seelen erkannten einander zugleich, und schienen durch ihre Blicke schon in einander zu fließen, eh' ihre Arme sich umfangen, ehe die von Entzückung bebenden Lippen — Psyche — Agathon — ausrufen konnten.

Sie schwiegen eine lange Zeit. Dasjenige was sie empfanden, war über allen Ausdruck. Und wozu hätten sie auch der Worte bedurft? Der Gebrauch der Sprache hört auf, wenn sich die Seelen einander unmittelbar mittheilen, sich unmittelbar anschauen und berühren, und in Einem Augenblick mehr empfinden, als die Zunge der Musen selbst in ganzen Jahren auszusprechen vermöchte. Die Sonne würde vielleicht unbemerkt über ihrem Haupte weg und wieder in den Ocean hinab gestiegen seyn, ohne daß sie in dem fortdauernden Momente der Entzückung den Wechsel der Stunden bemerkt hätten: wenn nicht Agathon (dem es allerdings zukam hierin der erste zu seyn) sich mit sanfter Gewalt aus den Armen seiner Psyche losgewunden hätte, um von ihr zu erfahren, durch was für einen Zufall sie in die Gewalt der Seeräuber gekommen sey. Die Zeit ist kostbar, liebe Psyche, sagte er, wir müssen uns der Augenblicke bemächtigen, da diese Barbaren, von der Gewalt ihres Gottes bezwungen, zu Boden liegen. Erzähle mir, durch was für einen Zufall du von meiner Seite gerissen wurdest, ohne daß es mir möglich war zu erfahren, wie, oder wohin? Und wie finde ich dich jetzt in diesem Sklavenkleide und in der Gewalt dieser Seeräuber?

„Du erinnerst dich, antwortete ihm Psyche, jener unglücklichen Stunde, da die eifersüchtige Pythia unsre Liebe, so geheim wir sie zu halten vermeinten, entdeckte. Nichts war ihrer Wuth zu vergleichen, und es fehlte nur, daß ihre Rache mein Leben selbst zum Opfer verlangte; denn sie ließ mich einige Tage alles erfahren, was verschmähte Liebe erfinden kann, um eine glückliche Nebenbuhlerin zu quälen. Wiewohl sie es nun in ihrer Gewalt hatte, mich deinen Augen gänzlich zu entziehen, so hielt sie sich doch niemals sicher, so lang' ich zu Delphi seyn würde. Sie machte bald ein Mittel ausfindig, sich meiner zu entledigen, ohne Argwohn zu erwecken; sie schenkte mich einer Verwandten, die sie zu Syrakus hatte, und weil sie mich an diesem Orte weit genug von dir entfernt hielt, säumte sie nicht, mich in der größten Stille nach Sicilien bringen zu lassen. Die Thörin! die nicht wußte, daß keine Scheidung der Leiber deine Psyche verhindern könne, über Länder und Meere wegzufliegen, und gleich einem liebenden Schatten über dir zu schweben! Oder hoffte sie etwa reizender in deinen Augen zu werden, wenn du mich nicht mehr neben ihr sehen würdest? Wie wenig kannte sie dich und mich! —

„Ich verließ Delphi mit zerriss'nem Herzen. Als ich den letzten Blick auf die bezauberten Haine heftete, wo deine Liebe mir ein neues Wesen, ein neues Daseyn gab, wogegen mein voriges Leben eine ekelhafte Abwechslung von einförmigen Tagen und Nächten, ein ungefühltes Pflanzenleben war, — als ich diese geliebte Gegend endlich ganz aus den Augen verlor — nein, Agathon, ich kann es nicht beschreiben! ich hörte auf, mich selbst zu fühlen. Man brachte mich ins Leben zurück. Ein Strom von Thränen erleichterte mein gepreßtes Herz. Es war eine Art von Wollust in diesen Thränen, ich ließ ihnen freien Lauf, ohne mich zu bekümmern, daß sie gesehen wurden. Die Welt schien mir ein leerer Raum, alle Gegenstände um mich her Träume und Schatten; du und ich waren allein; ich sah nur dich, hörte nur dich, ich lag an deiner Brust, legte meinen Arm um deinen Hals, zeigte dir meine Seele in meinen Augen. Ich führte dich in die heiligen Schatten, wo du mich einst die Gegenwart der Unsterblichen fühlen lehrtest; ich saß zu deinen Füßen, und meine an deinen Lippen hangende Seele glaubte den Gesang der Musen zu hören, wenn du sprachst. Wir wandelten Hand in Hand beim sanften Mondscheine durch elysische Gegenden, oder setzten uns unter die Blumen, stillschweigend, indem unsre Seelen in ihrer eignen geistigen Sprache sich einander enthüllten, lauter Licht und Wonne um sich her sahen, und nur unsterblich zu seyn wünschten, um sich ewig lieben zu können. Unter diesen Erinnerungen, deren Lebhaftigkeit alle äußre Empfindungen verdunkelte, beruhigte sich mein Herz allgemach. Ich, die sich selbst nur für einen Theil deines Wesens hielt, konnte nicht glauben, daß wir immer getrennt bleiben würden. Diese Hoffnung machte nun mein Leben aus, und bemächtigte sich meiner so sehr, daß ich wieder heiter wurde. Denn ich zweifelte nicht, ich wußte es, daß du nicht aufhören könntest mich zu lieben. Ich überließ dich der glühenden Leidenschaft einer mächtigen und reizenden Nebenbuhlerin, ohne sie einen Augenblick zu fürchten. Ich wußte, daß, wenn sie es auch so weit bringen könnte, deine Sinnen zu verführen, sie doch unfähig sey, dir eine Liebe einzuflößen wie die unsrige, und daß du dich bald wieder nach derjenigen sehnen würdest, die dich allein glücklich machen kann, weil sie allein dich lieben kann, wie du geliebt zu seyn wünschest. —

„Unter tausend solchen Gedanken kam ich endlich zu Syrakus an. Die vorsichtige Priesterin hatte Anstalten gemacht, daß ich nirgend Mittel finden konnte, dir von meinem Aufenthalte Nachricht zu geben. Meine neue Gebieterin war von der guten Art von Geschöpfen, welche gemacht sind sich selbst zu gefallen und sich alles gefallen zu lassen. Ich wurde zu der Ehre bestimmt, den Aufputz ihres schönen Kopfes zu besorgen; und die Art, wie ich dieses Amt verwaltete, erwarb mir ihre Gunst so sehr, daß sie mich beinahe so zärtlich liebte wie — ihren Schooßhund. In diesem Zustande hielt ich mich für so glücklich, als ich es, ohne deine Gegenwart, in einem jeden andern hätte seyn können. Aber die Ankunft des Sohnes meiner Gebieterin veränderte die Scene.

„Narcissus (so hieß der junge Herr) war von seiner Mutter nach Athen geschickt worden, die Weisen daselbst zu hören, und die feinen Sitten der Athener an sich zu nehmen. Allein er hatte keine Zeit gefunden, weder das eine noch das andre zu thun. Einige junge Leute, welche sich seine Freunde nannten, machten jeden Tag eine neue Lustbarkeit ausfindig, die ihn verhinderte, die schwermüthigen Spaziergänge der Philosophen zu besuchen. Ueberdieß hatten ihm die artigsten Blumenhändlerinnen von Athen gesagt, daß er ein sehr liebenswürdiger junger Herr wäre, er hatte es ihnen geglaubt, und sich also keine Mühe gegeben erst zu werden, was er, nach einem so vollgültigen Zeugnisse, schon war. Er hatte sich mit nichts beschäftiget, als seine Person in das gehörige Licht zu setzen; niemand in Athen konnte sich rühmen, lächerlicher geputzt u seyn, weißere Zähne und sanftere Hände zu haben als Narcissus Er war der erste in der Kunst, sich in einem Augenblick zweimal auf einem Fuße herum zu drehen, oder ein Blumenſträußchen an die Stirne einer Schönen zu ſtecken. Mit ſolchen Vorzügen glaubte er einen natürlichen Beruf zu haben, ſich dem weiblichen Geſchlecht anzubieten. Die Leichtigkeit, womit ſeine Verdienſte über die zärtlichen Herzen der Blumenmädchen geſiegt hatten, machte ihm Muth, ſich an die Kammermädchen zu wagen, und von den Nymphen erhob er ſich endlich zu den Göttinnen ſelbſt. Ohne ſich zu bekümmern, wie ſein Herz aufgenommen wurde, hatte er ſich angewöhnt zu glauben, daß er unwiderſtehlich ſey; und wenn er nicht allemal Proben davon erhielt, ſo machte er ſich dafür ſchadlos, indem er ſich der Gunſtbezeugungen am meiſten rühmte, die er nicht genoſſen hatte. — Wunderſt du dich, Agathon, woher ich ſo wohl von ihm unterrichtet bin? Von ihm ſelbſt. Was meine Augen nicht an ihm entdeckten, ſagte mir ſein Mund. Denn er ſelbſt war der unerſchöpfliche Inhalt ſeiner Geſpräche, ſo wie der einzige Gegenſtand ſeiner Bewunderung. Ein Liebhaber von dieſer Art ſollte, dem Anſehn nach, wenig zu bedeuten haben. Eine Zeit lang beluſtigte mich ſeine Thorheit; aber endlich fand er es unanſtändig, daß eine Aufwärterin ſeiner Mutter unempfindlich gegen ein Herz bleiben ſollte, um welches die Blumenhändlerinnen und Flötenſpielerinnen zu Athen einander beneidet hatten, und ich ſah mich genöthigt, meine Zuflucht zu ſeiner Mutter zu nehmen. Allein eben dieſe leutſelige Sinnesart, welche ſie gütig gegen ſich ſelbſt, gegen ihr Schooßhündchen, und gegen alle Welt machte, machte ſie auch gütig gegen die Thorheiten ihres Sohnes. Sie ſchien es ſogar übel zu nehmen, daß ich von den Vorzügen eines ſo liebreizenden Jünglings nicht ſtärker gerührt würde. Die Ungeduld über die Unfälle, denen ich beständig ausgesetzt war, gab mir tausendmal den Gedanken ein, mich heimlich wegzustehlen. Allein da ich keine Nachricht von dir hatte, wohin hätte ich fliehen sollen? Ein Reisender von Delphi hatte uns zwar gesagt, daß du daselbst unsichtbar geworden, aber niemand konnte sagen, wo du seyst. Diese Ungewißheit stürzte mich in eine Unruhe, die meiner Gesundheit nachtheilig zu werden anfing, als eben dieser Narcissus, dessen lächerliche Liebe — zu sich selbst mich so lange gequält hatte, mir ohne seine Absicht das Leben wieder gab, indem er erzählte: daß ein gewisser Agathon von Athen, nach einem Sieg über die aufrührischen Einwohner von Euböa, diese Insel seiner Republik wieder unterworfen habe. Die Umstände, die er von diesem Agathon hinzu fügte, ließen mich nicht zweifeln, daß du es seyst. Eine gutherzige Sklavin beförderte meine Flucht. Sie hatte einen Liebhaber, der sie beredet hatte, sich von ihm entführen zu lassen. Ich half ihr dieses Vorhaben ausführen, und begleitete sie; der junge Sicilianer verschaffte mir zur Dankbarkeit dieses Sklavenkleid, und brachte mich auf ein Schiff, welches nach Athen bestimmt war. Ich wurde für einen Sklaven ausgegeben, der seinen Herrn zu Athen suchte, und überließ mich zum zweiten Mal den Wellen, aber mit ganz andern Empfindungen als das erste Mal, da sie nun, anstatt mich von dir zu entfernen, uns wieder zusammen bringen sollten.

„Unsre Fahrt war einige Tage glücklich, außer daß ein widriger Wind unsre Reise ungewöhnlich verlängerte. Allein am Abend des sechsten Tages erhob sich ein heftiger Sturm, der uns in wenigen Stunden wieder einen großen Weg zurück machen ließ; unsre Schiffer waren endlich so glücklich, eine von den unbewohnten Cykladen zu erreichen, wo wir uns vor dem Sturm in Sicherheit setzten. Wir fanden in der Bucht, wohin wir uns geflüchtet hatten, ein Schiff liegen, worin sich eben diese Cilicier befanden, denen wir jetzt zugehören. Sie hatten eine griechische Flagge aufgesteckt, sie grüßten uns, sie kamen zu uns herüber, und weil sie unsre Sprache redeten, so hatten sie keine Mühe uns so viele Mährchen vorzuschwatzen, als sie nöthig fanden uns sicher zu machen. Nach und nach wurde unser Volk vertraulich mit ihnen; sie brachten etliche große Krüge mit cyprischem Weine, wodurch sie in wenig Stunden alle unsre Leute wehrlos machten. Sie bemächtigten sich hierauf unsers ganzes Schiffes, und begaben sich, sobald sich der Sturm in etwas gelegt hatte, wieder in die See. Bei der Theilung wurd' ich einmüthig dem Hauptmanne der Räuber zuerkannt. Man bewunderte meine Gestalt, ohne mein Geschlecht zu muthmaßen. Allein diese Verborgenheit half mir nicht so viel, als ich gehofft hatte. Der Cilicier, den ich für meinen Herrn erkennen mußte, verzog nicht lange, mich mit einer ekelhaften Leidenschaft zu quälen. Er nannte mich seinen kleinen Ganymed, und schwor bei allen Tritonen und Nereiden, daß ich ihm seyn müßte, was dieser Trojanische Prinz dem Jupiter gewesen sey. Wie er sah, daß seine Schmeicheleien ohne Wirkung waren, nöthigte er mich zuletzt, ihm zu zeigen, daß ich mein Leben gegen meine Ehre für nichts halte. Dieß verschaffte mir einige Ruhe, und ich fing an, auf ein Mittel meiner Befreiung zu denken. Ich gab dem Räuber zu verstehen, daß ich von einem ganz andern

Stande sey, als mein sklavenmäßiger Anzug zu erkennen gäbe, und bat ihn aufs inständigste mich nach Athen zu führen, wo er für meine Erledigung erhalten würde, was er nur fordern wollte. Allein über diesen Punkt war er unerbittlich, und jeder Tag entfernte uns weiter von diesem geliebten Athen, welches, wie ich glaubte, meinen Agathon in sich hielt. Wie wenig dachte ich, daß eben diese Entfernung, über die ich untröstbar war, uns wieder zusammen bringen würde! Aber, ach! in was für Umständen finden wir uns beide wieder! Beide der Freiheit beraubt, ohne Freunde, ohne Hülfe, ohne Hoffnung befreit zu werden; verurtheilt, ungesitteten Barbaren dienstbar zu seyn. Die unsinnige Leidenschaft meines Herrn wird uns sogar des einzigen Vergnügens berauben, welches unsern Zustand erleichtern könnte. Seitdem ihm meine Entschlossenheit die Hoffnung benommen hat, seinen Endzweck zu erreichen, scheint sich seine Liebe in eine wüthende Eifersucht verwandelt zu haben, welche sich bemüht, dasjenige, was man selbst nicht genießen kann, wenigstens keinem andern zu Theil werden zu lassen. Der Barbar wird dir keinen Umgang mit mir verstatten, da er mir kaum sichtbar zu seyn erlaubt. Doch, die ungewisse Zukunft soll mir nicht einen Augenblick von der gegenwärtigen Wonne rauben. Ich sehe dich, Agathon, und bin glücklich. Wie begierig hätte ich vor wenigen Stunden einen Augenblick wie diesen mit meinem Leben erkauft!"

Indem sie dieses sagte, umarmte sie den glücklichen Agathon mit einer so rührenden Zärtlichkeit, daß die Entzückung, die ihre Herzen einander mittheilten, eine zweite sprachlose Stille hervorbrachte. Und wie sollten wir beschreiben können, was sie empfanden, da der Mund der Liebe selbst nicht beredt genug war, es auszudrücken?

Fünftes Kapitel.

Wie Psyche und Agathon wieder getrennt werden.

Nachdem unsre Liebhaber aus ihrer Entzückung zurück gekommen waren, verlangte Psyche von Agathon eben dieselbe Gefälligkeit, die sie durch Erzählung ihrer Begebenheiten für seine Neugierde gehabt hatte. Er meldete ihr also: auf was Weise er von Delphi entflohen; wie er mit einem angesehenen Athener bekannt geworden, und wie sich entdeckt habe, daß dieser Athener sein Vater sey; wie er durch einen Zufall in die öffentlichen Angelegenheiten verwickelt, und durch seine Beredsamkeit dem Volke angenehm geworden; die Dienste, die er der Republik geleistet; durch was für Mittel seine Neider das Volk wider ihn aufgebracht, und wie er vor wenigen Tagen, mit Verlust aller seiner väterlichen Güter und Ansprüche, lebenslänglich aus Athen verbannt worden; wie er den Entschluß gefaßt, eine Reise in die Morgenländer vorzunehmen, und durch was für einen Zufall er in die Hände der Cilicier gerathen.

Sie fingen nun auch an, sich über die Mittel ihrer Befreiung zu berathschlagen; allein die Bewegungen, welche die allmählich erwachenden Räuber machten, nöthigten Psychen sich aufs eilfertigste zu verbergen, um einem Verdacht zuvorzukommen, wovon der Schatten genug war, ihrem Geliebten das Leben zu kosten. Jetzt beklagten sie bei sich selbst, daß sie, nach dem Beispiel der Liebhaber in Romanen, eine so günstige Zeit mit unnöthigen Erzählungen verloren hatten, da sie doch voraussehen konnten, daß ihnen künftig wenig Gelegenheit würde gegeben werden, sich zu sprechen. Allein, was sie hierüber hätte trösten können, war, daß alle ihre Berathschlagungen und Erfindungen vergeblich gewesen wären. Denn an eben diesem Morgen erhielt der Hauptmann Nachricht von einem reich beladenen Schiffe, welches im Begriff sey, von Lesbos nach Korinth abzugehen, und, nach den Umständen die der Bericht angab, unterwegs aufgefangen werden könnte. Diese Zeitung veranlaßte eine geheime Berathschlagung unter den Häuptern der Räuber, wovon der Ausschlag war, daß Agathon mit den gefangnen Thracierinnen und einigen andern jungen Sklaven unter einer Bedeckung in eine Barke gesetzt wurde, um ungesäumt nach Smyrna geführt und verkauft zu werden; indessen die Galeere mit dem größten Theil der Seeräuber sich fertig machte, der reichen Beute, die sie schon in Gedanken verschlangen, entgegen zu gehen. In diesem Augenblicke verlor Agathon die Gelassenheit, womit er bisher alle Stürme des widrigen Glücks ausgehalten hatte. Der Gedanke, von seiner Psyche wieder getrennt zu werden, setzte ihn außer sich selbst. Er warf sich zu den Füßen des Ciliciers, er schwor ihm, daß der verkleidete Ganymed sein Bruder sey; er bot sich selbst zu seinem Sklaven an, er flehte, er weinte — aber umsonst. Der Seeräuber hatte die Natur des Elements, welches er bewohnte; die Sirenen selbst hätten ihn nicht bereden können, seinen Entschluß zu ändern. Agathon erhielt nicht einmal die Erlaubniß, von seinem geliebten Bruder Abschied zu nehmen; die Lebhaftigkeit, die er bei diesem Anlaß gezeigt, hatte ihn dem Hauptmann verdächtig gemacht. Er wurde also, von Schmerz und Verzweiflung betäubt, in die Barke getragen, und befand sich schon eine geraume Zeit außer dem Gesichtskreise seiner Psyche, eh' er wieder erwachte, um den ganzen Umfang seines Elends zu fühlen.

Sechstes Kapitel.

Ein Selbstgespräch.

Da wir uns zum unverbrüchlichen Gesetze gemacht haben, in dieser Geschichte alles sorgfältig zu vermeiden, was gegen die historische Wahrheit derselben einigen gerechten Verdacht erwecken könnte; so würden wir uns ein Bedenken gemacht haben, das Selbstgespräch, welches wir hier in unsrer Handschrift vor uns finden, mitzutheilen, wenn der Verfasser nicht die Vorsicht gebraucht hätte uns zu melden: daß seine Erzählung sich in den meisten Umständen auf eine Art von Tagebuch gründe, welches (sichern Anzeichen nach) von der eignen Hand des Agathon sey, und wovon er durch einen Freund zu Krotona eine Abschrift erhalten habe. Dieser Umstand macht begreiflich, wie der Geschichtschreiber wissen konnte, was Agathon bei dieser und andern Gelegenheiten mit sich selbst gesprochen; und schützet uns vor den Einwürfen, die man gegen die Selbstgespräche machen kann, worin die Geschichtschreiber den Poeten so gerne nachzuahmen pflegen, ohne sich, wie sie, auf die Eingebung der Musen berufen zu können.

Unsre Urkunde meldet also, nachdem die erste Wuth des Schmerzens (welche allezeit stumm und gedankenlos zu seyn pflegt) sich gelegt, habe Agathon sich umgesehen; und da er von allen Seiten nichts als Luft und Wasser um sich her erblickt, habe er, seiner Gewohnheit nach, also mit sich selbst zu philosophiren angefangen:

„War es Täuschung, was mir begegnet ist, oder sah ich sie wirklich? Hört' ich wirklich den rührenden Klang ihrer süßen Stimme, und umfingen meine Arme keinen Schatten? Wenn es mehr als ein Traumgesicht war, warum ist mir von einem Gegenstande, der alle andern aus meiner Seele auslöschte, nichts als die Erinnerung übrig? — Wenn Ordnung und Zusammenhang die Kennzeichen der Wahrheit sind; o wie ähnlich dem ungefähren Spiele der träumenden Phantasie sind die Zufälle meines ganzen Lebens! — Von Kindheit an unter den heiligen Lorbern des Delphischen Gottes erzogen, schmeichle ich mir unter seinem Schutz, in Beschauung der Wahrheit und im geheimen Umgange mit den Unsterblichen, ein stilles und sorgenfreies Leben zuzubringen. Tage voll] Unschuld, einer dem andern gleich, fließen in ruhiger Stille, wie Augenblicke, vorbei, und ich werde unvermerkt ein Jüngling. Eine Priesterin, deren Seele eine Wohnung der Götter seyn soll, wie ihre Zunge das Werkzeug ihrer Aussprüche, vergißt ihre Gelübde, und bemüht sich meiner unerfahrnen Jugend Netze zu stellen. Ihre Leidenschaft beraubt mich derjenigen, die ich liebe; ihre Nachstellungen treiben mich endlich aus dem geheiligten Schutzorte, wo ich, seitdem ich mich selbst empfand, von Bildern der Götter und Helden umgeben, mich einzig beschäftigt hatte ihnen ähnlich zu werden. In eine unbekannte Welt ausgestoßen, finde ich unvermuthet einen Vater und ein Vaterland, die ich nicht kannte. Ein schneller Wechsel von Umständen setzt mich eben so unvermuthet in den Besitz des größten Ansehens in Athen. Das blinde Zutrauen eines Volkes, das in seiner Gunst so wenig Maß hält als in seinem Unwillen, nöthigt mir die Anführung seines Kriegsheeres auf; ein wunderbares Glück kommt allen meinen Unternehmungen entgegen, und führt meine Anschläge aus; ich kehre siegreich zurück. Welch ein Triumph! Welch ein Zujauchzen! Welche Vergötterung! Und wofür? Für Thaten, an denen ich den wenigsten Antheil hatte. Aber kaum schimmert meine Bildsäule zwischen den Bildern des Kekrops und Theseus, so reißt mich eben dieser Pöbel, der vor wenig Tagen bereit war mir Altäre aufzurichten, mit ungestümer Wuth vor Gerichte hin. Die Mißgunst derer, die das Uebermaß meines Glücks beleidigte, hat schon alle Gemüther wider mich eingenommen, alle Ohren gegen meine Vertheidigung verstopft; Handlungen, worüber mein Herz mir Beifall gibt, werden auf den Lippen meiner Ankläger zu Verbrechen; mein Verdammungsurtheil wird ausgesprochen. Von allen verlassen, welche sich meine Freunde genannt hatten, kurz zuvor die eifrigsten gewesen waren, neue Ehrenbezeugungen für mich zu erfinden, fliehe ich aus Athen, fliehe mit leichterem Herzen, als womit ich vor wenigen Wochen, unter dem Zujauchzen einer unzählbaren Menge, durch ihre Thore eingeführt wurde, und entschließe mich den Erdboden zu durchwandern, ob ich einen Ort finden möchte, wo die Tugend, vor auswärtigen Beleidigungen sicher, ihrer eigenthümlichen Glückseligkeit genießen könnte, ohne sich aus der Gesellschaft der Menschen zu verbannen. Ich nehme den Weg nach Asien, um an den Ufern des Orus die Quellen zu besuchen, aus denen die Geheimnisse des Orphischen Gottesdienstes zu uns geflossen sind. Ein Zufall führt mich unter einen Schwarm rasender Bacchantinnen, und ich entrinne ihrer verliebten Wuth bloß dadurch, daß ich in die Hände seeräuberischer Barbaren falle. In diesem Augenblicke, da mir von allem was man verlieren kann nur noch das Leben übrig ist, finde ich meine Psyche wieder; aber kaum fange ich an meinen Sinnen zu glauben, daß sie es sey, die ich in meinen Armen umschlossen halte, so verschwindet sie wieder, und hier bin ich auf diesem Schiffe, um zu Smyrna als Sklave verkauft zu werden. — Wie ähnlich ist alles dieß einem Fiebertraume, wo die schwärmende Phantasie, ohne Ordnung, ohne Wahrscheinlichkeit, ohne Zeit oder Ort in Betrachtung zu ziehen, die betäubte Seele von einem Abenteuer zu dem andern, von der Krone zum Bettlersmantel, von der Wonne zur Verzweiflung, vom Tartarus ins Elysium fortreißt! — Und ist denn das Leben ein Traum, ein bloßer Traum, so eitel, so unwesentlich, so unbedeutend als ein Traum? Ein unbeständiges Spiel des blinden Zufalls, oder unsichtbarer Geister, die eine grausame Belustigung darin finden, uns zum Scherze bald glücklich bald unglücklich zu machen? Oder ist es diese allgemeine Seele der Welt, deren Daseyn die geheimnißvolle Majestät der Natur ankündiget, ist es dieser alles belebende Geist, der die menschlichen Sachen anordnet: warum herrschet in der moralischen Welt nicht eben diese unveränderliche Ordnung und Zusammenstimmung, wodurch die Elemente, die Jahres- und Tageszeiten, die Gestirne und die Kreise des Himmels in ihrem gleichförmigen Lauf erhalten werden? Warum leidet der Unschuldige? Warum sieget der Betrüger? Warum verfolgt ein unerbittliches Schicksal den Tugendhaften? Sind unsre Seelen den Unsterblichen verwandt, sind sie Kinder des Himmels: warum verkennt der Himmel sein Geschlecht, und tritt auf die Seite seiner Feinde? Oder, hat er uns die Sorge für uns selbst gänzlich überlassen: warum sind wir keinen Augenblick unsers Zustandes Meister? Warum vernichtet bald Nothwendigkeit, bald Zufall, die weisesten Entwürfe?"

Hier hielt Agathon eine Zeit lang ein. Sein in Zweifeln verwickelter Geist arbeitete sich los zu winden, bis ein neuer Blick auf die majestätische Natur, die ihn umgab, eine andre Reihe von Vorstellungen in ihm entwickelte. — „Was sind, fuhr er mit sich selbst fort, meine Zweifel anders, als Eingebungen der eigennützigen Leidenschaft? Wer war diesen Morgen glücklicher als ich? Alles war Wollust und Wonne um mich her. Hat sich die Natur binnen dieser Zeit verändert, oder ist sie minder der Schauplatz einer gränzenlosen Vollkommenheit, weil Agathon ein Sklave, und von Psyche getrennt ist? Schäme dich, Kleinmüthiger, deiner trübsinnigen Zweifel und deiner unmännlichen Klagen! Wie kannst du Verlust nennen, dessen Besitz kein Gut war? Ist es ein Uebel, deines Ansehens, deines Vermögens, deines Vaterlandes beraubt zu seyn? Alles dessen beraubt, warst du in Delphi glücklich, und vermißtest es nicht. Und warum nennest du Dinge dein, die nicht zu dir selbst gehören, die der Zufall gibt und nimmt, ohne daß es in deiner Willkür steht sie zu erlangen oder zu erhalten? — Wie ruhig, wie heiter und glücklich floß mein Leben in Delphi hin, eh' ich die Welt, ihre Geschäfte, ihre Sorgen, ihre Freuden und ihre Abwechslungen kannte; eh' ich genöthiget war, mit den Leidenschaften anderer Menschen, oder mit meinen eigenen zu kämpfen, mich selbst und den Genuß meines Daseyns einem undankbaren Volk aufzuopfern, und unter der vergeblichen Bemühung, Thoren oder Lasterhafte glücklich zu machen, selbst unglücklich zu seyn! Meine eigene Erfahrung widerlegt die ungerechten Zweifel des Mißvergnügens am besten. Es gab Augenblicke, Tage, lange Reihen von Tagen, da ich glücklich war; glücklich in den frohen Stunden, wenn meine Seele, vom Anblick der Natur begeistert, in tiefsinnigen Betrachtungen und süßen Ahnungen, wie in den bezauberten Gärten der Hesperiden, irrte; glücklich, wenn mein befriedigtes Herz in den Armen der Liebe aller Bedürfnisse, aller Wünsche vergaß, und nun zu verstehen glaubte, was die Wonne der Götter sey; glücklicher, wenn in Augenblicken, deren Erinnerung den bittersten Schmerz zu versüßen genug ist, mein Geist in der großen Betrachtung des Ewigen und Unbegränzten sich verlor. — Ja du bist's, alles beseelende, alles regierende Güte — ich sah, ich fühlte dich! Ich empfand die Schönheit der Tugend, die dir ähnlich macht; ich genoß die Glückseligkeit, welche Tagen die Schnelligkeit der Augenblicke, und Augenblicken den Werth von Jahrhunderten gibt. Die Macht der Empfindung zerstreut meine Zweifel; die Erinnerung der genossenen Glückseligkeit heilet den gegenwärtigen Schmerz und verspricht eine bessere Zukunft. Diese allgemeinen Quellen der Freude, woraus alle Wesen schöpfen, fließen, wie ehmals, um mich her; meine Seele ist noch eben dieselbe, wie die Natur, die mich umgibt. — O Ruhe meines Delphischen Lebens, und du, meine Psyche! euch allein, von allem was außer mir ist, nenne ich mein! Wenn ihr auf ewig verloren wäret, dann würde meine untröstbare Seele nichts auf Erden finden, das ihr die Liebe zum Leben wieder geben könnte. Aber ich besaß beide, ohne sie mir selbst gegeben zu haben, und die wohlthätige Macht, welche sie gab, kann sie wieder geben. Theure Hoffnung, du bist schon ein Anfang der Glückseligkeit, die du versprichst! Es wäre zugleich gottlos und thöricht, sich einem Kummer zu überlassen, der den Himmel beleidigt, und uns selbst der Kräfte beraubt, dem Unglück zu widerstehen, und der Mittel, wieder glücklich zu werden. Komm denn, du süße Hoffnung einer bessern Zukunft, und feßle meine Seele mit deinen schmeichelnden Bezauberungen! Ruhe und Psyche — dieß allein, ihr Götter! Lorberkränze und Schätze gebet, wem ihr wollt!"

Siebentes Kapitel.

Agathon wird zu Smyrna verkauft.

Das Wetter war unsern Seefahrern so günstig, daß Agathon gute Muße hatte, seinen Betrachtungen so lange nachzuhängen als er wollte; zumal da seine Reise von keinem der Umstände begleitet war, womit eine poetische Seefahrt ausgeschmückt zu seyn pflegt. Denn man sahe da weder Tritonen, die aus krummen Ammonshörnern bliesen; noch Nereiden, die auf Delphinen, mit Blumenkränzen gezäumt, über den Wellen daher ritten; noch Sirenen, die, mit halbem Leib aus dem Wasser hervorragend, die Augen durch ihre Schönheit, und das Ohr durch die Süßigkeit ihrer Stimme bezauberten. Die Winde selbst waren etliche Tage lang so zahm, als ob sie es mit einander abgeredet hätten, uns keine Gelegenheit zur Beschreibung eines Sturms oder eines Schiffbruchs zu geben; kurz, die Reise ging so glücklich von Statten, daß die Barke am Abend des dritten Tages in den Hafen von Smyrna einlief; wo die Räuber, nunmehr unter dem Schutze des großen Königs gesichert, sich nicht säumten, ihre Gefangenen ans Land zu setzen, in der Hoffnung, auf dem Sklavenmarkte keinen geringen Vortheil aus ihnen zu ziehen. Ihre erste Sorge war, sie in eines der öffentlichen Bäder zu führen, wo man nichts vergaß, was sie des folgenden Tages verkäuflicher machen konnte. Agathon war noch zu sehr mit allem, was mit ihm vorgegangen war, angefüllt, als daß er auf das Gegenwärtige aufmerksam hätte seyn können. Er wurde gebadet, abgerieben, mit Salben und wohlriechenden Wassern begossen, mit einem Sklavenkleide von vielfarbiger Seide angethan, mit allem was seine Gestalt erheben konnte ausgeschmückt, und von allen die ihn sahen bewundert; ohne daß ihn etwas aus der tiefen Unempfindlichkeit erwecken konnte, welche in gewissen Umständen eine Folge der übermäßigen Em pfindlichkeit ist. Auf das, was in seiner Seele vorging, geheftet, schien er weder zu sehen noch zu hören, weil er nichts sah noch hörte was er wünschte; und nur der Anblick, der sich ihm auf dem Sklavenmarkte darstellte, war vermögend, ihn aus dieser wachenden Träumerei aufzurütteln. Diese Scene hatte zwar das Abscheuliche nicht, das ein Sklavenmarkt zu Barbados sogar für einen Europäer haben könnte, dem die Vorurtheile der gesitteten Völker noch einige Ueberbleibsel des angebornen menschlichen Gefühls gelassen hätten: allein sie hatte doch genug, um eine Seele zu empören, welche sich gewöhnt hatte, in den Menschen mehr die Schönheit ihrer Natur, als die Erniedrigung ihres Zustandes, mehr das, was sie nach gewissen Voraussetzungen seyn könnten, als was sie wirklich waren, zu sehen. Eine Menge von traurigen Vorstellungen stieg in gedrängter Verwirrung bei diesem Anblick in ihm auf; und indem sein Herz von Mitleiden und Wehmuth zerfloß, brannte es zugleich von einem zürnenden Abscheu vor den Menschen, dessen nur diejenigen fähig sind, welche die Menschheit lieben. Er vergaß über diesen Empfindungen seines eignen Unglücks: als ein Mann von edlem Ansehen, welcher schon bei Jahren zu seyn schien, im Vorübergehen seiner gewahr ward, stehen blieb, und ihn mit besondrer Aufmerksamkeit betrachtete. Wem gehört dieser junge Leibeigene? fragte der Mann einen von den Ciliciern, der neben ihm stand. Dem, der ihn von mir kaufen wird, versetzte dieser. Was versteht er für eine Kunst? fuhr jener fort. Das wird er dir selbst am besten sagen können, erwiederte der Cilicier. — Der Mann wandte sich also an Agathon selbst, und fragte ihn, ob er nicht ein Grieche sey? ob er sich in Athen aufgehalten, und ob er in den Künsten der Musen unterrichtet worden? Agathon bejahete diese Fragen. — „Kannst du den Homer lesen?“ — Ich kann lesen; und ich meine, daß ich den Homer empfinden könne. — „Kennst du die Schriften der Philosophen?“ — Gut genug, um nichts darin zu verstehen. — „Du gefällst mir, junger Mensch! Wie hoch haltet ihr ihn, mein Freund?“ — Er sollte, wie die andern, durch den Herold ausgerufen werden, antwortete der Cilicier; aber für zwei Talente ist er euer. — „Begleite mich mit ihm in mein Haus, erwiederte der Alte; du sollst zwei Talente haben, und der Sklave ist mein.“ — Dein Geld muß dir sehr beschwerlich seyn, sagte Agathon; woher weißt du, daß ich dir für zwei Talente nützlich seyn werde? — „Wenn du es auch nicht wärest, versetzte der Käufer, so bin ich unbesorgt, unter den Damen von Smyrna zwanzig für eine zu finden, die mir auf deine bloße Miene wieder zwei Talente für dich geben.“ — Mit diesen Worten befahl er dem Agathon, ihm in sein Haus zu folgen.

Zweites Buch.

Agathon im Hause des Sophisten Hippias.

Erstes Kapitel.

Wer der Käufer des Agathon war.

Der Mann, der sich für zwei Talente das Recht erworben hatte, den Agathon als seinen Leibeigenen zu behandeln, war einer von den merkwürdigen Leuten, welche unter dem Namen der Sophisten in den Griechischen Städten umher zogen, sich der edelsten und reichsten Jünglinge zu bemächtigen, und durch die Annehmlichkeiten ihres Umgangs und das prächtige Versprechen, ihre Schüler zu vollkommnen Rednern, Staatsmännern und Feldherren zu machen, das Geheimniß gefunden hatten, welches die Alchymisten bis auf den heutigen Tag vergeblich gesucht haben. Der Name, den sie sich selbst beilegten, bezeichnet in der Sprache der Griechen eine Person, welche von der Weisheit Profession macht, oder, wenn man so sagen kann, einen Virtuoso in der Weisheit; und dieß war es auch, wofür sie von dem größten Theil ihrer Zeitgenossen gehalten wurden. Indessen muß man gestehen, daß diese Weisheit, von der sie Profession machten, von der Sokratischen (die durch einige ihrer Verehrer so berühmt geworden ist) sowohl in ihrer Beschaffenheit, als in ihren Wirkungen unendlich unterschieden, oder, besser zu sagen, die völlige Antipode derselben war. Die Sophisten lehrten die Kunst, die Leidenschaften andrer Menschen zu erregen; Sokrates die Kunst, seine eigenen zu dämpfen. Jene lehrten, wie man es machen müsse, um weise und tugendhaft zu scheinen; dieser lehrte, wie man es sey. Jene munterten die Jünglinge von Athen auf, sich der Regierung des Staats anzumaßen; Sokrates bewies ihnen, daß sie vorher die Hälfte ihres Lebens anwenden müßten, sich selbst regieren zu lernen. Jene spotteten der Sokratischen Weisheit, die nur in einem schlechten Mantel aufzog, und sich mit einer Mahlzeit für sechs Obolen begnügte, da die ihrige in Purpur schimmerte, und offne Tafel hielt. Die Sokratische Weisheit war stolz darauf, den Reichthum entbehren zu können, die ihrige wußte ihn zu erwerben. Sie war gefällig, einschmeichelnd, und nahm alle Gestalten an; sie vergötterte die Großen, kroch vor ihren Dienern, tändelte mit den Schönen, und schmeichelte allen, welche dafür bezahlten. Sie war allenthalben an ihrem rechten Platze; beliebt bei Hofe, beliebt am Putztische, beliebt bei den Großen, beliebt sogar bei der Priesterschaft. Die Sokratische war weit entfernt so liebenswürdig zu seyn. Sie war trocken und langweilig; sie wußte nicht zu leben; sie war unerträglich, weil sie alles tadelte, und immer Recht hatte; sie wurde von dem geschäftigen Theile der Welt für unnützlich, von dem müßigen für abgeschmackt, und von dem andächtigen gar für gefährlich erklärt. Wir würden nicht fertig werden, wenn wir diese Gegensätze so weit treiben wollten, als sie gingen. Dieß ist gewiß, die Weisheit der Sophisten hatte einen Vorzug, den ihr die Sokratische nicht streitig machen konnte. Sie verschaffte ihren Besitzern Reichthum, Ansehen, Ruhm und ein Leben, das von allem was die Welt glücklich nennet überfloß; und man muß gestehen, daß dieß ein verführerischer Vorzug war.

Hippias, der neue Herr unsers Agathon, war einer von diesen Glücklichen, dem die Kunst sich die Thorheiten andrer Leute zinsbar zu machen ein Vermögen erworben hatte, wodurch er sich im Stande sah, die Ausübung derselben aufzugeben, und die andere Hälfte seines Lebens in den Ergötzungen eines begüterten Müßiggangs zuzubringen, zu deren angenehmstem Genuß das zunehmende Alter geschickter scheint, als die ungestüme Jugend. In dieser Absicht hatte er Smyrna zu seinem Wohnort ausersehen, weil die Schönheit des jonischen Himmels, die glückliche Lage dieser Stadt, der Ueberfluß, der ihr durch die Handlung aus allen Theilen des Erdbodens zuströmte, und die Verbindung des Griechischen Geschmackes mit der wollüstigen Ueppigkeit der Morgenländer, welche in ihren Sitten herrschte, ihm diesen Aufenthalt vor allen andern vorzüglich machte. Hippias stand in dem Rufe, daß ihm in den Vollkommenheiten seiner Profession wenige den Vorzug streitig machen könnten. Ob er gleich über fünfzig Jahre zählte, so hatte er doch von der Gabe zu gefallen, die ihm in seiner Jugend so nützlich gewesen war, noch so viel übrig, daß sein Umgang von den artigsten Personen des einen und andern Geschlechts gesucht wurde. Er besaß alles, was die Art von Weisheit, die er ausübte, verführerisch machen konnte: eine edle Gestalt, eine einnehmende Gesichtsbildung, einen angenehmen Ton der Stimme, einen behenden und geschmeidigen Witz, eine Beredsamkeit, die desto mehr gefiel, weil sie mehr ein Geschenk der Natur, als eine durch Fleiß erworbene Kunst zu seyn schien. Diese Beredsamkeit, oder vielmehr diese Gabe angenehm zu schwatzen, mit einer Tinctur von allen Wissenschaften, einem feinen Geschmack für das Schöne und Angenehme, und eine vollständige Kenntniß der Welt, war mehr als er nöthig hatte um in den Augen aller, mit denen er umging (denn er ging mit keinen Sokraten um), für ein Genie vom ersten Range zu gelten, der Mann zu seyn, der sich auf alles verstand, welchem schon zugelächelt wurde, ehe man wußte was er sagen wollte, und wider dessen Aussprüche nicht erlaubt war etwas einzuwenden.

Indessen war doch das, wodurch er sein Glück hauptsächlich gemacht hatte, die besondere Gabe, die er besaß, sich der schönen Hälfte der Gesellschaft gefällig zu machen. Er war so klug, frühzeitig zu entdecken, wie viel an der Gunst dieser reizenden Geschöpfe gelegen ist, welche in den polizirten Theilen des Erdbodens die Macht wirklich ausüben, die in den Mährchen den Feen beigelegt wird; welche mit einem einzigen Blick, oder durch eine kleine Verschiebung des Halstuches, stärker überzeugen als Demosthenes und Lysias durch lange Reden, mit einer einzigen Thräne den Gebieter über Legionen entwaffnen, und durch den bloßen Vortheil, den sie von ihrer Gestalt und dem Bedürfniß des stärkern Geschlechts zu ziehen wissen, sich oft zu unumschränkten Beherrscherinnen derjenigen machen, in deren Händen das Schicksal ganzer Völker liegt. Hippias hatte diese Entdeckung von so großem Nutzen gefunden, daß er keine Mühe gespart hatte, es in der Anwendung derselben zum höchsten Grade der Vollkommenheit zu bringen; und dasjenige, was ihm in seinem Alter noch davon übrig war, bewies, was er in seinen schönen Jahren gewesen seyn müsse. Seine Eitelkeit ging so weit, daß er sich nicht enthalten konnte, die Kunst die Zauberinnen zu bezaubern in die Form eines Lehrbegriffs zu bringen, und seine Erfahrungen und Beobachtungen hierüber der Welt in einer sehr gelehrten Abhandlung mitzutheilen, deren Verlust nicht wenig zu bedauern ist, und schwerlich von einem heutigen Schriftsteller unsrer Nation zu ersetzen seyn dürfte.

Nach allem, was wir bereits von diesem weisen Manne gesagt haben, wär' es überflüssig, eine Abschilderung von seinen Sitten zu machen. Sein Lehrbegriff von der Kunst zu leben wird uns in kurzem umständlich vorgelegt werden; und er besaß eine Tugend, welche nicht die Tugend der Moralisten zu seyn pflegt: er lebte nach seinen Grundsätzen.

Unter andern schönen Neigungen hatte er auch einen besondern Geschmack an allem, was gut in die Augen fiel. Er wollte daß die seinigen, in seinem Hause wenigstens, sich nirgend hinwenden sollten, ohne einem gefallenden Gegenstande zu begegnen. Die schönsten Gemälde, Bildsäulen und Büsten, die reichsten Tapeten, die zierlichsten Gefäße, der prächtigste Hausrath, befriedigten seinen Geschmack noch nicht; er wollte auch, daß der belebte Theil seines Hauses mit dieser allgemeinen Schönheit übereinstimmen sollte: seine Bedienten und Sklavinnen waren die ausgesuchtesten Gestalten, die er in einem Lande, wo die Schönheit nicht ungewöhnlich ist, hatte finden können. Die Gestalt Agathons möchte also allein hinreichend gewesen seyn, seine Gunst zu erwerben; zumal da er eben einen Leser nöthig hatte, und aus dem Anblick und den ersten Worten des schönen Jünglings urtheilte, daß er sich zu einem Dienste vollkommen schicken würde, wozu eine gefallende Gesichtsbildung und eine musikalische Stimme die nöthigsten Gaben sind. Allein Hippias hatte noch eine geheime Absicht. Wiewohl die Liebe zu den Wollüsten der Sinne seine herrschende Neigung zu seyn schien, so hatte doch die Eitelkeit nicht wenig Antheil an den meisten Handlungen seines Lebens. Er hatte, bevor er sich nach Smyrna begab, den schönsten Theil seines Lebens zugebracht, die edelste Jugend der griechischen Städte zu bilden. Er hatte Redner gebildet, die durch eine künstliche Vermischung des Wahren und Falschen, und den klugen Gebrauch gewisser Figuren, einer schlimmen Sache den Schein und die Wirkung einer guten zu geben wußten; Staatsmänner, welche die Kunst besaßen, mitten unter den Zujauchzungen eines bethörten Volkes, die Gesetze durch die Freiheit und die Freiheit durch schlimme Sitten zu vernichten, um ein Volk, welches sich der heilsamen Zucht des Gesetzes nicht unterwerfen wollte, der willkürlichen Gewalt ihrer Leidenschaften zu unterwerfen; kurz, er hatte Leute gebildet, die sich Ehrensäulen dafür aufrichten ließen, daß sie ihr Vaterland zu Grunde richteten. Allein dieses befriedigte seine Eitelkeit noch nicht. Er wollte auch jemand hinterlassen, der seine Kunst fortzusetzen geschickt wäre; eine Kunst, die in seinen Augen allzu schön war, als daß sie mit ihm sterben sollte. Schon lange hatte er einen jungen Menschen gesucht, bei dem er das natürliche Geschick, der Nachfolger eines Hippias zu seyn, in derjenigen Vollkommenheit finden möchte, die dazu erfordert wurde. Seine wirkliche oder eingebildete Gabe, aus der Gestalt und Miene das Inwendige eines Menschen zu errathen, beredete ihn, bei Agathon zu finden was er suchte; wenigstens hielt er es der Mühe werth, eine Probe mit ihm zu machen; und da er ein so gutes Vorurtheil von seiner Tüchtigkeit hegte, so fiel ihm nur nicht ein, in seine Willigkeit zu den großen Absichten, die er mit ihm vorhatte, einigen Zweifel zu setzen.

Zweites Kapitel.

Verwunderung, in welche Agathon über die Weisheit seines neuen Herrn gesetzt wird.

Agathon wußte noch nichts, als daß er einem Manne zugehöre, dessen äußerliches Ansehen sehr zu seinem Vortheil sprach, als er beim Eintritt in sein Haus durch die Schönheit des Gebäudes, die Bequemlichkeiten der Einrichtung, die Menge und die gute Miene der Bedienten, und durch einen Schimmer von Pracht und Ueppigkeit, der ihm allenthalben entgegen glänzte, in eine Art von Verwunderung gesetzt wurde, welche ihm sonst nicht gewöhnlich war, und desto mehr zunahm, als man ihm sagte, daß er die Ehre haben sollte, ein Hausgenosse von Hippias, dem Weisen, zu werden.

Er war noch im Nachdenken begriffen, was für eine Art von Weisheit dieß seyn möchte, als ihn Hippias zu sich rufen ließ, um ihm seine künftige Bestimmung bekannt zu machen. Die Gesetze, Kallias (denn dieß soll künftig dein Name seyn), geben mir zwar das Recht, sagte der Sophist, dich als meinen Leibeigenen anzusehen; aber es wird nur von dir abhängen, so glücklich in meinem Hause zu seyn, als ich es selbst bin. Alle deine Verrichtungen werden darin bestehen, den Homer bei meinem Tische, und die Aufsätze, mit deren Ausarbeitung ich mir die Zeit vertreibe, in meinem Hörsaale vorzulesen. Wenn dieses Amt leicht zu seyn scheint, so versichere ich dich, daß ich nicht leicht zu befriedigen bin, und daß du Kenner zu Hörern haben wirst. Ein jonisches Ohr will nicht nur ergötzt, es will bezaubert seyn. Die Annehmlichkeit der Stimme, die Reinigkeit und das Weiche der Aussprache, die Richtigkeit des Accents, das Muntere, das Ungezwungene, das Musikalische ist nicht hinlänglich; wir fordern eine vollkommene Nachahmung, einen Ausdruck, der jedem Theile des Stückes, jeder Periode, jedem Verse, das Leben, den Affect, die Seele gibt, die sie haben sollen; kurz, die Art wie gelesen wird, soll das Ohr an die Stelle aller übrigen Sinne setzen. Das Gastmahl des Alcinous wird diesen Abend dein Probestück seyn. Die Fähigkeiten, welche ich an dir zu entdecken hoffe, werden meine Absichten mit dir bestimmen; und vielleicht wirst du in der Zukunft Ursache finden, den

Tag, an dem du dem Hippias gefallen hast, unter deine glücklichen zu zählen.

Mit diesen Worten verließ er unsern Jüngling, und ersparte sich dadurch die Demüthigung, zu sehen, wie wenig der neue Kallias durch die Hoffnungen gerührt schien, wozu ihn diese Erklärung berechtigte. In der That hatte die Bestimmung, die jonischen Ohren zu bezaubern, in Agathons Augen nicht Edles genug, daß er sich deßwegen hätte glücklich schätzen sollen; und überdem war etwas in dem Ton dieser Anrede, welches ihm mißfiel, ohne daß er eigentlich wußte warum?

Inzwischen vermehrte sich seine Verwunderung, je mehr er sich in dem Hause des weisen Hippias umsah; und er begriff nun ganz deutlich, daß sein Herr, was auch sonst seine Grundsätze seyn möchten, wenigstens von der Ertödtung der Sinnlichkeit, wovon er ehmals den Plato zu Athen sehr schöne Dinge sagen gehört hatte, keine Profession mache. Allein wie er sah, was die Weisheit in diesem Hause für eine Tafel hielt, wie prächtig sie sich bedienen ließ, was für reizende Gegenstände ihre Augen, und welche wollüstige Harmonien ihre Ohren ergötzten, indessen der Schenktisch, mit griechischen Weinen und den angenehm betäubenden Getränken der Asiaten beladen, den Sinnen zu so mannichfaltigem Genuß neue Kräfte zu geben schien; wie er die Menge von jungen Sklaven sah, die den Liebesgöttern glichen, die Chöre von Tänzerinnen und Lautenspielerinnen, die durch die Reizungen ihrer Gestalt so sehr als durch ihre Geschicklichkeit bezauberten, und die nachahmenden Tänze, in denen sie die

Geschichte einer Leda oder Danae durch bloße Bewegungen mit einer Lebhaftigkeit vorstellten, die einen Nestor hätte verjüngern können; wie er die üppigen Bäder, die bezauberten Gärten, kurz, wie er alles sah, was das Haus des weisen Hippias zu einem Tempel der ausgekünsteltsten Sinnlichkeit machte: so stieg seine Verwunderung bis zum Erstaunen, und er konnte nicht begreifen, was dieser Sybarit gethan haben müsse, um den Namen eines Weisen zu verdienen; oder wie er sich einer Benennung nicht schäme, die ihm (seinen Begriffen nach) nicht besser anstand, als dem Alexander von Fera, wenn man ihn den Leutseligen, oder der Phryne, wenn man sie die Keusche hätte nennen wollen. Alle Auflösungen, die er sich selbst hierüber machen konnte, befriedigten ihn so wenig, daß er sich vornahm, bei der ersten Gelegenheit diese Aufgabe — dem Hippias selbst vorzulegen.

Drittes Kapitel.

Welches bei Einigen den Verdacht erwecken wird, daß diese Geschichte erdichtet sey.

Die Verrichtungen des Agathon ließen ihm so viele Zeit übrig, daß er in wenig Tagen in einem Hause, wo alles Freude athmete, sehr lange Weile hatte. Freilich lag die Schuld nur an ihm selbst, wenn es ihm an einem Zeitvertreibe mangelte, der die hauptsächlichste Beschäftigung der Leute von seinem Alter auszumachen pflegt. Die Nymphen dieses Hauses waren von einer so gefälligen Gemüthsart, von einer so anziehenden Figur, und von einem so günstigen Vorurtheil für den neuen Hausgenossen eingenommen, daß es weder die Furcht abgewiesen zu werden, noch der Fehler ihrer Reizungen war, was den schönen Kallias so zurückhaltend oder unempfindlich machte, als er sich, zu ihrer nicht geringen Befremdung, finden ließ.

Einige, die aus seinem Betragen schlossen, daß er noch ein Neuling seyn müsse, waren so gefällig, daß sie ihm die Schwierigkeiten zu erleichtern suchten, die ihm seine Schüchternheit (ihren Gedanken nach) in den Weg legte, und ihm Gelegenheiten gaben, die den Zaghaftesten hätten unternehmend machen sollen. Allein — wir müssen es nur gestehen, was man auch von unserm Helden deßwegen denken mag — er gab sich eben so viel Mühe, diesen Gelegenheiten auszuweichen, als man sich geben konnte, sie ihm zu machen. Wenn dieß anzuzeigen scheint, daß er entweder einiges Mißtrauen in sich selbst, oder ein allzu großes Vertrauen in die Reizungen dieser schönen Verführerinnen gesetzt habe: so dienet vielleicht zu seiner Entschuldigung, daß er noch nicht alt genug war, ein Xenokrates zu seyn; und daß er, vermuthlich nicht ohne Ursache, ein Vorurtheil wider dasjenige gefaßt hatte, was man im Umgange von jungen Personen beiderlei Geschlechts unschuldige Freiheiten zu nennen pflegt. Dem sey indessen wie ihm wolle, dieß ist gewiß, daß Agathon durch dieses seltsame Betragen einen Argwohn erweckte, der ihm bei allen Gelegenheiten beißende Spöttereien von den übrigen Hausgenossen, und selbst von den Schönen zuzog, welche sich durch seine Sprödigkeit nicht wenig beleidigt fanden, und ihm auf eine feine Art zu verstehen gaben, daß sie ihn für geschickter hielten, die Tugend der Damen zu bewachen, als auf die Probe zu stellen.

Agathon fand nicht rathsam, sich in einen Wettstreit einzulassen, wo er besorgen mußte, daß die Begierde Recht zu haben, die sich in der Hitze des Streites auch der Klügsten zu bemeistern pflegt, ihn zu gefährlichen Erörterungen führen könnte. Er machte daher bei solchen Anlässen eine so alberne Figur, daß man von seinem Witz eine eben so verdächtige Meinung bekommen mußte, als man schon von seiner Person gefaßt hatte; und die allgemeine Verachtung, in die er deßwegen fiel, trug vielleicht nicht wenig dazu bei, ihm den Aufenthalt in einem Hause beschwerlich zu machen, wo ihm ohnehin alles, was er sah und hörte, ärgerlich war. Er liebte zwar die Künste, über welche, nach dem Glauben der Griechen, die Musen die Aufsicht hatten: aber er war zu sehr gewöhnt, sich die Musen und die Grazien, ihre Gespielen, nie anders als im Gefolge der Weisheit zu denken, um von dem Mißbrauche, welchen Hippias von ihren Gaben machte, nicht beleidiget zu werden. Die Gemälde, womit alle Säle und Gänge des Hauses ausgeziert waren, stellten so schlüpfrige und unsittliche Gegenstände vor, daß er seinen Augen um so weniger erlauben konnte, sich darauf zu verweilen, je vollkommner die Natur darin nachgeahmt war, und je mehr sich das Genie bemüht hatte, der Natur selbst neue Reizungen zu leihen. Eben so weit war die Musik, die er alle Abende nach der Tafel hören konnte, von derjenigen unterschieden, welche, seiner Einbildung nach, allein der Musen würdig war. Er liebte eine Musik, welche die Leidenschaften besänftigte, und die Seele in ein angenehmes Staunen wiegte, oder mit einem feurigen Schwung von Begeisterung das Lob der Unsterblichen sang, und das Herz in heiliges Entzücken und in ein schauervolles Gefühl der gegenwärtigen Gottheit setzte; oder drückte sie Zärtlichkeit und Freude aus, so sollte es die Zärtlichkeit der Unschuld und die rührende Freude der einfältigen Natur seyn.

Allein in diesem Hause hatte man einen ganz andern Geschmack. Was Agathon hörte, waren Sirenengesänge, die den üppigsten Liedern Anakreons, Sappho's und Korinnens einen Reiz gaben, welcher selbst aus unangenehmen Lippen verführerisch gewesen wäre; Gesänge, die durch den nachahmenden Ausdruck der schmeichelnden, seufzenden und schmachtenden, oder der triumphirenden und in Entzücken aufgelösten Leidenschaft die Begierde erregten, dasjenige zu erfahren, was in der Nachahmung schon so reizend war; Lydische Flöten, deren girrendes, verliebtes Flüstern die redenden Bewegungen der Tänzerinnen ergänzte, und ihrem Spiel eine Deutlichkeit gab, welche der Einbildungskraft nichts zu errathen übrig ließ; Symphonien, welche die Seele in ein bezaubertes Vergessen ihrer selbst versenkten, und, nachdem sie alle ihre edlern Kräfte entwaffnet hatten, die erregte und willige Sinnlichkeit der ganzen Gewalt der von allen Seiten eindringenden Wollust auslieferten.

Agathon konnte bei diesen Scenen, wo so viele Künste, so viele Zaubermittel sich vereinigten, den Widerstand der Tugend zu ermüden, nicht so gleichgültig bleiben, als diejenigen zu seyn schienen, die derselben gewohnt waren; und die Unruhe, in die er dadurch gesetzt wurde, mach etihm (was auch die Stoiker sagen mögen) mehr Ehre, als dem Hippias und seinen Freunden ihre Gelassenheit. Er befand also für gut, allemal, wenn er seine Rolle als Homerist geendigt hatte, sich hinweg zu begeben, und irgend einen Winkel zu suchen, wo er in ungestörter Einsamkeit von den widrigen Eindrücken sich befreien konnte, die das geschäftige und fröhliche Getümmel des Hauses, und der Anblick so vieler Gegenstände, die seinen moralischen Sinn beleidigten, den Tag über auf sein Gemüthe gemacht hatten.

Viertes Kapitel.

Schwärmerei unsers Helden.

Die Wohnung des Hippias war auf der mittäglichen Seite von Gärten umgeben, in deren weitläuftigem Bezirke die Kunst und der Reichthum alle ihre Kräfte aufgewandt hatten, die einfältige Natur mit ihren eignen und mit fremden Schönheiten zu überladen. Gefilde voll Blumen, die, aus allen Welttheilen gesammelt, jeden Monat zum Frühling eines andern Klima machten; Lauben von allen Arten wohlriechender Stauden; Lustgänge von Citronenbäumen, Oelbäumen und Cedern, in deren Länge der schärfste Blick sich verlor; Haine von allen Arten fruchtbarer Bäume, und Irrgänge von Myrten und Lorberhecken, mit Rosen von allen Farben durchwunden, wo tausend marmorne Najaden, die sich zu regen und zu athmen schienen, kleine murmelnde Bäche zwischen die Blumen hingossen, oder mit muthwilligem Plätschern in spiegelhellen Brunnen spielten, oder unter überhangenden Schatten von ihren Spielen auszuruhen schienen: alles dieß machte die Gärten des Hippias den bezauberten Gegenden ähnlich, diesen Spielen einer dichterischen und malerischen Phantasie, welche man erstaunt ist außerhalb seiner Einbildung zu sehen.

Hier war es, wo Agathon seine angenehmsten Stunden zubrachte; hier fand er die Heiterkeit der Seele wieder, die er dem angenehmsten Taumel der Sinne unendlich weit vorzog; hier konnt' er sich mit sich selbst besprechen; hier sah er sich von Gegenständen umgeben, die zu seiner Gemüthsbeschaffenheit stimmten: wiewohl die seltsame Denkart, wodurch er die Erwartung des Hippias so sehr betrog, auch hier nicht ermangelte, sein Vergnügen durch den Gedanken zu vermindern, daß alle diese Gegenstände weit schöner wären, wenn sich die Kunst nicht angemaßt hätte, die Natur ihrer Freiheit und rührenden Einfältigkeit zu berauben.

Oft wenn er beim Mondschein, den er mehr als den Tag liebte, einsam im Schatten lag, erinnert' er sich der frohen Scenen seiner ersten Jugend; der unbeschreiblichen Eindrücke, die jeder schöne Gegenstand, jeder ihm neue Auftritt der Natur auf seine noch unverwöhnten Sinnen gemacht hatte; der süßen Stunden, die ihm in den Entzückungen einer ersten schuldlosen Liebe zu Augenblicken geworden waren. Diese Erinnerungen, mit der Stille der Nacht und dem Gemurmel sanfter Bäche und sanft wehender Sommerlüfte, wiegten seine

Sinnen in eine Art von leichtem Schlummer ein, worin die innerlichen Kräfte der Seele mit verdoppelter Stärke wirken. Dann bildeten sich ihm die reizenden Aussichten einer bessern Zukunft vor; er sah alle seine Wünsche erfüllt, er fühlte sich etliche Augenblicke glücklich: und erwachte er wieder, so beredete er sich, daß diese Hoffnungen ihn nicht so lebhaft rühren, nicht in eine so gelassene Zufriedenheit senken würden, wenn es nur nächtliche Spiele der Einbildung, und nicht vielmehr innerliche Ahnungen wären, Blicke, welche der Geist, in der Stille und Freiheit, die ihm die schlummernden Sinne lassen, in die Zukunft, und in eine weitere Sphäre thut, als diejenige ist, die von der Schwäche seiner körperlichen Sinne umschrieben wird.

In einer solchen Stunde war es, als Hippias, den die Anmuth einer schönen Sommernacht zum Spaziergang einlud, ihn unter diesen Beschauungen überraschte, denen er, in der Meinung allein zu seyn, sich zu überlassen pflegte. Hippias blieb eine Weile vor ihm stehen, ohne daß Agathon seiner gewahr ward; endlich aber redete er ihn an, und ließ sich in ein Gespräch mit ihm ein, welches ihn nur allzu sehr in dem Argwohne bestärkte, den er von dem Hang unsers Helden zu demjenigen, was die Welt Schwärmerei nennt, bereits gefaßt hatte.

Fünftes Kapitel.

Ein Gespräch zwischen Hippias und seinem Sklaven.

Du scheinst in Gedanken vertieft, Kallias?

„Ich glaubte allein zu seyn.“

Ein andrer an deiner Stelle würde die Freiheit meines Hauses anders zu benutzen wissen. Doch vielleicht gefällst du mir um dieser Zurückhaltung willen nur desto besser. Aber mit was für Gedanken vertreibst du dir die Zeit, wenn man fragen darf.

„Die allgemeine Stille, der Mondschein, die rührende Schönheit der schlummernden Natur, die mit den Ausdünstungen der Blumen durchwürzte Nachtluft, tausend angenehme Empfindungen, deren liebliche Verwirrung meine Seele trunken machte, setzten mich in eine Art von Entzückung, worin ein andrer Schauplatz von unbekannten Schönheiten sich vor mir aufthat. Es war nur ein Augenblick, aber ein Augenblick, den ich um eines von den Jahren des Königs von Persien nicht vertauschen wollte.“

Hippias lächelte.

„Dieses brachte mich auf die Gedanken, wie glücklich der Zustand der Geister sey, die den groben thierischen Leib abgelegt haben, und im Anschauen des wesentlichen Schönen, des Unvergänglichen, Ewigen und Göttlichen, Jahrtausende durchleben, die ihnen nicht länger scheinen als mir dieser Augenblick; und in den Betrachtungen, denen ich hierüber nachhing, bin ich von dir überrascht worden.“

Du schliesst doch nicht, Kallias? Du hast, wie ich sehe, mehr Talente als ich dir zutraute; du kannst auch wachend träumen?

„Es gibt vielerlei Arten von Träumen, und bei einigen Menschen scheint ihr ganzes Leben Traum zu seyn. Wenn meine Vorstellungen Träume sind, so sind sie wenigstens angenehmer als alles, was ich in dieser Zeit wachend hätte erfahren können."

Du gedenkst also vielleicht selbst einer von diesen Geistern zu werden, die du so glücklich preisest?

„Ich hoff' es zu werden, und würde ohne diese Hoffnung mein Daseyn für kein Gut achten."

Besitzest du etwan ein Geheimniß, körperliche Wesen in geistige zu erhöhen? einen Zaubertrank von der Art derjenigen, womit die Medeen und Circen der Dichter so wunderbare Verwandlungen zuwege bringen?

„Ich verstehe dich nicht, Hippias."

So will ich deutlicher seyn. Wenn ich anders dich verstanden habe, so hältst du dich für einen Geist, der in einen thierischen Leib eingekerkert ist?

„Wofür sollt' ich mich sonst halten?"

Sind die vierfüßigen Thiere, die Vögel, die Fische, die Gewürme, auch Geister die in einen thierischen Leib eingeschlossen sind?

„Vielleicht."

Und die Pflanzen?

„Vielleicht auch diese."

Du bauest also deine Hoffnung auf ein Vielleicht? Wenn

die Thiere vielleicht auch nicht Geister sind, so bist du vielleicht eben so wenig einer; denn dieß ist einmal gewiß, daß du ein Thier bist. Du entstehest wie die Thiere, wächsest wie sie, hast ihre Bedürfnisse, ihre Sinnen, ihre Leidenschaften, wirst erhalten wie sie, vermehrst dich wie sie, stirbst wie sie, und wirst, wie sie, wieder zu einem bißchen Wasser und Erde, wie du vorher gewesen warst. Wenn du einen Vorzug vor ihnen hast, so ist es eine schönere Gestalt, ein Paar Hände, mit denen du mehr ausrichten kannst als ein Thier mit seinen Pfoten, eine Bildung gewisser Gliedmaßen, die dich der Rede fähig macht, und ein lebhafterer Witz, der von einer schwächern und reizbarern Beschaffenheit deiner Fibern herkommt, und dennoch alle Künste, womit wir uns so groß zu machen pflegen, den Thieren abgelernt hat.

„Wir haben also sehr verschiedene Begriffe von der menschlichen Natur, du und ich.“

Vermuthlich, weil ich sie für nichts anders halte, als wofür meine Sinnen und eine Beobachtung ohne Vorurtheile sie mir geben. Doch ich will freigebig seyn; ich will dir zugeben, dasjenige, was in dir denkt sey ein Geist, und wesentlich von deinem Körper unterschieden. Worauf gründest du aber die Hoffnung, daß dieser Geist noch denken werde, wenn dein Leib zerstört seyn wird? Ich will nicht sagen, daß er zu nichts werde. Aber wenn dein Leib durch den Tod die Form verliert, die ihn zu deinem Leibe machte, woher hoffest du, daß dein Geist die Form nicht verlieren werde, die ihn zu deinem Geiste macht?

„Weil ich mir unmöglich vorstellen kann, daß der oberste

Geist, dessen Geschöpfe oder Ausflüsse die übrigen Geister sind, ein Wesen zerstören werde, das er fähig gemacht hat, so glücklich zu seyn, als ich es schon gewesen bin."

Ein neues Vielleicht? Woher kennst du diesen obersten Geist?

„Woher kennst du den Meister, der diesen Amor gemacht hat?"

Weil ich ihm zusah als er ihn machte; denn vielleicht könnte eine Bildsäule auch entstehen, ohne daß sie von einem Künstler gemacht würde.

„Wie so?"

Eine ungefähre Bewegung ihrer kleinsten Elemente könnte diese Form endlich hervorbringen.

„Eine regellose Bewegung ein regelmäßiges Werk?"

Warum das nicht? Du kannst im Würfelspiel von ungefähr alle drei werfen. So gut als dieses möglich ist, könntest du auch unter etlichen Billionen von Würfen einen werfen, wodurch eine gewisse Anzahl Sandkörner in eine cirkelrunde Figur fallen würden. Die Anwendung ist leicht zu machen.

„Ich verstehe dich. Aber es bleibt allemal unendlich unwahrscheinlich, daß die ungefähre Bewegung der Elemente nur eine Muschel, deren so unzählig viele an jenem Ufer liegen, hervorbringen könne; und die Ewigkeit selbst scheint nicht lang genug zu seyn, nur diese Erdkugel, diesen kleinen Atomen des ganzen Weltgebäudes, auf solche Weise entstehen zu machen."

Es ist genug, daß unter unendlich vielen ungefähren Bewegungen, die nichts Regelmäßiges und Dauerhaftes hervorbringen, Eine möglich ist, die eine Welt hervorbringen kann. Dieß setzt der Wahrscheinlichkeit deiner Meinung ein Vielleicht entgegen, wodurch sie auf einmal entkräftet wird.

„So viel als das Gewicht einer unendlichen Last, durch die Hinwegnahme eines einzigen Sandkorns.“

Du hast vergessen, daß eine unendliche Zeit in die andere Wagschale gelegt werden muß. Doch ich will diesen Einwurf fahren lassen, ob er gleich weiter getrieben werden kann; was gewinnt deine Meinung dadurch? Vielleicht ist die Welt immer in der allgemeinen Verfassung gewesen, worin sie ist? — Vielleicht ist sie selbst das einzige Wesen, das durch sich selbst bestehet? — Vielleicht ist der Geist, von dem du sagtest, durch die wesentliche Beschaffenheit seiner Natur gezwungen, diesen allgemeinen Weltkörper nach den Gesetzen einer unveränderlichen Nothwendigkeit zu beleben? Und gesetzt, die Welt sey, wie du meinest, das Werk eines verständigen und freien Entschlusses: vielleicht hat sie viele Urheber? Mit Einem Worte, Kallias, du hast viele mögliche Fälle zu vernichten, eh' du nur das Daseyn deines obersten Geistes außer Zweifel gesetzt hast.

„Ein mäßiger Gebrauch des allgemeinen Menschenverstandes könnte dich überführen, Hippias, daß alle die Fälle, von denen du sprichst, keine möglichen Fälle sind. Kein Mensch in der Welt ist jemals albern genug gewesen zu glauben, daß eine ungefähre Bewegung der Buchstaben des Alphabets nur eine Iliade hervorbringen könnte. Und was ist eine ungefähre Bewegung? Was ist ein untheilbares, ewiges, nothwendiges, durch sich selbst bestehendes Stäubchen? Oder eine durch sich selbst bestehende Welt? Oder eine Welt, welche viele Urheber hat? Entwickle die Begriffe, die du mit diesen Wörtern zu verbinden glaubst, und du wirst finden, daß sie einander vernichten, daß du wirklich nichts dabei denkst, noch denken kannst. Die Rede ist hier nicht davon, sich selbst muthwillig, durch willkürliche Abstractionen zu betrügen, sondern die Wahrheit zu suchen; und wenn es dein Ernst wäre, die Wahrheit zu suchen, wie wär' es möglich, sie zu verfehlen? sie, die sich dem allgemeinen Gefühl der Menschheit aufdringt? Was ist dieses große Ganze, welches wir die Welt nennen, anders als ein Inbegriff von Wirkungen? Wo ist die Ursache davon? Oder kannst du Wirkungen ohne Ursache, oder zusammenhängende, regelmäßige, sich aus einander entwickelnde, und in Einen Zweck zusammenstimmende Wirkungen ohne eine verständige Ursache denken? O Hippias, glaube mir, nicht dein Kopf (es müßte nur ein sehr zerrütteter Kopf seyn), dein Herz ist ein Gottesläugner. Deine Zweifel sind die unredlichen Ausflüchte eines Menschen, der nur darum der Wahrheit zu entwischen sucht, weil er sich fürchtet von ihr beleuchtet zu werden. Ein gerades Herz, eine unverfälschte Seele hat nicht vonnöthen, die erste, die augenscheinlichste und liebenswürdigste aller Wahrheiten durch alle diese Irrgänge metaphysischer Begriffe zu verfolgen. Ich brauche nur die Augen zu öffnen, nur mich selbst zu empfinden, um in der ganzen Natur, um in dem Innersten meines eigenen Wesens den Urheber derselben, diesen höchsten wohlthätigen Geist, zu erblicken. Ich erkenne sein Daseyn nicht bloß durch Vernunftschlüsse; ich fühle es, wie ich fühle daß eine Sonne ist, wie ich fühle daß ich selbst bin."

Ein Träumender, ein Kranker, ein Wahnwitziger sieht; und doch ist das nicht, was er sieht.

„Weil er in diesem Zustande nicht recht sehen kann."

Wie kannst du beweisen, daß du nicht gerad' in diesem Punkte krank bist? Frage die Aerzte: man kann in einem einzigen Stücke wahnwitzig, und in allen übrigen klug seyn; so wie eine Laute bis auf eine einzige falsche Saite rein gestimmt seyn kann. Der rasende Ajax sieht zwei Sonnen, ein doppeltes Thebe. Was für ein untrügliches Kennzeichen hast du, das Wahre von dem was nur scheint, das was du wirklich empfindest von dem was du dir nur einbildest, das was du richtig empfindest von dem was eine verstimmte Nerve dich empfinden macht, zu unterscheiden? Und wie, wenn alle Empfindung betröge, und nichts von allem was ist so wäre, wie du es empfindest?

„Darum bekümmere ich mich wenig. Gesetzt, was ich ohnehin sehr wahrscheinlich finde, die Sonne sey nicht so, wie ich sie sehe und fühle; für mich ist sie darum nicht minder so, wie ich sie sehe und fühle, und das ist für mich genug. Ihr Einfluß in das System aller meiner übrigen Empfindungen ist darum nicht weniger wirklich, wenn sie gleich nicht so ist, wie sie sich meinen Sinnen darstellt, ja wenn sie gar nicht ist."

Die Anwendung hiervon, wenn dir's beliebt?

„Die Empfindung, die ich von dem höchsten Geist habe, hat in das innerliche System des meinigen den nämlichen Ein fluß, den die Empfindung, die ich von der Sonne habe, auf mein körperliches System hat.“

Wie so?

„Wenn sich mein Leib übel befindet, so vermehrt die Abwesenheit der Sonne das Unbehagliche dieses Zustandes. Der wiederkehrende Sonnenschein belebt, ermuntert, erquickt meinen Körper wieder, und ich befinde mich wohl oder doch erleichtert. Eben diese Wirkung thut die Empfindung des allbeseelenden Geistes auf meine Seele. Sie erheitert, sie beruhiget, sie ermuntert mich; sie zerstreut meinen Unmuth, sie belebt meine Hoffnung; sie macht, daß ich in einem Zustande nicht unglücklich bin, der mir ohne sie unerträglich wäre.“

Ich bin also glücklicher als du, weil ich alles dieses nicht vonnöthen habe. Erfahrung und Nachdenken haben mich von Vorurtheilen frei gemacht; ich genieße alles was ich wünsche, und wünsche nichts, dessen Genuß nicht in meiner Gewalt ist. Ich weiß also wenig von Unmuth und Sorgen. Ich hoffe wenig, weil ich mit dem Genusse des Gegenwärtigen zufrieden bin. Ich genieße mit Mäßigung, damit ich desto länger genießen könne; und wenn ich einen Schmerz fühle, so leide ich mit Geduld, weil dieß das beste Mittel ist, seine Dauer abzukürzen.

„Und worauf gründest du deine Tugend? Womit nährest und belebest du sie? Womit überwindest du die Hindernisse, die sie aufhalten; die Versuchungen, die von ihr ablocken, das Ansteckende der Beispiele, die Unordnung der Begierden, und die Trägheit, welche die Seele so oft erfährt, wenn sie sich erheben will?“

O Jüngling, lange genug hab' ich deinen Ausschweifungen zugehört. In was für ein Gewebe von Hirngespinnsten hat dich die Lebhaftigkeit deiner Einbildungskraft verwickelt! Deine Seele schwebt in einer immerwährenden Bezauberung, in einer steten Abwechselung von quälenden und entzückenden Träumen; und die wahre Beschaffenheit der Dinge bleibt dir so verborgen, als die sichtbare Gestalt der Welt einem Blindgebornen. Ich bedaure dich, Kallias. Deine Gestalt, deine Gaben berechtigen dich, nach allem zu trachten, was das menschliche Leben Glückliches hat; deine Denkungsart allein wird dich unglücklich machen. Angewöhnt lauter idealische Wesen um dich her zu sehen, wirst du niemals die Kunst, von den Menschen Vortheil zu ziehen, lernen. Du wirst in einer Welt, die dich so wenig kennen wird als du sie, wie ein Einwohner des Mondes herum irren, und nirgends am rechten Platze seyn, als in einer Einöde oder im Fasse des Diogenes. Was soll man mit einem Menschen anfangen, der Geister sieht? der von der Tugend fordert, daß sie mit aller Welt und mit sich selbst in beständigem Kriege leben soll? Mit einem Menschen, der sich in den Mondschein setzt und Betrachtungen über das Glück der entkörperten Geister anstellt? Glaube mir, Kallias (ich kenne die Welt und sehe keine Geister), deine Philosophie mag vielleicht gut genug seyn, eine Gesellschaft müßiger Köpfe statt eines andern Spieles zu belustigen; aber es ist Thorheit sie ausüben zu wollen. — Doch, du bist jung; die Einsamkeit deiner ersten Jugend, und die morgenländischen Schwärmereien, die uns von etlichen Griechischen Müßiggängern aus Aegypten und Chaldäa mitgebracht worden sind, haben deiner Phantasie einen romanhaften Schwung gegeben; die übermäßige Empfindlichkeit deiner Organisation hat den angenehmen Betrug befördert. Leuten von dieser Art ist nichts schön genug was sie fühlen; die Phantasie muß ihnen andre Welten schaffen, die Unersättlichkeit ihres Herzens zu befriedigen. Allein diesem Uebel kann noch abgeholfen werden. Selbst in den Ausschweifungen deiner Einbildungskraft entdeckt sich eine natürliche Richtigkeit des Verstandes, der nichts fehlt als — auf andre Gegenstände angewandt zu werden. Ein wenig Gelehrigkeit ist alles was du nöthig hast, um von dieser seltsamen Art von Wahnwitz geheilt zu werden, die du für Weisheit hältst. Ueberlaß es mir, dich aus den unsichtbaren Welten in die wirkliche herab zu führen. Sie wird dich anfangs befremden, aber nur weil sie dir neu ist; und wenn du ihrer einmal gewohnt bist, wirst du die ätherischen so wenig vermissen, als ein erwachsener Mensch die Spiele seiner Kindheit. Diese Schwärmereien sind Kinder der Einsamkeit und der Muße. Wer nach angenehmen Empfindungen dürstet, und der Mittel beraubt ist, sich wirkliche zu verschaffen, ist genöthiget sich mit Einbildungen zu speisen, und aus Mangel einer bessern Gesellschaft mit den Sylphen umzugehen. Die Erfahrung wird dich hiervon am besten überzeugen können. Ich will dir die Geheimnisse einer Weisheit entdecken, die zum Genuß alles dessen führt, was die Natur, die Kunst, die Gesellschaft, und selbst die Einbildung (denn der Mensch ist doch nicht gemacht immer weise zu seyn) Gutes und Angenehmes zu geben haben; und ich müßte mich ganz an dir betrügen, wenn die Stimme der Vernunft, die du noch niemals gehört zu haben scheinst, dich nicht von einem Irrwege zurückrufen könnte, wo du am Ende deiner Reise in das Land der Hoffnungen dich um nichts reicher befinden würdest, als um die Erfahrung dich betrogen zu haben. Jetzt ist es Zeit schlafen zu gehen; aber der nächste ruhige Morgen, den ich habe, soll dein seyn. Ich brauche dir nicht zu sagen, wie zufrieden ich mit der Art bin, wie du bisher dein Amt versehen hast; und ich wünsche nichts, als daß eine bessere Uebereinstimmung unsrer Denkungsart mich in den Stand setze, dir Beweise von meiner Freundschaft zu geben.

Mit diesen Worten begab sich Hippias hinweg, und ließ unsern Agathon in einer Verfassung, die der Leser aus dem folgenden Kapitel ersehen wird.

Sechstes Kapitel.

Worin Agathon für einen Schwärmer ziemlich gute Schlüsse macht.

Wir zweifeln nicht, verschiedene Leser dieser Geschichte werden vermuthen, Agathon müsse über diese nachdrucksvolle Apostrophe des weisen Hippias nicht wenig betroffen, oder doch in einige Unruhe gesetzt worden seyn. Das Alter des Sophisten, der Ruf der Weisheit worin er stand, der zuversichtliche Ton womit er sprach, der Schein von Wahrheit der über seine Rede ausgebreitet war, und, was nicht das wenigste scheint, das Ansehen welches ihm seine Reichthümer gaben; alle diese Umstände hätten nicht fehlen sollen, einen Menschen aus der Fassung zu setzen, der ihm so viele Vorzüge eingestehen mußte, und überdieß noch sein

Sklave war. Gleichwohl hatte Agathon diese ganze nachdrucksvolle Rede mit einem Lächeln angehört, welches fähig gewesen wäre, alle Sophisten der Welt irre zu machen, wenn die Dunkelheit und das Vorurtheil des Redners für sich selbst es hätten bemerken lassen; und kaum befand er sich allein, so war die erste Wirkung derselben, daß dieses Lächeln sich in ein Lachen verwandelte, welches er zum Nachtheil seines Zwerchfells länger zurück zu halten unnöthig hielt, und welches immer wieder anfing, so oft er sich die Miene, den Ton und die Gebärden vorstellte, womit der weise Hippias die kräftigsten Stellen seiner Rede von sich gegeben hatte. Es ist wahr, sagte er zu sich selbst, ein Mensch, der so lebt wie Hippias, muß so denken; und wer so denkt wie Hippias, würde unglücklich seyn, wenn er nicht so leben könnte. Aber gleichwohl muß ich lachen, wenn ich an den Ton der Unfehlbarkeit denke womit er sprach. Dieser Ton ist mir nicht so neu, als der weise Hippias glauben mag. Ich habe Gerber und Grobschmiede zu Athen gekannt, die sich nicht zu wenig däuchten, mit dem ganzen Volke in diesem Tone zu sprechen. Er glaubt mir etwas Neues gesagt zu haben, wenn er meine Denkungsart Schwärmerei nennt, und mir mit der Gewißheit eines Propheten die Schicksale ankündiget, die sie mir zuziehen wird. Wie sehr betrügt er sich, wenn er mich dadurch erschreckt zu haben glaubt! O Hippias, was ist das was du Glückseligkeit nennest? Niemals wirst du fähig seyn zu wissen was Glückseligkeit ist. Was du so nennst, ist Glückseligkeit, wie das Liebe ist, was dir deine Tänzerinnen einflößen. Du nennst die meinige Schwärmerei? Laß mich immer ein

Schwärmer seyn, und sey du ein Weiser! Die Natur hat dir diese Empfindlichkeit, diese innerlichen Sinnen versagt, die den Unterschied zwischen uns beiden machen; du bist einem Tauben ähnlich, der die fröhlichen Bewegungen, welche die begeisternde Flöte eines Damon in alle Glieder seiner Hörer bringt, dem Wein oder der Unsinnigkeit zuschreibt; er würde tanzen wie sie, wenn er hören könnte. Die Weltleute sind in der That nicht zu verdenken, wenn sie uns andre für ein wenig mondsüchtig halten. Wer will ihnen zumuthen zu glauben, es mangle ihnen etwas, das zu einem vollständigen Menschen gehört? Ich kannte zu Athen ein junges Frauenzimmer, welches die Natur wegen der Häßlichkeit ihrer übrigen Figur durch den feinsten Fuß getröstet hatte. Ich möchte doch wissen, sagte sie zu einer Freundin, was diese jungen Gecken an der einbildischen Timandra sehen, daß sie sonst für niemand Augen haben als für sie? Es ist wahr, ihre Gesichtsfarbe geht noch mit, ihre Züge sind so so, ihre Augen wenigstens aufmunternd genug; aber was sie für Füße hat! Wie kann man einen Anspruch an Schönheit machen, ohne einen feinen Fuß zu haben? Du hast Recht, versetzte die Freundin, die der Natur nichts Schöneres zu danken hatte, als ein Paar ungemein kleine Ohren: um schön zu seyn, muß man einen Fuß haben wie du; aber was sagst du zu ihren Ohren, Hermia? So wahr mir Diana gnädig sey, sie würden einem Faun Ehre machen. — So sind die Menschen, und es wäre unbillig ihnen übel zu nehmen, daß sie so sind. Die Nachtigall singt, der Rabe krächzt, und er müßte kein Rabe seyn, wenn er nicht dächte, daß er gut krächze; ja, er hat noch Recht, wenn er denkt, die Nachtigall krächze nicht gut. Es ist wahr, dann geht er zu weit, wenn er über die Nachtigall spottet, daß sie nicht so gut krächze wie er: aber sie würde eben so Unrecht haben, wenn sie über ihn lachte, daß er nicht singe wie sie; singt er nicht, so krächzt er doch gut, und das ist für ihn genug. — Aber Hippias ist besorgt für mich, er bedauert mich, er will mich so glücklich haben, wie er ist. Dieß ist großmüthig! — Er hat ausfindig gemacht, daß ich das Schöne liebe, daß ich gegen den Reiz des Vergnügens nicht unempfindlich bin. Die Entdeckung war leicht zu machen; aber in den Schlüssen, die er daraus zieht, könnt' er sich betrogen haben. Der kluge Ulysses zog sein steiniges kleines Ithaka, wo er frei war, und seine alte Frau, mit welcher er vor zwanzig Jahren jung gewesen war, der bezauberten Insel der schönen Kalypso vor, wo er unsterblich und ein Sklave gewesen wäre; und der Schwärmer Agathon würde, mit allem seinem Geschmack für das Schöne und mit aller seiner Empfindlichkeit für die Ergötzungen, ohne sich einen Augenblick zu bedenken, lieber in das Faß des Diogenes kriechen, als den Palast, die Gärten, das Gynäceon und die Reichthümer des weisen Hippias besitzen, und Hippias seyn.

Immer Selbstgespräche! hören wir den Leser sagen. Wenigstens ist dieß eines, und wer kann dafür? Agathon hatte sonst niemand mit dem er hätte reden können als sich selbst; denn mit den Bäumen und Nymphen reden nur die Verliebten. Wir müssen uns schon entschließen, ihm diese Unart zu gut zu halten; und wir sollten es desto eher thun können, da ein so feiner Weltmann, als Horaz unstreitig war, sich nicht geschämt hat zu gestehen, daß er öfters mit sich selbst zu reden pflege.

Siebentes Kapitel.

Vorbereitungen zum Folgenden.

Agathon hatte noch nicht lange genug unter den Menschen gelebt, um die Welt so gut zu kennen, wie ein Theophrast sie kannte da er sie verlassen mußte. Allein was ihm an Erfahrung abging, ersetzte seine natürliche Gabe in den Seelen zu lesen, die durch die Aufmerksamkeit geschärft worden war, womit er die Menschen und die Auftritte des Lebens, welche er zu sehen Gelegenheit gehabt, beobachtet hatte. Daher kam es, daß seine letzte Unterredung mit dem Hippias, anstatt ihn etwas Neues zu lehren, nur den Verdacht rechtfertigte, den er schon einige Zeit gegen den Charakter und die Denkungsart dieses Sophisten gefaßt hatte. Er konnte also leicht errathen, von was für einer Art die geheime Philosophie seyn würde, von welcher man ihm so große Vortheile versprochen hatte. Demungeachtet verlangte ihn nach dieser Zusammenkunft: theils weil er neugierig war, die Denkungsart eines Hippias in ein System gebracht zu sehen; theils weil er sich von der Beredsamkeit desselben diejenige Art von Ergötzung versprach, die uns ein geschickter Gaukler macht, der uns sehen läßt, was wir nicht sehen, ohne es darum bei einem klugen Menschen so weit zu bringen, daß er nur einen Augenblick zweifeln sollte, ob er betrogen werde oder nicht.

Mit einer Gemüthsverfassung, die so wenig von der Gelehrigkeit hatte, welche Hippias forderte, fand sich Agathon ein, als er nach Verfluß einiger Tage an einem Morgen in das Zimmer des Sophisten gerufen wurde; welcher, auf einem

Ruhebette liegend, seiner wartete, und ihm befahl, sich neben ihm niederzusetzen und das Frühstück mit ihm zu nehmen.

Diese Höflichkeit war nach der Absicht des weisen Hippias eine Vorbereitung, und er hatte, um die Wirkung derselben zu befördern, das schönste Mädchen in seinem Hause ausersehen, sie dabei zu bedienen. In der That die Gestalt dieser Nymphe, und die gute Art womit sie ihr Amt versah, machten ihre Aufwartung für einen Weisen von Agathons Alter ein wenig beunruhigend. Das Schlimmste war, daß die kleine Zaubrerin, um sich wegen der Gleichgültigkeit, womit er ihre zuvorkommende Güte bisher vernachlässiget hatte, zu rächen, keinen von den Kunstgriffen verabsäumte, wodurch sie ihm den Werth des verscherzten Glückes empfindlicher zu machen glaubte. Sie hatte die Bosheit gehabt, sich in einem so niedlichen, so sittsamen, und doch so verführerischen Morgenanzug darzustellen, daß Agathon sich nicht verhindern konnte zu denken, die Grazien selbst könnten, wenn sie gekleidet erscheinen wollten, keinen Anzug erfinden, der auf eine wohlanständigere Art das Mittel zwischen Kleidung und Nacktheit hielte. Die Wahrheit zu sagen, das rosenfarbene Gewand, welches sie umfloß, war eher demjenigen ähnlich, was Petron einen gewebten Wind oder einen leinenen Nebel nennt, als einem Zeuge der den Augen viel entziehen soll. Die kleinste Bewegung entdeckte Reizungen, welche desto gefährlicher waren, da sie sich sogleich wieder in verrätherische Schatten verbargen, und mehr der Einbildungskraft als den Augen nachzustellen schienen.

Demungeachtet würde unser Held sich vielleicht ganz wohl aus der Sache gezogen haben, wenn er nicht beim ersten Anblicke die Absichten des Hippias und der schönen Cyane (so hieß die junge Schöne) errathen hätte. Diese Entdeckung setzte ihn in eine Art von Verlegenheit, die desto merklicher ward, je größere Gewalt er sich anthat sie zu verbergen. Er erröthete zu seinem größten Verdrusse bis an die Ohren, machte allerlei gezwungene Gebärden, und sah alle Gemälde im Zimmer nach einander an, um seine Verwirrung unmerklich zu machen. Aber alle seine Mühe war umsonst; die Geschäftigkeit der schalkhaften Cyane fand immer neuen Vorwand seinen zerstreuten Blick auf sich zu ziehen.

Doch der Triumph, dessen sie in diesen Augenblicken genoß, währte nicht lange. So empfindlich Agathons Augen waren, so waren sie es doch nicht mehr als sein moralischer Sinn; und ein Gegenstand, der diesen beleidigte, konnte keinen so angenehmen Eindruck auf jene machen, daß er nicht von der unangenehmen Empfindung des andern wäre überwogen worden. Die Ansprüche der schönen Cyane, das Gekünstelte, das Schlaue, das Schlüpfrige, das ihm an ihrer ganzen Person anstößig war, löschte das Reizende so sehr aus, und erkälteten seine Sinnen so sehr, daß ein einziger Grad mehr, gleich dem Anblick der Medusa, fähig gewesen wäre ihn in einen Stein zu verwandeln. Die Freiheit und Gleichgültigkeit, die ihm dieses gab, blieb Cyanen nicht verborgen. Er sorgte dafür sie durch gewisse Blicke, und ein gewisses Lächeln, dessen Bedeutung ihr ganz deutlich war, zu überzeugen, daß sie zu früh triumphirt habe. Dieses Betragen war für ihre Reizungen allzu beleidigend, als daß sie es für ungezwungen hätte halten sollen. Der Widerstand, den sie fand, forderte sie zu einem Wettstreit heraus, worin sie alle ihre Künste anwandte, den Sieg zu erhalten. Allein die Stärke ihres Gegners ermüdete endlich ihre Hoffnung, und sie behielt kaum noch so viel Gewalt über sich selbst, den Verdruß zu verbergen, der sie über diese Demüthigung ihrer Eitelkeit empfand.

Hippias, der sich eine Zeit lang stillschweigend an diesem Spiele belustigte, urtheilte bei sich selbst, daß es nicht leicht seyn werde, „den Verstand eines Menschen zu fangen, dessen Herz, selbst auf der schwächsten Seite, so wohl befestiget schien.“ Allein diese Anmerkung bekräftigte ihn nur in seinen Gedanken von der Methode, die er bei seinem neuen Schüler gebrauchen müsse; und da er selbst von seinem System besser überzeugt war, als irgend ein Bonze von der Kraft der Amulete, die er seinen dankbaren Gläubigen austheilt, so zweifelte er nicht, Agathon würde durch einen freimüthigen Vortrag besser zu gewinnen seyn, als durch die rednerischen Kunstgriffe, deren er sich bei schwächern Seelen mit gutem Erfolge zu bedienen pflegte. Sobald also das Frühstück genommen, und die beschämte Cyane abgetreten war, fing er, nach einem kleinen Vorbereitungsgespräche, den merkwürdigen Discurs an, durch dessen vollständige Mittheilung wir desto mehr Dank zu verdienen hoffen, da wir von Kennern versichert worden sind, daß der geheime Verstand desselben den buchstäblichen an Wichtigkeit noch weit übertreffe, und der wahre und unfehlbare Proceß, den Stein der Weisen zu finden, darin verborgen liege.

Drittes Buch.

Darstellung der Philosophie des Hippias.

Erstes Kapitel.

Prolog eines interessanten Discurses.

Wenn wir auf das Thun und Lassen der Menschen Acht geben, mein lieber Kallias, so scheint zwar, daß alle ihre Sorgen und Bemühungen kein andres Ziel haben als sich glücklich zu machen: allein die Seltenheit derjenigen die es wirklich sind, oder es doch zu seyn glauben, beweiset zugleich, daß die meisten nicht wissen, durch was für Mittel sie sich glücklich machen sollen, wenn sie es nicht sind, das ist, wie sie sich ihres guten Glückes bedienen sollen, um in denjenigen Zustand zu kommen den man Glückseligkeit nennt. Es gibt eben so viele, die im Schooße des Ansehens, des Glücks und der Wollust, als solche, die in einem Zustande von Mangel, Dienstbarkeit und Unterdrückung elend sind. Einige haben sich aus diesem letztern Zustand empor gearbeitet, in der Meinung, daß sie nur darum unglückselig wären, weil es ihnen am Besitze der Güter des Glücks fehle. Allein die

Erfahrung hat sie gelehrt, daß, wenn es eine Kunst gibt, die Mittel zur Glückseligkeit zu erwerben, es vielleicht eine noch schwerere, zum wenigsten eine seltnere Kunst sey, diese Mittel recht zu gebrauchen. Es ist daher allezeit die Beschäftigung der verständigsten unter den Menschen gewesen, durch Verbindung dieser beiden Künste diejenige heraus zu bringen, die man die Kunst glücklich zu leben nennen kann, und in deren Ausübung, nach meinem Begriffe, die Weisheit besteht, die so selten ein Antheil der Sterblichen ist. Ich nenne sie eine Kunst, weil sie von der fertigen Anwendung gewisser Regeln abhängt, die nur durch die Uebung erlangt werden kann: allein sie setzt, wie alle Künste, einen gewissen Grad von Fähigkeit voraus, den nur die Natur gibt, und den sie nicht allen zu geben pflegt.

Einige Menschen scheinen kaum einer größern Glückseligkeit fähig zu seyn als die Austern; und wenn sie ja eine Seele haben, so ist es nur so viel als vonnöthen ist, um ihren Leib eine Zeit lang vor der Fäulniß zu bewahren. Ein größerer, und vielleicht der größte Theil der Menschen befindet sich nicht in diesem Falle; aber, weil es ihnen an genugsamer Stärke des Gemüths, und an einer gewissen Feinheit der Empfindung mangelt, so ist ihr Leben, gleich dem Leben der übrigen Thiere des Erdbodens, zwischen Vergnügen, die sie weder zu wählen noch zu genießen, und Schmerzen, denen sie weder zu widerstehen noch zu entfliehen wissen, getheilt. Wahn und Leidenschaften sind die Triebfedern dieser menschlichen Maschinen: beide setzen sie einer unendlichen Menge von Uebeln aus, die es nur in einer be=

trogenen Einbildung, aber eben darum, wo nicht schmerzlicher, doch anhaltender und unheilbarer sind, als diejenigen die uns die Natur auferlegt. Diese Art von Menschen ist keines gesetzten und anhaltenden Vergnügens, keines Zustandes von Glückseligkeit fähig; ihre Freuden sind Augenblicke, und ihr übriges Leben ist entweder wirkliches Leiden, oder ein unaufhörliches Gefühl verworrener Wünsche, eine immerwährende Ebbe und Flut von Furcht und Hoffnung, von Phantasien und Gelüsten; kurz, eine unruhige Bewegung, die weder ein gewisses Maß noch ein festes Ziel hat, und also weder ein Mittel zur Erwerbung dessen was gut ist seyn kann, noch dasjenige genießen läßt, was man wirklich besitzt. Es scheint also unmöglich zu seyn, ohne eine gewisse Feinheit und Zartheit des Gefühls, die uns in einem weitern Umkreise, mit schärfern Sinnen, und auf eine angenehmere Art genießen läßt, und ohne die Stärke der Seele, die uns fähig macht das Joch der Einbildung und des Wahns abzuschütteln und die Leidenschaften in unsrer Gewalt zu haben, zu demjenigen ruhigen Zustande von Genuß und Zufriedenheit zu kommen, der die Glückseligkeit ausmacht. Nur derjenige ist in der That glücklich, der sich von den Uebeln, die nur in der Einbildung bestehen, gänzlich frei zu machen, diejenigen aber, denen die Natur den Menschen unterworfen hat, entweder zu vermeiden oder doch zu vermindern gelernt hat, und das Gefühl derselben einzuschläfern; hingegen sich in den Besitz alles des Guten, dessen uns die Natur fähig gemacht, zu setzen, und was er besitzt, auf die angenehmste Weise zu genießen weiß; und dieser Gückselige allein ist der Weise.

Wenn ich dich anders recht kenne, Kallias, so hat dich die Natur mit den Fähigkeiten es zu seyn so reichlich begabt, als mit den Vorzügen, deren kluger Gebrauch uns die Gunstbezeugungen des Glücks zu verschaffen pflegt. Demungeachtet bist du weder glücklich, noch wirst du es jemals werden, so lange du nicht von beiden einen andern Gebrauch zu machen lernest, als du bisher gethan hast. Du wendest die Stärke deiner Seele an, dein Herz gegen das wahre Vergnügen unempfindlich zu machen, und beschäftigest deine Empfindlichkeit mit unwesentlichen Gegenständen, die du nur in der Einbildung siehest, und nur im Traume geniessest. Die Vergnügungen, welche die Natur dem Menschen zugetheilt hat, sind für dich Schmerzen, weil du dir Gewalt anthun mußt sie zu entbehren; und du setzest dich allen Uebeln aus, die sie uns vermeiden lehrt, indem du, statt einer nützlichen Geschäftigkeit, dein Leben in den süßen Einbildungen wegträumest, womit du dir die Beraubung des wirklichen Vergnügens zu ersetzen suchest. Dein Uebel, lieber Kallias, entspringt von einer Einbildungskraft, welche dir ihre Geschöpfe in einem überirdischen Glanze zeigt, der dein Herz verblendet, und ein falsches Licht über das was wirklich ist ausbreitet; von einer dichterischen Einbildungskraft, die sich beschäftiget schönere Schönheiten und angenehmere Vergnügungen zu erfinden als die Natur hat; einer Einbildungskraft, ohne welche weder Homere, noch Alkamene, noch Polygnote wären; welche gemacht ist unsre Ergötzungen zu verschönern, aber nicht die Führerin unsers Lebens zu seyn. Um weise zu seyn, hast du nichts nöthig, als die gesunde Vernunft an die Stelle dieser begeisterten Zaubrerin, und die kalte Ueberlegung an den Platz eines sehr oft betrüglichen Gefühls zu setzen. Bilde dir auf etliche Augenblicke ein, daß du den Weg zur Glückseligkeit erst suchen müssest; frage die Natur, höre ihre Antwort, und folge dem Pfade, den sie dir vorzeichnen wird.

Zweites Kapitel.

Fortsetzung der Rede des Hippias. Seine Theorie der angenehmen Empfindungen.

Und wen anders als die Natur können wir fragen, um zu wissen, wie wir leben sollen, um wohl zu leben? „Die Götter?" Sie sind entweder die Natur selbst, oder die Urheber der Natur: in beiden Fällen ist die Stimme der Natur die Stimme der Gottheit. Sie ist die allgemeine Lehrerin aller Wesen; sie lehrt jedes Thier vom Elephanten bis zum Insect, was seiner besondern Verfassung gut oder schädlich ist. Um so glücklich zu seyn als es diese innerliche Einrichtung erlaubt, braucht das Thier nichts weiter, als dieser Stimme der Natur zu folgen, welche bald durch den süßen Zug des Vergnügens, bald durch das ungeduldige Fordern des Bedürfnisses, bald durch das ängstliche Pochen des Schmerzens, es entweder zu demjenigen locket, was ihm zuträglich ist, oder es zur Erhaltung seines Lebens und seiner Gattung auffordert, oder es vor demjenigen warnet, was seinem Wesen die Zerstörung dräuet. Sollte der Mensch allein von dieser mütterlichen Vorsorge ausgenommen seyn, oder er allein irren können, wenn er der Stimme folget, die zu allen Wesen spricht? Oder ist nicht vielmehr die Unachtsamkeit und der Ungehorsam gegen ihre Erinnerungen die einzige wahre Ursache, warum unter einer unendlichen Menge von lebenden Wesen der Mensch das einzige unglückselige ist?

Die Natur hat allen ihren Werken eine gewisse Einfalt eingedrückt, die ihre mühsamen Anstalten und die genaueste Regelmäßigkeit unter einem Scheine von Leichtigkeit und Anmuth verbirgt. Mit diesem Stempel sind auch die Gesetze der Glückseligkeit bezeichnet, welche sie dem Menschen vorgeschrieben hat. Sie sind einfältig, leicht auszuüben, führen gerade und sicher zum Zweck. Die Kunst glücklich zu leben würde die gemeinste unter allen Künsten seyn, wie sie die leichteste ist, wenn die Menschen nicht gewohnt wären sich einzubilden, „daß man große Zwecke nicht anders, als durch große Anstalten erreichen könne.“ Es scheint ihnen zu einfältig, daß alles, was uns die Natur durch den Mund der Wahrheit zu sagen hat, in diese drei Erinnerungen zusammen fließen soll: befriedige deine Bedürfnisse; vergnüge alle deine Sinnen; erspare dir so viel du kannst alle schmerzhaften Empfindungen. Und doch wird dich eine kleine Aufmerksamkeit überführen, daß die vollständigste Glückseligkeit, deren die Sterblichen fähig sind, in die Linie, die von diesen dreien Formeln bezeichnet wird, eingeschlossen ist.

Es hat Narren gegeben, welche die Frage mühsam untersucht haben, ob das Vergnügen ein Gut, und der Schmerz ein Uebel seyn? Es hat noch größere Narren gegeben, welche wirklich behaupteten, der Schmerz sey kein Uebel und das Vergnügen kein Gut; und, was das lustigste dabei ist, beide haben Thoren gefunden, die albern genug waren, diese Narren für klug zu halten. Das Vergnügen ist kein Gut, sagen sie, weil es Fälle gibt wo der Schmerz ein größeres Gut ist; und der Schmerz ist kein Uebel, weil er zuweilen besser ist als das Vergnügen. Sind diese Wortspiele einer Antwort werth? Was würde ein Zustand seyn, der in einem vollständigen unaufhörlichen Gefühl des höchsten Grades aller möglichen Schmerzen bestände? Wenn dieser Zustand das höchste Uebel ist, so ist der Schmerz ein Uebel.

Doch wir wollen die Schwätzer mit Worten spielen lassen, die ihnen bedeuten müssen was sie wollen. Die Natur entscheidet diese Frage, wenn es eine seyn kann, auf eine Art, die keinen Zweifel übrig läßt. Wer ist, der nicht lieber vernichtet als unaufhörlich gepeiniget werden wollte? Wer sieht nicht einen schönen Gegenstand lieber als einen ekelhaften? Wer hört nicht lieber den Gesang der Nachtigall, als das Geheul der Nachteule? Wer zieht nicht einen angenehmen Geruch oder Geschmack einem widrigen vor? Und würde nicht der enthaltsame Kallias selbst lieber auf einem Lager von Blumen in den Rosenarmen irgend einer schönen Nymphe ruhen, als in den glühenden Armen des ehernen Götzenbildes, welchem die unmenschliche Andacht gewisser syrischer Völker ihre Kinder opfert? Eben so wenig scheint einem Zweifel unterworfen zu seyn, daß der Schmerz und das Vergnügen so unverträglich sind, daß eine einzige gepeinigte Nerve genug ist, uns gegen die vereinigten Reizungen aller Wollüste unempfindlich zu machen. Die Freiheit von allen Arten der Schmerzen ist also unstreitig eine unumgängliche Bedingung der Glückseligkeit, allein da sie nichts Positives ist, so ist sie nicht sowohl ein Gut, als der Zustand, worin man des Genusses des Guten fähig ist. Dieser Genuß allein ist es, dessen Dauer den Stand hervorbringt, den man Glückseligkeit nennt.

Es ist unläugbar, daß nicht alle Arten und Grade des Vergnügens gut sind. Die Natur allein hat das Recht uns die Vergnügen anzuzeigen, die sie uns bestimmt hat. So unendlich die Menge dieser angenehmen Empfindungen zu seyn scheint, so ist doch leicht zu sehen, daß sie alle entweder zu den Vergnügungen der Sinne, oder der Einbildungskraft, oder zu einer dritten Classe, die aus beiden zusammen gesetzt ist, gehören. Die Vergnügen der Einbildungskraft sind entweder Erinnerungen an ehemals genossene sinnliche Vergnügen; oder Mittel, uns den Genuß derselben reizender zu machen; oder angenehme Dichtungen und Träume, die entweder in einer neuen willkürlichen Zusammensetzung angenehmer sinnlicher Vorstellungen, oder in einer eingebildeten Erhöhung der Grade jener Vergnügen, die wir erfahren haben, bestehen. Es sind also, wenn man genau reden will, alle Vergnügungen im Grunde sinnlich, indem sie, es sey nun unmittelbar oder vermittelst der Einbildungskraft, von keinen andern als sinnlichen Vorstellungen entstehen können.

Die Philosophen reden von Vergnügen des Geistes,

von Vergnügen des Herzens, von Vergnügen der Tugend. Alle diese Vergnügen sind es für die Sinnen, oder für die Einbildungskraft, oder sie sind — nichts.

Warum ist Homer unendliche Mal angenehmer zu lesen als Heraklitus? Weil die Gedichte des ersten eine Reihe von Gemälden darstellen, die — entweder durch die eigenthümlichen Reizungen des Gegenstandes, oder die Lebhaftigkeit der Farben, oder einen Contrast, der das Vergnügen durch eine kleine Mischung mit widrigen Empfindungen erhöhet, oder die Erregung angenehmer Gemüthsbewegungen — unsere Phantasie bezaubern: da hingegen die trocknen Schriften des Philosophen nichts darstellen, als eine Reihe von Wörtern, welche nicht Bilder, sondern bloße Zeichen abgezogener Begriffe sind, von welchen sich die Einbildungskraft nicht anders als mit vieler Anstrengung, und mit einer beständigen Bemühung, die Verwirrung so vieler gestalt- und farbenloser Schatten zu verhüten, einige Vorstellungen machen kann. Es ist wahr, es gibt abgezogene Begriffe, die für gewisse enthusiastische Seelen entzückend sind; aber warum sind sie es? In der That bloß darum, weil die Einbildungskraft sie auf eine schlaue Art zu verkörpern weiß. Untersuche alle angenehmen Ideen von dieser Art, so unkörperlich und geistig sie scheinen mögen, und du wirst finden, daß das Vergnügen, das sie deiner Seele machen, von den sinnlichen Vorstellungen entsteht, womit sie begleitet sind. Bemühe dich so sehr als du willst, dir Götter ohne Gestalt, ohne Glanz, ohne etwas das die Sinnen rührt, vorzustellen; es wird dir unmöglich seyn. Der Jupiter des Homer und Phidias, ie Idee eines

Hercules oder Theseus, wie unsere Einbildungskraft sich diese Helden vorzustellen pflegt, die Ideen eines überirdischen Glanzes, einer mehr als menschlichen Schönheit, eines ambrosischen Geruchs, werden sich unvermerkt an die Stelle derjenigen setzen, die du dich vergeblich zu machen bestrebest, und du wirst noch immer an dem irdischen Boden kleben, wenn du schon in den empyräischen Gegenden zu schweben glaubst.

Sind die Vergnügen des Herzens weniger sinnlich? Sie sind die allersinnlichsten. Ein gewisser Grad derselben verbreitet eine wollüstige Wärme durch unser ganzes Wesen, belebt den Umlauf des Blutes, ermuntert das Spiel der Fibern, und setzt unsre ganze Maschine in einen Zustand von Behaglichkeit, der sich der Seele um so mehr mittheilet, als ihre eignen natürlichen Verrichtungen auf die angenehmste Art dadurch erleichtert werden. Die Bewunderung, die Liebe, das Verlangen, die Hoffnung, das Mitleiden, jeder zärtliche Affect bringt diese Wirkung in einigem Grade hervor, und ist desto angenehmer, je mehr er sich derjenigen Wollust nähert, die unsere Alten würdig gefunden haben, in der Gestalt der personificirten Schönheit, aus deren Genusse sie entspringt, unter die Götter gesetzt zu werden. Derjenige, den sein Freund niemals in Entzückungen gesetzt hat, die den Entzückungen der Liebe ähnlich sind, ist nicht berechtigt von den Vergnügen der Freundschaft zu reden. Was ist das Mitleiden, welches uns zur Gutthätigkeit treibt? Wer anders ist desselben fähig, als diese empfindlichen Seelen, deren Auge durch den Anblick, deren Ohr durch den ächzenden

Ton des Schmerzens und Elends gequälet wird, und die in dem Augenblicke, da sie die Noth eines Unglücklichen erleichtern, beinahe dasselbe Vergnügen fühlen, welches sie in eben diesem Augenblick an seiner Stelle gefühlt hätten? Wenn das Mitleiden nicht ein wollüstiges Gefühl ist, warum rührt uns nichts so sehr als die leidende Schönheit? Warum lockt die klagende Phädra in der Nachahmung zärtliche Thränen aus unsern Augen, da die winselnde Häßlichkeit in der Natur nichts als Ekel erweckt? Und sind etwan die Vergnügen der Wohlthätigkeit und Menschenliebe weniger sinnlich? Dasjenige was in dir vorgehen wird, wenn du dir die contrastirenden Gemälde einer geängstigten und einer fröhlichen Stadt vorstellest, die Homer auf den Schild des Achilles setzt, wird dir diese Frage auflösen. Nur diejenigen, die der Genuß des Vergnügens in die lebhafteste Entzückung setzt, sind fähig, von den lachenden Bildern einer allgemeinen Freude und Wonne so sehr gerührt zu werden, daß sie dieselbe außer sich zu sehen wünschen; das Vergnügen der Gutthätigkeit wird allemal mit demjenigen in Verhältniß stehen, welches ihnen der Anblick eines vergnügten Gesichts, eines fröhlichen Tanzes, einer öffentlichen Lustbarkeit macht: und es ist nur der Vortheil ihres Vergnügens, je allgemeiner diese Scene ist. Je größer die Anzahl der Fröhlichen und die Mannichfaltigkeit der Freuden, desto größer die Wollust, wovon diese Art von Menschen, an denen alles Sinn, alles Herz und Seele ist, beim Anblick derselben überströmet werden. Laß uns also gestehen, Kallias, daß alle Vergnügen, die uns die Natur anbeut, sinnlich sind; und daß die hochfliegendste, abgezogenste und geistigste Einbildungskraft uns keine andern verschaffen kann, als solche, die wir auf eine weit vollkommnere Art aus dem rosenbekränzten Becher, und von den Lippen der schönen Cyane saugen könnten.

Es ist wahr, es gibt noch eine Art von Vergnügen, die beim ersten Anblick eine Ausnahme von meinem Satze zu machen scheint. Man könnte sie künstliche nennen, weil wir sie nicht aus den Händen der Natur empfangen, sondern nur gewissen Einverständnissen der menschlichen Gesellschaft zu danken haben, durch welche dasjenige, was uns dieses Vergnügen macht, die Bedeutung eines Gutes erhalten hat. Allein die kleinste Ueberlegung wird uns überzeugen, daß diese Dinge keine andere Art von Vergnügen gewähren, als die uns der Besitz des Geldes gibt; welches wir mit Gleichgültigkeit ansehen würden, wenn es uns nicht für alle die wirklichen Vergnügen Gewähr leistete, die wir uns dadurch verschaffen können. Von der nämlichen Art ist dasjenige, welches der Ehrgeizige empfindet, wenn ihm Bezeigungen einer scheinbaren Hochachtung gemacht werden, die ihm als Zeichen seines Ansehens, und der Macht, die ihm dasselbe über andere gibt, angenehm sind. Ein morgenländischer Despot bekümmert sich wenig um die Hochachtung seiner Völker; sklavische Unterwürfigkeit ist für ihn genug. Ein Mensch hingegen, dessen Glück in den Händen solcher Leute liegt, die seinesgleichen sind, ist genöthigt, sich ihre Hochachtung zu erwerben. Allein diese Unterwürfigkeit ist dem Despoten, diese Hochachtung ist dem Republicaner nur darum angenehm, weil sie ihm das Vermögen oder die Gelegenheit gibt, die

Leidenschaften und Begierden desto besser zu befriedigen, welche die unmittelbaren Quellen des Vergnügens sind. Warum ist Alcibiades ehrgeizig? Alcibiades bewirbt sich um einen Ruhm, der seine Ausschweifungen, seinen Uebermuth, seinen schleppenden Purpur, seine Schmäuse und Liebeshändel bedeckt; der es den Athenern erträglich macht, den Liebesgott mit dem Blitze Jupiters bewaffnet auf dem Schilde ihres Feldherrn zu sehen; der die Gemahlin eines spartanischen Königs so sehr verblendet, daß sie stolz darauf ist, für seine Buhlerin gehalten zu werden. Ohne diese Vortheile würde ihm Ansehen und Ruhm so gleichgültig seyn, als ein Haufen Rechenpfennige einem Korinthischen Wechsler.

„Allein,“ spricht man, „wenn es seine Richtigkeit hat, daß die Vergnügen der Sinne alles sind, was uns die Natur zuerkannt hat: was ist leichter und was braucht weniger Kunst und Anstalten, als glücklich zu seyn? Wie wenig bedarf die Natur um genug zu haben?“

Es ist wahr, die rohe Natur bedarf wenig. Unwissenheit ist der Reichthum des Wilden. Eine Bewegung, die seinen Körper munter erhält, eine Nahrung, die seinen Hunger stillt, ein Weib, schön oder häßlich, wenn ihn die Ungeduld des Bedürfnisses spornt, ein schattiger Rasen, wenn er des Schlafs bedarf, und eine Höhle, sich vor dem Ungewitter zu sichern, ist alles was der wilde Mensch nöthig hat, um in einem Leben von achtzig Jahren sich nur nicht träumen zu lassen, daß man mehr vonnöthen haben könne. Die Vergnügungen der Einbildungskraft und des Geschmackes sind nicht für ihn; er genießt nicht mehr als die übrigen Thiere, und genießt wie sie. Wenn er glücklich ist, weil er sich nicht für unglücklich hält, so ist er es doch nicht in Vergleichung mit demjenigen, für den die Künste des Witzes und des Geschmackes die angenehmste Art zu genießen, und eine unendliche Menge von Ergötzungen der Sinne und der Einbildung erfunden haben, wovon die Natur in ihrem rohen Zustande keinen Begriff hat. Wahr ist's, diese Vergleichung findet nur in dem Stand einer Gesellschaft statt, die in einer langen Reihe von Jahrhunderten sich endlich zu einem gewissen Grade der Vollkommenheit erhoben hat. In diesem Stande aber wird alles das zum Bedürfniß, was der Wilde nur darum nicht vermisset, weil es ihm unbekannt ist; und Diogenes könnte zu Korinth nicht glücklich seyn, wenn er nicht — ein Narr wäre.

Gewisse poetische Köpfe haben sich ein goldnes Alter, ein idealisches Arkadien, ein reizendes Hirtenleben geträumt, welches zwischen der rohen Natur und der Lebensart des begüterten Theils eines gesitteten und sinnreichen Volkes das Mittel halten soll. Sie haben die verschönerte Natur von allem demjenigen entkleidet, wodurch sie verschönert worden ist, und diesen abgezogenen Begriff die schöne Natur genannt. Allein (außerdem, daß diese schöne Natur in der nackten Einfalt, welche man ihr gibt, niemals irgendwo vorhanden war) wer siehet nicht, daß die Lebensart des goldnen Alters der Dichter zu derjenigen, welche durch die Künste mit allem bereichert und ausgeziert wird, was uns im Genuß einer ununterbrochenen Wollust vor dem Ueberdruß der Sättigung bewahren kann, daß, sage ich, jene dichterische Lebensart zu dieser sich eben so verhält, wie die Lebensart des wildesten Sogdianers zu jener? Wenn es angenehmer ist, in einer bequemen Hütte zu wohnen, als in einem hohlen Baum: so ist es noch angenehmer, in einem geräumigen Hause zu wohnen, das mit den ausgesuchtesten und wollüstigsten Bequemlichkeiten versehen, und allenthalben mit Bildern des Vergnügens ausgeziert ist. Und wenn eine mit Bändern und Blumen geschmückte Phyllis reizender ist, als eine schmutzige Wilde: muß nicht eine von unsern Schönen, deren natürliche Reizungen durch einen wohl ausgesonnenen und schimmernden Putz erhoben werden, um eben so viel besser gefallen als jene Schäferin?

Drittes Kapitel.

Geisterlehre eines ächten Materialisten.

Wir haben die Natur gefragt, Kallias, worin die Glückseligkeit bestehe, und wir hörten ihre Antwort: „Ein schmerzenfreies Leben, die angenehmste Befriedigung unserer natürlichen Bedürfnisse, und der abwechselnde Genuß aller Arten von Vergnügen, womit die Einbildungskraft, der Witz und die Künste unsern Sinnen zu schmeicheln fähig sind.“ Dieß ist alles, was der Mensch fordern kann. Wenn es eine erhabnere Art von Glückseligkeit gibt, so können wir wenigstens gewiß seyn, daß sie nicht für uns gehört, da wir nicht einmal fähig sind, uns eine Vorstellung von ihr zu machen.

Es ist wahr, der enthusiastische Theil unter den Verehrern der Götter schmeichelt sich mit einer zukünftigen Glückseligkeit, zu welcher die Seele nach der Zerstörung des Körpers erst gelangen soll. Die Seele, sagen sie, war ehemals eine Freundin und Gespielin der Götter, sie war unsterblich wie sie, und begleitete (wie Plato homerisirt) den geflügelten Wagen Jupiters, um mit den übrigen Unsterblichen die unvergänglichen Schönheiten zu beschauen, womit die unermeßlichen Räume über den Sphären erfüllt sind. Ein Krieg, der unter den Bewohnern der unsichtbaren Welt entstand, verwickelte sie in den Fall der Besiegten; sie wurde vom Himmel gestürzt und in den Kerker eines thierischen Leibes eingeschlossen, um durch den Verlust ihrer ehemaligen Wonne, in einem Zustande, der eine Kette von Plagen und Schmerzen ist, ihre Schuld auszutilgen. Das unendliche Verlangen, der nie gestillte Durst nach einer Glückseligkeit, die sie in keinem irdischen Gute findet, ist das Einzige, das ihr zu ihrer Qual von ihrem vormaligen Zustand übrig geblieben ist; und es ist unmöglich, daß sie diese vollkommne Seligkeit, wodurch sie allein befriedigt werden kann, wieder erlange, ehe sie sich wieder in ihren ursprünglichen Stand, in das reine Element der Geister, empor geschwungen hat. Sie ist also vor dem Tode keiner andern Glückseligkeit fähig, als derjenigen, deren sie durch eine freiwillige Absonderung von allen irdischen Dingen, durch Ertödtung aller irdischen Leidenschaften und Entbehrung aller sinnlichen Vergnügen, fähig gemacht wird. Nur durch diese Entkörperung wird sie der Beschauung der wesentlichen und göttlichen Dinge fähig, worin die Geister

Es ist wahr, der enthusiastische Theil unter den Verehrern der Götter schmeichelt sich mit einer zukünftigen Glückseligkeit, zu welcher die Seele nach der Zerstörung des Körpers erst gelangen soll. Die Seele, sagen sie, war ehemals eine Freundin und Gespielin der Götter, sie war unsterblich wie sie, und begleitete (wie Plato homerisirt) den geflügelten Wagen Jupiters, um mit den übrigen Unsterblichen die unvergänglichen Schönheiten zu beschauen, womit die unermeßlichen Räume über den Sphären erfüllt sind. Ein Krieg, der unter den Bewohnern der unsichtbaren Welt entstand, verwickelte sie in den Fall der Besiegten; sie wurde vom Himmel gestürzt und in den Kerker eines thierischen Leibes eingeschlossen, um durch den Verlust ihrer ehemaligen Wonne, in einem Zustande, der eine Kette von Plagen und Schmerzen ist, ihre Schuld auszutilgen. Das unendliche Verlangen, der nie gestillte Durst nach einer Glückseligkeit, die sie in keinem irdischen Gute findet, ist das Einzige, das ihr zu ihrer Qual von ihrem vormaligen Zustand übrig geblieben ist; und es ist unmöglich, daß sie diese vollkommne Seligkeit, wodurch sie allein befriedigt werden kann, wieder erlange, ehe sie sich wieder in ihren ursprünglichen Stand, in das reine Element der Geister, empor geschwungen hat. Sie ist also vor dem Tode keiner andern Glückseligkeit fähig, als derjenigen, deren sie durch eine freiwillige Absonderung von allen irdischen Dingen, durch Ertödtung aller irdischen Leidenschaften und Entbehrung aller sinnlichen Vergnügen, fähig gemacht wird. Nur durch diese Entkörperung wird sie der Beschauung der wesentlichen und göttlichen Dinge fähig, worin die Geister

Welt haben die Nymphen und Faunen, die Najaden und Tritonen, die Furien und die erscheinenden Schatten der Verstorbenen ihre vermeinte Wirklichkeit zu danken? Je besser wir die Körperwelt kennen lernen, desto enger werden die Gränzen des Geisterreichs. Ich will jetzt nichts davon sagen, ob es nicht wahrscheinlich sey, daß die Priesterschaft, die von jeher einen so zahlreichen Orden unter den Menschen ausgemacht, bald genug die Entdeckung machen mußte, was für große Vortheile man durch diesen Hang der Menschen zum Wunderbaren, von ihren beiden heftigsten Leidenschaften, der Furcht und der Hoffnung, ziehen könne. Wir wollen bei der Sache selbst bleiben. Worauf gründet sich die erhabene Theorie, von der wir reden? Wer hat jemals diese Götter, diese Geister gesehen, deren Daseyn sie voraussetzt? Welcher Mensch erinnert sich dessen, daß er ehemals ohne Körper in den ätherischen Gegenden geschwebt, den geflügelten Wagen Jupiters begleitet, und mit den Göttern Nektar getrunken habe? Was für einen sechsten oder siebenten Sinn haben wir, um das wirkliche Daseyn der Gegenstände damit zu erkennen, womit man die Geisterwelt bevölkert? Sind es unsre innerlichen Sinnen? Was sind diese anders als das Vermögen der Einbildungskraft, die Erscheinungen der äußern Sinne nachzuäffen? Was sieht das inwendige Auge eines Blindgebornen? Was hört das innere Ohr eines gebornen Tauben? Oder was sind die erhabensten Scenen, in welche die Einbildungskraft auszuschweifen fähig ist, anders als neue Zusammensetzungen, die sie gerade so macht, wie ein Mädchen aus den zerstreuten Blumen in einem Parterre einen

Kranz flicht; oder höhere Grade dessen was die Sinnen einst empfunden haben, von welchen man jedoch immer unfähig bleibt, sich einige klare Vorstellung zu machen? Denn was empfinden wir bei dem ätherischen Schimmer, oder den ambrosischen Gerüchen der Homerischen Götter? Wir sehen, wenn ich so sagen kann, den Schatten eines Glanzes in unsrer Einbildung; wir riechen, so zu sagen, den Schatten eines lieblichen Duftes; aber wir sehen keinen ätherischen Glanz und empfinden keinen ambrosischen Geruch. Kurz, man verbiete den Schöpfern der überirdischen Welten sich keiner irdischen und sinnlichen Materialien zu bedienen: so werden ihre Welten (um mich eines ihrer Ausdrücke zu bedienen) plötzlich wieder in den Schooß des Nichts zurückfallen, woraus sie gezogen worden.

Und brauchen wir wohl noch einen andern Beweis, um uns diese ganze Theorie verdächtig zu machen, als die Methode, die man uns vorschreibt, um zu der geheimnißvollen Glückseligkeit zu gelangen, welcher wir diejenige aufopfern sollen, die uns die Natur und unsre Sinnen anbieten? Wir sollen uns den sichtbaren Dingen entziehen, um die unsichtbaren zu sehen; wir sollen aufhören zu empfinden, damit wir desto lebhafter phantasiren können. Verstopfet eure Sinnen, sagen sie, so werdet ihr Dinge sehen und hören, wovon diese thierischen Menschen, die gleich dem Vieh mit den Augen sehen und mit den Ohren hören, sich keinen Begriff machen können. Eine vortreffliche Diät, in Wahrheit! Die Schüler des Hippokrates werden dir beweisen, daß man keine bessere erfinden kann, um — wahnsinnig zu werden.

Es ist also sehr wahrscheinlich, daß alle diese Geister, diese Welten, welche sie bewohnen, und diese Glückseligkeiten, welche man nach dem Tode mit ihnen zu theilen hofft, nicht mehr Wahrheit haben, als die Nymphen, Liebesgötter und Grazien der Dichter, als die Gärten der Hesperiden und die Inseln der Circe und Kalypso, kurz, als alle diese Spiele der Einbildungskraft, welche uns belustigen, ohne daß wir sie für wirklich halten. Die Religion unsrer Väter befiehlt uns, einen Jupiter, einen Apollo, eine Pallas, eine Aphrodite zu glauben: ganz gut! aber was für eine Vorstellung macht man uns von ihnen? Jedermann gesteht, daß es unmöglich sey, diese Götter, diese Göttinnen auf eine vollkommnere Weise abzubilden, als es von Phidias und Praxiteles geschehen ist. Gleichwohl ist der Jupiter des Phidias nichts anders als ein heroischer Mann, die Cythere des Praxiteles nichts mehr als ein schönes Weib; von dem Gott und der Göttin hat kein Mensch in Griechenland den mindesten Begriff. Man verspricht uns nach dem Tod ein unsterbliches Leben bei den Göttern; aber die Begriffe, die wir uns davon machen, sind entweder aus den sinnlichen Wollüsten, oder den feinern und geistigern Freuden, die wir in diesem Leben erfahren haben, zusammen gesetzt; es ist also klar, daß wir gar keine ächte Vorstellung von dem Leben der Geister und von ihren Freuden haben.

Ich will hiermit nicht läugnen, daß es Götter, Geister, oder vollkommnere Wesen als wir sind, geben könne, oder vielleicht wirklich gebe. Alles was meine Schlüsse beweisen, ist dieß: „daß wir unfähig sind, uns eine richtige Vorstellung von ihnen zu machen, oder kurz, daß wir nichts von ihnen wissen.“ Wissen wir aber nichts, weder von ihrem Zustande noch von ihrer Natur, so ist es für uns eben so viel als ob sie gar nicht wären. Anaxagoras bewies mir einst mit dem ganzen Enthusiasmus eines Sternsehers, daß der Mond Einwohner habe. Vielleicht sagte er die Wahrheit. Allein was sind diese Mondbewohner für dich oder mich? Meinest du, der König Philippus werde sich die mindeste Sorge machen, die Griechen möchten sie gegen ihn zu Hülfe rufen? Es mögen Einwohner im Monde seyn: aber für uns ist der Mond weder mehr noch weniger als eine leere glänzende Scheibe, die unsre Nächte erheitert, und unsre Zeit abmißt.

Wenn es denn also, mein lieber Kallias, mit allen jenen übersinnlichen Dingen diese Bewandtniß hat und nothwendig haben muß: wie thöricht wär' es, den Plan unsers Lebens auf Chimären zu gründen, und uns der Glückseligkeit, deren wir wirklich genießen könnten, zu begeben, um uns, wie der Hund im Nil, mit ungewissen Hoffnungen, den Schatten unsrer Wünsche, zu speisen! Was könnte widersinniger seyn, als die Frucht seines Daseyns zu verlieren, in Hoffnung sich dafür schadlos zu halten, wenn man nicht mehr seyn wird! Denn daß wir itzt leben, und daß dieses Leben aufhören wird, das wissen wir gewiß: ob ein anderes alsdann anfange, ist wenigstens ungewiß; und wenn es auch gewiß wäre, so ist doch unmöglich das Verhältniß desselben gegen das itzige zu bestimmen, da wir kein Mittel haben, uns einen ächten Begriff davon zu machen. Laß uns also den Plan unsers Lebens auf das gründen, was wir kennen und wissen; und nachdem wir gefunden haben, was das glückliche Leben ist, den geradesten und sichersten Weg suchen, auf dem wir dazu gelangen können.

Viertes Kapitel.

Worin Hippias eine feine Kenntniß der Welt zu zeigen scheint.

Ich habe schon bemerkt, daß die Glückseligkeit, welche wir suchen, nur in dem Stand einer Gesellschaft, die sich schon zu einem gewissen Grade der Vollkommenheit erhoben hat, statt finde. In einer solchen Gesellschaft entwickeln sich alle diese mannichfaltigen Geschicklichkeiten, die bei dem rohen Menschen, der wenig bedarf, einsam lebt, und wenig Leidenschaften hat, immer müßige Fähigkeiten bleiben. Die Einführung des Eigenthums, die Ungleichheit der Güter und Stände, die Armuth der einen, der Ueberfluß, die Ueppigkeit und Trägheit der andern, dieses sind die wahren Götter der Künste, die Merkure und die Musen, denen wir ihre Erfindung oder doch ihre Vollkommenheit zu danken haben. Wie viele Menschen müssen ihre Bemühungen vereinigen, um einen einzigen Reichen zu befriedigen! Diese bauen seine Felder und Weinberge, jene pflanzen seine Lustgärten; andere bearbeiten den Marmor, woraus seine Wohnung aufgeführt wird; Tausende durchschiffen den Ocean, um ihm die Reichthümer fremder Länder zuzuführen; Tausende beschäftigen sich die Seide und den Purpur zu bereiten, die ihn kleiden, die Tapeten, die seine Zimmer schmücken, die kostbaren Gefäße, woraus er ißt und trinkt, und das weiche Lager, worauf er der wollüstigen Ruhe genießt; Tausende strengen in schlaflosen Nächten ihren Witz an, um neue Bequemlichkeiten, neue Wollüste, eine leichtere und angenehmere Art die leichtesten und angenehmsten Verrichtungen, die uns die Natur auferlegt, zu thun, für ihn zu erfinden, und durch die Zaubereien der Kunst, die den gemeinsten Dingen einen Schein der Neuheit zu geben weiß, seinen Ekel zu täuschen, und seine vom Genuß ermüdeten Sinnen aufzuwecken. Für ihn arbeitet der Maler, der Tonkünstler, der Dichter, der Schauspieler, und überwindet unendliche Schwierigkeiten, um Künste zur Vollkommenheit zu treiben, welche die Anzahl seiner Ergötzungen vermehren sollen. Allein alle diese Leute, welche für den glücklichen Menschen arbeiten, würden sie es thun, wenn sie nicht selbst glücklich zu seyn wünschten? Für wen arbeiten sie als für denjenigen, der ihre Bemühung ihn zu vergnügen belohnen kann? Der König von Persien selbst ist nicht mächtig genug, einen Zeuris zu zwingen, daß er ihm eine Leda male. Nur die Zauberkraft des Goldes, welchem eine allgemeine Uebereinkunft der gesitteten Völker den Werth aller nützlichen und angenehmen Dinge beigelegt hat, kann das Genie und den Fleiß einem Midas dienstbar machen, der ohne seine Schätze vielleicht kaum würdig wäre, dem für ihn arbeitenden Maler die Farben zu reiben.

Die Kunst, sich die Mittel zur Glückseligkeit zu verschaffen, ist also schon gefunden, mein lieber Kallias, sobald wir die Kunst gefunden haben, einen genugsamen Vorrath von diesem wahren Steine der Weisen zu bekommen, der uns die ganze Natur unterwirft, Millionen unsersgleichen zu freiwilligen Sklaven unserer Ueppigkeit macht, uns in jedem schlauen Kopf einen dienstwilligen Merkur, und, durch den unwiderstehlichen Glanz eines goldnen Regens, in jeder Schönen eine Danae finden läßt.

Die Kunst reich zu werden, Kallias, ist im Grunde nichts anders, als die Kunst, sich des Eigenthums andrer Leute mit ihrem guten Willen zu bemächtigen. Ein Despot hat unter dem Schutz eines Vorurtheils, welches demjenigen sehr ähnlich ist, womit die Aegypter den Krokodil vergöttern, in diesem Stück ungemeine Vortheile. Da sich seine Rechte so weit erstrecken als seine Macht, und diese Macht durch keine Pflichten eingeschränkt ist, weil ihn niemand zwingen kann sie zu erfüllen: so kann er sich das Vermögen seiner Unterthanen zueignen, ohne sich darum zu bekümmern, ob es mit ihrem guten Willen geschieht. Es kostet ihm keine Mühe, unermeßliche Reichthümer zu erwerben; und um mit der unmäßigsten Schwelgerei in Einem Tage Millionen zu verschwenden, braucht er nur den Theil des Volkes, den seine Dürftigkeit zu einer immerwährenden Arbeit verdammt, an diesem Tage — fasten zu lassen. Allein, außerdem daß dieser Vortheil nur sehr wenigen Sterblichen zu Theil werden kann, ist er auch nicht so beschaffen, daß ein weiser Mann ihn beneiden könnte. Das Vergnügen hört auf Vergnügen zu seyn, sobald es über einen gewissen Grad getrieben wird. Das Uebermaß der sinnlichen Wollüste zerstöret die Werkzeuge der Empfindung; das Uebermaß der Vergnügen der Einbildungskraft verderbt den Geschmack des Schönen, indem für unmäßige Begierden nichts reizend seyn kann, was in die Verhältnisse und das Ebenmaß der Natur eingeschlossen ist. Daher ist das gewöhnliche Schicksal eines morgenländischen Fürsten, der in die Mauern seines Serails eingekerkert ist, in den Armen der Wollust vor Ersättigung und Ueberdruß umzukommen. Er vergeht vor langer Weile, indeß die süßesten Gerüche von Arabien vergeblich für ihn duften, die geistigsten Weine ihm ungekostet aus Krystallen entgegen blinken, tausend Schönheiten, deren jede zu Paphos einen Altar erhielte, alle ihre Reizungen, alle ihre buhlerischen Künste umsonst verschwenden, seine schlaffen Sinnen zu erwecken, und zehntausend Sklaven seiner Ueppigkeit in die Wette eifern, um unerhörte und ungeheure Wollüste zu erdenken, welche vielleicht fähig seyn möchten, das abgestumpfte Gefühl dieses unglückseligen Glücklichen auf etliche Augenblicke zu täuschen. Wir haben also mehr Ursache als man insgemein glaubt, der Natur zu danken, wenn sie uns in einen Stand setzt, wo wir das Vergnügen durch Arbeit erkaufen müssen, und unsre Leidenschaften erst mäßigen lernen, eh' wir zu einer Glückseligkeit gelangen, die wir ohne diese Mäßigung nicht genießen könnten.

Da nun die Despoten — und die Straßenräuber die Einzigen sind, denen es (auf ihre Gefahr) zusteht, sich des Vermögens andrer Leute mit Gewalt zu bemächtigen: so bleibt demjenigen, der sich aus einem Zustande von Mangel und Abhänglichkeit emporschwingen will, nichts anders übrig, als „daß er sich die Geschicklichkeit erwerbe, den Vortheil und das Vergnügen der Lieblinge des Glückes zu befördern.“

Unter den vielerlei Arten, wie dieses geschehen kann, sind einige dem Menschen von Genie, mit Ausschluß aller übrigen, vorbehalten; und diese theilen sich, nach ihrem verschiedenen Endzweck, in zwei Classen ein, wovon die erste die Vortheile, und die andre das Vergnügen des beträchtlichsten Theils einer Nation zum Gegenstande hat. Die erste, unter welcher die Regierungs- und Kriegskünste begriffen sind, scheint ordentlicher Weise nur in freien Staaten Platz zu finden; die andre hat keine Gränzen als den Grad des Reichthums und der Ueppigkeit eines jeden Volks, von welcher Art seine Staatsverfassung seyn mag. In dem armen Athen wurde ein guter Feldherr unendliche Mal höher geschätzt als ein guter Maler. In dem reichen, wollüstigen Athen hingegen gibt man sich keine Mühe zu untersuchen, wer der tüchtigste sey ein Kriegsheer anzuführen. Man hat wichtigere Dinge zu entscheiden. Die Frage ist, welche unter etlichen Tänzerinnen die artigsten Füße hat und die leichtesten Sprünge macht? Ob die Venus des Praxiteles, oder des Alkamenes die schönere ist? — Daher kommt es auch, daß die Künste des Genie's von der ersten Classe, für sich allein, selten zum Reichthum führen. Die großen Talente, die großen Verdienste und Tugenden, die dazu erfordert werden, finden sich gemeiniglich nur in armen und emporstrebenden Republiken, die alles, was man für sie thut, nur mit Lorberkränzen bezahlen. In Staaten aber, wo Reichthum und Ueppigkeit schon die Oberhand gewonnen haben, kann man aller dieser Talente und Tugenden, welche die Regierungskunst zu erfordern scheint, entbehren. Man kann in solchen Staaten Gesetze geben, ohne ein Solon, Kriegsheere anführen, ohne ein Leonidas oder Themistokles zu seyn. Perikles, Alcibiades, regierten zu Athen den Staat und führten die Völker an; obgleich jener nur ein Redner war, und dieser keine andre Kunst kannte, als die Kunst, Herzen zu fangen. „In solchen Freistaaten hat das Volk die Eigenschaften, die in einem despotischen der Einzige hat, der kein Sklave ist; man braucht ihm nur zu gefallen, um zu allem tüchtig befunden zu werden.“ Perikles herrschte, ohne die äußerlichen Zeichen der königlichen Würde, so unumschränkt in dem freien Athen, als Artaxerxes in dem unterthänigen Asien. Seine Talente, und die Künste, die er von der schönen Aspasia gelernt hatte, erwarben ihm eine Art von Oberherrschaft, die nur desto unumschränkter war, da sie ihm freiwillig zugestanden wurde. Die Kunst eine große Meinung von sich zu erwecken, die Kunst zu überreden, die Kunst von der Eitelkeit der Athener Vortheil zu ziehen und ihre Leidenschaften zu lenken, machten seine ganze Regierungskunst aus. Er verwickelte die Republik in ungerechte und unglückliche Kriege, erschöpfte die öffentliche Schatzkammer, erbitterte die Bundsgenossen durch gewaltsame Erpressungen; und damit das Volk keine Zeit hätte, eine so schnöde Staatsverwaltung genauer zu beobachten, so bauete er Schauspielhäuser, gab ihnen schöne Bildsäulen und Gemälde zu sehen, unterhielt sie mit Tänzerinnen und Virtuosen, und gewöhnte sie so sehr an diese abwechselnden Ergötzungen, daß die Vorstellung eines neuen Stücks, oder der Wettstreit unter etlichen Flötenspielern zuletzt Staatsangelegenheiten wurden, über welchen man diejenigen vergaß, die es in der That waren. Nur fünf=

zig Jahre früher würde man einen Perikles für eine Pest der Republik angesehen haben; allein damals würde Perikles ein Aristides gewesen seyn. In seinem Zeitraume war er, gerade so wie er war und weil er so war, der größte Mann des Staats: der Mann, der Athen zu dem höchsten Grade der Macht und des Glanzes erhob, den es erreichen konnte; der Mann, dessen Zeit als das goldne Alter der Musen in allen künftigen Jahrhunderten angezogen werden wird; und, was für ihn selbst das wichtigste war, der Mann, für welchen die Natur die Euripiden und Aristophane, die Phidias, die Zeuxis, die Damonen und die Aspasien zusammen brachte, um sein Privatleben so angenehm zu machen, als sein öffentliches Leben glänzend war. „Die Kunst über die Einbildungskraft der Menschen zu herrschen, die geheimen, ihnen selbst verborgnen Triebfedern ihrer Bewegungen nach unserm Gefallen zu lenken, und sie zu Werkzeugen unsrer Absichten zu machen, indem wir sie in der Meinung erhalten, daß wir es von den ihrigen sind," ist also, ohne Zweifel, diejenige, die ihrem Besitzer am nützlichsten ist, und dieß ist die Kunst, welche die Sophisten lehren und ausüben; die Kunst, welcher sie das Ansehen, die Unabhänglichkeit und die glücklichen Tage, deren sie genießen, zu danken haben. Du kannst dir leicht vorstellen, Kallias, daß sie sich in etlichen Stunden weder lehren noch lernen läßt: allein meine Absicht ist auch für itzt nur, dir überhaupt einen Begriff davon zu geben.

Dasjenige, was man die Weisheit der Sophisten nennt, ist die Geschicklichkeit, sich der Menschen so zu bedienen, daß sie geneigt sind, unser Vergnügen zu befördern, oder überhaupt die Werkzeuge unsrer Absichten zu seyn. Die Beredsamkeit, welche diesen Namen erst alsdann verdient, wenn sie im Stand ist, die Zuhörer, wer sie auch seyn mögen, von allem zu überreden was wir wollen, und in jeden Grad einer jeden Leidenschaft zu setzen, die zu unsrer Absicht nöthig ist; eine solche Beredsamkeit ist unstreitig ein unentbehrliches Werkzeug, und das vornehmste wodurch die Sophisten diesen Zweck erreichen. Die Sprachlehrer bemühen sich, junge Leute zu Rednern zu bilden: die Sophisten thun mehr; sie lehren sie Ueberreder zu werden, wenn mir dieses Wort erlaubt ist. Hierin allein besteht das Erhabne einer Kunst, die vielleicht noch niemand in dem Grade besessen hat, wie Alcibiades, der in unsern Zeiten so viel Aufsehens gemacht hat. Der Weise bedient sich dieser Ueberredungsgabe nur als eines Werkzeugs zu höhern Absichten. Alcibiades überläßt es einem Antiphon, sich mit Ausfeilung einer künstlich gesetzten Rede zu bemühen; er überredet indessen seine Landsleute, daß ein so liebenswürdiger Mann wie Alcibiades das Recht habe zu thun was ihm einfalle; er überredet die Spartaner zu vergessen, daß er ihr Feind gewesen, und daß er es bei der ersten Gelegenheit wieder seyn werde; er überredet die Königin Timea, die Mutter eines jungen Alcibiades durch ihn zu werden, und die Satrapen des großen Königs, daß er ihnen die Athener zu eben der Zeit verrathen wolle, da er diese überredet, daß sie ihn mit Unrecht für einen Verräther hielten. Eine solche Ueberredungskraft setzt die Geschicklichkeit voraus, jede Gestalt anzunehmen, wodurch wir demjenigen gefällig werden können, auf den wir Absichten haben; die Geschicklichkeit, sich der verborgensten Zugänge seines Herzens zu versichern, seine Leidenschaften, je nachdem wir es nöthig finden, zu erregen, zu liebkosen, eine durch die andre zu verstärken, oder zu schwächen, oder gar zu unterdrücken: sie erfordert eine Gefälligkeit, die von den Sittenlehrern Schmeichelei genannt wird, aber diesen Namen nur alsdann verdient, wenn sie von den Gnathonen, die um die Tafeln der Reichen sumsen, nachgeäffet wird, — — eine Gefälligkeit, die aus einer tiefen Kenntniß der Menschen entspringt, und das Gegentheil von der lächerlichen Sprödigkeit gewisser Phantasten ist, die den Menschen übel nehmen, daß sie anders sind als wie diese ungebetenen Gesetzgeber es haben wollen; kurz, diejenige Gefälligkeit, ohne welche es vielleicht möglich ist, die Hochachtung, aber niemals die Liebe der Menschen zu erlangen; weil wir nur diejenigen lieben können die uns ähnlich sind, die unsern Geschmack haben oder zu haben scheinen, und so eifrig sind, unser Vergnügen zu befördern, daß sie hierin die Aspasia von Milet zum Muster nehmen, welche sich bis ans Ende in der Gunst des Perikles erhielt, indem sie in demjenigen Alter, worin man die Seele der Damen zu lieben pflegt, sich in die Gränzen der Platonischen Liebe zurückzog, und die Rolle des Körpers durch andre spielen ließ.

Ich lese in deinen Augen, Kallias, was du gegen diese Künste einzuwenden hast, die sich so übel mit den Vorurtheilen vertragen, die du gewohnt bist für Grundsätze zu halten. Es ist wahr, die Kunst zu leben, welche die Sophisten lehren, ist auf ganz andre Begriffe von dem, was in sittlichem Verstande schön und gut ist, gebaut, als diejenigen hegen, die von dem idealischen Schönen und von einer gewissen Tugend, die ihr eigner Lohn seyn soll, so viel schöne Dinge zu sagen wissen. Allein, wenn du noch nicht müder bist mir zuzuhören, als ich es bin zu schwatzen: so denke ich, es soll mir nicht schwer werden dich zu überzeugen, daß das idealische Schöne und die idealische Tugend mit jenen Geistermährchen, deren ich vorhin erwähnte, in die nämliche Classe gehören.

Fünftes Kapitel.

Der Anti-Platonismus in nuce.

Was ist das Schöne? Was ist das Gute? — Ehe wir diese Frage beantworten können, müssen wir, däucht mich vorher fragen: was ist das, was die Menschen schön und gut nennen? Wir wollen vom Schönen anfangen. Was für eine unendliche Verschiedenheit in den Begriffen, die man sich bei den verschiedenen Völkern des Erdbodens von der Schönheit macht! Alle Welt kommt darin überein, daß ein schönes Weib das schönste unter allen Werken der Natur sey. Allein wie muß sie seyn, um für eine vollkommne Schönheit in ihrer Art gehalten zu werden? Hier fängt der Widerspruch an. Stelle dir eine Versammlung von so vielen Liebhabern vor, als es verschiedene Nationen unter verschiedenen Himmelsstrichen gibt; was ist gewisser als daß ein jeder den Vorzug seiner Geliebten vor den übrigen behaupten wird? Der Europäer wird die blendende Weiße, der Mohr die rabengleiche Schwärze der seinigen vorziehen; der Grieche wird einen kleinen Mund, eine Brust, die mit der hohlen Hand bedeckt werden kann, und das angenehme Ebenmaß einer feinen Gestalt; der Afrikaner die eingedrückte Nase, die ölichte Haut und die aufgeschwollenen Lippen; der Perser die großen Augen und den schlanken Wuchs; der Serer die kleinen Augen, den runden Wanst und die winzigen Füße, an der seinigen bezaubernd finden. Hat es vielleicht mit dem Schönen im sittlichen Verstande, mit dem was sich geziemt, eine andre Bewandtniß? Ich glaube nein. Die Spartanischen Jungfrauen scheuen sich nicht in einem Aufzuge gesehen zu werden, wodurch in Athen die geringste öffentliche Metze sich entehrt hielte. In Persien würde ein Frauenzimmer, das an einem öffentlichen Orte sein Gesicht entblößte, eben so angesehen werden, als in Smyrna eine die sich ohne alle Kleidung sehen ließe. Bei den morgenländischen Völkern erfordert der Wohlstand eine Menge von Beugungen und unterthänigen Gebärden, die man gegen diejenigen macht die man ehren will; wir Griechen finden diese Höflichkeit eben so schändlich und sklavenmäßig, als die Attische Urbanität zu Persepolis grob und bäurisch scheinen würde. Bei den Griechen hat eine Freigeborne ihre Ehre verloren, die sich den jungfräulichen Gürtel von einem andern als ihrem Manne auflösen läßt; bei gewissen Völkern jenseits des Ganges ist ein Mädchen desto vorzüglicher, je mehr es Liebhaber gehabt hat, die seine Reizungen aus Erfahrung anzurühmen wissen. Diese Verschiedenheit der Begriffe vom sittlichen Schönen zeigt sich nicht nur in besondern Gebräuchen und Gewohnheiten verschiedener Völker, wovon sich die Beispiele ins Unendliche häufen ließen; sondern selbst in dem Begriffe, den sie sich überhaupt von der Tugend machen. Bei den Römern ist Tugend und Tapferkeit einerlei; bei den Athenern schließt dieses Wort alle Arten von nützlichen und angenehmen Eigenschaften in sich. Zu Sparta kennt man keine andre Tugend als den Gehorsam gegen die Gesetze; in despotischen Reichen keine andre, als die sklavische Unterthänigkeit gegen den Monarchen und seine Satrapen; am Kaspischen Meere ist der tugendhafteste, der am besten rauben kann und die meisten Feinde erschlagen hat; in dem wärmsten Striche von Indien hat nur der die höchste Tugend erreicht, der sich durch eine völlige Unthätigkeit, ihrer Meinung nach, den Göttern ähnlich macht.

Was folget nun aus allen diesen Beispielen? Ist nichts an sich selbst schön oder recht? Gibt es kein gewisses Modell, wonach dasjenige, was schön oder sittlich ist, beurtheilt werden muß? Wir wollen sehen. Wenn ein solches Modell ist, so muß es in der Natur seyn. Denn es wäre Thorheit, sich einzubilden, daß irgend ein Pygmalion eine Bildsäule schnitzen könne, welche schöner wäre, als die berühmte Phryne, die sich der Vollkommenheit aller Formen ihrer Gestalt dermaßen bewußt war, daß sie kein Bedenken trug eine unendliche Menge von Augen zu Richtern darüber zu machen, als sie an einem Feste der Eleusinischen Göttinnen sich, bloß in ihre langen fliegenden Haare eingehüllt, öffentlich im Meere badete. Gewiß ist die Venus eines jeden Volks nichts anders als die Abbildung derjenigen Frau, bei welcher sich, nach dem allgemeinen Urtheile dieses Volks, die Nationalschönheit im höchsten Grade befinden würde. Aber welches unter so vielerlei Modellen ist denn an sich selbst das schönste? Wer soll unter so vielen, die an den goldnen Apfel mit anscheinend gleichem Recht Anspruch machen, den Ausschlag geben? Wir wollen es versuchen. Gesetzt, es würde eine allgemeine Versammlung angestellt, wozu eine jede Nation den schönsten Mann und das schönste Weib, nach ihrem Nationalmodell zu urtheilen, geschickt hätte, und wo die Weiber zu entscheiden hätten, welcher unter allen diesen Mitwerbern um den Preis der Schönheit der schönste Mann, und die Männer, welche unter allen das schönste Weib wäre. Dieß vorausgesetzt, sage ich, man würde gar bald diejenigen aus allen übrigen aussondern, die unter diesen milden und gemäßigten Himmelsstrichen geboren worden wären, wo die Natur allen ihren Werken ein feineres Ebenmaß der Gestalt und eine angenehmere Mischung der Farben zu geben pflegt. Denn die vorzügliche Schönheit der Natur in den gemäßigten Zonen erstreckt sich vom Menschen bis auf die Pflanzen. Unter diesen Auserlesenen von beiden Geschlechtern würde vielleicht der Vorzug lange zweifelhaft seyn; allein endlich würde doch unter den Männern derjenige den Preis erhalten, bei dessen Landsleuten die verschiednen gymnastischen Uebungen ohne Uebermaß und in dem höchsten Grade der Vollkommenheit getrieben würden; und alle Männer würden mit Einer Stimme diejenige für die Schönste unter den Schönen erklären, die von einem Volke abgeschickt worden wäre, welches bei der Erziehung der Töchter die möglichste Entwicklung und Pflege der natürlichen Schönheit zur Hauptsache machte. Der Spartaner würde also vermuthlich für den schönsten Mann, und die Perserin für das schönste Weib erklärt werden. Der

Grieche, welcher der Anmuth den Vorzug vor der Schönheit gibt, weil die Griechischen Weiber mehr reizend als schön sind, würde nichtsdestoweniger zu eben der Zeit, da sein Herz einem Mädchen von Paphos oder Milet den Vorzug gäbe, bekennen müssen, daß die Perserin schöner sey; und eben dieses würde der Serer thun, ob er gleich das dreifache Kinn und den Wanst seiner Landsmännin reizender finden würde.

Vermuthlich hát es die nämliche Bewandtniß mit dem sittlichen Schönen. So groß auch hierin die Verschiedenheit der Begriffe unter verschiednen Zonen ist, so wird doch schwerlich geläugnet werden können, daß der Preis der Sitten derjenigen Nation gebühre, welche die geistreichste, die ausgebildetste, die belebteste, geselligste und angenehmste ist. Die ungezwungene und einnehmende Urbanität des Atheners muß einem jeden Fremden angenehmer seyn, als die abgemess'ne, ernsthafte und ceremonienvolle Höflichkeit des Morgenländers. Das verbindliche Wesen, der Schein von Leutseligkeit, den jener seinen kleinsten Handlungen zu geben weiß, muß vor dem steifen Ernst des Persers, oder der rauhen Gutherzigkeit des Skythen eben so sehr den Vorzug erhalten, als der Putz einer Dame von Smyrna, der die Schönheit weder ganz verhüllt, noch ganz den Augen Preis gibt, vor der Vermummung der Morgenländerin, oder der thierischen Blöße einer Wilden. Das Muster der aufgeklärtesten und geselligsten Nation scheint also die wahre Regel des sittlichen Schönen, oder des Anständigen zu seyn, und Athen und Smyrna sind die Schulen, worin man seinen Geschmack und seine Sitten bilden muß.

Allein nachdem wir eine Regel für das Schöne gefunden haben, was für eine werden wir für das, was Recht ist, finden? wovon so verschiedene und widersprechende Begriffe unter den Menschen herrschen, daß eben dieselbe Handlung, die bei dem einen Volke mit Lorberkränzen und Statuen belohnt wird, bei dem andern eine schmähliche Todesstrafe verdient, und daß kaum ein Laster ist, welches nicht irgendwo seinen Altar und seinen Priester habe. Es ist wahr, die Gesetze sind bei dem Volke, welchem sie gegeben sind, die Richtschnur des Rechts und Unrechts; allein, was bei diesem Volke durch das Gesetz befohlen wird, wird bei einem andern durch das Gesetz verboten.

Die Frage ist also: gibt es nicht ein allgemeines Gesetz, welches bestimmt, was an sich selbst Recht ist? Ich antworte Ja; und dieses allgemeine Gesetz, was könnt' es anders seyn als die Stimme der Natur, die zu einem jeden spricht: suche dein eigenes Bestes; oder mit andern Worten: befriedige deine natürlichen Begierden, und genieße so viel Vergnügen als du kannst. Dieß ist das einzige Gesetz, das die Natur dem Menschen gegeben hat; und so lang er sich im Stande der Natur befindet, ist das Recht, das er an alles hat, was seine Begierden verlangen, oder was ihm gut ist, durch nichts anders als das Maß seiner Stärke eingeschränkt; er darf alles, was er kann, und ist keinem andern etwas schuldig. Allein der Stand der Gesellschaft, welcher eine Anzahl von Menschen zu ihrem gemeinschaftlichen Besten vereiniget, setzt zu jenem einzigen Gesetze der Natur: suche dein eigenes Bestes, die Einschränkung: ohne einem andern zu schaden. Wie also im Stande der Natur einem jeden Menschen alles recht ist, was ihm nützlich ist: so erklärt im Stande der Gesellschaft das Gesetz alles für unrecht und strafwürdig, was der Gesellschaft schädlich ist; und verbindet hingegen die Vorstellung eines Vorzugs und belohnungswürdigen Verdienstes mit allen Handlungen, wodurch der Nutzen oder das Vergnügen der Gesellschaft befördert wird.

Die Begriffe von Tugend und Laster gründen sich also einestheils auf den Vertrag, den eine gewisse Gesellschaft unter sich gemacht hat, und insoferne sind sie willkürlich; anderntheils auf dasjenige, was einem jeden Volke nützlich oder schädlich ist; und daher kommt es, daß ein so großer Widerspruch unter den Gesetzen verschiedener Nationen herrschet. Das Klima, die Lage, die Regierungsform, die Religion, das eigne Temperament und der Nationalcharakter eines jeden Volks, seine Lebensart, seine Stärke oder Schwäche, seine Armuth oder sein Reichthum, bestimmen seine Begriffe von dem, was ihm gut oder schädlich ist. Daher diese unendliche Verschiedenheit des Rechts oder Unrechts unter den polizirten Nationen; daher der Contrast der Moral der glühenden Zonen mit der Moral der kalten Länder, der Moral der freien Staaten mit der Moral der despotischen Reiche, der Moral einer armen Republik, welche nur durch den kriegerischen Geist gewinnen kann, mit der Moral einer reichen, die ihren Wohlstand dem Geiste der Handelschaft und dem Frieden zu danken hat; daher endlich die Albernheit der Moralisten, welche sich den Kopf zerbrechen, um zu bestimmen, was für alle Nationen recht sey, ehe sie die Auflösung der Aufgabe gefunden haben, wie man machen könne, daß ebendasselbe für alle Nationen gleich nützlich sey.

Die Sophisten, deren Sittenlehre sich nicht auf abgezogene Ideen, sondern auf die Natur und wirkliche Beschaffenheit der Dinge gründet, finden die Menschen an einem jeden Orte so, wie sie seyn können. Sie schätzen einen Staatsmann zu Athen, an sich selbst, nicht höher als einen Gaukler zu Persepolis, und eine Matrone von Sparta ist in ihren Augen kein vortrefflicheres Wesen als eine Lais zu Korinth. Es ist wahr, der Gaukler würde zu Athen, und die Lais zu Sparta schädlich seyn; allein ein Aristides würde zu Persepolis, und eine Spartanerin zu Korinth, wo nicht eben so schädlich, doch wenigstens ganz unnützlich seyn. Die Idealisten, wie ich diese Philosophen zu nennen pflege, welche die Welt nach ihren Ideen umschmelzen wollen, bilden ihre Lehrjünger zu Menschen, die man nirgends für einheimisch erkennen kann, weil ihre Moral eine Gesetzgebung voraussetzt, welche nirgends vorhanden ist. Sie bleiben arm und ungeachtet, weil ein Volk nur demjenigen Hochachtung und Belohnung zuerkennt, der seinen Nutzen befördert, oder doch zu befördern scheint; ja, sie werden als Verderber der Jugend und als heimliche Feinde der Gesellschaft angesehen, und die Landesverweisung oder der Giftbecher ist zuletzt alles, was sie für die undankbare Bemühung davon tragen, die Menschen zu entkörpern, um sie in die Classe der mathematischen Punkte, Linien und Dreiecke zu erheben. Klüger als diese eingebildeten Weisen, die, wie jener Citherschläger von Aspendus, nur in und für sich selbst musiciren, überlassen die Sophisten den Gesetzen eines jeden Volks, ihre Bürger zu lehren was Recht oder Unrecht sey. Da sie selbst zu keinem besondern Staatskörper gehören, so genießen sie die Vorrechte eines Weltbürgers; und indem sie den Gesetzen und der Religion eines jeden Volks, bei dem sie sich befinden, diejenige Achtung bezeigen, welche sie vor allen Ungelegenheiten mit den Handhabern derselben sichert, so erkennen und befolgen sie doch in der That kein andres als jenes allgemeine Gesetz der Natur, welches dem Menschen sein eignes Bestes zur einzigen Richtschnur gibt. Alles, wodurch ihre natürliche Freiheit eingeschränkt wird, ist die Beobachtung einer nützlichen Klugheit, die ihnen vorschreibt, ihren Handlungen die Farbe, den Schnitt und die Auszierung zu geben, wodurch sie denjenigen, mit welchen sie zu thun haben, am gefälligsten werden. Das moralische Schöne ist für unsre Handlungen eben das, was der Putz für unsern Leib; und es ist eben so nöthig, seine Aufführung nach den Vorurtheilen und dem Geschmack derjenigen zu modeln, mit denen man lebt, als es nöthig ist sich so zu kleiden wie sie. Ein Mensch, der nach einem gewissen besondern Modell gebildet worden ist, sollte, wie die wandelnden Bildsäulen des Dädalus, an seinen väterlichen Boden angefesselt werden; denn er ist nirgends an seinem Platz als unter seinesgleichen. Ein Spartaner würde sich nicht besser schicken die Rolle eines obersten Sklaven des Artaxerxes zu spielen, als ein Sarmater sich schickte Polemarchos (Kriegsminister) zu Athen zu seyn. Der Weise hingegen ist der allgemeine Mensch, der Mensch, dem alle Farben, alle Umstände, alle Verfassungen und Stellungen anstehen; und er ist es eben darum, weil er keine besondern Vorurtheile und Leidenschaften hat, weil er nichts als ein Mensch ist. Er gefällt allenthalben, weil er, wohin er kommt, sich die Vorurtheile und Thorheiten gefallen läßt, die er antrifft. Wie sollte er nicht geliebt werden, er, der immer bereit ist sich für die Vortheile andrer zu beeifern, ihre Begriffe zu billigen, ihren Leidenschaften zu schmeicheln? Er weiß daß die Menschen von nichts überzeugter sind als von ihren Irrthümern, nichts zärtlicher lieben als ihre Fehler, und daß es kein gewisseres Mittel gibt sich ihr Mißfallen zuzuziehen, als wenn man ihnen eine Wahrheit entdeckt, die sie nicht wissen wollen. Weit entfernt also, ihnen die Augen wider ihren Willen zu eröffnen, oder einen Spiegel vorzuhalten, der ihnen ihre Häßlichkeit vorrückte, bestärkt er den Thoren in dem Gedanken, daß nichts abgeschmackter sey als Verstand zu haben; den Verschwender in dem Wahne, daß er großmüthig, den Knicker in dem Gedanken, daß er ein guter Haushalter, die Häßliche in der süßen Einbildung, daß sie desto geistreicher, und den Großen und Reichen in der Ueberredung, daß er ein Staatsmann, ein Gelehrter, ein Held, ein Gönner der Musen, ein Liebling der Schönen, kurz alles was er wolle, sey. Er bewundert das System des Philosophen, die einbildische Unwissenheit des Hofmanns und die großen Thaten des Generals. Er gestehet dem Tanzmeister ohne Widerrede zu, daß Cimon der größte Mann in Griechenland gewesen wäre, wenn er — die

Füße besser zu setzen gewußt hätte; und dem Maler, daß man mehr Genie braucht, ein Zeuris, als ein Homer zu seyn. Diese Art mit dem Menschen umzugehen ist von unendlich größerm Vortheil als man beim ersten Anblick denken sollte. Sie erwirbt uns ihre Liebe, ihr Zutrauen, und eine desto größere Meinung von unserm Verdienste, je größer diejenige ist, die wir von dem ihrigen zu haben scheinen. Sie ist das gewisseste Mittel zu den höchsten Stufen des Glücks empor zu steigen. Meinest du, daß es die größten Talente, die vorzüglichsten Verdienste seyen, die einen Archonten, einen Heerführer, einen Satrapen, oder den Günstling eines Fürsten machen? Siehe dich in den Republiken um: du wirst finden, daß der eine sein Ansehen der lächelnden Miene zu danken hat, womit er die Bürger grüßt; ein andrer der ansehnlichen Peripherie seines Wanstes; ein dritter der Schönheit seiner Gemahlin, und ein vierter seiner brüllenden Stimme. Gehe an die Höfe: du wirst Leute finden, welche das Glück worin sie schimmern, der Empfehlung eines Kammerdieners, der Gunst einer Dame die sich für ihre Talente verbürgt hat, oder der Gabe des Schlafs schuldig sind, womit sie befallen werden, wenn der Vezier mit ihren Weibern scherzt. Nichts ist in diesem Lande der Bezauberungen gewöhnlicher, als einen unbärtigen Knaben in einen Feldherrn, einen Gaukler in einen Staatsminister, einen Kuppler in einen Oberpriester verwandelt zu sehen; ja, ein Mensch ohne alle sittlichen Verdienste kann oft durch ein einziges Talent, welches er vielleicht nicht einmal gestehen darf, zu einem Glücke gelangen, das ein andrer durch die größten Verdienste vergeblich zu erhalten gesucht hat.

Wer könnte demnach zweifeln, daß die Kunst der Sophisten nicht fähig seyn sollte, ihrem Besitzer auf diese oder jene Art die Gunst des Glückes zu verschaffen? — Vorausgesetzt, daß er die natürlichen Gaben besitze, ohne welche der Mann von Verstand allezeit dem Narren Platz machen muß, der damit versehen ist. Allein selbst auf dem Wege der Verdienste ist niemand gewisser sein Glück zu machen, als er. Wo ist das Amt, das er nicht mit Ruhm bekleiden wird? Wer ist geschickter die Menschen zu regieren, als derjenige, der am besten mit ihnen umzugehen weiß? Wer schickt sich besser zu öffentlichen Unterhandlungen? Wer ist fähiger Rathgeber eines Fürsten oder Demagog eines unabhängigen Volks zu seyn? Ja, wofern er nur das Glück auf seiner Seite hat, wer wird mit größerm Ruhm ein Kriegsheer anführen? Wer die Kunst besser verstehen, sich für die Geschicklichkeit und die Verdienste seiner Untergebenen belohnen zu lassen? Wer die Vorsicht, die er nicht gehabt, die klugen Anstalten, die er nicht gemacht, die Wunden, die er nicht bekommen hat, besser gelten zu machen wissen, als er?

Doch, es ist Zeit einen Discurs zu enden, der für uns beide ermüdend zu werden anfängt. — Ich habe dir genug gesagt, um den Zauber zu vernichten, den die Schwärmerei auf deine Seele geworfen hat; und wenn dieß nicht genug ist, so würde alles überflüssig seyn, was ich hinzu thun könnte.

Glaube übrigens nicht, Kallias, daß der Orden der Sophisten einen unansehnlichen Theil der menschlichen Gesellschaft mache. Die Anzahl derjenigen, die unsre Kunst ausüben, ist in allen Ständen sehr beträchtlich, und du wirst unter hundert, die ein großes Glück gemacht haben, schwerlich einen einzigen finden, der es nicht einer geschickten Anwendung unsrer Grundsätze zu danken habe. Diese Grundsätze machen (wiewohl sie aus Klugheit nicht laut bekannt oder eingestanden werden) die gewöhnliche Denkungsart der Höflinge, der Leute die sich dem Dienste der Großen gewidmet haben, und überhaupt derjenigen Classe von Menschen aus, die an jedem Orte die Ersten und Angesehensten sind, und (die wenigen Fälle ausgenommen, wo das spielende Glück durch einen blinden Wurf einen Narren an den Platz eines klugen Menschen fallen läßt) sind die geschickten Köpfe, die von diesen Maximen den besten Gebrauch zu machen wissen, allezeit diejenigen, die es auf der Bahn der Ehre und des Glücks am weitesten bringen.

Viertes Buch.

Agathon wird durch Hippias mit der schönen Danae bekannt.

Erstes Kapitel.

Unerwartete Ungelehrigkeit des Agathon.

Hippias konnte sich wohl für berechtiget halten, einigen Dank bei seinem Lehrjünger verdient zu haben, da er sich so viele Mühe gegeben hatte, ihn weise zu machen. Allein, wir müssen es nur gestehen, er hatte es mit einem Menschen zu thun, der nicht fähig war, die Wichtigkeit dieses Dienstes einzusehen, oder die Schönheit eines Lehrbegriffs zu empfinden, welcher dem ganzen System seiner eigenen Begriffe und Gefühle so sehr zuwider war. Die Erwartung des Sophisten wurde also nicht wenig betrogen, als Agathon, wie er sah, daß sein weiser Gebieter zu reden aufgehört hatte, ihm diese kurze Antwort gab:

„Du hast eine schöne Rede gehalten, Hippias; deine Beobachtungen sind sehr fein, deine Schlüsse sehr bündig, deine Maximen sehr praktisch, und ich zweifle nicht, daß der Weg, den du mir vorgezeichnet hast, wirklich zu einer Glückseligkeit führe, deren Vorzüge vor der meinigen du in ein so helles Licht gesetzt hast. Demungeachtet empfinde ich nicht die mindeste Lust so glücklich zu seyn; und wenn ich mich anders recht kenne, so werde ich schwerlich eher ein Sophist werden, bis du deine Tänzerinnen entlässest, dein Haus zu einem öffentlichen Tempel der Diana widmest, und nach Indien ziehst, ein Gymnosophist zu werden."

Hippias lachte über diese Antwort, ohne daß sie ihm desto besser gefiel. Und was hast du gegen mein System einzuwenden? fragte er.

„Daß es mich nicht überzeugt," erwiederte Agathon.

Und warum nicht?

„Weil meine Erfahrungen und Empfindungen deinen Schlüssen widersprechen."

Ich möchte wohl wissen, was dieß für Erfahrungen und Empfindungen sind, die demjenigen widersprechen, was alle Welt erfährt und empfindet?

„Du würdest mir beweisen, daß es Chimären sind."

Und wenn ich es bewiesen hätte?

„So würdest du es nur dir bewiesen haben; du würdest nichts damit beweisen, als daß du nicht Kallias bist."

Aber die Frage ist, ob Hippias oder Kallias richtig denkt?

„Wer soll Richter seyn?"

Das ganze menschliche Geschlecht.

„Was würde das wider mich beweisen?"

Sehr viel. Wenn zehn Millionen Menschen urtheilen, daß zwei oder drei aus ihrem Mittel Narren sind, so sind sie es; dieß ist unläugbar.

„Aber wie, wenn die zehn Millionen, deren Ausspruch dir so entscheidend vorkommt, Millionen Thoren wären, und die drei wären die Klugen?“

Wie müßte dieß zugehen?

„Können nicht zehn Millionen die Pest haben, und Sokrates allein gesund bleiben?“

Diese Instanz beweist nichts für dich. Ein Volk hat nicht immer die Pest; allein die zehn Millionen denken immer so wie ich. Sie sind in ihrem natürlichen Zustande, wenn sie so denken; und wer anders denkt, gehört also entweder zu einer andern Gattung von Wesen, oder zu den Wesen, die man Thoren nennt.

„So ergeb' ich mich in mein Schicksal.“

Es gibt noch eine Alternative, junger Mensch. Du schämest dich entweder, deine Gedanken so schnell zu verändern, oder du bist ein Heuchler.

„Keines von beiden, Hippias.“

Läugne mir, zum Exempel, wenn du kannst, daß dir die schöne Cyane, die uns beim Frühstück bediente, Begierden eingeflößt hat, und daß du verstohlne Blicke —

„Ich läugne nichts.“

So gestehe, daß das Anschauen dieser runden schneeweißen Arme, dieses aus der flatternden Seide hervor athmenden Busens, die Begierde in dir erregte, ihrer zu genießen.

„Ist das Anschauen kein Genuß?“

Keine Ausflüchte, junger Mensch!

„Du betrügst dich, Hippias, wenn es erlaubt ist einem Weisen das zu sagen; ich bedarf keiner Ausflüchte. Ich mache nur einen Unterschied zwischen einem mechanischen Triebe, der nicht gänzlich von mir abhängt, und dem Willen meiner Seele. Ich habe den Willen nicht gehabt, dessen du mich beschuldigest."

Ich beschuldige dich nichts, als daß du meiner spottest. Ich denke, daß ich die Natur kennen sollte. Die Schwärmerei kann in deinen Jahren keine so unheilbare Krankheit seyn, daß sie wider die Reizungen des Vergnügens sollte aushalten können.

„Deßwegen vermeide ich die Gelegenheiten."

Du gestehest also, daß Cyane reizend ist?

„Sehr reizend."

Und daß ihr Genuß ein Vergnügen wäre?

„Vermuthlich."

Warum quälest du dich denn, dir ein Vergnügen zu versagen, das in deiner Gewalt ist?

„Weil ich mich dadurch vieler andrer Freuden berauben würde, die ich höher schätze."

Kann man in deinem Alter so sehr ein Neuling seyn? Was für ein Vergnügen, das allen übrigen Menschen unbekannt ist, hat die Natur für dich allein aufbehalten? Wenn du noch größere kennest, als dieses — Doch, ich merke dich. Du wirst mir wieder von der Wonne der Geister, von Nektar und Ambrosia sprechen; aber wir spielen itzt keine Komödie, meine Freund.

„Hippias, ich rede wie ich denke. Ich kenne Vergnügungen, die ich höher schätze als diejenigen, die der Mensch mit den Thieren gemein hat."

Zum Exempel?

„Das Vergnügen eine gute Handlung zu thun.“

Was nennest du eine gute Handlung?

„Eine Handlung, wodurch ich, mit einiger Anstrengung meiner Kräfte, oder Aufopferung eines Vortheils oder Vergnügens, andrer Bestes befördere.“

Du bist also thöricht genug, zu glauben, daß du andern mehr schuldig seyst als dir selbst?

„Das nicht; sondern ich glaube vernünftig zu handeln, wenn ich ein geringeres Gut dem größern aufopfere, welches ich genieße, wenn ich das Glück meiner Nebengeschöpfe befördern kann.“

Du bist sehr dienstfertig. Gesetzt aber es sey so, wie hängt dieß mit demjenigen zusammen, wovon itzt die Rede ist?

„Dieß ist leicht zu sehen. Gesetzt, ich überließe mich den Eindrücken, welche die Reizungen der schönen Cyane auf mich machen könnten, und sie gewährte mir alles — was ein Geschöpf wie sie gewähren kann. Eine Verbindung von dieser Art könnte wohl von keiner langen Dauer seyn. Aber würden die Erinnerungen der genoss'nen Freuden nicht die Begierden erwecken, sie wieder zu genießen?“

Eine neue Cyane —

„würde mir wieder gleichgültig werden, und eben diese Begierden zurücklassen.“

Eine immerwährende Abwechslung ist also hierin, wie du siehst, das Gesetz der Natur.

„Aber auf diese Art würde ich's gar bald so weit bringen, keiner Begierde widerstehen zu können.“

Wozu brauchst du zu widerstehen, so lange deine Begierden in den Schranken der Natur und der Mäßigung bleiben?

„Wie aber, wenn endlich das Weib meines Freundes, oder welche es sonst wäre, die der ehrwürdige Name einer Mutter gegen den bloßen Gedanken eines unkeuschen Anfalls sicher stellen soll; oder wie, wenn die unschuldige Jugend einer Tochter, die vielleicht keine andre Mitgift als ihre Unschuld und Schönheit hat, der Gegenstand dieser Begierden würde, über die ich durch so vieles Nachgeben alle Gewalt verloren hätte?"

So hättest du dich, in Griechenland wenigstens, vor den Gesetzen vorzusehen. Allein was müßte das für ein Gehirn seyn, das in solchen Umständen kein Mittel ausfindig machen könnte, seine Leidenschaft zu vergnügen, ohne sich mit den Gesetzen abzuwerfen? Ich sehe, du kennest die Schönen zu Athen und Sparta nicht.

„O was dieß betrifft, ich kenne sogar die Priesterinnen zu Delphi. Aber ist's möglich, daß du im Ernste gesprochen hast?"

Ich habe nach meinen Grundsätzen gesprochen. Die Gesetze haben in gewissen Staaten (denn es gibt einige, wo sie mehr Nachsicht tragen) für nöthig gefunden, unser natürliches Recht an eine jede, die unsre Begierden erregt, einzuschränken. Allein da dieß nur geschah, um gewisse Ungelegenheiten zu verhindern, die aus dem ungescheuten Gebrauch jenes Rechts in solchen Staaten zu besorgen wären: so siehst du, daß der Geist und die Absicht des Gesetzes nicht verletzt wird, wenn man vorsichtig genug ist, zu den Ausnahmen die man davon macht keine Zeugen zu nehmen.

„O Hippias!" rief Agathon hier aus, „ich habe dich, wohin ich dich bringen wollte. Sieh einmal die Folgen deiner selbstsüchtigen Grundsätze! Wenn alles an sich selbst recht ist, was meine Begierden wollen; wenn die ausschweifenden Forderungen der Leidenschaft, unter dem Namen des Nützlichen, den sie nicht verdienen, die einzige Richtschnur unsrer Handlungen sind; wenn den Gesetzen nur mit einer guten Art ausgewichen werden muß, und im Dunkeln alles erlaubt ist; wenn die Tugend und die Hoffnungen der Tugend nur Chimären sind: was hindert die Kinder, sich, sobald es ihnen nützlich ist und ungestraft geschehen kann, wider ihre Eltern zu verschwören? Was hindert die Mutter, sich selbst und ihre Tochter dem Meistbietenden Preis zu geben? Was hindert mich, wenn ich dadurch gewinnen kann, den Dolch in die Brust meines Freundes zu stoßen, die Tempel der Götter zu berauben, mein Vaterland zu verrathen, oder mich an die Spitze einer Räuberbande zu stellen, und (wenn ich Macht genug dazu habe) ganze Länder zu verwüsten, ganze Völker in ihrem Blute zu ertränken? Siehst du nicht, daß deine Grundsätze (die du unverschämt Weisheit nennest und durch eine künstliche Vermischung des Wahren und Falschen scheinbar zu machen suchst), wenn sie allgemein würden, die Menschen in weit ärgere Ungeheuer, als Hyänen, Tiger und Krokodile, verwandeln würden? — Du spottest der Religion und der Tugend? Wisse, nur den unauslöschlichen Zügen, womit ihr Bild in unsre Seelen eingegraben ist, nur dem geheimen und wunderbaren Reize, der uns zu Wahrheit, Ordnung und Güte zieht, und den Gesetzen besser zu statten kommt als alle Belohnungen und Strafen; nur diesem ist es zuzuschreiben, daß es noch Menschen auf dem Erdboden gibt, und daß unter diesen Menschen noch ein Schatten von Sittlichkeit und Güte zu finden ist. Du erklärst die Ideen von moralischer Vollkommenheit für Phantasien. Siehe mich hier, Hippias, so wie ich hier bin, biete ich den Verführungen aller deiner Cyanen, den scheinbarsten Ueberredungen deiner egoistischen Weisheit, und allen Vortheilen die mir deine Grundsätze und dein Beispiel versprechen, Trotz. Eine einzige von jenen Phantasien ist hinreichend, die unwesentliche Zauberei aller deiner Blendwerke zu zerstreuen. Nenne die Tugend immerhin Schwärmerei; diese Schwärmerei macht mich glücklich, und würde alle Menschen glücklich machen, würde den ganzen Erdboden in ein Elysium verwandeln, wenn deine Grundsätze und diejenigen welche sie ausüben, nicht, so weit ihr ansteckendes Gift dringt, Elend und Verderbniß ausbreiteten."

Agathon wurde ganz glühend, indem er dieß sagte; und ein Maler, um den zürnenden Apollo zu malen, hätte sein Gesicht in diesem Augenblick zum Urbild nehmen müssen. Der weise Hippias hingegen erwiederte diesen Eifer mit einem Lächeln, welches dem Momus selbst Ehre gemacht hätte, und sagte, ohne seine Stimme zu verändern: Nunmehr glaube ich dich zu kennen, Kallias, und du wirst von meinen Verführungen weiter nichts zu besorgen haben. Die gesunde Vernunft ist nicht für so warme Köpfe gemacht wie der deinige. Wie leicht, wenn du mich zu verstehen fähig gewesen wärest, hättest du dir den Einwurf selbst beantworten können, daß die Grundsätze der Sophisten verderblich wären, wenn sie allgemein würden! Die Natur hat schon dafür gesorgt, daß sie nicht allgemein werden. — Doch ich würde mir selbst lächerlich seyn, wenn ich deine begeisterte Apostrophe beantworten, oder dir zeigen wollte, wie sehr auch der Affect der Tugend das Gesicht verfälschen kann. Bleibe, wenn du kannst, immer was du bist, Kallias! Fahre fort, dich um den Beifall der Geister und die Gunst der ätherischen Schönen zu bewerben; rüste dich, dem Ungemach, das dein Platonismus dir in dieser Unterwelt zuziehen wird, großmüthig entgegen zu gehen, und tröste dich, wenn du Leute siehst, die niedrig genug sind sich an irdischen Glückseligkeiten zu weiden, mit dem frommen Gedanken, daß sie in einem andern Leben, wo die Reihe an dich kommt glücklich zu seyn, sich in den Flammen des Phlegethon wälzen werden.

Mit diesen Worten stand Hippias auf, warf einen verächtlich-mitleidigen Blick auf Agathon, und wandt' ihm den Rücken zu, um ihm, mit einer unter seinesgleichen gewöhnlichen Höflichkeit, zu verstehen zu geben, daß er sich zurück ziehen könne.

Zweites Kapitel.

Geheimer Anschlag gegen die Tugend unsers Helden.

Vermuthlich wird es einige Leser dünken, Hippias habe in seinem Discurs bei seinem schönen Sklaven einen größern

Mangel von Erfahrung und Kenntniß der Welt vorausgesetzt, als er, nach allem was mit unserm Helden bereits vorgegangen war, zu thun Ursache hatte. Wir müssen also zu Entschuldigung dieses Weisen sagen, daß Agathon (aus Ursachen die uns unbekannt geblieben sind) für gut befunden hatte, aus dem glänzenden Theile seiner Begebenheiten und sogar aus seinem Namen ein Geheimniß zu machen. Denn dieser Name war durch die Rolle, die er zu Athen gespielt hatte, in den Griechischen Städten allzu bekannt geworden, als daß er es nicht auch dem Hippias hätte seyn sollen; wiewohl dieser, seitdem er in Smyrna wohnte, sich wenig um die Staatsangelegenheiten der Griechen bekümmerte, als welche er in den Händen seiner Freunde und Schüler ganz wohl versorgt glaubte. Da nun Agathon die Vorsicht gebraucht hatte, ihm alles zu verbergen, was einigen Verdacht hätte erwecken können, als ob er jemals etwas mehr als ein Aufwärter in dem Tempel zu Delphi gewesen sey: so konnte ihn Hippias um so mehr für einen gänzlichen Neuling in der Welt ansehen, als weder die Denkungsart noch das Betragen dieses jungen Mannes so beschaffen war, daß ein Kenner auf günstigere Gedanken hätte gebracht werden sollen. Leute von seiner Art können in der That zehn Jahre hinter einander in der großen Welt gelebt haben, ohne daß sie dieses fremde und entlehnte Ansehen verlieren, welches beim ersten Blicke verkündiget, daß sie hier nicht einheimisch sind; geschweige, daß sie fähig wären, sich jemals zu dieser edeln Freiheit von den Fesseln der gesunden Vernunft, zu dieser weisen Gleichgültigkeit gegen alles was schöne Seelen Gefühl nennen, und zu dieser verzärtelten

Feinheit des Geschmacks zu erheben, wodurch die Hippiasse sich auf eine so vortheilhafte Art unterscheiden. Sie können freilich auch Beobachtungen machen; allein, da ihnen natürlicher Weise der sympathetische Instinct mangelt, mittelst dessen jene einander so schnell und zuverlässig ausfindig machen; da sie von allem auf eine andere Art gerührt werden, und sich mit aller möglichen Anstrengung der Einbildungskraft doch niemals recht an die Stelle eines Egoisten setzen können: so sind sie in einer Welt, deren ansehnlichster Theil aus Menschen dieses Schlages besteht, immer in einem unbekannten Lande, wo ihre Erkenntniß bloß bei Muthmaßungen stehen bleibt, und ihre Erwartung alle Augenblicke durch unbegreifliche Zufälle und unverhoffte Erscheinungen betrogen wird.

Mit allen seinen Vorzügen war Agathon gleichwohl ein Mitglied dieser letztern Classe, und es ist also kein Wunder, daß er, ungeachtet der tiefen Betrachtungen, die er über seine Unterredung mit seinem Gebieter anstellte, sehr weit entfernt war, die Gedanken zu errathen, womit der Sophist jetzt umging, dessen Eitelkeit durch den schlechten Fortgang seines Vorhabens und den Eigensinn dieses seltsamen Jünglings weit mehr beleidiget war, als er sich hatte ansehen lassen. Agathon, wenn er das wirklich wäre was er zu seyn schien, wäre (dachte Hippias nicht ohne Grund) eine lebendige Widerlegung seines Systems. „Wie?“ sagte er zu sich selbst, „ich habe mehr als vierzig Jahre in der Welt gelebt, und unter einer unendlichen Menge von Menschen, von allen Ständen und Classen, nicht einen einzigen angetroffen, der meine Begriffe von der menschlichen Natur nicht bestätiget hätte, und dieser junge Mensch sollte mich noch an die Tugend glauben lehren? Es kann nicht seyn; er ist ein Phantast oder ein Heuchler. Was er auch seyn mag, ich will es ausfindig machen. — — Gut! Ein glücklicher Einfall! Ich will ihn auf eine Probe stellen, wo er unterliegen muß, wenn er ein Schwärmer, oder wo er die Maske ablegen wird, wenn er ein Komödiant ist. Er hat gegen Cyanen ausgehalten; dieß hat ihn stolz und sicher gemacht; aber es beweist noch nichts. Wir wollen ihn auf eine stärkere Probe setzen! Wenn er auch in dieser den Sieg erhält, so muß er — Nun ja, dann will ich, beim Hercules! meine Nymphen entlassen, mein Haus den Priestern der Cybele vermachen, und an den Ganges ziehen, um in der Höhle eines alten Palmbaumes, mit geschloss'nen Augen, und den Kopf zwischen den Knieen, so lange sitzen zu bleiben, bis ich, allen meinen Sinnen zu Trotz, mir einbilde daß ich nicht mehr bin!"

Dieß war ein hartes Gelübde! Auch hielt sich Hippias sehr überzeugt, daß es so weit nicht kommen würde; und damit er keine Zeit versäumen möchte, machte er noch an demselbigen Tag Anstalt seinen Anschlag auszuführen.

Drittes Kapitel.

Hippias stattet einen Besuch bei einer Dame ab, die eine große Rolle in dieser Geschichte spielen wird.

Die Damen zu Smyrna hatten damals eine Gewohnheit, welche ihrer Schönheit mehr Ehre machte als ihrer Sittsamkeit.

Sie pflegten sich in den warmen Monaten gemeiniglich alle Nachmittage eines kühlenden Bades zu bedienen; und, um keine lange Weile zu haben, nahmen sie um diese Zeit die Besuche derjenigen Mannspersonen an, die das Recht eines freien Zutritts in ihren Häusern hatten. Diese Gewohnheit war in Smyrna eben so unanstößig, als es der Gebrauch bei unsern westlichen Nachbarinnen ist, Mannspersonen bei der Toilette um sich zu haben; auch kam diese Freiheit nur den Freunden zu statten, und (den besondern Fall ausgenommen, wenn die hartnäckige Blödigkeit eines noch unerfahrnen Neulings einiger Aufmunterung nöthig hatte) waren die Liebhaber gänzlich davon ausgeschlossen.

Unter einer ziemlichen Anzahl von Schönen, bei denen der weise Hippias dieses Vorrecht genoß, war auch eine, welche unter dem Namen Danae den ersten Rang in derjenigen Classe von Frauenzimmern einnahm, die man bei den Griechen Gesellschafterinnen zu nennen pflegte. Diese waren damals unter ihrem Geschlechte, was die Sophisten unter dem männlichen; sie standen auch in keiner geringern Achtung, und konnten sich rühmen, daß die vollkommensten Modelle aller Vorzüge ihres Geschlechts, wenn man die strenge Tugend ausnimmt, die Thargelien, die Aspasien, die Leontion, sich kein Bedenken machten von ihrem Orden zu seyn. Was unsre Danae betrifft, so machten die Mannspersonen zu Smyrna kein Geheimniß daraus, daß sie an Schönheit und Artigkeit alle andern Frauenzimmer, galante und spröde, tugendhafte und andächtige, übertreffe. Es ist wahr, die Geschichte meldet nicht, daß die Damen sich sehr beeifert hätten, das Urtheil der

Mannspersonen durch einen öffentlichen Beitritt zu bestätigen; allein so viel ist gewiß, daß keine unter ihnen war, die sich selbst nicht gestanden hätte, daß, eine einzige Person ausgenommen, welche man niemals öffentlich nennen wollte, die schöne Danae alle übrigen eben so weit übertreffe, als sie von dieser einzigen Ungenannten übertroffen werde. In der That war ihr Ruhm von dieser Seite so festgesetzt, daß man das Gerüchte nicht unwahrscheinlich fand, welches versicherte, sie habe in ihrer ersten Jugend den berühmtesten Malern zum Modell gedient, und bei einer solchen Gelegenheit den Namen erhalten, unter welchem sie in Jonien berühmt war. Jetzt hatte sie zwar das dreißigste Jahr schon zurückgelegt, allein ihre Schönheit schien dadurch mehr gewonnen als verloren zu haben; denn der blendende Jugendglanz, der mit dem Mai des Lebens zu verschwinden pflegt, wurde durch tausend andre Reizungen ersetzt, welche ihr (nach dem Urtheile der Kenner) eine Anziehungskraft gaben, die man, ohne sich eines schwülstigen Ausdrucks schuldig zu machen, in gewissen Umständen für unwiderstehlich halten konnte. Dem ungeachtet scheute sich, unter der Aegide der Gleichgültigkeit, worin ihn damals ordentlicher Weise auch die schönsten Figuren zu lassen pflegten der weise Hippias nicht, seine Tugend öfters dieser Gefahr auszusetzen. Er war der schönen Danae unter dem Titel eines Freundes vorzüglich angenehm; die geheime Geschichte sagt sogar, daß sie ihn ehmals nicht unwürdig gefunden habe, ihm eine noch interessantere Stelle bei ihrer Person anzuvertrauen; eine Stelle, die nur von den Liebenswürdigsten seines Geschlechts bekleidet zu werden pflegte. Diese Dame war es, deren Beihülfe Hippias sich zu Ausführung seines Anschlags wider unsern Helden bedienen wollte, dessen schwärmerische Tugend, seinen Gedanken nach, eine Beschimpfung seiner Grundsätze war, die er viel weniger leiden konnte, als die allerscharfsinnigste Widerlegung in forma.

Er begab sich also zu der gewöhnlichen Stunde zu ihr, und war kaum in den Saal getreten, wo sie in den Bedürfnissen des Bades von zwei jungen Knaben, welche ein paar Liebesgötter zu seyn schienen, bedient wurde, als sie schon in seinem Gesichte etwas bemerkte, das mit seiner gewöhnlichen Heiterkeit einen Abstich machte. „Was hast du, Hippias, sagte sie zu ihm, daß du eine so tiefsinnige Miene mitbringst?"

Ich weiß nicht, antwortete er, warum ich tiefsinnig aussehen sollte, wenn ich eine Dame im Bade besuche; aber dieß weiß ich, daß ich dich noch nie so schön gesehen habe, als diesen Augenblick.

„Gut, sagte sie, dieß bekräftiget meine Bemerkung. Ich bin gewiß, daß ich heute nicht besser aussehe, als das letzte Mal da du mich sahest; aber deine Phantasie ist höher gestimmt als gewöhnlich, und du schreibst den Einfluß, den sie auf deine Augen hat, großmüthig auf die Rechnung des Gegenstandes, den du vor dir siehst. Ich wollte wetten, die häßlichste meiner Kammermädchen würde dir in diesem Augenblick eine Grazie scheinen."

Ich habe, versetzte Hippias, keine Ansprüche an eine lebhaftere Einbildungskraft zu machen als Zeuxis und Polygnotus, die sich nichts Vollkommneres zu erfinden getrauten als Danae. Welche schöne Gelegenheit zu einer neuen Verwandlung, wenn ich Jupiter wäre!

„Und was für eine Gestalt wolltest du annehmen, um zu gleicher Zeit meine Sprödigkeit und die Wachsamkeit deiner Juno zu hintergehen? Denn unter allen geflügelten, vierfüßigen und kriechenden Thieren ist wohl keines, das nicht bereits einem Unsterblichen hätte dienen müssen, irgend ein ehrliches Mädchen zu beschleichen."

Ich würde mich nicht lange besinnen; was für eine Gestalt könnte ich annehmen, die dir angenehmer und mir zu meiner Absicht bequemer wäre, als dieses Sperlings, der deine Liebhaber so oft zu gerechter Eifersucht reizt; der, durch die zärtlichsten Namen aufgemuntert, mit solcher Freiheit um deinen Nacken flattert, mit muthwilligem Schnabel den schönsten Busen neckt, und die Liebkosungen allezeit doppelt wieder empfängt, die er dir gemacht hat?

„Es ist dir leichter, wie es scheint, versetzte Danae, einen Sperling an deine Stelle, als dich an die Stelle eines Sperlings zu setzen; bald könntest du mir die Schmeicheleien meines kleinen Lieblings verdächtig machen. Aber genug von den Wundern, die du meiner Schönheit zutrauest; laß uns von was anderm reden. Weißt du, daß ich meinem Liebhaber den Abschied gegeben habe?"

Dem schönen Hyacinthus?

„Ihm selbst, und, was noch mehr ist, mit dem festen Entschluß, seine Stelle nimmer zu ersetzen."

Eine tragische Entschließung, schöne Danae!

„Nicht so sehr als du denkest. Ich versichre dich, Hippias, meine Geduld reicht nicht mehr zu, alle Thorheiten dieser abgeschmackten Gecken auszustehen, welche die Sprache der Empfindung reden wollen, und nichts fühlen; deren Herz nicht so viel, als eine Nadelritze beträgt, verwundet ist, ob sie gleich von Martern und Flammen reden; die unfähig sind etwas anders zu lieben als sich selbst, und meine Augen nur als einen Spiegel gebrauchen, worin sie die Wichtigkeit ihrer kleinen unverschämten Figur bewundern. Kaum vermeinen sie ein Recht an unsere Gütigkeit zu haben, so glauben sie uns noch viel Ehre zu erweisen, wenn sie unsere Liebkosungen mit einer zerstreuten Miene dulden. Jeder Blick, den sie auf uns werfen, sagt uns, daß wir ihnen nur zum Spielzeuge dienen, und die Hälfte unserer Reizungen geht an ihnen verloren, weil sie keine Seele haben, um die Schönheiten einer Seele zu empfinden"

Dein Unwille ist gerecht, versetzte der Sophist; es ist verdrießlich, daß man diesen Mannsleuten nicht begreiflich machen kann, daß die Seele das Liebenswürdigste an einer Schönen ist. Aber beruhige dich! Nicht alle Männer denken so unedel. Ich kenne einen, der dir gefallen würde, wenn du, zur Abwechselung, einmal Lust hättest, es mit einem geistigen Liebhaber zu versuchen.

„Und wer kann das seyn, wenn man fragen darf?"

Es ist ein Jüngling, der dazu gemacht scheint deine Hyacinthen zu demüthigen — schöner als Adonis.

„Fi, Hippias, das ist als ob du sagtest, süßer als Honigseim. Du begreifst nicht, wie sehr mir vor diesen schönen Herren ekelt."

O dieß hat nichts zu bedeuten; ich stehe dir für diesen. Er hat keinen von den Fehlern der Narcissen, die dir so ärgerlich sind. Kaum scheint er es zu wissen, daß er einen Leib hat. Es ist ein Mensch, wie man nicht viele sieht: schön wie ein Apollo, aber geistig wie ein Zephyr; ein Mensch der lauter Seele ist; der dich selbst, wie du hier bist, für eine bloße Seele ansehen würde, und alles auf eine geistige Art thut, was wir andern körperlich thun. Du verstehst mich doch, schöne Danae?

„Nicht allzu wohl; aber deine Beschreibung gefällt mir nichtsdestoweniger. Sprichst du im Ernste?"

Im ganzen Ernste! Wenn du Lust haben solltest die metaphysische Liebe zu kosten, so habe ich deinen Mann gefunden. Er ist Platonischer als Plato selbst! — Und ich denke doch, du könntest uns geheime Nachrichten von diesem berühmten Weisen geben.

„Ich erinnere mich, antwortete Danae lächelnd, daß er einmal mit einer meiner Freundinnen eine kleine Zerstreuung gehabt hat, die du ihm nicht übel nehmen mußt. Wo ist ein Geist, dem ein artiges Mädchen von achtzehn Jahren nicht einen Körper geben könnte?"

Das sagst du bloß, weil du meinen Mann noch nicht kennst; die Göttin von Paphos, ja du selbst würdest es bei ihm so weit nicht bringen. Du kannst ihn Tag und Nacht um dich haben. Du kannst ihn auf alle Proben stellen; du kannst ihn — bei dir schlafen lassen, Danae, ohne daß er dir Gelegenheit geben wird, nur die mindeste kleine Ausrufung anzubringen. Kurz, bei ihm kann deine Tugend ganz ruhig einschlummern, ohne jemals in Gefahr zu kommen, aufgeweckt zu werden.

„Ach! nun verstehe ich dich; es verlohnte sich auch wohl der Mühe, den Scherz so weit zu treiben! Ich verlange keinen Liebhaber, der sich nur darum an meine Seele hält, weil ihm das Uebrige zu nichts nütze ist.“

Auch ist derjenige, den ich dir anpreise, weit entfernt in diese Classe zu gehören: mache dir darüber keinen Kummer. Was du für die Folgen einer physischen Ursache hältst, ist bei ihm die Wirkung der Tugend, der erhabnen Philosophie, von der er Profession macht.

„Den Mann möcht' ich wohl sehen! — Aber weißt du auch, Hippias, daß meine Eitelkeit nicht zufrieden wäre, auf eine so kaltsinnige Art geliebt zu werden? Es ist wahr, ich bin dieser mechanischen Liebhaber von Herzen überdrüssig; aber ich würde doch auch nicht ganz mit einem andern zufrieden seyn, der gegen dasjenige gänzlich ohne Empfindung wäre, wofür jene allein empfindlich sind. Ein Frauenzimmer findet allezeit ein Vergnügen darin, Begierden einzuflößen, auch wenn sie nicht gesonnen ist, sie zu vergnügen. Die Spröden selbst sind von dieser Schwachheit nicht ausgenommen. Wozu brauchen wir von einem Liebhaber zu hören, daß wir reizend sind? Wir wollen es aus den Wirkungen sehen, die wir auf ihn machen. Je weiser er ist, desto schmeichelnder ist es für unsre Eitelkeit, wenn wir ihn aus seiner Fassung setzen können. Nein, du begreifst nicht, wie sehr das Vergnügen, alle die Thorheiten zu sehen, wozu wir diese Herren der Schöpfung bringen können, alles andre übertrifft, das sie uns zu geben fähig sind. Ein Philosoph, der zu meinen Füßen wie eine Turteltaube girret, der mir zu gefallen seine Haare und seinen

Bart kräuseln läßt, der alle Wohlgerüche von Arabien und Indien um sich duftet, und, um sich bei mir einzuschmeicheln, meinem Schooßhund liebkoset und Oden auf meinen Sperling macht, — ah! Hippias, man muß ein Frauenzimmer seyn, um zu begreifen was dieß für ein Vergnügen ist!"

So bedaure ich dich, daß du diesem Vergnügen bei dem Virtuosen, von dem ich spreche, entsagen mußt. Er hat seine Proben schon gemacht. Er ist zärtlich wie ein Knabe von sechzehn Jahren, aber, wie gesagt, nur für die Seelen der Schönen; alles Uebrige macht keinen größern Eindruck auf ihn als auf eine Bildsäule.

„Das wollen wir sehen, Hippias! Ich verlange schlechterdings, daß du ihn diesen Abend zu mir bringest. Du wirst nur eine kleine Gesellschaft finden, die uns nicht stören soll. — Aber wer ist denn dieser Ungenannte, von dem wir schon so lange schwatzen?"

Es ist ein Sklave, den ich vor etlichen Wochen von einem Cilicier gekauft habe, aber ein Sklave, wie man sonst nirgends sieht; zu Delphi im Tempel des Apollo erzogen; vermuthlich hat er sein Daseyn der antiplatonischen Liebe dieses Gottes, oder eines von seinen Vertretern, zu irgend einer hübschen Schäferin zu danken, die sich zu tief in seinen Lorberhain wagte. Er ist in der Folge nach Athen gekommen, und die schönen Reden des Plato haben die romanhafte Erziehung vollendet, die er in den geheiligten Hainen von Delphi erhielt. Er gerieth durch einen Zufall in die Hände Cilicischer Seeräuber, und aus diesen in die meinigen. Er nannte sich Pythokles; aber weil ich diese Art von Namen nicht leiden kann, so hieß ich ihn Kallias; und er verdient so zu heißen, denn er ist der schönste Mensch, den ich jemals gesehen habe. Seine übrigen Gaben bestätigen die gute Meinung, die sein Anblick von ihm erweckt. Er hat Witz, Geschmack, Kenntnisse; er ist ein Liebhaber und selbst ein Günstling der Musen; aber mit allen diesen Vorzügen scheint er doch nichts weiter als ein wunderlicher Kopf, ein Schwärmer und ein unbrauchbarer Mensch zu seyn. Er nennt seinen Eigensinn Tugend, weil er sich einbildet, die Tugend müsse die Gegenfüßlerin der Natur seyn; er hält die Ausschweifungen seiner Phantasie für Vernunft, weil er sie in einen gewissen Zusammenhang gebracht hat; und sich selbst für weise, weil er auf eine methodische Art raset. Er gefiel mir beim ersten Anblick; ich faßte den Entschluß, etwas aus dem jungen Menschen zu machen; aber alle meine Mühe war umsonst. Wenn es möglich ist, daß er durch jemand zurecht gebracht werde, so muß es durch ein Frauenzimmer geschehen; denn ich glaube bemerkt zu haben, daß man nur durch sein Herz in seinen Kopf kommen kann. Die Unternehmung wäre deiner würdig, schöne Danae. Wenn sie dir nicht gelingt, so ist er unverbesserlich, und verdient daß man ihn seiner Thorheit und seinem Schicksal überlasse.

„Du hast meinen ganzen Ehrgeiz rege gemacht, Hippias, versetzte die schöne Danae. Bring' ihn diesen Abend mit; ich will ihn sehen; und wenn er nicht aus andern Elementen zusammengesetzt ist als die übrigen Erdensöhne, so wollen wir eine Probe machen, ob Danae ihrer Lehrmeisterin würdig ist.“

Hippias war sehr erfreut, den Zweck seines Besuchs so glücklich erreicht zu haben, und versprach beim Abschied, zur bestimmten Zeit diesen wunderbaren Jüngling aufzuführen, an welchem die schöne Danae so begierig war die Macht ihrer Reizungen zu versuchen.

Viertes Kapitel.

Einige Nachrichten von der schönen Danae.

Die Schöne, mit welcher wir die Leser im vorigen Kapitel bekannt gemacht haben, hat sie vermuthlich eben so geneigt gemacht, eine nähere Nachricht von dem Charakter und der Geschichte derselben zu erwarten, als wir es sind, ihrem Verlangen ein Genüge zu thun. Gleichwohl ist dasjenige, was man damals zu Smyrna von ihr wußte, oder doch öffentlich von ihr sagte, alles was wir dem Leser vor der Hand mittheilen können; bis sich vielleicht in der Folge Gelegenheit zeigt, genauere und getreuere Nachrichten aus ihrem eigenen Munde zu erhalten.

Die allgemeine Meinung zu Smyrna war, daß sie eine Tochter der berühmten Aspasia von Milet sey. Diese Aspasia hatte schon in ihrer Vaterstadt die Kunst der Galanterie, oder der weiblichen Sophistik (wie man sie auch nennen könnte), durch die Verbindung derselben mit den Künsten der Musen, zu einem so hohen Grade der Vollkommenheit erhoben, daß sie mit Recht als die wahre Erfinderin derselben anzusehen ist. Milet schien ihr endlich ein zu kleiner Schauplatz. Sie zog nach Athen, und bediente sich daselbst ihrer seltnen Vorzüge auf eine so kluge Art, daß sie zuletzt die unumschränkte Beherrscherin des großen Perikles, der in gewissem Sinne das ganze Griechenland beherrschte, oder wie die komischen Dichter seiner Zeit sich ausdrückten, die Juno dieses Athenischen Jupiters wurde.

Unstreitig konnte man der schönen Danae keine Abkunft geben, welche einer Person von ihrer Classe mehr Ehre gemacht hätte. Allein die Vermuthungen, worauf sich diese Meinung gründete, sind nicht hinlänglich, ihr eignes Geständniß zu überwiegen, vermöge dessen sie aus der Insel Skios gebürtig, und nach dem Tod ihrer Eltern, in ihrem vierzehnten Jahre mit einem Bruder nach Athen gekommen war, um in dieser Stadt, worin alle angenehmen Talente Aufmunterung fanden, die ihrigen gelten zu machen. Die Kunst, welche sie hier trieb, war eine Art von pantomimischen Tänzen, wozu gemeiniglich nur eine oder zwei Personen erfordert wurden, und worin die tanzende Person, nach der Modulation einer Flöte oder Leyer, gewisse Stücke aus der Götter- und Heldengeschichte der Griechen durch Gebärden und Bewegungen vorstellte. Allein, da diese Kunst, wegen der Menge derer die sie trieben, nicht zureichte sie anständig zu unterhalten, so sah sich die junge Schöne genöthigt, den Künstlern zu Athen die Dienste eines Modells zu thun. Außer dem Nutzen, den sie davon zog, erhielt sie dadurch die schmeichelhafte Ehre, bald als Danae oder Leda die Bewunderung der Kenner, bald als Diane oder Venus die Anbetung des Pöbels zu erhalten.

Bei einer solchen Gelegenheit begab es sich, daß sie von dem jungen Alcibiades überraschet, und in der Stellung der

Danae allzu reizend befunden wurde, als daß einem geringern wie Alcibiades auch nur der Anblick so vieler Schönheiten erlaubt seyn sollte. Wie leicht zu erachten ist, hatte dieser liebenswürdige Verführer, dem seine Gestalt, seine Manieren, sein Stand und sein Reichthum das Wort redeten, wenig Mühe, ein Mädchen dieser Gattung zu überreden, sich in seinen Schutz zu begeben. Er brachte sie in das Haus der Aspasia, welches zu gleicher Zeit eine Akademie der schönsten Geister von Athen, und eine Art von Frauenzimmerschule war, worin junge Mädchen von den vorzüglichsten Gaben, unter Aufsicht einer so vollkommnen Meisterin, eine Erziehung erhielten, welche sie zu der Bestimmung geschickt machen sollte, die Großen und die Weisen der Republik in ihren Ruhestunden zu ergötzen. Danae machte sich diese Gelegenheit so wohl zu Nutze, daß sie die Gunst, und endlich selbst die Vertraulichkeit der Aspasia erhielt, welche, weit über die Niederträchtigkeit gemeiner Seelen erhaben, sich mit so vielem Vergnügen in dieser jungen Person wieder hervorgebracht sah, daß sie dadurch zu der Vermuthung Anlaß gab, deren wir bereits Erwähnung gethan haben. Inzwischen genoß Alcibiades allein der Früchte einer Erziehung, wodurch die natürlichen Gaben seiner jungen Freundin zu einer Vollkommenheit entwickelt wurden, die ihr den Namen der zweiten Aspasia erwarb; und die schöne Danae legte sich selbst die Pflicht auf, eine Treue gegen ihn zu beobachten, welche er nicht zu erwiedern nöthig fand. Da die Liebe zur Veränderung eine stärkere Leidenschaft bei ihm war, als die Liebe die ihm irgend eine Sterbliche einflößen konnte; so mußte auch Danae, nachdem sie sich eine geraume Zeit in dem ersten

Platze bei ihm erhalten hatte, einer andern weichen, die keinen Vorzug vor ihr hatte, als daß sie ihm neu war. So schwach Danae von einer gewissen Seite seyn mochte, so edel war ihr Herz in andern Stücken. Sie liebte den Alcibiades, weil sie von seiner Person und von seinen Eigenschaften bezaubert war, und dachte wenig daran, von seinen Reichthümern Vortheil zu ziehen. Sie würde also nichts von ihm übrig behalten haben, als das Andenken, von dem liebenswürdigsten Mann ihrer Zeit geliebt worden zu seyn, wenn er nicht eben so stolz und freigebig, als sie (wider die Gewohnheit ihrer Gespielen) uneigennützig war, gewesen wäre, und ihr eine Summe aufgedrungen hätte, welche mehr als hinlänglich war, sie, wie er sagte, vor der Erniedrigung zu sichern, dem Reichsten überlassen zu müssen, was nur dem Liebenswürdigsten gehörte.

Nach Aspasiens Tode fand sie Gelegenheit dem jüngern Cyrus bekannt zu werden, dessen glänzende Eigenschaften durch die Feder Xenophons eben so bekannt geworden sind, als der unglückliche Ausgang der Unternehmung, wodurch er seinen Bruder Artaxerxes (Mnemon) von dem Throne des großen Cyrus zu verdrängen hoffte. Ihr erster Anblick unterwarf ihr das Herz eines Prinzen, der desto empfindlicher gegen diejenige Art von Reizungen war, wodurch sich die Schülerinnen der Aspasia unterschieden, je seltener sie unter den lebenden Statuen anzutreffen sind, welche in Persien dem Vergnügen der Großen gewidmet werden, und in der That zu dem einzigen Gebrauche, den ihre Gebieter von ihnen zu machen wissen, wenig Seele nöthig haben. Danae begleitete diesen Prinzen auf seinem Feldzuge gegen den großen König, und, nach dem unglücklichen Ausgange desselben, erwählte sie Smyrna zu ihrem beständigen Aufenthalte; durch die großmüthige Freigebigkeit des Cyrus, der sich hierin von keinem Bürger von Athen übertreffen lassen wollte, in den Stand gesetzt, ihre einzige Sorge seyn zu lassen, wie sie auf die angenehmste Art leben wollte. Sie bediente sich dieses Glücks, wie es der Name der zweiten Aspasia erforderte. Ihre Wohnung schien ein Tempel der Musen und Grazien zu seyn, und wenn Amor von einer so reizenden Gesellschaft nicht ausgeschlossen blieb, so war es jener Amor, den die Musen beim Anakreon mit Blumenkränzen binden, und der sich in dieser Gefangenschaft so wohl gefällt, daß Venus ihn vergeblich bereden will, sich in seine vorige Freiheit setzen zu lassen. Die Spiele, die Scherze und die Freuden (wenn es uns erlaubt ist, die Sprache Homers zu gebrauchen wo die gewöhnliche zu matt scheint) schlossen mit den lächelnden Stunden einen unauflöslichen Reihentanz um sie her, und Schwermuth, Ueberdruß und Langeweile waren, mit allen andern Feinden der Ruhe und des Vergnügens, gänzlich aus diesem Wohnsitze der Freude verbannt.

Wir haben, däucht uns, schon mehr als genug gesagt, um unsere Leser in keine mittelmäßige Sorge für die Tugend unsers Helden zu setzen. In der That hatte er sich noch niemals in Umständen befunden, die uns weniger hoffen lassen, daß sie sich werde erhalten können. Die Gefahr, worin sie bei der üppigen Pythia, unter den rasenden Bacchantinnen, und in dem Hause des weisen Hippias, welches dem Stalle der Circe so ähnlich sah, geschwebt hatte, kommt in gar keine Betrachtung gegen diejenige, die ihr bevorsteht, und deren wir ihn gern überhoben hätten, wenn die Pflichten des Geschichtschreibers erlaubten, einer freundschaftlichen Parteilichkeit zum Nachtheile der Wahrheit Gehör zu geben.

Fünftes Kapitel.

Wie gefährlich eine verschönernde Einbildungskraft ist.

Wenn eine lebhafte Einbildungskraft ihrem Besitzer eine unendliche Menge von Vergnügungen gewährt, die den übrigen Sterblichen versagt sind; wenn ihr zauberischer Einfluß alles Schöne in seinen Augen verschönert, und ihn da in Entzückung setzt, wo andre kaum empfinden; wenn sie in glücklichen Stunden ihm diese Welt zu einem Paradiese macht, und in traurigen seine Seele von der Scene seines Kummers hinweg zieht, und in bessere Welten versetzt, welche durch die vergrößernden Schatten einer vollkommnen Wonne seinen Schmerz bezaubern: so müssen wir auf der andern Seite gestehen, daß sie nicht weniger eine Quelle von Irrthümern, Ausschweifungen und Qualen für ihn ist, wovon er, selbst mit Hülfe der Weisheit und mit der feurigsten Liebe zur Tugend, sich nicht eher los machen kann, bis er (auf welche Art es nun seyn mag) dazu gekommen ist, die allzu große Lebhaftigkeit derselben zu mäßigen.

Der weise Hippias hatte unserm Helden sehr wenig Unrecht gethan, als er ihm eine Einbildungskraft von dieser

Art zuschrieb; und die schlaue Danae machte sich aus der Beschreibung des Hippias eine sehr richtige Vorstellung von ihm, da sie alles gewonnen zu haben glaubte, wenn sie nur seine Einbildungskraft auf ihre Seite gebracht haben würde. Hippias, dachte sie, hatte nur darin gefehlt, daß er ihn durch die Sinne verführen wollte. Auf diese Voraussetzung gründete sie einen Plan, zu dessen Erfolg sie sich selbst zum voraus Glück wünschte, und dachte eben so wenig daran, daß die Ausführung sie ihr eignes Herz kosten könnte, als Agathon sich von der Gefahr träumen ließ, die dem seinigen zubereitet wurde.

Die Stunde, welche sie dem Sophisten anberaumt hatte, war nun gekommen, und Agathon begleitete seinen Herrn, ohne zu wissen wohin. Sie traten in einen Palast, der auf einer doppelten Reihe von Jonischen Säulen ruhte, und mit vielen vergoldeten Bildsäulen ausgeziert war. Das Inwendige stimmte vollkommen mit der Pracht des äußerlichen Anblicks überein. Allenthalben begegnete ihnen das geschäftige Gewimmel von unzähligen Sklaven und Sklavinnen, wovon die erstern alle unter dem vierzehnten Jahre, und, so wie die letztern, von außerordentlicher Schönheit waren. Ihre Kleidung stellte dem Aug' eine angenehme Verbindung der Einförmigkeit mit der Abwechslung dar; einige waren weiß, andre himmelblau, andre rosenfarb, andre grün gekleidet, und jede Farbe schien eine besondre Classe zu bezeichnen, welcher ihre eignen Dienste angewiesen waren.

Agathon, auf den alles Schöne lebhaftere Eindrücke zu machen pflegte, als vonnöthen war, um nach dem Maßstabe der Moralisten genug zu seyn, wurde durch alles was er sah, so sehr bezaubert, daß er sich in eine von seinen idealischen Welten versetzt glaubte. Er hatte noch nicht Zeit gehabt wieder zu sich selbst zu kommen, als ihn Hippias in einen großen, hell erleuchteten Saal führte, worin die Gesellschaft versammelt war, welche sie vermehren sollten. Kaum hatte er einen Blick auf sie geworfen, als die schöne Danae ihm mit einer ihr eigenen Anmuth entgegen kam, ihm zu sagen, daß ein Freund des Hippias das Recht habe, sich in ihrem Hause und in dieser Gesellschaft als einheimisch anzusehen. Ein so verbindlicher Willkommen verdiente wohl eine Antwort in gleichem Tone; allein Agathon war in diesem Augenblick außer Stande höflich zu seyn. Ein Blick, womit man den äußersten Grad des angenehmsten Erstaunens malen müßte, war alles, was er auf diese Anrede zu erwiedern wußte.

Die Gesellschaft war aus lauter solchen Personen zusammen gesetzt, welche die Vorrechte des vertrautesten Umgangs in diesem Hause genossen, und die Attische Urbanität (die von der steifen und ceremonienreichen Höflichkeit der heutigen Europäer merklich abstach) in eben so hohem Grade als Danae selbst, besaßen. In einer Gesellschaft nach der heutigen Art würde Agathon, in den ersten Augenblicken da er sich darstellte, zu einer Menge kleiner boshafter Anmerkungen Stoff gegeben haben; in dieser war ein flüchtiger Blick alles, was er auszuhalten hatte. Die Unterredung wurde fortgesetzt; niemand zischelte dem andern ins Ohr, oder schien das Erstaunen zu bemerken, mit welchem seine Augen die schöne Danae zu verschlingen schienen; kurz, man ließ ihm alle Zeit die er brauchte um wieder zu sich selbst zu kommen; wofern sich anders dieser Ausdruck für die Verfassung schickt, worin er sich diesen ganzen Abend durch befand.

Vielleicht erwartet man, daß wir eine nähere Erläuterung über diesen außerordentlichen Eindruck geben sollen, welchen Danae auf unsern allzu reizbaren Helden machte. Allein wir sehen uns noch außer Stande, die Neugierde des Lesers über einen Punkt zu befriedigen, wovon Agathon selbst nicht fähig gewesen wäre Rechenschaft zu geben. Alles was wir davon sagen können ist, daß diese Dame, dem Anschein nach, niemals weniger erwarten konnte, eine solche Wirkung zu machen; so wenig Mühe hatte sie sich gegeben, ihre Reizungen durch einen schimmernden Putz zu erhöhen, oder durch andere Kunstgriffe in ein blendendes Licht zu setzen. Ein weißes Kleid mit kleinen Streifen von Purpur, und eine halb eröffnete Rose in ihrem schwarzen Haar, machte ihren ganzen Staat aus; und von der Durchsichtigkeit, wodurch die Kleidung der Cyane den Augen unsers Helden anstößig gewesen, war die ihrige so weit entfernt, daß man mit besserm Recht aussetzen konnte, sie verhülle zu viel. Es ist wahr, sie hatte Sorge getragen, daß ein sehr artiger kleiner Fuß dem Auge nicht immer entzogen würde; allein dieser kleine Fuß, und eine schneeweiße rosenfingerige Hand, mit dem Anfang eines vollkommen schönen Armes, war alles, was das neidische Gewand vorwitzigen Blicken nicht versagte. Was es also auch seyn mochte, was in seinem Herzen vorging, so ist doch dieß gewiß, daß an der Person und dem Betragen der schönen Danae nicht das Mindeste zu entdecken war, das einige besondere Absicht auf unsern

Helden hätte anzeigen können; und daß sie, es sey nun aus Unachtsamkeit oder Bescheidenheit, nicht einmal zu bemerken schien, daß Agathon für sie allein Augen, und über ihrem Anschauen den Gebrauch aller andern Sinnen verloren hatte.

Sechstes Kapitel.

Pantomimen.

Nach Endigung der Mahlzeit, bei welcher Agathon beinahe einen bloßen Zuschauer abgegeben hatte, trat ein Tänzer und eine junge Tänzerin herein, um nach der Modulation zweier Flöten die Geschichte des Apollo und der Daphne zu tanzen. Die Geschicklichkeit der Tanzenden befriedigte alle Zuschauer; alles an ihnen war Seele und Ausdruck, und man glaubte sie immer zu hören, ob man sie gleich nur sah.

Wie gefällt dir die Tänzerin, Kallias? fragte Danae den Agathon, welcher nur mittelmäßig aufmerksam auf dieses Spiel zu seyn schien, und der einzige war, der nicht beobachtete, daß die Tänzerin von ungemeiner Schönheit, und, eben so wie neulich Cyane, kaum mit etwas mehr als gewebter Luft umhüllt war. Mich däucht, versetzte Agathon (der itzt erst anfing, diese Daphne aufmerksamer anzusehen), mich däucht, daß sie, vielleicht aus allzu großer Begierde zu gefallen, den Charakter verläßt den sie vorstellen soll. Warum sieht sie sich im Fliehen um? Und mit einem Blicke, der es ihrem Verfolger zu verweisen scheint, daß er nicht schneller ist als sie? —

Gut, sehr gut! (fuhr er fort, als die Stelle kam, wo Daphne den Flußgott um Hülfe anruft) unverbesserlich! Mit welcher Wahrheit sie ihre Verwandlung ausdrückt! Wie sie erbleicht! wie sie schauert! ihre Füße wurzeln mitten in einer schreckhaften Bewegung ein; umsonst will sie ihre ausgebreiteten Arme zurückziehen. — Aber warum dieser zärtlich bange Blick auf ihren Liebhaber? Warum die Thräne, die in ihrem Auge zu erstarren scheint?

Ein allgemeines Lächeln beantwortete die Frage Agathons. Du tadelst gerade, sagte einer von den Gästen, was wir am meisten bewundern. Eine gewöhnliche Tänzerin würde nicht fähig gewesen seyn, deinen Tadel zu verdienen. Es ist unmöglich, mehr Geist, mehr Feinheit und einen schönern Contrast in diese Rolle zu bringen, als die kleine Psyche gethan hat.

Daphne selbst war nicht bestürzter gewesen, da sie sich verwandelt fühlte, als Agathon in dem Augenblick, da er den Namen Psyche hörte; er stockte mitten in einem Worte, das er sagen wollte; er erröthete, und seine Verwirrung war so merklich, daß Danae, welche sie der Beschämung seines Tadels zuschrieb, für nöthig hielt ihm zu Hülfe zu kommen. Der Tadel des Kallias, sagte sie, beweist, daß er den Geist, womit Psyche ihre Rolle gespielt, so gut empfunden hat als Phädrias. Aber vielleicht ist er darum nicht minder gegründet. Psyche sollte die Person der Daphne gespielt haben, und hat ihre eigene gespielt. Ist es nicht so, Psyche? Du dachtest: wie würde mir an Daphnens Stelle gewesen seyn? — „Und wie hätte ich's anders machen können, meine Gebieterin?" fragte die kleine Tänzerin. — Du hättest den Charakter annehmen sollen, den ihr die Dichter geben, und hast dich begnügt dich selbst in ihre Umstände zu setzen. — „Was für ein Charakter ist denn dieß?“ erwiederte Psyche. — Einer spröden, sagte der weise Hippias, der Lieblingscharakter des Kallias. — Abermalige Gelegenheit zum Errōthen für den guten Agathon!

Du hast es nicht errathen, versetzte dieser: der Charakter, den Daphne nach meiner Idee haben soll, ist Gleichgültigkeit und Unschuld; sie kann beides haben, ohne eine Spröde zu seyn.

Psyche verdient also desto mehr Lob, erwiederte Phädrias (für den sie noch etwas mehr als eine Tänzerin war), weil sie den Charakter verschönert hat, den sie vorstellen sollte. Der Streit zwischen Liebe und Ehre erfordert mehr Genie um nachgeahmt zu werden, und ist für den Zuschauer rührender, als die Gleichgültigkeit, die ihr Kallias geben will. Und zudem, wo ist die junge Nymphe, die gegen die Liebe eines so schönen Gottes, wie Apollo ist, gleichgültig seyn könnte? — Ich bin deiner Meinung, sagte Hippias. Daphne flieht vor dem Apollo, weil sie — ein junges Mädchen ist; und weil sie — ein junges Mädchen ist, so wünscht sie heimlich, daß er sie erhaschen möge. Warum sieht sie sich so oft um, als um ihm zu verweisen, daß er nicht schneller sey? Wie er ihr so nahe war, daß sie nicht mehr entfliehen konnte, so flehte sie, sagt die Fabel, dem Flußgotte, daß er sie verwandeln sollte. Grimasse! Sie brauchte ja nur sich in den Fluß zu stürzen, wenn es ihr Ernst war. Sie that was eine Nymphe thun soll, da sie den Flußgott anrief; aber wer konnte auch fürchten, so schnell erhört zu werden? Und in welchem Augenblicke konnte sie es weniger wünschen, als in eben diesem, da sie sich von den begierigen Armen ihres Liebhabers schon umschlungen fühlte? Hatte sie sich denn aus einem andern Grund außer Athem gelaufen, als damit er sie desto gewisser erhaschen möchte? — Was ist also natürlicher als der Unwille, der Schmerz und die Traurigkeit, womit sie sein Betragen erwiedert, da sie die Arme, womit sie ihn — zurück stoßen will, zu Lorberzweigen erstarret fühlt? Selbst der zärtliche Blick ist natürlich; die Verstellung hört auf, wenn man in einen Lorberbaum verwandelt wird. War nicht dieß das ganze Spiel der Psyche? Und kann etwas natürlicher seyn? Es ist der Charakter eines jungen Mädchens; eines von denen jungen Mädchen, versteht sich, mein lieber Kallias, wie man sie in dieser materiellen Welt findet. — Ich ergebe mich, versetzte Agathon; die Tänzerin hat alles gethan, was man von ihr fordern konnte, und ich war lächerlich zu erwarten, daß sie die Idee ausführen sollte, die ich von einer Daphne in meiner Phantasie habe.

Agathon hatte dieses kaum gesprochen, als Danae, ohne ein Wort zu sagen, aufstand, der Tänzerin einen Wink gab, und mit ihr verschwand. In einer kleinen Weile kam die Tänzerin allein wieder zurück, die Flöten fingen wieder an, und Apollo und Daphne wiederholten ihre Pantomime. Aber wie erstaunte Agathon, als er sah, daß es Danae selbst war, die in der Kleidung der Tänzerin die Person der Daphne spielte! — Armer Agathon! Allzu reizende Danae! Wer hätte sich eines solchen Streiches versehen sollen? Ihr ganzes

Spiel drückte die eigenste Idee Agathons aus, aber mit einer Anmuth, mit einer Zauberei, wovon ihm seine Phantasie keine Idee gegeben hatte. Die Empfindungen, von denen seine Seele in diesen Augenblicken überfallen wurde, waren so lebhaft, daß er sich bemühte, seine Augen von diesem zu sehr bezaubernden Gegenstand abzuziehen. Aber vergebens! Eine unwiderstehliche Gewalt zog sie zurück. Wie edel, wie schön waren alle ihre Bewegungen! Mit welcher rührenden Einfalt drückte sie den ganzen Charakter der Unschuld aus! – Er sah noch in sprachloser Entzückung nach dem Orte, wo sie zum Lorberbaum erstarrte, als sie schon wieder verschwunden war, ohne das Lob und Händeklatschen der Zuschauer zu erwarten, welche nicht Worte genug finden konnten, das Vergnügen auszudrücken, das ihnen Danae durch diese unerwartete Probe ihres Talentes gemacht hatte. In wenigen Augenblicken kam sie schon wieder in ihrer eigenen Person zurück. — Wie sehr ist Kallias dir verbunden, schöne Danae, sagte Phädrias, indem sie herein trat. Du allein konntest seinen Tadel rechtfertigen; nur diejenige konnte es, die liebenswürdig genug ist, um die Sprödigkeit selbst reizend zu machen. Wie sehr wäre ein Apollo zu bedauern, für den du Daphne wärest!

Es war glücklich für den guten Agathon, daß er, indem dieses mit einem bedeutenden Blick gesagt wurde, in dem Anschauen der schönen Danae so verloren war, daß er nichts hörte; denn sonst würde ein abermaliges Erröthen die Auslegung zu diesem Text gemacht haben. Das Lob dieser Dame, und ein Gespräch über die Tanzkunst füllte den Ueberrest der Zeit aus, welche die Gesellschaft noch bei einander zubrachte;

ein Gespräch, dessen Mittheilung uns der Leser gerne nachlassen wird, da wir seine Begierde nach angelegenern Materien zu befriedigen haben. Nur diesen Umstand können wir nicht vorbei gehen, daß Agathon bei diesem Anlaß auf einmal so beredt wurde, als er vorher tiefsinnig und stillschweigend gewesen war. Eine lächelnde Heiterkeit schimmerte um sein ganzes Gesicht, und noch niemals hatte sein Witz sich mit solcher Lebhaftigkeit hervorgethan. Er erhielt den Beifall der ganzen Gesellschaft, und die schöne Danae selbst konnte sich nicht enthalten, ihn von Zeit zu Zeit mit einem Ausdruck von Vergnügen und Zufriedenheit anzusehen, indessen in seinen nur selten von ihr abgewandten Augen etwas glänzte, für welches wir uns umsonst bemühet haben, in der Sprache der Menschen einen Namen zu finden.

Siebentes Kapitel

Geheime Nachrichten.

Wir haben von Plutarch und aus eigner Erfahrung gelernt, daß sehr kleine Begebenheiten öfters durch große Folgen merkwürdig werden, und sehr kleine Handlungen nicht selten tiefere Blicke in das Inwendige der Menschen thun lassen, als die feierlichen, wozu man, weil sie dem öffentlichen Urtheil ausgesetzt sind, sich ordentlicher Weise in eine gewisse mit sich selbst abgeredete Verfassung zu setzen pflegt. Die Gründlichkeit dieser Beobachtung hat uns bewogen, in der

Geschichte der Pantomime, welche das vorige Kapitel ausfüllt, so umständlich zu seyn; und wir hoffen uns deßhalb vollkommen zu rechtfertigen, wenn wir diese Erzählung durch dasjenige ergänzen, was die liebenswürdige Psyche betrifft, mit welcher der Leser schon im ersten Buche, wiewohl nur im Vorbeigehen, bekannt zu werden angefangen hat.

Diese Psyche, so wie sie war, hatte bisher unter allen Wesen, welche in die Sinne fallen (wir setzen diese Einschränkung nicht ohne Ursache hinzu, so seltsam sie auch in antiplatonischen Ohren klingen mag), den ersten Platz in Agathons Herzen eingenommen; und er hatte,' seitdem sie von ihm entfernt war, kein Frauenzimmer gesehen, die nicht durch die bloße Erinnerung an Psychen alle Macht über sein Herz und selbst über seine Sinne verloren hätte. Denn die Bewegungen der letztern laufen sonst nicht immer mit den erstern so parallel, als manche Romanenschreiber vorauszusetzen scheinen. Die Wahrheit zu gestehen, so war dieß nicht die Wirkung derjenigen heroischen Treue und Standhaftigkeit in der Liebe, welche in besagten Romanen zu einer Tugend von der ersten Classe gemacht wird. Psyche erhielt sich im Besitz seines Herzens, weil die bloßen Erinnerungen, die ihm von ihr übrig waren, ihm einen viel höhern Genuß gaben, als die Empfindungen, die ihm irgend eine andre Schöne einzuflößen vermochte; oder, weil er bisher keine andre gesehen hatte, die so sehr nach seinem Herzen gewesen wäre. Eine Erfahrung von etlichen Jahren beredete ihn, daß es allezeit so seyn würde; und daher kam vielleicht die Bestürzung, wovon er befallen wurde, als der erste Anblick der schönen Danae ihm eine Vollkommenheit darstellte, die seiner Einbildung nach allein jenseits des Mondes anzutreffen seyn sollte. Er müßte nicht Agathon gewesen seyn, wenn diese Erscheinung sich nicht seiner ganzen Seele so sehr bemeistert hätte, wie wir gesehen haben. Niemals, däuchte ihn, hatte er in einem so hohen Grad und in einer so seltnen Harmonie alle diese feinern Schönheiten, von welchen gemeine Seelen nicht gerührt werden, vereiniget gesehen. Ihre Gestalt, ihre Blicke, ihr Lächeln, ihre Gebärden, ihr Gang, alles hatte diese Vollkommenheit, welche die Dichter den Göttinnen zuzuschreiben pflegen. Was Wunder also, daß er in den ersten Stunden nichts als anschauen und bewundern konnte, und daß seine entzückte Seele noch keine Zeit hatte auf dasjenige Acht zu geben, was in ihr vorging? In der That waren alle ihre übrigen Kräfte so gebunden, daß er, wider seine Gewohnheit, in dieser ganzen Zeit sich seiner Psyche eben so wenig erinnerte, als ob sie nie gewesen wäre.

Allein als die junge Tänzerin zum Vorschein kam, welche die Person der Daphne spielte: so stellte einige Aehnlichkeit, die sie wirklich in der Gesichtsbildung und Figur mit Psychen hatte, ihm auf einmal, wiewohl ohne daß er sich dessen deutlich bewußt war, das Bild seiner abwesenden Geliebten vor die Augen. Sogleich setzte seine Einbildungskraft durch eine gewöhnliche mechanische Wirkung Psychen an die Stelle dieser Daphne; und wenn er so vieles an der Tänzerin auszusetzen fand, so war es im Grunde nur darum, weil die Vergleichung den Betrug des ersten Anblicks entdeckte, oder weil sie nicht wirklich Psyche war. So gewöhnlich dergleichen Spiele der

Einbildung sind, so selten ist es, daß man den Einfluß deutlich unterscheidet, den sie auf unsre Urtheile oder Neigungen zu haben pflegen. Agathon selbst, der sich von seiner ersten Jugend an eine Beschäftigung daraus gemacht hatte, den geheimen Triebfedern seiner innerlichen Bewegungen nachzuspüren, merkte dennoch nicht eher, was bei diesem Anlaß in seiner Phantasie vorging, bis der Name Psyche (dieser Name, dessen bloßer Ton sonst Musik in seinen Ohren gewesen war) ihn erschütterte, und in eine Verwirrung von Empfindungen setzte, die er selbst zu beschreiben Mühe gehabt hat; wenn wir anders hiervon nach der besondern Dunkelheit, die in unsrer Urkunde über dieser Stelle liegt, urtheilen dürfen.

Was auch die Ursache dieser Bestürzung gewesen seyn mag, so ist gewiß, daß er weit davon entfernt war, nur zu argwohnen, der Genius seiner ersten Liebe stutze vielleicht darüber, eine Nebenbuhlerin in seinem Herzen zu finden, welches er von Psychen allein ausgefüllt zu sehen gewohnt war. Sein Selbstbetrug (wofern es anders einer war) scheint desto mehr Entschuldigung zu verdienen, weil dieser geliebte Name wirklich in wenig Augenblicken seine ganze Zärtlichkeit rege machte. Er bemerkte nun erst deutlich die Aehnlichkeiten, welche die beiden Psychen mit einander hatten; und er verglich sie mit einem Vorurtheile, welches der Abwesenden so günstig war, daß die Gegenwärtige ihr nur zum Schatten dienen mußte. Ja, wir wissen nicht, ob eine so lebhafte Erinnerung nicht endlich der schönen Danae selbst Abbruch gethan haben würde, wofern diese (gleich als ob sie durch eine Art von Divination errathen hätte was in seiner Seele vorging) nicht auf den glücklichen

Einfall gekommen wäre, sich an den Platz der kleinen Tänzerin zu setzen, um die Vorstellung auszuführen, welche sich Agathon von einer idealischen Daphne gemacht hatte; eine Idee, deren die Geschmeidigkeit ihres Geistes sich so schnell und so glücklich zu bemächtigen wußte, wie wir gesehen haben. Einen schlimmern Streich konnte sie in der That der einen und der andern Psyche nicht spielen. Beide wurden von ihrem blendenden Glanze, wie benachbarte Sterne von dem vollen Mond, ausgelöscht. Und wie hätte auch das Bild seiner abwesenden Geliebten unsern Helden noch länger beschäftigen können, da alle Anschauungskräfte seiner Seele, auf diesen einzigen bezaubernden Gegenstand geheftet, ihm kaum zureichend schienen, dessen ganze Vollkommenheit zu empfinden; da er diese sittliche Venus mit allen ihren geistigen Grazien wirklich vor sich sah, zu deren bloßem Schattenbild ihn Psyche zu erheben vermocht hatte?

Wir wissen nicht, ob man eben ein Hippias seyn müßte, um zu glauben, daß Schönheiten von einer nicht so unkörperlichen, wiewohl in ihrer Art eben so vollkommenen Natur, weit mehr, als Agathon selbst gewahr wurde, zu dieser Verzückung in die idealischen Welten beigetragen haben könnten, worin er während des pantomimischen Tanzes der Danae sich befand. Die nymphenmäßige Kleidung, welche dieser Tanz erforderte, war nur allzu geschickt, diese Reizungen in ihrer ganzen Macht und in dem mannichfaltigsten Lichte zu entwickeln; und wir müssen gestehen, die Göttin der Liebe selbst hätte sich nicht zuversichtlicher, als die untadelige Danae, dem Auge der schärfsten Kenner, ja selbst den Augen einer Neben=

buhlerin, in diesem Aufzug überlassen dürfen. Der Charakter der ungeschminkten Unschuld, welchen sie so unverbesserlich nachahmte, schien dadurch einen noch lebhaftern Ausdruck zu erhalten; aber einen so lebhaften, daß ein jeder andrer, als ein Agathon, dabei in Gefahr gewesen wäre, die seinige zu verlieren. Freilich hatten die übrigen Zuschauer Mühe genug, sich zu enthalten, die Rolle des Apollo in ganzem Ernste zu machen. Aber von unserm Helden hatte Danae nichts zu besorgen, und sie fand, daß Hippias nicht zu viel von ihm versprochen hatte. Diese körperlichen Schönheiten, die er nicht einmal deutlich unterschied, weil sie in seinen Augen mit den geistigen in Eins zusammen geflossen waren, mochten den Grad der Lebhaftigkeit seiner Empfindungen noch so sehr erhöhen, sie konnten doch die Natur derselben nicht verändern; niemals in seinem Leben waren sie reiner, begierdenfreier, unkörperlicher gewesen. Kurz (so widersinnig es jenen aus gröberm Stoffe gebildeten Erdensöhnen, welche in dem vollkommensten Weibe nur ein Weib sehen, scheinen mag), es ist nichts gewisser, als daß Danae, mit einer Gestalt und in einem Aufzuge, welche (wenn uns ein Ausdruck des Hippias erlaubt ist) einen Geist hätten verkörpern mögen, diesen seltsamen Jüngling in einen so völligen Geist verwandelte, als man jemals diesseits des Mondes gesehen hat.

Achtes Kapitel.

Was die Nacht durch im Gemüthe der Hauptpersonen vorgegangen.

Wir haben schon so viel von der gegenwärtigen Gemüthsverfassung unsers Helden gesagt, daß man sich nicht verwundern wird, wenn wir hinzusetzen, daß er den übrigen Theil der Nacht in ununterbrochenem Anschauen dieser idealen Vollkommenheit zubrachte, die seine Einbildungskraft, mit einer ihr gewöhnlichen Kunst und ohne daß er den Betrug gewahr wurde, an die Stelle der schönen Danae geschoben hatte. Dieses Anschauen setzte sein Gemüth in eine so angenehme und ruhige Entzückung, daß er, gleich als ob nun alle seine Wünsche befriediget wären, nicht das geringste von der Unruhe, den Begierden, der innerlichen Gährung, der Abwechslung von Frost und Hitze fühlte, womit die Leidenschaft, mit welcher man ihn nicht ohne Wahrscheinlichkeit behaftet glauben kann, sich ordentlicher Weise anzukündigen pflegt.

Was die Schöne betrifft, welche die Ehre hatte diese erhabenen Entzückungen in ihm zu erwecken, diese brachte den Rest der Nacht zwar nicht mit eben so erhabenen, aber doch in ihrer Art mit eben so angenehmen Betrachtungen zu. Agathon hatte ihr gefallen; sie war mit dem Eindrucke, den sie auf ihn gemacht, zufrieden; und sie glaubte, nach den Beobachtungen, die ihr dieser Abend bereits an die Hand gegeben, daß sie sich selbst mit gutem Grunde zutrauen könne, ihn durch die gehörigen Gradationen zu einem zweiten und vielleicht standhaftern Alcibiades zu machen. Nichts war ihr hierbei angenehmer, als die Bestätigung des Plans, den sie sich, über die Art und Weise, wie man seinem Herzen am leichtesten beikommen könne, ausgedacht hatte. Es ist wahr, der Einfall sich an die Stelle der Tänzerin zu setzen, war ihr erst in dem Augenblick gekommen da sie ihn ausführte. Allein sie würde ihn gewiß nicht ausgeführt haben, wofern sie die gute Wirkung davon nicht mit einer Art von Gewißheit voraus gesehen hätte. Hätte sie in dem ersten Augenblicke, da sie sich unserm Helden in ihrer eigenen Person darstellte, in ihren Gebärden oder in ihrem Anzuge das mindeste gehabt, das ihm anstößig hätte seyn können: so würde es ihr schwer geworden seyn, den widrigen Eindruck dieses ersten Augenblickes jemals wieder gut zu machen. Agathon mußte in den Fall gesetzt werden, sich selbst zu hintergehen, ohne das geringste davon zu merken; und wenn er für subalterne Reizungen empfindlich gemacht werden sollte, so mußte es durch Vermittelung der Einbildungskraft und auf eine solche Art geschehen, daß die geistigen und die körperlichen Schönheiten sich in seinen Augen vermengten, oder daß er in den letzteren nichts als den Widerschein der erstern zu sehen glaubte.

Der weise Hippias hatte zu viel Ursache den Agathon bei dieser Gelegenheit zu beobachten, als daß ihm das geringste entgangen wäre, was ihn des glücklichen Fortgangs seiner Anschläge zu versichern schien. Allein er schmeichelte sich zu viel, wenn er hoffte, Kallias werde, in dem ekstatischen Zustande, worin er zu seyn schien, ihn zum Vertrauten seiner Empfindungen machen. Das Vorurtheil, welches dieser wider ihn gefaßt hatte, verschloß ihm den Mund, so gern er auch dem

Strome seiner Begeisterung den Lauf gelassen hätte. Eine Danae war in seinen Augen ein allzu vortrefflicher Gegenstand, und das was er für sie empfand, zu rein, zu weit über die thierische Denkungsart eines Hippias erhaben, daß er nicht durch eine unzeitige Vertraulichkeit gegen diesen Ungeweihten beides zu entheiligen geglaubt hätte.

Neuntes Kapitel.

Eine kleine metaphysische Abschweifung.

Es gibt so verschiedene Gattungen von Liebe, daß es (wie uns ein Kenner versichert hat) nicht unmöglich wäre, drei oder vier Personen zu gleicher Zeit zu lieben, ohne daß sich eine derselben über Untreue zu beklagen hätte. Agathon hatte in einem Alter von siebzehn Jahren für die Priesterin zu Delphi etwas zu empfinden angefangen, das derjenigen Art von Liebe glich, die (nach dem Ausdruck Fieldings) ein wohl zubereiteter Rostbeef einem Menschen einflößt, der guten Appetit hat. Diese animalische Liebe hatte, eh' er selbst noch wußte was daraus werden könnte, der Zärtlichkeit weichen müssen, welche ihm Psyche einflößte. Die Zuneigung, die er zu diesem liebenswürdigen Geschöpfe trug, war eine Liebe der Sympathie, eine Harmonie der Herzen, eine geheime Verwandtschaft der Seelen, welche sich dem, der sie nicht aus Erfahrung kennt, unmöglich recht beschreiben läßt; eine Liebe, an der das Herz und der Geist mehr Antheil hat als die Sinne, und die viel=

leicht die einzige Art von Verbindung ist, welche (wofern sie allgemein seyn könnte) den Sterblichen einen Begriff von den Verbindungen und Vergnügungen himmlischer Geister zu geben fähig wäre.

Agathon konnte also von dieser gedoppelten Art von Liebe, wovon eine die Antipode der andern ist, aus Erfahrung sprechen; allein diejenige, worin jene beiden sich in einander mischen, die Liebe, welche die Sinne, den Geist und das Herz zugleich bezaubert, die heftigste, die reizendste und gefährlichste aller Leidenschaften, war ihm noch unbekannt. Es ist also wohl kein Wunder, daß sie sich seines ganzen Wesens schon bemeistert hatte, eh' es ihm nur eingefallen war, ihr zu widerstehen.

Freilich hätte dasjenige, was in seinem Gemüthe vorging, nachdem er in zwei oder drei Tagen die schöne Danae weder gesehen noch etwas von ihr gehört hatte, den Zustand seines Herzens einem unbefangenen Zuschauer verdächtig gemacht: aber er selbst war weit entfernt das geringste Mißtrauen in die Unschuld seiner Gesinnungen zu setzen. Was ist natürlicher, dachte er, als das Verlangen, das liebenswürdigste aller Wesen, nachdem man es einmal gesehen hat, wieder zu sehen, immer zu sehen? — So urtheilt die Leidenschaft.

„Aber was sagte denn die Vernunft dazu?" — Die Vernunft? O, die sagte gar nichts.

Uebrigens müssen wir doch, es mag nun zur Entschuldigung unsers Helden dienen oder nicht, den Umstand nicht aus der Acht lassen: „daß er von der schönen Danae nichts anders wußte, als was er gesehen hatte." Der Charakter, den ihr die Welt beilegte, war ihm gänzlich unbekannt. Er hatte noch keinen Anlaß, und, die Wahrheit zu sagen, auch kein Verlangen gehabt, sich darnach zu erkundigen. Ihm war genug, daß er sie gesehen hatte. Ein sehr gewöhnlicher Irrthum schob das, was sie in seinen Augen war, dem, was sie selbst war, unter; sie war ihm das vollkommenste was er sich denken konnte: was kümmerte ihn das Urtheil der Welt von ihr?

Fünftes Buch.

Agathon im Hause der Danae.

Erstes Kapitel.

Worin die Absichten des Hippias einen merklichen Schritt machen.

Inzwischen waren ungefähr acht Tage verflossen, welche dem stillschweigenden und melancholischen Agathon, zu großem Vergnügen des boshaften Sophisten, acht Jahrhunderte däuchten, als dieser an einem Morgen zu ihm kam, und ihm mit einer gleichgültigen Art sagte: „Danae hat einen Aufseher über ihre Gärten und Landgüter vonnöthen; was sagst du zu dem Einfall den ich habe, dich an diesen Platz zu setzen? Ich dächte, du solltest dich nicht übel zu einem solchen Amte schicken. Hast du nicht Lust in ihre Dienste zu treten?"

Ein Wort, welches Bestürzung und übermäßige Freude, Mißtrauen und Hoffnung, Erblassen und Glühen zu gleicher Zeit ausdrückte, würde uns wohl zu Statten kommen, die Verwirrung auszudrücken, worein diese Anrede den guten Agathon setzte. Sie war zu groß als daß er sogleich hätte antworten können. Allein die Augen des Hippias, in welchen er einen Theil der Bosheit las, die der Sophist zu verbergen sich bemühte, gaben ihm bald die Sprache wieder. — Wenn du Lust hast dich auf diese Art von mir los zu machen, versetzte er mit so vieler Fassung als ihm möglich war, so hab' ich nur Eine Bedenklichkeit.

„Und diese ist?"

Daß ich mich sehr schlecht auf die Landwirthschaft verstehe.

„Das hat nichts zu bedeuten; du wirst Leute unter dir haben, die sich desto besser darauf verstehen, und dieß ist genug. Im übrigen glaube ich, daß du mit Vergnügen in diesem Hause seyn wirst. Du liebest das Landleben, und du wirst Gelegenheit haben alle seine Annehmlichkeiten zu schmecken. Wenn du es zufrieden bist, so geh' ich, die Sache in Richtigkeit zu bringen."

Du hast dir das Recht erkauft, mit mir zu machen was du willst.

„Die Wahrheit zu sagen, Kallias, ungeachtet der kleinen Mißhelligkeiten unsrer Köpfe, verliere ich dich ungern. Allein Danae scheint es zu wünschen, und ich habe Verbindlichkeiten gegen sie. Sie hat, ich weiß nicht woher, eine große Meinung von deiner Fähigkeit gefaßt; und da ich alle Tage Gelegenheit haben werde dich in ihrem Hause zu sehen, so kann ich mir's um so eher gefallen lassen, dich an eine Freundin abzutreten, von der ich gewiß bin, daß sie dir so begegnen wird wie du es verdienest."

Agathon beharrte in seinem angenommenen Tone von Gleichgültigkeit, und Hippias, dem es Mühe kostete die Spöttereien zurück zu halten, die ihm alle Augenblicke auf die Lippen kamen, verließ ihn, ohne sich merken zu lassen, daß er wüßte was er von dieser Gleichgültigkeit denken sollte.

Das Betragen Agathons bei diesem Anlaß wird ihn vielleicht in den Verdacht setzen, daß er sich bewußt gewesen sey, es stehe nicht so gar richtig in seinem Herzen. Denn warum hätte er sonst nöthig gehabt sich zu verbergen? Allein man muß sich seiner gegen den Sophisten gefaßten Vorurtheile erinnern, um zu sehen, daß er vollkommen in seinem Charakter blieb, indem er Empfindungen vor ihm zu verbergen suchte, die einem so unverbesserlichen Anti-Platon ganz unverständlich oder vollkommen lächerlich gewesen wären. Die Freude, welcher er sich überließ sobald er wieder allein war, läßt uns keinen Zweifel übrig, daß er damals noch nicht das geringste Mißtrauen in sein Herz gesetzt habe.

Diese Freude war über allen Ausdruck. Liebhaber von einer gewissen Art können sich eine Vorstellung davon machen, welche der allerbesten Beschreibung werth ist; und den übrigen würde diese Beschreibung ungefähr so viel helfen als eine Seekarte einem Fußgänger. Die unvergleichliche Danae wieder zu sehen; nicht nur wieder zu sehen, in ihrem Hause zu seyn, unter ihren Augen zu leben, ihres Umgangs zu genießen, vielleicht — ihrer Freundschaft gewürdiget zu werden — hier hielt seine entzückte Einbildungskraft stille. Die Hoffnungen eines gewöhnlichen Liebhabers würden weiter gegangen seyn; allein Agathon war kein gewöhnlicher Liebhaber. Ich liebe die schöne Danae, sagte Hyacinthus, da er nach ihrem Genuß lüstern war. Eben darum liebst du sie nicht, würde ihm die

Sokratische Diotima geantwortet haben. „Derjenige, der in dem Augenblicke, da ihm seine Geliebte den ersten Kuß auf ihre Hand gestattet, einen Wunsch nach einer größern Glückseligkeit hat, muß nicht sagen daß er liebe."

Zweites Kapitel.

Veränderung der Scene.

Danae besaß durch die Freigebigkeit des Prinzen Cyrus, außer dem Hause welches sie zu Smyrna bewohnte, ein Landgut in der anmuthigsten Gegend außerhalb der Stadt, wo sie von Zeit zu Zeit einige dem Vergnügen geweihte Tage zuzubringen pflegte. Hierher mußte sich Agathon begeben, um von seinem neuen Amte Besitz zu nehmen, und dasjenige zu veranstalten, was zum Empfang seiner Gebieterin nöthig war, welche sich vorgenommen hatte, den Rest der schönen Jahreszeit auf dem Lande zu genießen.

Wir widerstehen der Versuchung eine Beschreibung von diesem Landgute zu machen, um dem Leser das Vergnügen zu lassen, sich dasselbe so wohl angelegt, so prächtig und so angenehm vorzustellen als er selbst will. Alles was wir davon sagen wollen ist, daß diejenigen, deren Einbildungskraft einiger Unterstützung nöthig hat, den sechzehnten Gesang des befreiten Jerusalems lesen müßten, um sich eine Vorstellung von dem Orte zu machen, den sich diese Griechische Armide zum Schauplatz der Siege auswählte, die sie über unsern Helden zu erhalten hoffte. Sie fand nicht für gut, oder konnte es nicht über sich selbst erhalten, ihn lange auf ihre Ankunft warten zu lassen: und sie war kaum angelangt, als sie ihn zu sich rufen ließ, und ihn durch folgende Anrede in eine angenehme Bestürzung setzte: die Bekanntschaft, die wir vor einigen Tagen mit einander gemacht haben, wäre, auch ohne die Nachrichten die mir Hippias von dir gegeben, schon genug gewesen, mich zu überzeugen, daß du für den Stand nicht geboren bist, in den dich ein widriger Zufall gesetzt hat. Die Gerechtigkeit, die ich Personen von Verdiensten widerfahren zu lassen fähig bin, gab mir das Verlangen ein, dich aus einem Verhältnisse gegen Hippias zu setzen, welches dir die Verschiedenheit deiner Denkungsart von der seinigen in die Länge beschwerlich gemacht haben würde. Er hatte die Gefälligkeit, dich mir als eine Person vorzuschlagen, die sich schickte die Stelle eines Aufsehers in meinem Hause zu vertreten. Ich nahm sein Erbieten an, um das Vergnügen zu haben den Gebrauch davon zu machen, den ich deinen Verdiensten und meiner Denkungsart schuldig bin. Du bist frei, Kallias, und vollkommen Herr zu thun was du für gut befindest. Kann die Freundschaft, die ich dir anbiete, dich bewegen bei mir zu bleiben, so wird der Name eines Amtes, von dessen Pflichten ich dich völlig frei spreche, wenigstens dazu dienen, der Welt eine begreifliche Ursache zu geben, warum du in meinem Hause bist. Wo nicht, so soll das Vergnügen, womit ich zu Beförderung der Entwürfe, die du wegen deines künftigen Lebens machen kannst, die Hand bieten werde, dich von der Lauterkeit der Bewegungsgründe überzeugen, welche mich so gegen dich zu handeln angetrieben haben."

Die edle und ungezwungene Anmuth, womit dieses gesprochen wurde, vollendete die Wirkung, die eine so großmüthige Erklärung auf den empfindungsvollen Agathon machen mußte. Was für eine Art zu denken! Was für eine Seele! — Konnt' er weniger thun, als sich zu ihren Füßen werfen, um in Ausdrücken, deren Verwirrung ihre ganze Beredsamkeit ausmachte, der Bewunderung und der Dankbarkeit den Lauf zu lassen, deren Uebermaß seine Brust zu zersprengen drohte? — Keine Danksagungen, Kallias, unterbrach ihn die großmüthige Danae; was ich gethan habe, ist nicht mehr, als ich einem jeden andern, der deine Verdienste hätte, eben so wohl schuldig zu seyn glaubte. — Ich habe keine Ausdrücke für das was ich empfinde, anbetungswürdige Danae, rief der entzückte Agathon: ich nehme dein Geschenk an, um das Vergnügen zu genießen dein freiwilliger Sklave zu seyn; eine Ehre, gegen welche ich die Krone des Königs von Persien verschmähen würde. Ja, schönste Danae, seitdem ich dich gesehen habe, kenne ich kein größeres Glück als dich zu sehen; und wenn alles, was ich in deinem Dienste thun kann, fähig wäre, dich von der unaussprechlichen Empfindung, die ich von deinem Werthe habe, zu überzeugen, — würdig wäre mit einem zufriednen Blicke von dir belohnt zu werden, — o Danae! wer würde dann so glücklich seyn als ich? — Laß uns, sagte die bescheidne Nymphe, ein Gespräch enden, das die allzu große Dankbarkeit deines Herzens auf einen zu hohen Ton gestimmt hat. Ich habe dir gesagt, auf was für einem Fuß du hier seyn wirst. Ich sehe dich als einen Freund meines Hauses an, dessen Gegenwart mir Vergnügen macht, dessen Werth ich hoch schätze, und dessen Dienste mir in meinen Angelegenheiten desto nützlicher seyn können, da sie freiwillige und die Frucht einer uneigennützigen Freundschaft seyn werden.

Mit diesen Worten verließ sie den dankbaren Agathon, — in dessen Erklärung einige vielleicht Schwulst und Unsinn, oder wenigstens zu viel Feuer und Entzückung gefunden haben werden. Allein sie werden sich zu erinnern belieben, daß Agathon weder in einer so gelass'nen Gemüthsverfassung war wie sie, noch alles wußte, was sie durch unsere Verrätherei von der schönen Danae erfahren haben. Wir wissen freilich was wir ungefähr von ihr denken sollen; allein in seinen Augen war sie eine Göttin, und, zu ihren Füßen liegend, konnte er, zumal bei der Verbindlichkeit die er ihr hatte, natürlicher Weise diese Danae nicht mit der philosophischen Gleichgültigkeit ansehen, womit wir andern — sie nicht sehen.

Agathon war nun also ein Hausgenosse der schönen Danae, und entfaltete mit jedem Tage neue Verdienste, die ihn dieses Glückes würdig zeigten, und die seine geringe Achtung für den Hippias ihn verhindert hatte in dessen Hause sehen zu lassen. Da, nebst den besondern Ergötzungen des Landlebens, diese feinere Art von Belustigungen, an denen der Witz und die Musen den meisten Antheil haben, die hauptsächlichste Beschäftigung war, wozu man die Zeit in diesem angenehmen Aufenthalt anwandte: so hatte er Gelegenheit genug, seine Talente von dieser Seite schimmern zu lassen. Seine bezauberte Phantasie gab ihm so viel Erfindungen an die Hand, daß er keine andre Mühe hatte als diejenigen auszuwählen, die er am geschicktesten glaubte, seine Gebieterin und die kleine Gesellschaft von vertrauten Freunden, die sich bei ihr einfanden, zu ergötzen. So weit war es schon mit demjenigen gekommen, der vor wenigen Tagen es für eine geringschätzige Bestimmung hielt, in der Person eines unschuldigen Vorlesers die Jonischen Ohren zu bezaubern.

In der That können wir länger nicht verbergen, daß diese unbeschreibliche Empfindung (wie er dasjenige nannte was ihm die schöne Danae eingeflößt hatte), dieses ich weiß nicht was, welches wir (so wenig er es auch gestanden hätte) ganz ungescheuet Liebe nennen wollen, in dem Laufe von wenigen Tagen so sehr gewachsen war, daß einem jeden andern als einem Agathon die Augen über den wahren Zustand seines Herzens hätten aufgehen müssen. Und ungeachtet wir besorgen müssen, daß die Umständlichkeit unserer Erzählung bei diesem Theile seiner Geschichte den ernsthaftern unter unsern Lesern langweilig vorkommen werde: so können wir uns doch nicht entbrechen, von dem Wie? und Warum? dieser schnellen Veränderung genauere Rechenschaft zu geben. Alle Achtung, die wir den besagten ernsthaften Lesern schuldig sind, kann und darf uns nicht verhindern, als etwas Mögliches anzunehmen, daß diese Geschichte vielleicht künftig einem jungen noch nicht ganz ausgebrüteten Agathon in die Hände fallen könnte, der aus einer genauern Beschreibung der Veränderungen, welche die Göttin Danae nach und nach in dem Herzen und der Denkungsart unsers Helden hervorgebracht, sich gewisse Beobachtungen und Cautelen ziehen könnte, von welchen er guten Gebrauch zu machen Gelegenheit bekommen möchte. Wir glauben also, wenn wir, diesem zukünftigen Agathon zu Gefallen, uns die Mühe nehmen, der Leidenschaft unsers Helden, von der Quelle an, in ihrem wiewohl noch geheimen Laufe nachzugehen, desto eher entschuldiget zu seyn, da es allen übrigen, die mit diesen Anekdoten nichts zu machen wissen, frei steht, das folgende Kapitel zu überschlagen.

Drittes Kapitel.

Natürliche Geschichte der Platonischen Liebe.

Die Quelle der Liebe (sagt Zoroaster, oder hätte es doch sagen können) ist das Anschauen eines Gegenstandes, der unsre Einbildungskraft bezaubert.

Der Wunsch diesen Gegenstand immer anzuschauen, ist der erste Grad derselben.

Je bezauberter dieses Anschauen ist und je mehr die an dieses Bild der Vollkommenheit angeheftete Seele daran zu entdecken und zu bewundern findet, desto länger bleibt sie in den Gränzen dieses ersten Grades der Liebe stehen.

Dasjenige, was sie hierbei erfährt, kommt anfangs demjenigen außerordentlichen Zustand ganz nahe, den man Verzückung nennt. Alle andern Sinnen, alle thätigen Kräfte der Seele scheinen stille zu stehen, und in einen einzigen Blick, worin man keiner Zeitfolge gewahr wird, verschlungen zu seyn.

Dieser Zustand ist zu gewaltsam, als daß er lange dauern könnte.

Langsamer oder schneller macht er dem Bewußtseyn eines unaussprechlichen Vergnügens Platz, welches die natürliche

Folge jenes ekstatischen Anschauens ist, und wovon (wie einige Adepten uns versichert haben) keine andre Art von Vergnügen oder Wollust uns einen bessern Begriff geben kann, als der unreine und düstre Schein einer Pechfackel von der Klarheit des unkörperlichen Lichts, worin (ihrer Meinung nach) die Geister als in ihrem Elemente leben.

Dieses innerliche Vergnügen äußert sich bald durch die Veränderungen, die es in dem mechanischen Theil unsers Wesens hervorbringt. Es wallt mit hüpfender Munterkeit in unsern Adern, es schimmert aus unsern Augen, es gießt eine lächelnde Heiterkeit über unser Gesicht, gibt allen unsern Bewegungen eine neue Lebhaftigkeit und Anmuth, stimmt und erhöhet alle Kräfte unsrer Seele, belebt das Spiel der Phantasie und des Witzes, und kleidet, so zu sagen, alle unsre Ideen in den Schimmer und die Farbe der Liebe.

Ein Liebhaber ist in diesem Augenblicke mehr als ein gewöhnlicher Mensch; er ist (wie Plato sagt) von einer Gottheit voll, die aus ihm redet und wirket; und es ist keine Vollkommenheit, keine Tugend, keine Heldenthat so groß, wozu er in diesem Stande der Begeisterung und unter den Augen des geliebten Gegenstandes nicht fähig wäre.

Dieser Zustand dauert noch fort, wenn er gleich von demselben entfernt wird, und das Bild desselben, das seine ganze Seele auszufüllen scheint, ist so lebhaft, daß es einiger Zeit bedarf bis er der Abwesenheit des Urbildes gewahr wird.

Aber kaum empfindet die Seele diese Abwesenheit, so verschwindet jenes Vergnügen mit seinem ganzen Zaubergefolge; man erfährt in immer zunehmenden Graden das Gegentheil von allen Wirkungen der vorbesagten Begeisterung; und derjenige, der vor kurzem mehr als ein Mensch schien, scheint nun nichts als der Schatten von sich selbst, ohne Leben, ohne Geist, zu nichts geschickt als in einöden Wildnissen wie ein Gespenst umher zu irren, den Namen seiner Göttin in Felsen einzugraben und den tauben Bäumen seine Schmerzen vorzuseufzen.

Ein kläglicher Zustand, in Wahrheit, wenn nicht ein einziger Blick des Gegenstandes, von dem diese seltsame Bezauberung herrührt, hinlänglich wäre, in einem Wink diesem Schatten wieder einen Leib, dem Leib eine Seele, und der Seele diese Begeisterung wieder zu geben, durch welche sie, ohne Beobachtung einiger Stufenfolge, von der Verzweiflung zu unermeßlicher Wonne übergeht.

Wenn Agàthon dieses alles nicht völlig in so hohem Grad erfuhr, als andere seiner Art, so muß es vermuthlich allein dem Einflusse beigemessen werden, welchen seine geliebte Psyche noch in dasjenige hatte, was in seinem Herzen vorging.

Allein wir müssen gestehen, dieser Einfluß wurde immer schwächer; die lebhaften Farben, womit ihr Bild seiner Einbildung bisher vorgeschwebt hatte, wurden immer matter; und anstatt daß ihn sonst sein Herz an sie erinnerte, mußte es itzt durch einen Zufall geschehen.

Endlich verschwand dieses Bild gänzlich. Psyche hörte auf für ihn da zu seyn; ja kaum erinnerte er sich alles dessen, was vor seiner Bekanntschaft mit der schönen Danae vorgegangen war, anders als wie ein erwachsener Mensch sich seiner ersten Kindheit erinnert.

Es ist also leicht zu begreifen, daß seine ganze vormalige Art zu empfinden und zu seyn einige Veränderung erlitt, und die Farbe und den Ton des Gegenstandes bekam, der mit einer so unumschränkten Macht über ihn herrschte.

Sein ernsthaftes Wesen machte nach und nach einer gewissen Munterkeit Platz, die ihm vieles, das er ehemals gemißbilliget hatte, in einem günstigern Lichte zeigte; seine Sittenlehre wurde unvermerkt freier und gefälliger, und seine ehemaligen Freunde, die ätherischen Geister, wenn sie ja noch einigen Zutritt bei ihm hatten, mußten sich gefallen lassen, die Gestalt der schönen Danae anzunehmen, um vorgelassen zu werden. Vor Begierde der Beherrscherin seines Herzens zu gefallen vergaß er, sich um den Beifall unsichtbarer Zuschauer seines Lebens zu bekümmern; und der Zustand der entkörperten Seelen däuchte ihn nicht mehr so beneidenswürdig, seitdem er, ohne seinen Leib abgelegt zu haben, im Anschauen dieser irdischen Göttin ein Vergnügen genoß, welches alle seine Einbildungen überstieg.

Der Wunsch immer bei ihr zu seyn, war nun erfüllt. Dem zweiten, der auf diesen gefolgt seyn würde, dem Verlangen ihre Freundschaft zu besitzen, war sie selbst gleich anfangs großmüthiger Weise zuvorgekommen; und die verbindliche und vertraute Art, wie sie etliche Tage lang mit ihm umging, ließ ihm von dieser Seite nichts zu wünschen übrig.

Da er nun ihre Freundschaft hatte, so wünschte er auch ihre Liebe zu haben.

„Ihre Liebe?“ — Ja, aber eine Liebe, wie nur die Einbildungkraft eines Agathons fähig ist sich vorzustellen. Kurz, da er anfing zu merken, daß er sie liebe, so wünschte er wieder geliebt zu werden. Allein er liebte sie mit einer so uneigennützigen, so geistigen, so begierdenfreien Liebe, daß sein kühnster Wunsch nicht weiter ging, als in jener sympathetischen Verbindung der Seelen mit ihr zu stehen, wovon ihm Psyche die Erfahrung gegeben hatte. Wie angenehm (dacht' er), wie entzückungsvoll, wie sehr über alles, was die Sprache der Sterblichen ausdrücken kann, müßte eine solche Sympathie mit einer Danae seyn, da sie mit Psychen schon so angenehm gewesen war!

Zum Unglück für unsern Platoniker war dieß ein Plan, wozu Danae sich nicht so gut anließ, als er es gewünscht hatte. Denn sie fuhr immer fort, sich in den Gränzen der Freundschaft zu halten; es sey nun, daß sie nicht geistig genug war, sich von der intellectuellen Liebe einen rechten Begriff zu machen; oder daß sie es lächerlich fand, in ihrem Alter und mit ihrer Figur eine Rolle zu spielen, welche sich nur für Personen, die im Bade keine Besuche mehr annehmen, zu schicken schien. Zwar hatte sie zu viel Bescheidenheit, sich über diesen letztern Punkt deutlich zu erklären; aber es fehlte ihr doch nicht an Wendungen, ihm ihre Gedanken von der Sache auf eine feine Art zu verstehen zu geben. Gewisse kleine Nachlässigkeiten in ihrem Putz, ein verrätherischer Zephyr, oder ihr Sperling, der, wenn sie neben Agathon auf einer Ruhebank saß, mit muthwilligem Schnabel an dem Gewand zerrte, das zu ihren Füßen herab floß, schienen oft seiner ätherischen Liebe spotten, und ihm Aufmunterungen geben zu wollen, deren ein minder bezauberter Liebhaber nicht bedurft hätte.

Sie hatte Ursache mit dem Erfolg dieser kleinen Kunstgriffe zufrieden zu seyn. Agathon, welcher gewohnt war den Leib und die Seele als zwei verschiedene Wesen zu betrachten, und in dessen Augen Danae eine geraume Zeit nichts anders als, nach dem Ausdrucke des Guidi, eine himmlische Schönheit in einem irdischen Schleier gewesen war, vermengte diese beiden Wesen je länger je mehr in seiner Vorstellung mit einander; und er konnte es desto leichter, da in der That alle körperlichen Schönheiten seiner Göttin so beseelt, und alle Schönheiten ihrer Seele so verkörpert waren, daß es beinahe unmöglich war, sich die einen ohne die andern vorzustellen.

Dieser Umstand brachte zwar keine wesentliche Veränderung in seiner Art zu lieben hervor: doch ist gewiß, daß er nicht wenig dazu beitrug, ihn unvermerkt in eine Verfassung zu setzen, welche die Absichten der schlauen Danae mehr zu begünstigen als abzuschrecken schien.

O du, für den wir aus großmüthiger Freundschaft uns die Mühe gegeben haben, dieses dir allein gewidmete Kapitel zu schreiben, halte hier ein und frage dein Herz! Wenn du eine Danae gefunden hast — armer Jüngling! welche Molly Seagrim kann es nicht in deinen bezauberten Augen seyn! — und du verstehest den Schluß dieses Kapitels, so kommt unsre Warnung schon zu spät. Du bist verloren! Fliehe in diesem Augenblicke, fliehe und erstícke den Wunsch sie wieder zu sehen! Wenn du dieß nicht kannst; wenn du, nachdem du diese Warnung gelesen, nicht willst: so bist du kein Agathon mehr, so bist du was wir andern alle sind; thue was du willst, es ist nichts mehr an dir zu verderben.

Viertes Kapitel.

Neue Talente der schönen Danae.

Danae war weit entfernt, gleichgültig gegen die Vorzüge des Kallias zu seyn, oder (die Sache unverhohlen zu sagen) es kostete ihr vielmehr einige Mühe ihm zu verbergen, wie sehr sie von seiner Liebe gerührt war, und wie gern sie sich dieselbe zu Nutze gemacht hätte. Allein aus einem Agathon einen Alcibiades zu machen, konnte nicht das Werk von etlichen Tagen seyn; zumal da er durch unmerkliche Schritte, und ohne daß sie selbst etwas dabei zu thun schien, zu einer so großen Veränderung gebracht werden mußte, wenn sie anders dauerhaft seyn sollte.

Die große Kunst war also, unter der Maske der Freundschaft seine Begierden zu eben der Zeit zu reizen, da sie selbige durch eine unaffectirte Zurückhaltung abzuschrecken schien.

Allein auch dieß war nicht genug; er mußte vorher die Macht verlieren zu widerstehen, wenn der Augenblick einmal gekommen seyn würde, da sie die ganze Gewalt ihrer Reizungen an ihm zu prüfen entschlossen war. Eine zärtliche Weichlichkeit mußte sich vorher seiner ganzen Seele bemeistern, und seine in Vergnügen schwimmenden Sinne mußten von einer süßen Unruhe und wollüstigen Sehnsucht eingenommen werden, ehe sie es wagen durfte, einen Versuch zu machen, der, wenn er zu früh gemacht worden wäre, gar leicht ihren ganzen Plan hätte vereiteln können.

Zum Unglück für unsern Helden ersparte ihr die magische

Kraft seiner Einbildung die Hälfte der Mühe, welche sie aus einem Uebermaß von Freundschaft anwenden wollte, ihm die Verwandlung, die mit ihm vorgehen sollte, zu verbergen. Ein Lächeln seiner Göttin war genug ihn in Vergnügen zu zerschmelzen; ihre Blicke schienen ihm einen überirdischen Glanz über alle Gegenstände auszugießen, und ihr Athem der ganzen Natur den Geist der Liebe einzuhauchen. Was mußte also aus ihm werden, da sie zu Vollendung ihres Sieges alles anwendete, was auch den unempfindlichsten unter allen Menschen zu ihren Füßen hätte legen können.

Agathon wußte noch nicht, daß sie die Laute spielte und in der Musik eine eben so große Virtuosin als in der Tanzkunst war. Die ländlichen Feste und Lustbarkeiten, in deren Erfindung er unerschöpflich war, gaben ihr Anlaß, ihn durch Entdeckung dieser neuen Reizungen in Erstaunen zu setzen. Es ist billig, sagte sie zu ihm, daß ich deine Bemühungen mir Vergnügen zu machen durch eine Erfindung von meiner Art erwiedre. Diesen Abend will ich dir den Wettstreit der Sirenen mit den Musen geben, ein Stück des berühmten Damons, das ich noch von Aspasiens Zeiten übrig habe, und das von den Kennern für das Meisterstück der Tonkunst erklärt wurde. Die Anstalten sind schon dazu gemacht, und du allein sollst der Zuhörer und Richter dieses Wettgesangs seyn.

Niemals hatte dem Agathon eine Zeit länger gedäucht, als die wenigen Stunden, die er in Erwartung dieses versprochenen Vergnügens zubrachte. Danae hatte ihn verlassen, um durch ein erfrischendes Bad ihrer Schönheit einen neuen Glanz zu geben, indessen daß er die verschwindenden Strahlen der untergehenden Sonne einen nach dem andern zu zählen schien. Endlich kam die angesetzte Stunde.

Der schönste Tag hatte der anmuthigsten Nacht Platz gemacht, und eine süße Dämmerung hatte schon die ganze schlummernde Natur eingeschleiert: als plötzlich ein neuer zauberischer Tag, von einer unendlichen Menge künstlich versteckter Lampen verursacht, den reizenden Schauplatz erhellte, welchen die Fee des Orts zu diesem Lustspiel hatte zubereiten lassen.

Eine mit Lorberbäumen beschattete Anhöhe erhob sich aus einem großen spiegelhellen Teiche, der mit Marmor gepflastert, und ringsum mit Myrten und Rosenhecken eingefaßt war. Kleine Quellen schlängelten den Lorberhain herab, und rieselten mit sanftem Gemurmel in den Teich hinab, an dessen Ufer hier und da kleine Grotten, mit Korallenmuscheln und andern Seegewächsen ausgeschmückt, hervor ragten, und die Wohnung der Nymphen dieses Wassers zu seyn schienen. Ein kleiner Nachen in Gestalt einer Perlenmuschel, von einem marmornen Triton empor gehalten, stand der Anhöhe gegenüber am Ufer, und war der Sitz, auf welchem Agathon als Richter dem Wettgesang zuhören sollte.

Fünftes Kapitel.

Magische Kraft der Musik.

Agathon hatte seinen Platz kaum eingenommen, als man ein plätscherndes Gewühl im Wasser, und aus der Ferne eine sanft zerflossene Harmonie von allen Arten musikalischer Instrumente hörte, ohne zu sehen woher sie kam. Unser Liebhaber wurde, ungeachtet er zu diesem Spiele vorbereitet war, zu glauben versucht, daß sein inneres Ohr der Harmonie der Sphären aufgethan worden sey, deren Wirklichkeit ihn die Pythagorischen Weisen schon in seiner frühesten Jugend glauben gelehrt hatten. Während dieses liebliche Getön immer näher kam, sah er zu gleicher Zeit die Musen aus dem kleinen Lorberwäldchen und die Sirenen aus ihren Grotten hervor kommen. Danae hatte die jüngsten und schönsten aus ihren Aufwärterinnen ausgelesen, diese Meernymphen vorzustellen, welche, nur von einem wallenden Streif von himmelblauem Byssus umflattert, mit Cithern und Flöten in der Hand sich über die Wellen erhoben, und mit jugendlichem Stolz untadelige Schönheiten vor den Augen ihrer eifersüchtigen Gespielen entdeckten. Kleine Tritonen bliesen, um sie her schwimmend, aus krummen Hörnern, und neckten sie durch muthwillige Spiele; indessen Danae mitten unter den Musen an den Rand der kleinen Halbinsel herab stieg, und, wie Venus unter den Grazien oder Diana unter ihren Nymphen hervor glänzend, dem Auge keine Freiheit ließ auf einem andern Gegenstande zu verweilen. Ein langes schneeweißes Gewand, unter dem halb enthüllten Busen mit einem goldnen Gürtel umfaßt, floß in leicht wallenden Falten zu ihren Füßen herab; ein Kranz von Rosen wand sich um ihre Locken, wovon ein Theil in kunstloser Anmuth um ihren Nacken schwebte; ihr rechter Arm, auf dessen Weiße und Schönheit Homers Juno hätte eifersüchtig werden können, umfaßte eine Laute von Elfenbein. Die übrigen Musen, mit verschiednen Saiteninstrumenten versehen, lagerten sich zu ihren Füßen; sie allein blieb in unnachahmlich reizender Stellung stehen und hörte der Aufforderung zu, welche die übermüthigen Sirenen ihr entgegen sangen.

Man muß gestehen, das Gemälde, welches sich in diesem Augenblick unserm Helden darstellte, war nicht sehr geschickt weder sein Herz noch seine Sinnen in Ruhe zu lassen. Gleichwohl war die Absicht der Danae nur, ihn durch die Augen zu den Vergnügungen des Gehörs vorzubereiten, und ihr Stolz verlangte keinen geringern Triumph, als ein so reizendes Gemälde durch die Zaubergewalt ihrer Stimme und ihrer Saiten in seiner Seele auszulöschen.

Sie schmeichelte sich nicht zu viel. Die Sirenen hörten auf zu singen, und die Musen antworteten ihrer Ausforderung durch eine Symphonie, welche auszudrücken schien, wie gewiß sie sich des Sieges hielten. Nach und nach verlor sich die Munterkeit, die in dieser Symphonie herrschte; ein feierlicher Ernst nahm ihren Platz ein; das Getön wurde immer einförmiger, bis es endlich in ein dunkles gedämpftes Murmeln, und zuletzt in eine gänzliche Stille erstarb. Allgemeines Erwarten schien dem Erfolg dieser vorbereitenden Stille entgegen zu horchen: als es auf einmal durch eine liebliche Harmonie unterbrochen wurde, welche die geflügelten und seelenvollen Finger der schönen Danae aus ihrer Laute lockten. Eine Stimme, welche fähig schien die Seelen ihren Leibern zu entführen und Todte wieder zu beseelen (wenn wir einen Ausdruck des Liebhabers der schönen Laura entlehnen dürfen), beseelte diese reizende Anrede. Der Inhalt des Wettgesangs war ein Streit über den Vorzug der Liebe die sich auf die Empfindung, oder derjenigen die sich auf die bloße Begierde gründet. Nichts konnte rührender seyn als das Gemälde, welches Danae von der ersten Art der Liebe machte. In solchen Tönen, dachte Agathon, ganz gewiß in keinen andern, sagen die Unsterblichen einander was sie empfinden; nur eine solche Sprache ist der Götter würdig! Die ganze Zeit, da dieser Gesang dauerte, däuchte ihn ein Augenblick, und er wurde ganz unwillig, als Danae aufhörte, und eine der Sirenen, von den Flöten ihrer Schwestern begleitet, verwegen genug war, es mit seiner Göttin aufzunehmen. Doch er wurde bald gezwungen andres Sinnes zu werden, als er sie hörte; alle seine Vorurtheile für die Muse konnten ihn nicht verhindern sich selbst zu gestehen, daß eine fast unwiderstehliche Verführung in ihren Tönen athmete. Ihre Stimme, die an Weichheit und Biegsamkeit nicht übertroffen werden konnte, schien alle Grade der Entzückungen auszudrücken, deren die sinnliche Liebe fähig ist; und das wollüstige Getön der Flöten erhöhte die Lebhaftigkeit dieses Ausdrucks auf einen Grad, der kaum einen Unterschied zwischen der Nachahmung und der Wahrheit übrig ließ. Wenn die Sirenen, bei welchen der kluge Ulysses vorbeifahren mußte, so gesungen haben (dachte Agathon), so hatte er wohl Ursache sich an Händen und Füßen an den Mastbaum binden zu lassen.

Kaum hatten die Verführerinnen ihren Gesang geendiget, so erhob sich ein frohlockendes Klatschen aus dem Wasser, und die kleinen Tritonen stießen in ihre Hörner, den Sieg anzudeuten, den sie über die Musen erhalten zu haben glaubten.

Allein diese hatten den Muth nicht verloren: sie ermunterten sich bald wieder, indem sie eine Symphonie anfingen, welche eine spottende Nachahmung des Gesanges der Sirenen zu seyn schien. Nach einer Weile wechselten sie die Tonart und das Zeitmaß, und gingen zu einem Adagio über, welches gar bald keine Spur von den Eindrücken übrig ließ, die der Sirenen Gesang auf das Gemüthe der Hörenden gemacht haben konnte. Eine süße Schwermuth bemächtigte sich Agathons, er sank in ein angenehmes Staunen, unfreiwillige Seufzer entflohen seiner Brust, und wollüstige Thränen rollten über seine Wangen herab.

Mitten aus dieser rührenden Harmonie erhob sich der Gesang der schönen Danae, welche durch die eifersüchtigen Bestrebungen ihrer Nebenbuhlerin aufgefordert war, die ganze Vollkommenheit ihrer Stimme und alle Zauberkräfte der Kunst anzuwenden, um den Sieg gänzlich auf die Seite der Musen zu entscheiden. Ihr Gesang schilderte die rührenden Schmerzen einer wahren Liebe, die in ihren Schmerzen selbst ein melancholisches Vergnügen findet, ihre standhafte Treue, und die Belohnung, die sie zuletzt von der zärtlichsten Gegenliebe erhält. Die Art wie sie dieses ausführte, oder vielmehr die Eindrücke, die sie dadurch auf ihren Liebhaber machte, übertrafen alles, was man sich davon vorstellen kann. Alle seine Sinne waren Ohr, während sein ganzes Herz in die Empfindungen zerfloß, die in ihrem Gesange herrschten. Er war nicht so weit entfernt, daß Danae nicht bemerkt hätte, wie sehr er außer sich selbst war, wie viel Gewalt er sich anthun mußte, um nicht aus seinem Sitz in die Flut herab zu stürzen, zu ihr hinüber zu schwimmen, und seine in Entzücken und Liebe zerschmolzene Seele zu ihren Füßen auszuhauchen. Sie wurde durch diesen Anblick selbst so gerührt, daß sie genöthiget war die Augen von ihm abzuwenden, um ihren Gesang vollenden zu können: allein sie beschloß bei sich selbst, die Belohnung nicht länger aufzuschieben, welche sie einer so vollkommenen Liebe schuldig zu seyn glaubte.

Endlich endigte sich ihr Lied; die begleitende Symphonie hörte auf; die beschämten Sirenen flohen in ihre Grotten; die Musen verschwanden; und der staunende Agathon blieb in trauriger Entzückung allein.

Sechstes Kapitel.

Eine Abschweifung, welche zum Folgenden vorbereitet.

Wir können die Verlegenheit nicht verbergen, in welche wir uns durch die Umstände gesetzt finden, worin wir unsern Helden zu Ende des vorigen Kapitels verlassen haben. Sie drohen dem erhabnen Charakter, den er bisher mit rühmlicher Standhaftigkeit behauptet, und wodurch er sich billig in eine nicht gemeine Hochachtung bei unsern Lesern gesetzt hat, einen Abfall, der allen, die von einem Helden eine vollkommene Tugend fordern, eben so anstößig seyn muß, als ob sie, nach dem was bereits mit ihm vorgegangen, natürlicher Weise etwas Besseres hätten erwarten können.

Wie groß ist in diesem Stücke der Vortheil eines Romanendichters vor demjenigen, welcher sich anheischig gemacht hat, ohne Vorurtheil oder Parteilichkeit, mit Verläugnung des Ruhms, den er vielleicht durch Verschönerung seiner Charakter und durch Erhebung des Natürlichen ins Wunderbare sich hätte erwerben können, der Natur und Wahrheit in gewissenhafter Aufrichtigkeit durchaus getreu zu bleiben! Wenn jener die ganze gränzenlose Welt des Möglichen zu freiem Gebrauch vor sich ausgebreitet sieht; wenn seine Dichtungen durch den mächtigen Reiz des Erhabnen und Erstaunlichen schon sicher genug sind, unsere Einbildungskraft auf seine Seite zu bringen; wenn schon der kleinste Schein von Uebereinstimmung mit der Natur hinlänglich ist, die zahlreichen Freunde des Wunderbaren von ihrer Möglichkeit zu überzeugen; ja, wenn sie ihm volle Freiheit geben die Natur selbst umzuschaffen, und, als ein anderer Prometheus, den geschmeidigen Thon, aus welchem er seine Halbgötter und Halbgöttinnen bildet, zu gestalten wie es ihm beliebt, oder wie es die Absicht, die er auf uns haben mag, erheischet: so sieht sich hingegen der arme Geschichtschreiber genöthiget, auf einem engen Pfade Schritt vor Schritt in die Fußstapfen der vor ihm hergehenden Wahrheit einzutreten, jeden Gegenstand so groß oder so klein, so schön oder so häßlich, wie er ihn findet, abzumalen; die Wirkungen so anzugeben, wie sie kraft der unveränderlichen Gesetze der Natur aus ihren Ursachen herfließen; und wenn er seiner Pflicht ein völliges Genüge gethan hat, muß er sich gefallen lassen, daß man seinen Helden am Ende um wenig oder nichts schätzbarer findet, als der schlechteste unter seinen Lesern sich ungefähr selbst zu schätzen pflegt.

Vielleicht ist kein unfehlbareres Mittel, mit dem wenigsten Aufwande von Genie, Wissenschaft und Erfahrenheit ein gepriesener Schriftsteller zu werden, als wenn man sich damit abgibt, Menschen (denn Menschen sollen es doch seyn) ohne Leidenschaften, ohne Schwachheit, ohne alle Mängel und Gebrechen, durch etliche Bände voll wunderreicher Abenteuer, in der einförmigsten Gleichheit mit sich selbst, herum zu führen. Eh' ihr es euch verseht, ist ein Buch fertig, das durch den Ton einer strengen Sittenlehre, durch blendende Sentenzen, durch Personen und Handlungen, die eben so viele Muster sind, den Beifall aller der gutherzigen Leute überrascht, welche jedes Buch, das die Tugend anpreist, vortrefflich finden. Und was für einen Beifall kann sich erst ein solches Werk versprechen, wenn der Verfasser die Kunst oder die natürliche Gabe besitzt, seine Schreibart auf den Ton der Begeisterung zu stimmen, und, verliebt in die schönen Geschöpfe seiner erhitzten Einbildungskraft, die Meinung von sich zu erwecken, daß er's in die Tugend selber sey! Umsonst mag dann ein verdächtiger Kunstrichter sich heiser schreien daß ein solches Werk eben so wenig für die Talente seines Urhebers beweise, als es der Welt Nutzen schaffe; umsonst mag er vorstellen, wie leicht es sey, die Definitionen eines Auszugs der Sittenlehre in Personen, und die Maximen des Epiktets in Handlungen zu verwandeln; umsonst mag er beweisen, daß die unfruchtbare Bewunderung einer Vollkommenheit, welche man zu erreichen eben so wenig wahren Vorsatz als Vermögen hat, das äusserste sey, was diese wackeren Leute von ihren Bemühungen zum Besten einer ungelehrigen Welt erwarten können: der weisere Tadler heißt ihnen ein Zoilus, und hat von Glück zu sagen, wenn das Urtheil, das er von einem so moralischen Werke des Witzes fällt, nicht auf seinen eignen sittlichen Charakter zurück prallt, und die gesundere Beschaffenheit seines Gehirns nicht zu einem Beweise seines schlimmen Herzens gemacht wird.

Bei allem dem können wir nicht verbergen, daß wir aus verschiedenen Gründen in Versuchung gerathen sind, der historischen Wahrheit dieses einzige Mal Gewalt anzuthun, und unsern Agathon, wenn es auch durch irgend einen Deus ex Machina hätte geschehen müssen, unversehrt aus der Gefahr, worin er sich befindet, heraus zu wickeln. Allein da wir in Erwägung zogen, daß diese einzige poetische Freiheit uns nöthigen würde, in der Folge seiner Begebenheiten so viele andre Veränderungen vorzunehmen, daß die Geschichte Agathons die Natur einer Geschichte verloren hätte; so haben wir uns aufgemuntert, über alle Bedenklichkeiten hinaus zu gehen, die uns anfänglich stutzen gemacht hatten, und uns zu überreden, daß der Nutzen, den verständige Leser sogar von den Schwachheiten unsers Helden in der Folge zu ziehen Gelegenheit bekommen könnten, ungleich größer sey, als der zweideutige Vortheil, den die Tugend dadurch erhalten hätte, wenn wir die schöne Danae in die Nothwendigkeit gesetzt hätten, in der Stille von ihm zu denken, was die berühmte Phryne bei einer gewissen Gelegenheit von dem weisen Xenokrates öffentlich gesagt haben soll.

So wisset denn, schöne Leserinnen (und hütet euch stolz auf diesen Sieg eurer Zaubermacht zu seyn!), daß Agathon — nachdem er eine ziemliche Weile, in einem Gemüthszustande, dessen Abschilderung über die Kräfte unsers Pinsels geht, allein zurück geblieben war — wir wissen nicht ob aus eigner Bewegung oder durch den geheimen Antrieb irgend eines unsokratischen Genius, den Weg gegen einen Pavillon genommen, welcher auf der Morgenseite des Gartens, in einem kleinen Hain von Citronen-, Granaten- und Myrtenbäumen, auf Jonischen Säulen von Jaspis ruhte — daß er, weil er ihn erleuchtet gefunden, hineingegangen, und, nachdem er einen Saal und zwei oder drei kleinere Zimmer durchgeeilet, in einem Cabinette, welches für die Ruhe der Liebesgöttin bestimmt schien, die schöne Danae auf einem Ruhebette schlafend angetroffen — daß er, nachdem er sie eine lange Zeit in unbeweglicher Entzückung und mit einer Zärtlichkeit, deren innerliches Gefühl alle körperliche Lust an Süßigkeit übertrifft, betrachtet hatte, endlich, von der Gewalt der Empfindung hingerissen, sich nicht länger zu enthalten vermocht, zu ihren Füßen kniend, eine von ihren nachlässig ausgestreckten schönen Händen mit einer Inbrunst, wovon wenige Liebhaber sich eine Vorstellung zu machen fähig sind, zu küssen, ohne daß sie davon erwacht wäre — daß er hierauf noch weniger als zuvor sich entschließen können, so unbemerkt als er gekommen sich wieder hinweg zu schleichen, und — kurz — daß die kleine Psyche (die Tänzerin, welche seit der Pantomime, man weiß nicht warum, gar nicht seine Freundin war) mit ihren Augen gesehen haben wollte, daß er, eine ziemliche Weile nach Anbruch des Tages, allein und mit einer Miene, aus welcher sich sehr vieles habe schließen lassen, aus dem Pavillon hinter die Myrtenhecken sich weggestohlen habe.

Siebentes Kapitel.

Nachrichten zu Verhütung eines besorglichen Mißverstandes. Beschluß des sechsten Kapitels, nebst einer Herzenserleichterung des Autors.

Die Tugend (pflegt man dem Aristoteles oder Horaz nachzusagen) ist die Mittelstraße zwischen zwei Abwegen, welche beide gleich sorgfältig zu vermeiden sind.

Es ist ohne Zweifel wohl gethan, wenn ein Schriftsteller, der sich einen wichtigern Zweck als die bloße Ergötzung seiner Leser vorgesetzt hat, bei gewissen Anlässen, anstatt des zaumlosen Muthwillens vieler von den neuern Franzosen, lieber die bescheidne Zurückhaltung des jungfräulichen Virgils nachahmet, welcher — bei einer Gelegenheit, wo die Angolas und Versorands alle ihre Malerkunst verschwendet und nichts besorget hätten, als daß sie nicht lebhaft und deutlich genug seyn möchten — sich begnügt uns zu sagen: „daß Dido und sein Held in Einer Höhle sich zusammen fanden."

Allein wenn diese Zurückhaltung so weit ginge, daß die Dunkelheit, welche man über einen schlüpfrigen Gegenstand ausbreitete, zu Mißverstand und Irrthum Anlaß geben könnte: so würde sie, däucht uns, in eine falsche Scham ausarten;

und in solchen Fällen scheint uns rathsamer zu seyn, den Vorhang ein wenig wegzuziehen, als aus übertriebener Bedenklichkeit Gefahr zu laufen, vielleicht die Unschuld selbst ungegründeten Vermuthungen auszusetzen.

Wie mißfällig also auch unsern Leserinnen der Anblick eines schönen Jünglings zu den Füßen einer selbst im Schlummer lauter Liebe und Wollust athmenden Danae billig seyn mag: so können wir doch nicht vermeiden, uns noch etliche Augenblicke bei diesem anstößigen Gegenstande aufzuhalten. Man ist so geneigt, in dergleichen Fällen der Einbildungskraft den Zügel schießen zu lassen, daß wir uns lächerlich machen würden, wenn wir behaupten wollten, unser Held habe sich, während der ganzen Zeit, die er (nach dem Vorgeben der kleinen Tänzerin) in dem Pavillon zugebracht haben soll, immer in der ehrfurchtsvollen Stellung erhalten, worin man ihn zu Ende des vorigen Kapitels gesehen hat. Ja, wir müssen besorgen, daß Leute, welche — freilich keine Agathonen sind, vielleicht so weit gehen möchten, zu argwöhnen, daß er sich den tiefen Schlaf, worin Danae zu liegen schien, auf eine Art zu Nutze gemacht haben könnte, die sich ordentlicher Weise nur für einen Faun schickt, und welche unser Freund Johann Jakob Rousseau selbst nicht schlechterdings gebilliget hätte, so scharfsinnig er auch in einer Note seines Schreibens an D'Alembert dasjenige zu rechtfertigen weiß, was er eine stillschweigende Einwilligung abnöthigen nennet.

Um nun unsern Agathon gegen alle solche unverschuldete Muthmaßungen sicher zu stellen, müssen wir zur Steuer der Wahrheit melden, daß selbst die reizende Lage der schönen

Schläferin, und die günstige Leichtigkeit ihres Anzugs, welche ihn einzuladen schien seinen Augen alles zu erlauben, seine Bescheidenheit schwerlich überrascht haben würden, wenn es ihm möglich gewesen wäre, der Gewalt der Empfindung, welche sich aller Kräfte seines Wesens bemächtiget hatte, Widerstand zu thun. Er überließ also endlich seine Seele der vollkommensten Wonne ihres edelsten Sinnes, dem Anschauen einer Schönheit, welche selbst seine idealische Einbildungskraft weit hinter sich zurück ließ; und (was nur diejenigen begreifen werden, welche die wahre Liebe kennen) dieses Anschauen erfüllte sein Herz mit einer so reinen, vollkommenen, unbeschreiblichen Befriedigung, daß er alle Wünsche, alle Ahnungen einer noch größern Glückseligkeit darüber vergessen zu haben schien. Vermuthlich (denn gewiß können wir hierüber nichts entscheiden) würde die Schönheit des Gegenstandes allein, so vollkommen sie war, diese sonderbare Wirkung nicht gethan haben. Allein dieser Gegenstand war seine Geliebte! Dieser Umstand verstärkte die Bewunderung, womit auch die Kaltsinnigsten die Schönheit ansehen müssen, mit einer Empfindung, welche noch kein Dichter zu beschreiben fähig gewesen ist, so sehr sich auch vermuthen läßt, daß sie den mehresten aus Erfahrung bekannt gewesen seyn könne. Diese namenlose Empfindung ist es allein, was den wahren Liebhaber von dem Satyr unterscheidet, und was eine Art von sittlicher Grazie sogar über dasjenige ausbreitet, was bei diesem nur das Werk des Instincts oder eines animalischen Hungers ist. Welcher Satyr würde in solchen Augenblicken fähig gewesen seyn, wie Agathon zu handeln? — Behutsam und mit der leichten Hand eines

Sylphen zog er das seidene Gewand, welches Amor verrätherisch aufgedeckt hatte, wieder über die schöne Schlafende her, warf sich wieder zu den Füßen ihres Ruhebettes, und begnügte sich ihre nachlässig ausgestreckte Hand, aber mit einer Zärtlichkeit, mit einer Entzückung und Sehnsucht an seinen Mund zu drücken, daß eine Bildsäule davon hätte erweckt werden mögen.

Sie mußte also endlich erwachen. Und wie hätte sie auch dessen sich länger erwehren können, da ihr bisheriger Schlummer wirklich nur erdichtet gewesen war? Sie hatte aus einer Neugier, die in ihrer Verfassung natürlich scheinen kann, sehen wollen, wie ein Agathon in einer so sonderbaren Gelegenheit sich betragen würde? Aber dieser letzte Beweis einer vollkommnen Liebe, welche (ungeachtet ihrer Erfahrenheit) alle Annehmlichkeiten der Neuheit für sie hatte, rührte sie so sehr, daß sie, von einer ungewohnten und unwiderstehlichen Empfindung überwunden, in einem Augenblicke, wo sie zum erstenmal zu lieben und geliebt zu werden glaubte, nicht mehr Meisterin von ihren Bewegungen war. Sie schlug ihre schönen Augen auf, Augen, die in den wollüstigen Thränen der Liebe schwammen und dem entzückten Agathon sein ganzes Glück auf eine unendlich vollkommnere Art entdeckten, als es das beredteste Geständniß hätte thun können. O Kallias! (rief sie endlich mit einem Ton der Stimme, der alle Saiten seines Herzens widerhallen machte, indem sie, ihre schönen Arme um ihn windend, den glücklichsten aller Liebhaber an ihren Busen drückte) was für ein neues Wesen gibst du mir! Genieße, o! genieße, du Liebenswürdigster unter den Sterblichen, der ganzen unbegränzten Zärtlichkeit, die du mir einflößest. — Und hier, ohne den Leser unnöthiger Weise damit aufzuhalten was sie ferner sagte und was er antwortete, überlassen wir den Pinsel einem Correggio, und entfernen uns.

Doch wir fangen an (wiewohl zu spät) gewahr zu werden, daß wir unsern Freund Agathon auf Unkosten seiner schönen Freundin entschuldiget haben. Es ist leicht voraus zu sehen, wie wenig Gnade sie vor dem ehrwürdigen und glücklichen Theil unsrer Leserinnen finden werde, welche sich bewußt sind, oder wenigstens sich schmeicheln, daß sie sich in ähnlichen Umständen ganz anders als Danae betragen haben würden. Auch sind wir weit davon entfernt, diese allzu zärtliche Nymphe rechtfertigen zu wollen, so scheinbar auch die Liebe ihre Vergehungen zu bemänteln weiß. Indessen bitten wir gleichwohl die vorbelobten Lukrezien um Erlaubniß, dieses Kapitel mit einer kleinen Nutzanwendung, auf die sie sich vielleicht nicht gefaßt gemacht haben, schließen zu dürfen.

Diese Damen (mit aller Ehrfurcht die wir ihnen schuldig sind, sey es gesagt) würden sich sehr betrügen, wenn sie glaubten, daß wir die Schwachheiten eines so liebenswürdigen Geschöpfes als die schöne Danae ist, nur darum verrathen hätten, damit sie Gelegenheit bekämen ihre Eigenliebe daran zu kitzeln. Wir sind in der That nicht so sehr Neulinge in der Welt, uns überreden zu lassen, daß eine jede, welche sich über das Betragen unserer Danae ärgern wird, an ihrer Stelle weiser gewesen wäre. Wir wissen sehr wohl, daß nicht alles, was das Gepräge der Tugend führt, wirklich ächte und vollhaltige Tugend ist; und daß sechzig Jahre, oder eine gewisse Figur, kein oder sehr wenig Recht geben, sich viel auf eine Tugend zu gut zu thun, welche vielleicht niemand jemals versucht gewesen ist auf die Probe zu stellen. Kurz, wir zweifeln mit gutem Grunde, ob diejenigen, die von einer Danae am unbarmherzigsten urtheilen, an ihrem Platze einem viel weniger gefährlichen Versucher als Agathon die Augen auskratzen würden. Und wenn sie es auch thäten, so würden wir vielleicht anstehen ihrer Tugend beizumessen, was ebensowohl die mechanische Wirkung unreizbarer Sinnen oder eines unzärtlichen Herzens gewesen seyn könnte.

Unser Augenmerk ist bloß auf euch gerichtet, ihr liebreizenden Geschöpfe, denen die Natur die schönste ihrer Gaben, die Gabe zu gefallen, geschenkt hat — ihr, welche sie bestimmt hat uns glücklich zu machen, aber, welche eine einzige kleine Unvorsichtigkeit bei Erfüllung dieser schönen Bestimmung so leicht in Gefahr setzen kann, durch die schätzbarste eurer Eigenschaften, durch das was die Anlage zu jeder Tugend ist, durch die Zärtlichkeit eures Herzens selbst, unglücklich zu werden! Euch allein wünschten wir überreden zu können, wie gefährlich jene Einbildung ist, womit euch das Bewußtseyn eurer Unschuld schmeichelt, als ob es allezeit in eurer Macht stehen werde, der Liebe und ihren Forderungen Gränzen zu setzen. Möchten die Unsterblichen (wenn anders, wie wir hoffen, die Unschuld und die Güte des Herzens himmlische Beschützer hat), möchten sie über die eurige wachen! Möchten sie euch zu rechter Zeit warnen, euch einer Zärtlichkeit nicht zu vertrauen, welche, bezaubert von dem großmüthigen Vergnügen den Gegenstand ihrer Zuneigung glücklich zu machen, so leicht sich selbst vergessen kann! Möchten sie endlich in jenen Augenblicken, wo das Anschauen der Entzückungen, in die ihr zu setzen fähig seyd, eure Klugheit überraschen könnte, euch ins Ohr flüstern: daß selbst ein Agathon weder Verdienst noch Liebe genug hat, um würdig zu seyn, daß die Befriedigung seiner Wünsche euch die Ruhe eures Herzens koste!

Achtes Kapitel.

Welch ein Zustand, wenn er dauern könnte!

Die schöne Danae war nicht von denen, welche das, was sie thun, nur zur Hälfte thun. Nachdem sie einmal beschlossen hatte, ihren Freund glücklich zu machen, so vollführte sie es auf eine Art, die alles, was er bisher Vergnügen und Wonne genannt hatte, in Schatten und Träume verwandelte.

Man erinnert sich vermuthlich noch, daß eine Art von Vorwitz, oder vielmehr ein launischer Einfall die Macht ihrer Reizungen an unserm Helden zu probiren, anfangs die einzige Triebfeder der Anschläge war, welche sie auf sein Herz gemacht hatte. Die persönliche Bekanntschaft belebte dieses Vorhaben durch den Geschmack, den sie an ihm fand; und der tägliche Umgang, die Vorzüge Agathons, und (was in den meisten Fällen die Niederlage der weiblichen Tugend wo nicht allein verursacht, doch sehr befördert) die ansteckende Kraft der verliebten Begeisterung, welcher der göttliche Plato mit Recht die wunderthätigsten Kräfte zuschreibt; alles dieses zusammen genommen, verwandelte zuletzt diesen Geschmack in Liebe, aber in die wahreste, zärtlichste und heftigste, welche jemals gewesen ist. Unserm Helden allein war die Ehre aufbehalten (wenn es eine war) ihr eine Leidenschaft einzuflößen, worin sie, ungeachtet alles dessen was uns von ihrer Geschichte schon entdeckt worden ist, noch so sehr ein Neuling war als eine Vestalin. Kurz, er, und er allein, war dazu gemacht, den Widerwillen zu überwinden, den ihr die gemeinen Liebhaber, die schönen Hyacinthe, diese tändelnden Gecken, an denen (nach ihrem eigenen Ausdrucke) die Hälfte ihrer Reizungen verloren ging, gegen alles was die Miene der Liebe trug, einzuflößen angefangen hatten.

Die meisten von denjenigen Naturkündigern, welche mit dem Herrn von Büffon dafür halten, daß das Physikalische der Liebe das Beste davon sey, werden ohne Bedenken eingestehen, daß der Besitz, oder (um unsern Ausdruck genauer nach ihren Ideen zu bestimmen) der Genuß einer Danae, an sich selbst betrachtet, die vollkommenste Art von Vergnügungen in sich schließe, deren unsre Sinnen fähig sind. Eine Wahrheit, welche, ungeachtet einer Art von stillschweigender Uebereinkunft, „daß man sie nicht laut gestehen wolle,“ von allen Völkern und zu allen Zeiten so allgemein anerkannt worden ist, daß Karneades, Sextus, Cornelius Agrippa und Bayle selbst, sich nicht getrauet haben sie in Zweifel zu ziehen.

Ob wir nun gleich nicht Muth genug besitzen, gegen einen so ehrwürdigen Beweis, als das einhellige Gefühl des ganzen menschlichen Geschlechts abgibt, denjenigen Vergnügungen der Liebe, welche der Seele eigen sind, den Vorzug vor jenen öffentlich zuzusprechen: so werden doch nicht wenige mit uns einstimmig seyn, daß ein Liebhaber, der selbst eine Seele hat, im Besitz der schönsten Statue von Fleisch und Blut, die man nur immer finden kann, sogar jene von den neuern Epikuräern so hoch gepriesene Lust nur in einem sehr unvollkommnen Grad erfahren würde; und daß sie allein von der Empfindung des Herzens jenen wunderbaren Reiz empfange, welcher immer für unaussprechlich gehalten worden ist — bis Rousseau, der Stoiker, sich herab gelassen hat, sie in dem fünfundvierzigsten der Briefe der neuen Heloise zu schildern. Ohne Zweifel sind es Liebhaber wie Saint Preux und Agathon, welchen es zukommt über die berührte Streitfrage einen entscheidenden Ausspruch zu thun; sie, welche durch die Feinheit und Lebhaftigkeit ihres Gefühls eben so geschickt gemacht werden, von den körperlichen, als durch die Zärtlichkeit ihres Herzens und durch ihren innern Sinn für das sittliche Schöne, von den moralischen Vergnügungen der Liebe zu urtheilen. Und wie wahr, wie natürlich werden nicht diese, wofern es anders noch ihresgleichen in diesem verderbten Zeitalter gibt, jene Ausrufung finden, die den Verehrern der animalischen Liebe unverständlicher war, als eine Hetruscische Aufschrift den Gelehrten: — „O, entziehe mir immer diese berauschenden Entzückungen, für die ich tausend Leben gäbe! — Gib mir nur das alles wieder, was nicht sie, aber tausendmal süßer ist als sie!"

Die schöne Danae war so sinnreich, so unerschöpflich in der Kunst ihre Gunstbezeugungen zu vervielfältigen, den innerlichen Werth derselben durch die Annehmlichkeiten der Verzierung zu erhöhen, ihnen immer die frische Blüthe der Neuheit zu erhalten, und alles Eintönige, alles was die Bezauberung hätte auflösen und dem Ueberdruß den Zugang öffnen können, klüglich zu entfernen: daß sie, oder eine andre ihresgleichen, den Herrn von Büffon selbst dahin gebracht haben könnte, seine Gedanken von der Liebe zu ändern. Diese glückseligen Liebenden brauchten, um, ihrer Empfindung nach, den Göttern an Wonne gleich zu seyn, nichts als ihre Liebe. Sie verschmähten itzt alle jene Lustbarkeiten, an denen sie vorher so viel Geschmack gefunden hatten. Ihre Liebe machte alle ihre Beschäftigungen und alle ihre Ergötzungen aus: sie empfanden nichts anders, sie dachten an nichts anders, sie unterhielten sich mit nichts anderm. Und doch schienen sie sich immer zum ersten Mal zu sehen, zum ersten Mal zu umarmen, zum ersten Mal einander zu sagen, daß sie sich liebten; und wenn sie von einer Morgenröthe zur andern nichts anders gethan hatten, so beklagten sie sich noch über die Kargheit der Zeit, welche zu einem Leben, das sie zum Besten ihrer Liebe unsterblich gewünscht hätten, ihnen Augenblicke für Tage anrechne. Welch ein Zustand, wenn er dauern könnte! — ruft hier der griechische Autor aus.

Neuntes Kapitel.

Eine bemerkenswürdige Wirkung der Liebe, oder, von der Seelenvermischung.

Ein alter Schriftsteller, den gewiß niemand beschuldigen wird, daß er die Liebe zu metaphysisch behandelt habe, und den wir nur zu nennen brauchen, um allen Verdacht dessen, was materielle Seelen für Platonische Grillen erklären, von ihm zu entfernen, mit Einem Worte, Petronius, bedient sich irgendwo eines Ausdrucks, welcher ganz deutlich zu erkennen gibt, daß er eine verliebte Vermischung der Seelen nicht nur für möglich, sondern für einen solchen Umstand gehalten habe, der die Geheimnisse der Liebesgöttin natürlicher Weise zu begleiten pflege. Ob er selbst die ganze Stärke dieses Ausdrucks eingesehen, oder ihm so viel Bedeutung beigelegt habe als wir, läßt sich aus guten Gründen sehr bezweifeln. Genug, daß wir diese Stelle einer Hypothese günstig finden, ohne welche sich, unsrer Meinung nach, verschiedene Phänomene der Liebe nicht wohl erklären lassen, und vermöge welcher wir annehmen: „daß bei wahren Liebenden, in gewissen Umständen, nicht (wie einer unsrer tugendhaftesten Dichter meint) ein Tausch, sondern eine wirkliche Vermischung der Seelen vorgehe.“

Wie dieses möglich sey zu untersuchen, überlassen wir den weisen und tiefsinnigen Leuten, die, in stolzer Muße und seliger Abgeschiedenheit von dem Getümmel dieser sublunarischen Welt, mit der nützlichen Speculation sich beschäftigen, uns zu belehren, wie alles was wirklich ist, ohne Nachtheil ihrer Meinungen und Lehrgebäude, möglich seyn könne. Für uns ist genug, daß eine durch unzählige Beispiele bestätigte Erfahrung außer allen Zweifel setzt: daß diejenige Gattung von Liebe, welche Shaftesbury mit bestem Rechte zu einer Art des Enthusiasmus macht, und gegen welche Lukrez aus eben diesem Grunde sich mit so vielem Eifer erklärt, solche Wirkungen her=

vorbringe, welche nicht besser als durch jenen Petronischen Ausdruck abgemalt werden können.

Agathon und Danae, die uns zu dieser Anmerkung Anlaß gegeben haben, hatten kaum vierzehn Tage (welche freilich nach dem Kalender der Liebe nur vierzehn Augenblicke waren) in jenem glückseligen Wahnsinne, worin wir sie im vorigen Kapitel verlassen haben, zugebracht: als die besagte Seelenmischung sich in einem solchen Grade bei ihnen äußerte, daß sie nur von einer einzigen gemeinschaftlichen Seele belebt und begeistert zu werden schienen. Wirklich war die Veränderung und der Absatz ihrer gegenwärtigen Art zu seyn mit ihrer vorigen so groß, daß weder Alcibiades seine Danae, noch die Priesterin zu Delphi ihren unkörperlichen Agathon wieder erkannt haben würden. Daß dieser aus einem speculativen Platoniker ein praktischer Aristipp geworden; daß er eine Philosophie, welche die reinste Glückseligkeit in Beschauung unsichtbarer Schönheiten setzt, gegen eine andre, welche sie in angenehmen Empfindungen, und die angenehmen Empfindungen in ihren nächsten Quellen, in der Natur, in unsern Sinnen und in unserm Herzen sucht, vertauschte; daß er von den Göttern und Halbgöttern, mit denen er vorher umgegangen war, nur die Grazien und Liebesgötter beibehielt; daß dieser Agathon, der ehemals von seinen Minuten, von seinen Augenblicken der Weisheit Rechenschaft geben konnte, jetzt fähig war (wir schämen uns es zu sagen), ganze Stunden, ganze Tage in zärtlicher Trunkenheit wegzutändeln — alles dieses, so stark der Abfall auch ist, wird dennoch den meisten begreiflich scheinen. Aber daß Danae, welche die Schönsten und Edelsten von Asien, welche Fürsten und Satrapen zu ihren Füßen gesehen hatte, welche gewohnt war, in den schimmerndsten Versammlungen am meisten zu glänzen, einen Hof von allem, was durch Vorzüge der Geburt, des Geistes, des Reichthums und der Talente nach ihrem Beifall zu streben würdig war, um sich her zu sehen; daß diese Danae jetzt verächtliche Blicke in die große Welt zurück warf, und nichts Angenehmer's fand als die ländliche Einfalt, nichts Schöner's als in Hainen herum zu irren, Blumenkränze für ihren Schäfer zu winden, an einer murmelnden Quelle in seinem Arm einzuschlummern, von der Welt vergessen zu seyn und die Welt zu vergessen — daß sie, für welche die empfindsame Liebe sonst ein unerschöpflicher Gegenstand von witzigen Spöttereien gewesen war, itzt von den zärtlichen Klagen der Nachtigall in still-heitern Nächten bis zu Thränen gerührt werden, — oder, wenn sie ihren Geliebten unter einer schattigen Laube schlafend fand, ganze Stunden, unbeweglich, in zärtliches Staunen und in den Genuß ihrer Empfindungen versenkt, neben ihm sitzen konnte, ohne daran zu denken ihn durch einen eigennützigen Kuß aufzuwecken — daß diese Schülerin eines Hippias, welche gewohnt gewesen war nichts lächerlicher zu finden, als die Hoffnung der Unsterblichkeit und diese süßen Träume von bessern Welten, in welche sich empfindsame Seelen so gerne zu wiegen pflegen, — daß sie jetzt, beim dämmernden Schein des Monds, an Agathons Seite lustwandelnd, schon entkörpert zu seyn, schon in den seligen Thälern Elysiums zu schweben glaubte, — mitten aus den berauschenden Freuden der Liebe sich zu Gedanken von Gräbern und Urnen verlieren, dann, ihren Geliebten zärtlicher an ihre Brust drückend, den gestirnten Himmel anschauen, und ganze Stunden von der Wonne der Unsterblichen, von unvergänglichen Schönheiten und himmlischen Welten phantasiren konnte: — dieß waren in der That Wunderwerke der Liebe, und Wunderwerke, welche nur die Liebe eines Agathons, nur jene Vermischung der Seelen, durch welche ihrer beider Denkungsart, Ideen, Geschmack und Neigungen in einander zerflossen, zuwege bringen konnte.

Welches von beiden bei dieser Vermischung gewonnen oder verloren habe, wollen wir den Lesern zu entscheiden überlassen, von denen der zärtlichere Theil ohne Zweifel der schönen Danae den Vortheil zuerkennen wird. 'Auch dieses, däucht uns, wird niemand so roh oder so stoisch seyn zu läugnen, daß sie glücklich waren — felices errore suo! — glücklich in dieser süßen Bethörung, welcher, um dasjenige zu seyn, was die Weisen schon so lange gesucht und nie gefunden haben, nichts abgeht, als daß sie (wie der Griechische Autor hier abermal mit Bedauern ausruft) nicht immer währen kann.

Sechstes Buch.

Fortsetzung der Liebesgeschichte Agathons und der schönen Danae.

Erstes Kapitel.

Danae erhält einen Besuch von Hippias.

Zufällige Ursachen hatten es so gefügt, daß Hippias sich auf einige Wochen von Smyrna hatte entfernen müssen, und daß die Zeit seiner Abwesenheit gerade in diejenige fiel, worin die Liebe unsers Helden und der schönen Danae den äußersten Punkt ihrer Höhe erreichte.

Dieser Umstand hatte sie gänzlich Meister von einer Zeit gelassen, welche sie zum Vortheil der Liebe und des Vergnügens so wohl anzuwenden wußten. Keinem von Danae's ehemaligen Verehrern wurde gestattet ihre Einsamkeit zu stören; und die Freundinnen, mit denen sie in Gesellschaft gestanden, hatten so viel mit ihren eignen Angelegenheiten zu thun, daß sie sich wenig um die übrigen bekümmerten. Zudem war ihr Aufenthalt auf dem Lande nichts Ungewöhnliches, und der allgemeine Genius der Stadt Smyrna war der Freiheit in der Wahl der

Vergnügungen allzu günstig, als daß eine Danae (von der man ohnehin nicht die strengste Tugend forderte) über die ihrigen, wenn sie auch bekannt gewesen wären, sehr harte Urtheile zu besorgen gehabt hätte.

Allein Hippias war kaum von seiner Reise zurück gekommen, so ließ er eine seiner ersten Sorgen seyn, sich in eigner Person nach dem Fortgange des Entwurfs zu erkundigen, den er mit ihr zu Bekehrung des allzu Platonischen Kallias gemeinschaftlich angelegt hatte. Die besondere Vertraulichkeit, worin er seit mehr als zehn Jahren mit ihr stand, gab ihm das vorzügliche Recht, sie auch dann zu überraschen, wenn sie sonst für niemand sichtbar war. Er eilte also sobald er nur konnte nach ihrem Landgute; und hier brauchte er nur einen Blick auf unsre Liebenden zu werfen, um zu sehen, wie weit der besagte Plan in seiner Abwesenheit vorgerückt war. Ein gewisser Zwang, eine gewisse Zurückhaltung, eine Art von schamhafter Schüchternheit, welche ihm, besonders an der Pflegetochter Aspasiens, beinahe lächerlich vorkam, war das erste was ihm an beiden in die Augen fiel. Wahre Liebe (wie man längst beobachtet hat) ist eben so sorgfältig ihre Glückseligkeit zu verbergen, als jene frostige, welche Kokketterie oder lange Weile zur Mutter hat, begierig ist ihre Siege auszurufen. Allein dieß war weder die einzige noch die vornehmste Ursache einer Zurückhaltung, welche unsre Liebenden, aller angewandten Mühe ungeachtet, einem so scharfsichtigen Beobachter nicht entziehen konnten. Das Bewußtseyn der Verwandlung, welche sie erlitten hatten; die Furcht vor dem komischen Ansehen, so ihnen diese in den Augen des Sophisten geben möchte; die

Furcht vor einem Spotte, dessen muthwillige Ergießungen sie bei jedem Blicke, bei jedem Lächeln erwarteten: dieß war es was sie in Verlegenheit setzte, und was den artigsten Gesichtern in ganz Jonien etwas Verdrießliches gab, welches von einem jeden andern als ihm für ein Zeichen, daß seine Gegenwart unangenehm sey, hätte aufgenommen werden müssen.

Hippias nahm es für das auf, was es in der That war; und da niemand besser zu leben wußte, so schien er so wenig zu bemerken was in ihnen vorging, machte den Unachtsamen und Sorglosen so natürlich, hatte so viel von seiner Reise und tausend gleichgültigen Dingen zu schwatzen, wußte dem Gespräch unvermerkt einen so freien Schwung von Munterkeit zu geben, daß sie alle erforderliche Zeit gewannen, sich wieder zu erholen und in eine ungezwungene Verfassung zu setzen.

Wenn Agathon hierdurch so sehr beruhiget wurde, daß er wirklich hoffte, sich in seinen ersten Besorgnissen geirret zu haben: so war hingegen die schlauere Danae weit davon entfernt, sich durch die Kunstgriffe des Sophisten verblenden zu lassen. Sie kannte ihn zu gut, um nicht in seiner Seele zu lesen. Sie sahe wohl, daß es zu einer Erörterung mit ihm kommen müsse; und war nur darüber unruhig, wie sie sich entschuldigen wollte, über der Bemühung den Charakter Agathons umzubilden, ihren eignen, oder doch einen guten Theil davon, verloren zu haben.

Mit diesen Gedanken hatte sie sich in den Stunden der gewöhnlichen Mittagsruhe beschäftiget, und war noch nicht recht mit sich selbst einig, wie weit sie sich dem Sophisten vertrauen wolle: als er in ihr Zimmer trat, und ihr mit der vertraulichen Freimüthigkeit eines alten Freundes entdeckte, daß es bloß die Neugier über den Fortgang ihres geheimen Anschlags sey, was ihn so bald nach seiner Wiederkunft zu ihr gezogen habe. Die Glückseligkeit des Kallias (setzte er hinzu) schimmert zu lebhaft aus seinen Augen und aus seinem ganzen Betragen hervor, schöne Danae, als daß ich durch überflüssige Fragstücke die reizende Farbe dieser liebenswürdigen Wangen zu erhöhen suchen sollte. Und findest du ihn also der Mühe würdig, die du auf seine Bekehrung ohne Zweifel verwenden mußtest?

Der Mühe? sagte Danae lächelnd: ich schwöre dir, daß mir in meinem Leben keine Mühe so leicht geworden ist, als mich von dem liebenswürdigsten Sterblichen, den ich jemals gekannt habe, lieben zu lassen. Denn dieß war doch alle Mühe.

Nicht ganz und gar (unterbrach sie Hippias), wenn du so aufrichtig seyn willst als es unsrer Freundschaft gemäß ist. Ich bin gewiß, daß er an keine Verstellung dachte, da er noch in meinem Hause war; und die Veränderung, die ich an ihm wahrnehme, ist so groß, verbreitet sich so sehr über seine ganze Person, hat ihn so unkenntlich gemacht, daß Danae selbst, auf deren Lippen die Ueberredung wohnt, mich nicht überreden soll, daß eine solche Seelenverwandlung im Schlafe vorgehen könne. Keine Zurückhaltungen, schöne Danae! Die Wirkungen zeugen von ihren Ursachen, und ein großes Werk setzt große Anstalten voraus. Wenn ein Kallias dahin gebracht wird, daß er wie ein Liebling der Venus heraus geputzt ist; daß er mit einer Sybaritischen Zunge von der Niedlichkeit der Speisen und dem Geschmacke der Weine urtheilt; daß er die wollüstigsten Modulationen eines in Liebe schmelzenden Liedes mit entzücktem Händeklatschen wiederholen heißt, und sich die Trinkschale von einer Nymphe mit unverhülltem Busen eben so gleichgültig reichen läßt, als er sich in die weichen Polster eines Persischen Ruhebettes hinein senkt: — wahrhaftig, schöne Danae, dieß nenn' ich eine Verwandlung, deren Bewerkstelligung, zumal in so kurzer Zeit, ich keiner von allen unsterblicheu Göttinnen zugetraut hätte.

Ich weiß nicht was du damit sagen willst, erwiederte Danae mit einer angenommenen Zerstreuung: mich däucht nichts natürlicher als das alles worüber du dich so verwundert stellst. Und gesetzt du hättest dich in deinem Urtheil von Kallias betrogen, ist es seine Schuld? Die Wahrheit zu sagen, nichts kann unähnlicher seyn als der Kallias, den du mir abschildertest, und der, den ich gefunden habe. Du machtest mich einen pedantischen Thoren, den Gegenstand einer Komödie, erwarten; und ich — du magst über mich lachen so lange du willst, aber ich wiederhol' es, Alcibiades im Frühling seiner Jahre und Reizungen war nicht liebenswürdiger als der Mann, den du mir für ein lächerliches MitteldING von einem Phantasten und von einer Bildsäule gabst. Wenn eine Verschiedenheit zwischen Agathon und — denen ist, für welche ich ehmals, aus Dankbarkeit, Geschmack oder Laune, Gefälligkeiten gehabt habe, so ist sie gänzlich zu seinem Vortheile; so ist es, daß er edler, aufrichtiger, zärtlicher ist; daß er mich liebt, da jene nur sich selbst in mir liebten; daß ihn mein Vergnügen glücklicher macht als sein eignes; daß er das großmüthigste und erkenntlichste Herz mit den glänzendsten Vorzügen des Geistes und mit allem, was den Umgang reizend macht, vereinigt besitzt.

Welch ein Strom von Beredsamkeit! rief Hippias mit dem Lächeln eines Fauns: du sprichst nicht anders, als ob du seine Apologie gegen mich machen müßtest! Und wann hab ich denn was andres gesagt? Beschrieb ich ihn nicht als liebenswürdig? Sagt' ich dir nicht, daß er dir alle deine gaukelnden Sommervögel unerträglich machen würde? — Aber wir wollen uns nicht zanken, schöne Danae. Ich sehe, daß Amor hier mehr Arbeit gemacht hat als ihm aufgetragen war. Er sollte dir nur helfen, den Agathon zu unterwerfen; aber der übermüthige kleine Bube hat es für eine größere Ehre gehalten, dich selbst zu besiegen; diese Danae, welche bisher mit seinen Pfeilen nur gescherzt hatte. Bekenne, Danae —

Ja (fiel sie ihm lebhaft ein), ich bekenne, daß ich liebe wie ich nie geliebt habe; daß alles was ich sonst Glückseligkeit nannte, kaum den Namen des Daseyns verdient hat. Ich bekenne es, Hippias, und bin stolz darauf, daß ich mich fähig fühle, alles was ich besitze, alle Ergötzlichkeiten von Smyrna, alle Ansprüche an Beifall, alle Befriedigungen der Eitelkeit, und eine ganze Welt voll Liebhaber, wie eine Nußschale hinzuwerfen, um mit Kallias in einer Strohhütte zu leben, und mit diesen Händen, welche nicht zu weiß und zärtlich dazu seyn sollten, die Milch zuzubereiten, die ihm, vom Felde wieder kommend weil ich sie ihm reichte, lieblicher schmecken würde, als Nektar aus den Händen der Liebesgöttin.

O, das ist was andres, rief Hippias, der sich nun nicht länger halten konnte in ein lautes Gelächter auszubrechen:

wenn Danae aus diesem Tone spricht, so hat Hippias nichts mehr zu sagen! Aber (fuhr er fort, nachdem er sich die Augen gewischt und den Mund in Falten gelegt hatte) in der That, schöne Freundin, ich lache zur Unzeit. Die Sache ist ernsthafter als ich beim ersten Anblick dachte, und ich besorge nun in ganzem Ernste, daß Kallias, so sehr er dich anzubeten scheint, nicht Liebe genug haben möchte, die deinige zu erwiedern.

Ich erlasse dem Hippias diese Sorge, sagte Danae mit einem spöttischen Lächeln, welches ihr ungemein reizend ließ; dieß soll meine Sorge seyn. Mich däucht, Hippias, der ein so großer Meister ist von den Wirkungen auf die Ursachen zu schließen, sollte ganz ruhig darüber seyn können, daß Danae sich nicht wie ein vierzehnjähriges Mädchen fangen läßt.

Die Götter der Liebe und Freude verhüten, daß meine Worte einen übel weissagenden Sinn in sich fassen! erwiederte Hippias. Du liebest, schöne Danae; du wirst geliebt; kein würdigeres Paar glücklich zn seyn, kein geschickteres sich glücklich zu machen, hat Amor je vereiniget. Erschöpfet alles was die Liebe Reizendes hat! Trinket immer neue Entzückungen aus ihrem nektarischen Becher; und möge die neidenswerthe Bezauberung so lang als euer Leben dauern!

Zweites Kapitel.

Eine Probe von den Talenten eines Liebenden.

In einen so freundschaftlichen und schwärmerischen Ton stimmte der gefällige Sophist seine Sprache um, als Agathon herein trat, um ihnen einen Spaziergang in die Gärten vorzuschlagen, worin er sich das Vergnügen machen wollte, sie mit einer in geheim veranstalteten Ergötzung zu überraschen. Man ließ sich den Vorschlag gefallen, und nachdem Hippias eine Reihe von neuen Gemälden, womit die Galerie vermehrt worden war, besehen hatte, stieg man in den Garten hinab, wo, in Persischem Geschmack, große Blumenstücke, Spaziergänge von hohen Bäumen, kleine Teiche, künstliche Wildnisse, Lauben und Grotten, in anmuthiger Unordnung unter einander geworfen schienen. Das Gespräch ward itzt wieder gleichgültig, und Hippias wußte es so zu lenken, daß Agathon unvermerkt veranlaßt wurde, die neue Richtung, welche seine Einbildungskraft bekommen hatte, auf hundertfältige Art zu verrathen.

Inzwischen neigte sich die Sonne, als sie beim Eintritt in einen kleinen Wald von Myrten- und Citronenbäumen, von einem versteckten Concert, welches alle Arten der Singvögel nachahmte, empfangen wurden. Aus jedem Zweig, aus jedem Blatte schien eine besondere Stimme hervor zu dringen, so volltönig war diese Musik, die, durch Nachahmung der kunstlosen Natur, in der scheinbaren Unregelmäßigkeit phantasirender Töne, die lieblichste Harmonie hervorbrachte, die man jemals gehört hatte. Die Dämmerung des heitersten Abends, und die eigne Anmuth des Orts vereinigten sich damit, diesem Lusthaine die Gestalt der Bezauberung zu geben. Danae, welche seit wenigen Wochen eine ganz neue Empfindlichkeit für das Schöne der Natur und die Vergnügungen der Einbildungskraft bekommen hatte, sah ihren sich ganz unwissend stellenden Liebling mit Augen an, welche ihm sagten, daß nur die Gegenwart des Hippias sie verhindere, ihre schönen Arme um seinen Hals zu werfen.

Indem hüpfte unversehens eine Anzahl von kleinen Liebesgöttern und Faunen aus dem Hain hervor; jene von flatterndem, mit nachgeahmten Rosen durchwebtem Silberflor leicht bedeckt; diese nackend, außer daß ein Epheukranz, mit gelben Rosen durchflochten, ihre milchweißen Hüften schürzte, und um die kleinen vergoldeten Hörner sich wand, die aus ihren schwarzen kurzlockichten Haaren hervorstachen. Alle diese kleinen Geniusse streuten aus zierlichen Körbchen von Silberdrath die schönsten Blumen vor Danae her, und führten sie tanzend in die Mitte des Wäldchens, wo Gebüsche von Schasminen, Rosen und Akazien eine Art von halbcirkelndem Amphitheater bildeten, unter welchem ein zierlicher Thron von Laubwerk und Blumenkränzen für die schöne Danae bereitet stand. Nachdem sie sich hier gesetzt hatte, breiteten die Liebesgötter einen Persischen Teppich vor ihr aus, indem von den kleinen Faunen einige beschäftigt waren, den Boden mit goldenen und krystallenen Trinkschalen von den schönsten Formen zu besetzen, andere unter der Last voller Schläuche mit possierlichen Gebärden herbei gekrochen kamen, und im Vorbeigehen den weisen Hippias durch hundert muthwillige Spiele neckten.

Auf einmal schlüpften die Grazien hinter einer Myrtenhecke hervor, drei jugendliche Schwestern, deren halb aufgeblühte Schönheit ein leichtes Gewölke von seidnem Flor mehr zu entwickeln als zu verhüllen eifersüchtig schien. Sie umgaben ihre Gebieterin, und, indem die erste einen frischen Blumenkranz um ihre schöne Stirn wand, reichten ihr die beiden andern kniend in goldnen Schalen die auserlesensten Früchte und Erfrischungen dar; während daß die Faunen den Hippias mit Epheu kränzten, und wohlriechende Salben über seine Glatze und halbgrauen Bart herunter gossen.

Beide bezeigten ihr Vergnügen über dieses kleine Schauspiel, welches das lachendste Gemälde von der Welt machte; als eine zärtliche Symphonie von Flöten, aus der Luft, wie es schien, herabtönend, die Augen zu einer neuen Erscheinung aufmerksam machte. Die Liebesgötter, die Faunen und die Grazien waren verschwunden, und es öffnete sich, der Danae gegenüber, die waldichte Scene, um auf einem goldnen Gewölke, welches über den Rosenbüschen von Zephyren empor gehalten wurde, den Liebesgott darzustellen. Ein schalkhaftes Lächeln, das sein liebliches Gesicht umscherzte, schien die Herzen zu warnen, sich von der tändelnden Unschuld dieses schönen Götterknaben nicht berücken zu lassen. Er sang mit der lieblichsten Stimme, und der Inhalt seines Gesangs drückte seine Freude aus, daß er endlich Gelegenheit gefunden habe, sich an der schönen Danae zu rächen. „Gleich der Liebesgöttin, meiner Mutter (so sang er), herrscht sie unumschränkt über die Herzen, und athmet allgemeine Liebe umher: von ihren Blicken beseelt, wendet sich ihr die Natur als ihrer Göttin zu; verschönert, wenn sie lächelt, traurig und welkend, wenn sie sich von ihr kehrt. Verlassen stehen die Altäre zu Paphos; die Seufzer der Liebenden wallen nur ihr entgegen; und indem ihre siegreichen Augen rings um sie her jedes Herz verwunden und entzücken, lacht sie, die Stolze, meiner Pfeile, und trotzt mit unbezwungener Brust der Macht, vor welcher Götter zittern. Aber nicht länger soll sie trotzen! Hier ist der schärfste Pfeil, scharf genug einen Busen von Marmor zu spalten, und die kälteste Seele in Liebesflammen hinzuschmelzen. Zittre, ungewahrsame Schöne! Dieser Augenblick soll Amorn und seine Mutter rächen! Tief seufzend sollst du auffahren, wie ein junges Reh auffährt, wenn es, unter Rosen schlummernd, den geflügelten Pfeil des Jägers fühlt; schmerzenvoll und trostlos sollst du in einsamen Hainen irren, und, auf öden Felsen sitzend, den schleichenden Bach mit deinen Thränen mehren."

So sang er und spannte boshaft-lächelnd den Bogen; schon war der Pfeil angelegt, schon zielte er nach ihrem Busen; aber plötzlich fuhr er mit einem lauten Schrei zurück, zerbrach seinen Pfeil, warf den Bogen von sich, und flatterte mit zärtlich schüchterner Gebärde auf die schöne Danae zu. „O Göttin, vergib! (sang er, indem er bittend ihre Knie umfaßte) vergib, vergib, schöne Mutter, dem Irrthum meiner Augen! Wie leicht war es zu irren! Ich sahe dich für Danae an."

In dem nämlichen Augenblicke, da er dieß gesungen hatte, erschienen die Grazien, die Liebesgötter und die kleinen Faunen wieder, um die Scene mit Tänzen und Gesängen zum Preis der Schönen zu endigen, welche auf eine so schmeichelhafte Art zur Göttin der Liebe erklärt worden war. Dieses überraschende Compliment (welches damals noch den Reiz der Neuheit hatte) schien ihr Vergnügen zu machen; und der doppelt belustigte Hippias gestand, daß sein junger Freund einen sehr guten Gebrauch von seiner Einbildungskraft zu machen gelernt habe. „Dachte ich nicht, Kallias" (sagte er leise zu ihm, indem er ihn auf die Schultern klopfte), „daß ein Monat unter den Augen der schönen Danae dich von den Vorurtheilen heilen würde, womit du gegen meine Grundsätze eingenommen warest? Ich sehe, du hast sie bereits meisterhaft ausüben gelernt!"

Der übrige Theil des Abends wurde auf eine eben so angenehme Weise zugebracht, bis endlich Hippias (welcher den folgenden Morgen wieder in Smyrna seyn mußte) in einem Zustande, worin er mehr dem Vater Silen als einem Weisen glich, von den kleinen Faunen zu Bette gebracht wurde.

Agathon hat nun nichts Dringender's als von Danae zu erfahren, was der Gegenstand ihrer einzelnen Unterredung mit dem Hippias gewesen sey. Man wird es dieser Schönen zu gut halten können, daß sie die Aufrichtigkeit ihres Berichts nicht so weit trieb, ihm das Verständniß zu entdecken, worein sie sich von dem Sophisten anfangs hatte ziehen lassen, und dessen Ausgang sich so weit von der Anlage des ersten Plans entfernt hatte. Die zärtlichste und vertrauteste Liebe verhin=

dert nicht, daß man sich nicht kleine Geheimnisse vorbehalten sollte, bei deren Entdeckung die Eigenliebe zu viel verlieren würde. Sie begnügte sich also, ihm zu sagen: daß Hippias viel Gutes von ihm gesprochen und versichert habe, daß er ihn weit aufgeweckter und artiger finde als er vorher gewesen. Es hätte sie bedünkt, daß er mehr damit habe sagen wollen, als seine Worte an sich selbst gesagt hätten; sie hätte aber eben so wenig daran gedacht ihn zum Vertrauten ihrer Liebe zu machen, als sie Ursache fände, eine Achtung zu verbergen, welche man den persönlichen Verdiensten des Kallias nicht versagen könne. Uebrigens hätte sie die Munterkeit unsers Helden der Zeit, welche das Andenken seiner Unglücksfälle schwäche, und der vollkommnern Freiheit die er in ihrem Hause genösse, beigemessen.

Agathon ließ sich durch diese Erzählung nicht nur beruhigen; sondern, wie seine Einbildungskraft gewohnt war, ihn immer weiter zu führen als er im Sinne hatte zu gehen, so fühlte er sich, nachdem sie eine Zeit lang von dieser Sache gesprochen hatten, so muthig, daß er sich vornahm, den Scherzen des Hippias, wofern es demselben jemals einfallen sollte über seine Freundschaft mit Danaen zu scherzen, in gleichem Tone zu antworten. Eine Entschließung, welche (ob er es gleich nicht gewahr wurde) in der That mehr Unverschämtheit voraussetzte, als ein viel längerer Fortgang auf den Abwegen, auf die er verirrt war, einem Agathon hätte geben sollen.

Drittes Kapitel.

Zückende Bewegungen der wieder auflebenden Tugend.

Wenige Tage waren seit dem Besuch des Hippias verflossen, als ein Fest, welches dieser Sophist alle Jahre anzustellen pflegte, ihm Gelegenheit gab, der schönen Danae und ihrem Freunde eine Einladung zuzusenden. Weil sie keinen guten Vorwand hatten sich zu entschuldigen, so erschienen sie auf den bestimmten Tag, und Agathon brachte eine Lebhaftigkeit mit, welche ihm selbst Hoffnung machte, daß er sich so gut halten würde, als es die Anfälle, die er von der Schalkhaftigkeit des Sophisten erwartete, nur immer erfordern könnten. Hippias hatte nichts vergessen, was die Pracht seines Festes vermehren konnte; und nach demjenigen, was wir im zweiten Buche von den Grundsätzen, der Lebensart und den Reichthümern dieses Mannes gemeldet haben, können unsre Leser sich so viel davon einbilden als sie wollen, ohne zu besorgen, daß wir sie durch überflüssige Beschreibung von den wichtigern Gegenständen, die unsre Aufmerksamkeit fordern, zurückhalten werden.

Agathon hatte über der Tafel die Rolle eines witzigen Kopfes sehr gut gespielt. Er hatte so fein und so lebhaft gescherzt, und bei vielen Gelegenheiten die Vorstellungen, wovon seine Seele damals beherrscht wurde, so deutlich verrathen, daß Hippias sich nicht enthalten konnte, ihm in einem Augenblicke, wo sie allein waren, seine ganze Freude darüber auszudrücken. „Ich bin erfreut, Kallias (sagte er zu ihm), daß du, wie ich sehe, einer der Unsrigen geworden bist. Du rechtfertigest die gute Meinung vollkommen, die ich beim ersten Anblick von dir faßte: ich sagte immer, daß einer so feurigen Seele wie die deinige nur wirkliche Gegenstände mangelten, um ohne Mühe von den Chimären zurück zu kommen, woran du vor einigen Wochen noch so stark zu hängen schienest."

Zum Glück für den guten Agathon rettete ihn die Dazwischenkunst einiger Personen von der Gesellschaft, mitten in der Antwort, die er zu stottern angefangen hatte: aber aus der Unruhe, welche diese wenigen Worte des Sophisten in sein Gemüth geworfen hatten, konnte ihn nichts retten. Alle Mühe die er anwandte, alle Zeitkürzungen wovon er sich umgeben sah, waren zu schwach, ihn aus einer Verwirrung heraus zu ziehen, welche sogar durch den Anblick der schönen Danae vermehrt wurde. Er mußte sich unter dem Vorwand einer kleinen Uebelkeit aus der Gesellschaft wegbegeben, um in einem entlegnen Cabinette den Gedanken nachzuhängen, deren auf einmal daher stürmende Menge ihm eine Zeit lang alles Vermögen benahm, einen von dem andern zu unterscheiden. Endlich faßte er sich doch so weit, daß er seinem beklemmten Herzen durch folgendes, oft abgebrochenes Selbstgespräch Luft machen konnte.

„Ich bin erfreut, daß du einer von den Unsrigen geworden? sagte er. — Ist's möglich? Einer von den Seinigen? — Dem Hippias ähnlich? — Ihm, dessen Grundsätze, dessen Leben, dessen vermeinte Weisheit mir vor kurzem noch so viel Abscheu einflößten! — Und die Verwandlung ist so groß, daß sie ihm keinen Zweifel übrig läßt? — Gütige Götter! Was ist aus eurem Agathon geworden? — Ach! es ist mehr als zu gewiß, daß ich nicht mehr ich selbst bin! — Wie? sind mir nicht alle Gegenstände dieses Hauses, von denen meine Seele sich ehemals mit Ekel und Grauen wegwandte, gleichgültig oder gar angenehm geworden? Diese üppigen Gemälde — diese schlüpfrigen Nymphen — diese Gespräche, worin alles, was dem Menschen groß und ehrwürdig seyn soll, in ein komisches Licht gestellt wird — diese Verschwendung der Zeit — diese mühsam ausgesonnenen und über die Foderung der Natur getriebenen Ergötzungen — Himmel! wo bin ich? An was für einem jähen Abhang finde ich mich selbst! — Welch ein Abgrund unter mir! — O Danae, Danae!"

Hier hielt er ein, um den trostvollen Einflüssen Raum zu lassen, welche dieser Name und die zauberischen Bilder, die damit verbunden waren, über seine sich selbst quälende Seele ausbreiteten. Mit einem schleunigen Uebergang von Schwermuth zu Entzückung durchflog sie jetzt alle diese Scenen von Liebe und Glückseligkeit, welche ihr die letztverfloss'nen Tage zu Augenblicken gemacht hatten; und von diesen Erinnerungen mit einer innigen Wollust durchströmt, konnte sie oder wollte sie vielmehr den Gedanken nicht ertragen, daß sie in einem so beneidenswürdigen Zustand unter sich selbst herunter gesunken seyn könne. „Göttliche Danae" (rief der arme Kranke in einem verdoppelten Anstoß des wiederkehrenden Taumels aus), „könnt' es ein Verbrechen seyn, das vollkommenste unter allen Geschöpfen zu lieben? Ein Verbrechen, glücklich zu seyn?" In diesem Tone fuhr Amor (welchen Plato sehr richtig den größten unter allen Sophisten nennt) desto ungehinderter fort ihm zuzureden, da ihm die Eigenliebe zu Hülfe kam und seine Sache zu der ihrigen machte. Denn was ist unangenehmer, als sich selbst zugleich anklagen und verurtheilen müssen? Und wie gern hören wir die Stimme der sich selbst vertheidigenden Leidenschaft? Wie gründlich finden wir jedes Blendwerk, womit sie die richterliche Vernunft zu einem falschen Ausspruch zu verleiten sucht?

Agathon hörte diese betrügliche Schutzrednerin so gern, daß es ihr gelang, sein Gemüth wieder zu besänftigen. Er schmeichelte sich, ungeachtet einer Veränderung seiner Denkungsart, die er sich selbst für eine Verbesserung zu geben suchte, den Unterschied zwischen ihm und Hippias noch so groß, so wesentlich zu finden als jemals. Er verbarg seine schwache Seite hinter die Tugenden, deren er sich bewußt zu seyn glaubte, und beruhigte sich endlich völlig mit einem idealischen Entwurf eines seinen eignen Grundsätzen gemäßen Lebens, zu welchem er seine geliebte Danae schon genug vorbereitet glaubte, um ihr selbigen ohne längern Aufschub vorzulegen. Er kehrte nun mit einem so aufgeheiterten Gesichte zur Gesellschaft zurück, daß Danae und Hippias selbst sich leicht bereden ließen, seinen vorigen Anstoß einer vorübergehenden Uebelkeit zuzuschreiben.

Ergötzlichkeiten folgten jetzt auf Ergötzlichkeiten so dicht an einander, und so mannichfaltig, daß die überladne Seele keine Zeit behielt, sich Rechenschaft von ihren Empfindungen zu geben; und in diesen brausenden Vergnügungen wurde die ganze Nacht bis zum Anbruch der Morgenröthe hingebracht. Die

Gegenwart der liebenswürdigen Danae wirkte mit ihrer ganzen Zauberkraft auf unsern Helden, ohne verhindern zu können, daß er von Zeit zu Zeit in eine Zerstreuung fiel, aus welcher sie ihn, sobald sie es gewahr wurde, zu ziehen bemüht war. Die Gegenstände, welche seinen sittlichen Geschmack ehmals beleidiget hatten, waren hier zu häufig, als daß nicht, mitten unter den flüchtigen Vergnügungen, womit sie gleichsam über die Oberfläche seiner Seele hinglitscheten, ein geheimes Gefühl seiner Erniedrigung seine Wangen mit Schamröthe vor sich selbst, dem Vorläufer der wiederkehrenden Tugend, hätte überziehen sollen.

Dieses begegnete insonderheit bei einem pantomimischen Tanze, womit Hippias seine größtentheils von Wein glühenden Gäste noch eine geraume Zeit nach Mitternacht vom Einschlummern abzuhalten suchte. Die Tänzerin, ein reizendes Mädchen, welches ungeachtet seiner Jugend schon lange in den Geheimnissen von Cythere eingeweiht war, tanzte die Fabel der Leda; dieses berüchtigte Meisterstück der eben so vollkommnen als üppigen Tanzkunst der Alten, dessen Wirkungen Juvenal in einer von seinen Satyren mit Zügen schildert, welche mehr der Stärke als der Sittsamkeit wegen merkwürdig sind. Hippias und die meisten seiner Gäste bezeigten ein unmäßiges Vergnügen über die Art, wie seine Tänzerin diese schlüpfrige Geschichte, nach der wollüstigen Modulation zweier Flöten, durch die stumme Sprache der Bewegung von Scene zu Scene bis zur Entwicklung fortzuwinden wußte. Zeuris und Homer selbst, riefen sie, könnte nicht besser, nicht deutlicher mit Farben oder Worten, als die Tänzerin durch ihre Bewegungen, malen. Die Frauenzimmer glaubten genug gethan zu haben, da sie auf dieses Schauspiel nicht Acht zu geben schienen; aber Agathon konnte den widrigen Eindruck, den es auf ihn machte, nur mit Mühe in sich selbst verschließen. Er wollte eben etwas sagen, welches in einer solchen Gesellschaft keinen großen Effect hätte thun können: als ein beschämter Blick auf sich selbst, und vielleicht die Furcht den ausgelassenen Hippias zu einer allzu scharfen Rache zu reizen, seine Rede auf seinen Lippen erstickte, und (weil doch die ersten Worte einmal gesprochen waren) den vorgehabten Tadel in einen gezwungenen Beifall verwandelte. Er hatte nun keine Ruhe, bis er die schöne Danae bewog, sich mit ihm und einer von ihren Freundinnen aus einer Gesellschaft davon zu schleichen, aus welcher die Grazien schamroth weggeflohen waren; und sein Unwille ergoß sich, während daß sie nach Hause zurückkehrten, in eine scharfe Beurtheilung des verdorbenen Geschmacks des Sophisten, die so lange dauerte, bis sie bei Anbruch des Tages wieder auf dem Landhause der Danae anlangten, um die von Ergötzungen abgemattete Natur durch Ruhe und Schlummer wieder herzustellen.

Viertes Kapitel.

Ein Traum.

Die Stoiker (dieser strenge moralische Orden, dessen Abgang wir mit dem vortrefflichen Montesquieu einen Verlust für das menschliche Geschlecht zu nennen versucht sind) hatten, unter andern Sonderlichkeiten, eine große Meinung von der Natur und Bestimmung der Träume. Sie trieben es so weit daß sie sich die Mühe gaben, eben so große Bücher über diese Materie zu schreiben, als diejenigen, womit die gelehrte Welt noch in unsern Tagen von einigen weisen Mönchen über die erhabne Kunst, die Gespenster zu prüfen und zu bannen, beschenkt worden ist. Sie theilten die Träume in mancherlei Gattungen und Arten ein, wiesen ihnen ihre geheimen Bedeutungen an, gaben den Schlüssel dazu, und trugen kein Bedenken, einige Arten derselben ganz zuversichtlich dem Einfluß derjenigen Geister zuzuschreiben, womit sie alle Theile der Natur bevölkert hatten. In der That scheinen sie sich in diesem Stücke lediglich nach einem allgemeinen Glauben, der sich von jeher unter allen Völkern und Zeiten erhalten hat, gerichtet, und dasjenige in die Form einer gelehrten Theorie gebracht zu haben, was bei ihren Großmüttern ein sehr unsicheres Gemische von Tradition, Einbildung und Blödigkeit des Geistes gewesen seyn mochte. Dem sey nun wie ihm wolle, so ist doch schwerlich zu läugnen: daß wir zuweilen Träume haben, in welchen so viel Zusammenhang, so viel Beziehung auf unsere vergangnen und gegenwärtigen Umstände, wiewohl allezeit mit einem kleinen Zusatze von Wunderbarem und Unbegreiflichem, anzutreffen ist, daß wir uns, um jener Merkmale der Wahrheit willen, geneigt finden, in diesen letztern etwas Geheimnißvolles und Vorbedeutendes zu suchen. Träume von dieser Art den Geistern außer uns, oder (wie die Pythagoräer thaten) einer gewissen prophetischen Kraft oder Divination unsrer

unsrer Seele, welche unter dem tiefen Schlummer der Sinne bessere Freiheit haben sich zu entwickeln, mit entscheidender Gewißheit beizumessen, überlassen wir denjenigen, welche zum Besitz jener von Lukrez so enthusiastisch gepriesenen Glückseligkeit, die Ursachen der Dinge einzusehen, in einem vollern Maße gelangt sind als wir. Indessen haben wir uns doch zum Gesetze gemacht, den guten Rath unsrer Großmütter und Tanten nicht zu verachten, welche uns, da wir noch das Glück ihrer einsichtsvollen Erziehung genossen, unter Anführung einer langen Reihe von Familien-Beispielen, ernstlich zu vermahnen pflegten, die Warnungen und Fingerzeige der Träume ja nicht für gleichgültig anzusehen.

Agathon hatte diesen Morgen, nachdem er in einer Verwirrung von uneinigen Gedanken und Gemüthsbewegungen endlich eingeschlummert war, einen Traum, den man mit einigem Rechte zu den kleinen Ursachen zählen kann, durch welche große Begebenheiten hervorgebracht worden sind. Wir wollen ihn erzählen, wie wir ihn in unsrer Urkunde finden, und dem Leser überlassen, was er davon urtheilen will.

Ihn däuchte, daß er in einer Gesellschaft von Nymphen und Liebesgöttern auf einer anmuthigen Ebne sich erlustige. Danae war unter ihnen. Mit zauberischem Lächeln reichte sie ihm, wie Ariadne ihrem Bacchus, eine Schale voll Nektars, welchen er, an ihren Blicken hangend, mit wollüstigen Zügen hinunter schlürfte. Auf einmal fing alles um ihn her zu tanzen an. Er tanzte mit. Ein Nebel von süßen Düften schien ringsum die wahre Gestalt der Dinge zu verhüllen; tausend liebliche Gestalten, wie Seifenblasen, eben so schnell zerflossen als entstanden, gaukelten vor seiner Stirne. In diesem Taumel hüpfte er eine Zeit lang fort, bis auf einmal der Nebel und seine ganze fröhliche Gesellschaft verschwand. Ihm war, als ob er aus einem tiefen Schlaf erwachte; und da er die Augen aufschlug, sah er sich an der Spitze eines jähen Felsen, unter welchem ein reißender Strom seine beschäumten Wellen fortwälzte. Gegen ihm über, auf dem andern Ufer des Flusses, stand Psyche. Ein schneeweißes Gewand floß zu ihren Füßen herab; ganz einsam und traurig stand sie, und heftete Blicke auf ihn, die ihm das Herz durchbohrten. Ohne sich einen Augenblick zu besinnen, stürzte er sich in den Fluß hinab, arbeitete sich ans andre Ufer hinüber, und eilte seiner Psyche zu Füßen sich zu werfen. Aber sie entschlüpfte ihm wie ein Schatten; er strebte ihr mit ausgebreiteten Armen nach; vergebens! es war ihm unmöglich den kleinen Zwischenraum zurückzulegen, der ihn von ihr trennte. Noch immer heftete sie ihre Blicke auf ihn; ernste Traurigkeit sprach aus ihrem Gesicht, und ihre rechte Hand wies in die Ferne, wo er die goldnen Thürme und die heiligen Haine des Delphischen Tempels ganz deutlich zu unterscheiden glaubte. Thränen stürzten bei diesem Anblick über seine Wangen herab. Er streckte seine Arme, flehend und von unaussprechlichen Empfindungen beklemmt, nach der geliebten Psyche aus. Aber sie floh eilends von ihm weg, einer Bildsäule der Tugend zu, die unter den Trümmern eines verfallnen Tempels, einsam und unversehrt, in majestätischer Ruhe auf einem unbeweglichen Kubus stand. Sie umarmte diese Bildsäule, warf noch einen tiefsinnigen Blick auf ihn, und verschwand. In unbeschreiblicher Angst wollt' er ihr nacheilen, als er sich plötzlich in einem tiefen Schlamme versenket sah; und die Bestrebung, die er anwendete, sich heraus zu arbeiten, war so heftig, daß er davon erwachte.

Ein Strom von Thränen, in welchen sein berstendes Herz ausbrach, war die erste Wirkung des tiefen Eindrucks, den dieser sonderbare Traum in seiner erwachten aber noch ganz von ihren Gesichten umgebnen Seele zurück ließ. Er weinte so lange und so heftig, daß sein Hauptkissen ganz davon durchnetzt wurde. Ach Psyche! Psyche! rief er von Zeit zu Zeit aus, indem er seine gerungenen Arme wie nach ihrem Bilde ausstreckte; und dann brach eine neue Flut aus seinen schwellenden Augen. Wo bin ich? rief er wieder aus, und sah sich um, als ob er bestürzt wäre, sich in einem von Persischen Tapeten schimmernden Gemach auf dem weichsten Ruhebette liegend zu finden — O Psyche! — was ist aus deinem Agathon geworden? — O unglücklicher Tag, an welchem mich die verhaßten Räuber deinem Arm entrissen! — Unter solchen Vorstellungen und Ausrufungen stand er auf, ging in heftiger Bewegung auf und nieder, warf sich abermal auf das Ruhebette, und blieb eine lange Zeit stumm und mit zu Boden starrenden Blicken, unbeweglich, in Gedanken verloren sitzen. Endlich raffte er sich wieder auf, kleidete sich an, und stieg in die Gärten hinab, um in dem einsamsten Theile des Hains die Ruhe zu suchen, die er nöthig hatte, um über seinen Traum, seinen gegenwärtigen Zustand, und die Entschließungen die er zu fassen habe, nachdenken zu können. Unter allen Bildern, welche der Traum in seinem Gemüthe zurück gelassen hatte, rührte ihn keines lebhafter, als die Vorstellung der Psyche, wie sie mit ernstem Gesicht auf den Tempel und die Haine von Delphi wies; diese geheiligten Oerter, wo sie einander zuerst gesehen, wo sie so oft sich eine ewige Liebe geschworen, wo sie so rein, so tugendhaft sich geliebt hatten,

„Wie sich im hohen Olymp die Unverkörperten lieben."

Diese Bilder hatten etwas so Rührendes, der Schmerz, womit sie ihn durchdrangen, wurde durch die lebhaftesten Erinnerungen seiner ehemaligen Glückseligkeit so sanft gemildert, daß er eine Art von Wollust darin empfand, sich der trauernden Wehmuth zu überlassen, die sie über sein Gemüth verbreiteten. Er verglich seinen jetzigen Zustand mit jener seligen Stille des Herzens, jener immer lächelnden Heiterkeit, jenen sanften unschuldvollen Freuden, zu welchen unsterbliche Zuschauer ihren Beifall gegeben hatten; und indem er unvermerkt, anstatt die Vergleichung unparteiisch fortzusetzen, sich dem Laufe seiner Einbildungskraft überließ, däuchte ihn nicht anders, als ob seine Seele nach jener Elysischen Ruhe, wie nach ihrem angebornen Elemente, sich zurücksehne. Wenn es auch Schwärmereien waren, rief er seufzend aus, wenn es auch bloße Träume waren, in die mein halb abgeschiedner, halb vergötterter Geist sich wiegte — welch eine selige Schwärmerei! Und wie viel glücklicher machten mich diese Träume, als alle die rauschenden Freuden, welche die Sinnen in einem Wirbel von Wollust dahin reißen, und, wenn sie vorüber sind, nichts als Beschämung und Reue, und ein schwermüthiges Leeres in der unbefriedigten Seele zurücklassen!

Vielleicht werden unsre Leser aus demjenigen, was damals in dem Gemüthe unsers Helden vorging, sich viel Gutes für seine Wiederkehr zur Tugend weissagen. Aber mit Bedauern müssen wir gestehen, daß sich eine andre Seele in seinem Inwendigen erhob, welche diese guten Regungen in kurzem wieder unkräftig machte; es sey nun, daß es die Stimme der Natur oder der Leidenschaft war, oder daß beide sich vereinigten, ihn, ohne Abbruch seiner Eigenliebe, wieder mit sich selbst und dem Gegenwärtigen auszusöhnen.

In der That war es bei der Lebhaftigkeit, welche alle Ideen und Gemüthsbewegungen dieses sonderbaren Menschen bezeichnete, kaum möglich, daß der überspannte Affect, worin wir ihn gesehen haben, von langer Dauer hätte seyn können. Die Stärke seiner Empfindungen rieb sich an sich selbst ab. Seine Einbildungskraft pflegte in solchen Fällen so lange in geradem Laufe fortzuschießen, bis sie sich genöthiget fand wieder umzukehren. Er fing nun an sich zu überreden, daß mehr Schwärmerei als Wahrheit und Vernunft in seiner Betrübniß sey. Er glaubte bei näherer Vergleichung zu finden, daß seine Leidenschaft für Danae durch die Vollkommenheit des Gegenstandes gänzlich gerechtfertiget werde. So vorzüglich ihm kurz zuvor die Glückseligkeit seines Delphischen Lebens, und die unschuldigen Freuden der ersten noch unerfahrnen Liebe, geschienen hatten: so unwesentlich fand er sie jetzt in Vergleichung mit demjenigen, was ihn die schöne Danae in ihren Armen hatte erfahren lassen. Das bloße Andenken daran setzte sein Blut in Feuer und seine Seele in Entzücken; seine angestrengteste Einbildung erlag unter dem Bestreben, eine vollkommnere Wonne zu empfinden. Psyche schien ihm jetzt, so liebenswürdig sie immer seyn mochte, zu nichts anderm bestimmt gewesen zu seyn, als die Empfindlichkeit seines Herzens zu entwickeln, um ihn fähig zu machen, die Vorzüge der unvergleichlichen Danae zu empfinden. Er schrieb es einem Rückfall in seine ehemalige Schwärmerei zu, daß er durch einen Traum, welchen er, bei aller seiner wunderbaren Beschaffenheit, doch für nichts mehr als ein Spiel der Phantasie halten konnte, sich in so heftige Bewegungen hatte setzen lassen. Das einzige was ihn noch beunruhigte, war der Vorwurf der Untreue gegen seine einst so zärtlich geliebte und so zärtlich wieder liebende Psyche. Allein die Unmöglichkeit von der unwiderstehlichen Danae nicht überwunden zu werden (ein Punkt, wovon er so vollkommen als von seinem eignen Daseyn überzeugt zu seyn glaubte) und der Verlust aller Hoffnung, Psychen jemals wieder zu finden (welchen er ohne genauere Untersuchung für ausgemacht annahm), schien ihm gegen diesen Vorwurf von großem Gewicht zu seyn. Um sich desselben gänzlich zu entledigen, gerieth er endlich gar auf den Gedanken, daß seine Verbindung mit Psychen mehr die Liebe eines Bruders zu einer Schwester, eine bloße Liebe der Seelen, als dasjenige gewesen sey, was im eigentlichen Sinn Liebe genannt werden sollte; eine Entdeckung, die ihm bei Vergleichung der Symptomen beider Arten von Liebe unwidersprechlich zu seyn däuchte. Diese Vorstellungen stiegen nach und nach (zumal an einem Orte, wo jede schattichte Laube, jede Blumenbank, jede Grotte, ein Zeuge genoßner Glückseligkeiten war) zu einer solchen Lebhaftigkeit, daß sie eine Art von Ruhe in seinem Gemüthe wieder herstellten; wenn anders die Verblendung eines Kranken, der in der Hitze seines Fiebers gesund zu seyn wähnt, diesen Namen verdienen kann. Doch verhinderten sie nicht, daß, diesen ganzen Tag über, ein Eindruck von Schwermuth in seiner Seele zurückblieb. Die Bilder der Psyche und der Tugend, welche er so lange gewohnt gewesen war zu vermengen, stellten sich immer wieder vor seine Augen. Umsonst suchte er sie durch Zerstreuungen zu entfernen; sie überraschten ihn in seinen Arbeiten, und beunruhigten ihn in seinen Ergötzungen. Er suchte ihnen auszuweichen, der Unglückliche! und wurde nicht gewahr, daß eben dieß ein vollständiger Beweis war, daß es nicht so richtig mit ihm stand, als er sich selbst zu überreden suchte.

Fünftes Kapitel.

Ein starker Schritt zu einer Katastrophe.

Danae liebte zu zärtlich, als daß ihr der stille Kummer, der eine (wiewohl anmuthige) Düsternheit über das schöne Gesicht unsers Helden ausbreitete, hätte unbemerkt bleiben können. Aber aus eben diesem Grunde war sie zu schüchtern, ihn voreilig um die Ursache einer so unerwarteten Veränderung zu befragen. Es war leicht zu sehen, daß sein Herz leiden müsse; aber mit aller Scharfsichtigkeit, welche den Augen der Liebe eigen ist, konnte sie doch nicht mit sich selbst einig werden, was die Ursache davon seyn könne. Ihr erster Gedanke war: vielleicht könnte ihm ein zu weit getriebner Scherz des boshaften Hippias anstößig gewesen seyn. Allein auch das Aergste, was

Hippias gesagt haben konnte, schien ihr nicht genugsam, eine so tiefe Wunde zu machen, als sie in seinem Herzen zu sehen glaubte. Der Vortheil ihres eignen brachte sie bald auf einen andern Gedanken, dessen sie vermuthlich nicht fähig gewesen wäre, wofern ihre Liebe nicht die Eitelkeit überwogen hätte, welche (sagt man) bei den meisten Schönen die wahre Quelle dessen ist, was sie uns für Liebe geben. „Wie, wenn seine Liebe zu erkalten anfinge? sagte sie zu sich selbst. — Erkalten? Himmel! wenn dieß möglich ist, so werde ich bald gar nicht mehr geliebt seyn!" — Dieser Gedanke war für ein völlig eingenommenes Herz zu schrecklich, als daß sie ihn sogleich hätte verbannen können. Wie bescheiden macht die wahre Liebe! Sie, welche gewohnt gewesen war, in allen Augen die Siege ihrer Reizungen zu sehen; sie, die unter den Vollkommensten ihres Geschlechts nicht eine kannte, von der sie jemals in dem süßen Bewußtseyn ihrer Vorzüglichkeit nur einen Augenblick gestört worden wäre; mit einem Worte, Danae fing an mit Zittern sich selbst zu fragen: „ob sie auch liebenswürdig genug sey, das Herz eines so außerordentlichen Mannes in ihren Fesseln zu behalten?" — Und wenn gleich die Eigenliebe sie von Seiten ihres persönlichen Werthes beruhigte, so war sie doch nicht ohne Sorgen, daß in ihrem Betragen etwas gewesen seyn möchte, wodurch das Sonderbare in seiner Denkungsart, oder die Zartheit seines Gefühls hätte beleidiget werden können. „Hatte sie ihm nicht zu viel Beweise von ihrer Liebe gegeben? Hätte sie ihm seinen Sieg nicht schwerer machen sollen? War es sicher, ihn die ganze Stärke ihrer Leidenschaft sehen zu lassen, und sich wegen der Erhaltung seines Herzens allein auf die gänzliche Dahingebung des ihrigen zu verlassen?" — Diese Fragen waren weder spitzfindig, noch so leicht zu beantworten, als manches gute Ding sich einbildet, dem man eine ewige Liebe geschworen hat, und dessen geringster Kummer nun ist, ob man ihr werde Wort halten können oder nicht. Die schöne Danae kannte die Wichtigkeit dieser Frage in ihrem ganzen Umfange; und alles was sie sich selbst darüber sagen konnte, stellte sie doch nicht so zufrieden, daß sie nicht für nöthig befunden hätte, einen gelegnen Augenblick zu belauschen, um sich über alle ihre Zweifel ins Klare zu setzen; im übrigen sehr überzeugt, daß es ihr nicht an Mitteln fehlen werde, dem entdeckten Uebel zu helfen, es möchte nun auch bestehen worin es immer wolle. Agathon ermangelte nicht, ihr noch an dem nämlichen Tage Gelegenheit dazu zu geben.

Schwermuth und Traurigkeit machen die Seele nach und nach schlaff, weichmüthig, und mehr als gewöhnlich zu zärtlichen Eindrücken und Regungen aufgelegt. Dieser Satz ist so wahr, daß tausend Liebesverbindungen in der Welt keinen andern Ursprung haben. Ein Liebhaber verliert einen Gegenstand den er anbetet. Er ergießt seine Klagen in den Busen einer Freundin, für deren Reizungen er bisher vollkommen gleichgültig gewesen war. Sie bedauert ihn. Er findet sich dadurch erleichtert, daß er frei und ungehindert klagen kann. Die Schöne ist erfreut, daß sie Gelegenheit hat ihr gutes Herz zu zeigen. Ihr Mitleiden rührt ihn, erregt seine Aufmerksamkeit. Sobald eine Frauensperson zu interessiren anfängt, sobald entdeckt man Reizungen an ihr. Die Reizungen, worin itzt beide sich befinden, sind der Liebe günstig; sie verschönern die Freundin, und blenden die Augen des Freundes. Ueberdieß sucht der Schmerz natürlicher Weise Zerstreuung, und ist geneigt sich an alles zu hängen, was ihm Trost und Linderung verspricht. Eine dunkle Ahnung neuer Vergnügungen, der Anblick eines Gegenstandes der solche geben kann, die günstige Gemüthsstellung worin man denselben sieht, auf der einen, — die Eitelkeit, diese große Triebfeder des weiblichen Herzens, das Vergnügen, so zu sagen über eine Nebenbuhlerin zu siegen, indem man liebenswürdig genug ist, den Verlust des Gegenstandes einer großen Leidenschaft zu ersetzen, die Begierde das Andenken desselben auszulöschen, vielleicht auch die Gutartigkeit der menschlichen Natur und das Vergnügen glücklich zu machen, auf der andern Seite: wie viel Umstände, welche sich vereinigen, unvermerkt den Freund in einen Liebhaber, und die Vertraute in die Hauptperson eines neuen Romans zu verwandeln!

In einer Gemüthsverfassung von dieser Art befand sich Agathon, als Danae (welche vernommen hatte, daß er den ganzen Abend in der einsamsten Gegend des Gartens zugebracht) sich nicht mehr zurückhalten konnte ihn aufzusuchen. Sie fand ihn mit halbem Leib auf einer grünen Bank liegen, das Haupt unterstützt, und so zerstreut, daß sie eine Weile vor ihm stand eh' er sie gewahr wurde. Du bist traurig, Kallias, sagte sie endlich mit einer gerührten Stimme, indem sie Augen voll mitleidender Liebe auf ihn heftete. — Kann ich traurig seyn, wenn ich dich sehe? erwiederte Agathon, mit einem Seufzer, welcher seine Frage zu beantworten schien. Auch gab ihm Danae keine Antwort auf ein so verbindliches

Compliment, sondern fuhr fort, ihn stillschweigend, aber mit einem Gesicht voll Seele und mit Augen die voll Wasser standen, anzusehen. Er richtete sich auf, und blickte sie eine Weile an, als ob er bis in den Grund ihrer Seele schauen wollte. Ihre Herzen schienen durch ihre Blicke in einander zu zerfließen. Liebst du mich, Danae? fragte endlich Agathon mit einer von Zärtlichkeit und Wehmuth halb erstickten Stimme, indem er einen Arm um sie schlang, und fortfuhr sie mit bethränten Augen anzuschauen. Sie schwieg eine Zeit lang. Ob ich dich liebe? — war alles was sie sagen konnte. Aber der Ausdruck, der Ton, womit sie es sagte, hätte durch alle Beredsamkeit des Demosthenes nicht ersetzt werden können. Ach Danae! (erwiederte Agathon) ich frage nicht, weil ich zweifle. Kann ich eine Versicherung, von welcher das ganze Glück meines Lebens abhängt, zu oft von diesen geliebten Lippen empfangen? Wenn du mich nicht liebtest, wenn du aufhören könntest mich zu lieben — Was für Gedanken, mein liebster Kallias! (unterbrach sie ihn). Wie elend wär' ich, wenn du sie in deinem Herzen fändest! wenn dieses dir sagte, daß eine Liebe wie die unsrige aufhören könne!

Ein übel verhehlter Seufzer war alles was er antworten konnte. Du bist traurig, Kallias, fuhr sie fort; ein geheimer Kummer bricht aus allen deinen Zügen hervor? Du begreifst nicht, nein, du begreifst nicht was ich leide, dich traurig zu sehen ohne die Ursache davon zu wissen. Wenn mein Vermögen, wenn meine Liebe, wenn mein Leben selbst hinlänglich ist sie von dir zu entfernen, o so verzögre keinen Augenblick dein Innerstes mir aufzuschließen! — Der gefühlvolle Agathon war bis zu sprachloser Entzückung gerührt. Er wand seine Arme um sie, drückte sein Gesicht auf ihre klopfende Brust und konnte lange nur durch die Thränen reden womit er sie benetzte.

Nichts ist ansteckender als der Affect einer in Empfindung zerfließenden Seele. Danae, ohne die Ursache aller dieser Bewegungen zu wissen, wurde so sehr von dem Zustande gerührt, worin sie ihren Liebhaber sah, daß sie, eben so sprachlos als er selbst, sympathetische Thränen mit den seinigen vermischte. Diese Scene, welche für den gleichgültigen Leser nicht so interessant seyn kann als sie es für unsre Verliebten war, dauerte eine ziemliche Weile. Endlich faßte sich Agathon, und sagte in einer von diesen zärtlichen Ergießungen der Seele, an welchen die Ueberlegung keinen Antheil hat, und worin man keine andre Absicht hat als ein volles Herz zu erleichtern: ich liebe dich zu sehr, unvergleichliche Danae, und fühle zu sehr, daß ich dich nicht genug lieben kann, um dir länger zu verhehlen, wer dieser Kallias ist, den du, ohne ihn zu kennen, deines Herzens würdig geachtet hast. Ich will dir das Geheimniß meines Namens und die ganze Geschichte meines Lebens, so weit ich in selbiges zurück zu sehen vermag, entdecken; und, wenn du alles wissen wirst, — denn warum sollt' ich einer Seele, wie die deinige, nicht alles entdecken dürfen? — dann wirst du vielleicht natürlich finden, daß der flüchtigste Zweifel, ob es möglich seyn könne deine Liebe zu verlieren, hinlänglich ist mich elend zu machen.

Danae stutzte, wie man sich vorstellen kann, bei einer so unerwarteten Vorrede. Sie sah unsern Helden so aufmerksam an als ob sie ihn noch nie gesehen hätte, und verwunderte sich jetzt über sich selbst, daß ihr nicht längst in die Augen gefallen war, daß weit mehr unter ihrem Liebhaber verborgen seyn müsse, als die Nachrichten des Hippias, und die Umstände, worin sich ihre Bekanntschaft angefangen, vermuthen ließen. Sie dankte ihm auf die zärtlichste Art für die Probe eines vollkommenen Zutrauens, die er ihr geben wolle, und, nach einigen vorbereitenden Liebkosungen, womit sie ihre Dankbarkeit bestätigte, fing Agathon die folgende Erzählung an.

Anmerkungen.

Ueber das Historische im Agathon.

S. 5. Z 10. Kenner von großem Ansehn — *Cicero*, ep. ad A. Fratrem, I. 1. 8. Cyrus ille a Xenophonte non ad historiae fidem scriptus, sed ad effigiem justi imperii: cujus summa *gravitas* ab illo philosopho cum singulari comitate conjungitur. W.

S. 5. Z. 14. Ein späterer Schriftsteller — *Auson*. in Panegyrico ad *Gratian*. Non qualis esset, sed qualis esse deberet W.

S. 6. Z. 17. Demosthenes — Kuß — S. *Bayle* Dict. Article *Lais*. Rem. N. W.

S. 6. Z. 21. Helena — zählte — *Bayle* Dict. Art. *Helene*. Rem. Q. W.

S. 6. Z. 22. Lamia — Plutarch im Demetrius.

S. 7. Z. 22. Plato in einem seiner Briefe — Epist. 7. Tom III. opp. p. 313. ed. Steph. W.

S. 8. Z. 2. Aristides — anpreisen — Marmor. Oxon. 2. 78. 143. *Aristid*, Tom. opp. II. P. 307. ed. Cant. *Philostr.* in vita Apollon. L. IV. c. 7. W.

S. 8. Z. 9. Plato in seinen Dialogen — Besonders, im größern und kleinern Hippias, im Protagoras, Gorgias und Sophistes. Wir sagen mit Bedacht, nicht viel besser. Denn, wiewohl sie unläugbar so schädliche Leute waren, als Plato sagt, so waren sie doch gewiß nicht halb so dumm, als er sie macht; und wie hätten sie auch so schädlich seyn können, wenn sie so dumm gewesen wären? In der That ist dieser sophistisirende Sokrates Ursache, daß man gewöhnlicher Weise den Sophisten, seinen Nebenbuhlern, nicht alle Gerechtigkeit, die ihnen gebührt, widerfahren läßt; wie von gelehrten Männern, z. B. Hardion in seinen Abhandlungen sur l'origine et les progrès de la Rhétorique parmi les Grecs, ausführlicher gezeigt worden ist. W.

S. 9. Z. 2. Plato schreibt dem Agathon — Charakter zu — *Plato in Protagora.* *Καλον τε κ'αγαθον την φυσιν, την δε ιδεαν πανυ καλον.* W.

S. 9. Z. 11. Aristophanes Scholiast — Scholiast. ad *Aristoph.* Ranas. Act. I Scen II. v. 84. *την τραπεζαν λαμπρος.* W.

S. 9. Z. 21. Archelaus von Macedonien — S. *Bayle* Diction. Art. Archelaus und Euripides. W.

S. 11. Z. 7. Leontiums tragischer Tod — S. *Bayle* Dict. Art. Leontium. Rem. D. W.

S. 11. Z. 11. 12. Glycera an Menander — S. den 29. Brief des I. und den 4. des II. Buches. W.

S. 12. Z. 4. Hippias brachte ein Vermögen zusammen — *Philostratus* de vitis Sophist. L. I. XI. p 495. ed. G. Olear. W.

S. 12. Z. 12. Mehr damit gewann als zwei andre — *Hipp. maj.* p. 282. T. III. opp. Plat. W.

S. 12. Z. 23. 24. Gorgias Bildsäule von gediegenem Golde — *Cicero* de Oratore. L. III. 32. W.

S. 12. Z. 27. *Graeculus* — Ein kleiner Grieche. Die römische Republik war an literarischer Cultur zu der Zeit, als sie Griechenland unterjochte, noch sehr zurück, und von da an reiseten entweder die Römer nach Griechenland, um zu lernen, oder Griechen nach Rom, um zu lehren. Da sich zu dem letzten viele gut genug dünkten, die in Griechenland nichts anzufangen wußten, und in Rom nur Keckheit nöthig zu haben glaubten, so mußten sie bei den Gebildeten in Verachtung sinken. — Postea vero vulgo hoc facere coeperunt hodieque faciunt, ut nulla sit res neque tanta neque tam improvisa neque tam nova, de qua se non omnia quae dici possint, profiteantur esse dicturos. de Orat. L. I. c. 22. Die Unverschämtheit dieser kleinen Griechen, welche Cicero hier verspottet, stieg in der Folge in eben dem Maße, wie unter den Cäsarn mit dem Geiste der Ueppigkeit alle Arten von Ausschweifungen und Thorheiten in Rom aufs äußerste stiegen. Man kann nichts Lächerlicheres lesen, als die Abschilderung, welche Juvenal in seiner dritten Satyre von einem solchen *Graeculus* macht: „Dieser Schlaukopf hier, der sich mit einer so unverschämten Dreistigkeit darstellt, so geschwind spricht, und uns mit einem so reißenden Strome von Worten ohne Bedeutung überschwemmt, was meint ihr, wer er sey? Er ist Jedermann: in seiner einzigen Person bringt er uns alle Stände und Professionen mit; er ist Philolog, Rhetor, Geometer, Maler, Bader, Zeichendeuter, Seiltänzer, Arzt, Goldmacher; was sollt' ein kleiner Griechischer Bel-esprit nicht wissen oder nicht seyn, wenn ihn hungert? Er steigt euch in den Himmel, wenn ihr's haben wollt." Kennen wir nicht in Deutschland Originale zu diesem Gemälde, aus einer Nation, welche uns in vielen Stücken das ist, was die Griechen ehmals den Römern waren? W.

S. 13. Z. 19. Sogar diese Halbstiefeln — eigenen Arbeit — *Plato* in *Hipp. minor.* T. opp. I. p. 368. und Cicero, der hierin dem Plato nachspricht, de *Orat.* L. III. c. 32. W.

S. 14. Z. 8. Topinambus — Wilde amerikanische Völkerschaft am Amazonenflusse.

S. 15. Z. 17. Geschichte der Sokratischen Schule — Vielerlei meistens bloß zufällige, aber darum nicht weniger unüberwindliche Hindernisse haben diese Idee, die der Verfasser lange mit sich herumtrug, nicht zur Ausführung kommen lassen. Doch hat Wieland einen großen Theil seiner Ansichten und Untersuchungen nachher niedergelegt in den Briefen Aristipps und der Lais.

S. 16. Z. 4. Aristipp — vergüten können — Dieses Urtheil von der Philosophie Aristipps, und dem Charakter, mit welchem er im Agathon aufgeführt ist, hat unser Autor (wenn wir nicht irren) durch die ausführliche Darstellung, die er von beiden in seinem Commentar über die Horazischen Episteln und in den Briefen Aristipps gemacht hat, hinlänglich gerechtfertigt.

S. 16. Z. 15. Archytas — Alles was man von dem Leben und Charakter desselben in einer Menge von alten Schriftstellern zerstreut antrifft, hat Andreas Schmid, ein ehmaliger Lehrer der hohen Schule zu Jena, in einer gelehrten Abhandlung de Archyta Tarentino zusammengetragen, welche im Jahre 1683 daselbst ans Licht getreten ist. W.

Buch 1.

S. 18. Z. 16. Ochsen des Phalaris – Seneca im 66. seiner Briefe belehrt uns, daß diese Rodomontade einem Philosophen zugehört, zu welchem man sich so etwas wohl nicht versehen hätte. Epikur war es, welcher sagte: „Der Weise, wenn er in dem Ochsen des Phalaris gebraten würde, würde ausrufen: wie wohl ist mir!" Da ein Epikur so was Schönes gesagt hatte, so könnten, wie Seneca meint, die Stoiker nun wohl mit Ehren nicht weniger sagen. Indessen gesteht er doch, daß ein weiser Mann, wenn es bei ihm stände, lieber nicht gebraten werden wollte; aber nicht etwan um der Unbehaglichkeit der Sache willen, sondern weil es der Natur nicht gemäß ist, daß ein weiser Mann sich ohne Noth braten lasse. W.

S. 20. Z. 27. Zug des Bacchus aus Indien — Die Mysterien oder der geheime Gottesdienst des Bacchus durften ordentlicher Weise nur von Frauenspersonen begangen werden, und wurden von der fanatischen Wuth, in welche man sich, um die mächtigen Wirkungen des Weingottes auszudrücken, dabei setzte, vorzugsweise Orgia genannt. Zu dem Gemälde, welches hier davon gemacht wird, haben Euripides, Virgil und Ovid die Farben hergegeben. W.

S. 21. Z. 1. La Fage (Remond) — Einer der genievollsten Zeichner (geb. zu Toulouse 1648), dessen von Weise nachgestochene Blätter viel bekannter zu seyn verdienten, war, wo er Nymphen und Satyrn darstellte, nicht sonderlich züchtig.

S. 22. Z. 7. Pentheus und Orpheus — Beide hatten das Unglück, von Bacchantinnen in einem Anstoß fanatischer Raserei zerrissen zu werden. W.

S. 24. Z. 9. Gynäceen — Gynäkeion hieß der innere Theil des Hauses bei den Griechen, worin die Frauen, nach orientalischer Sitte, abgesondert von dem männlichen Geschlechte lebten.

S. 26. Z. 16. Gleich dem Horazischen Gyges — Horat. Od. II. 5.

Der, eingeschaltet fröhlichen Mädchenreihen,
Gar sehr den Scharfsinn täuschte der Fremdlinge,
Kaum unterscheidbar durch des Haares
Flatternden Wuchs und das Heuchel-Antlitz.

S. 40 Z. 5. An den Ufern des Oxus — Dieß zielt vermuthlich auf die am Oxus, oder Amu (wie er nun heißt) gelegene und von Gengiskhan zerstörte Stadt Balch oder Balk, wo das berühmteste Collegium der Persischen Magier aus Zoroasters Schule war. W.

S. 44. Z. 14. Großen Königs — So nannten die Griechen gewöhnlich den König von Persien. W.

S. 45. Z. 7. Barbados — Die am östlichsten gelegene Karaibische Insel, auf welcher ein sehr beträchtlicher Sklavenhandel getrieben wird. Alle dreißig Jahre werden 100,000 Negersklaven hieher geschafft.

Buch 2.

S. 48. Z. 14. Sechs Obolen — Der Obolus war eine kleine Griechische Münze, ungefähr 6 Pfennige unsers Geldes.

S. 54. Z. 25. Das Gastmahl des Alcinous — S. Hommers Odyssee, Ges. 8.

S. 56. Z. 10. Alexander von Pherä — Ein seiner brutalen Gemüthsart wegen übel berüchtigter kleiner Fürst in Thessalien, der um die Zeit dieser Geschichte lebte. S. Plutarch im Pelopidas.

S. 57. Z. 20. Xenokrates — Berühmt durch seine Enthaltsamkeit, bestand eine für die Meisten vielleicht allzugefährliche Probe bei der schönen Phryne, die von ihm das Zeugniß ablegte, daß er eine Bildsäule sey. Diog. Laërt. 4, 2.

S. 66 Z. 4 Woher kennst du diesen obersten Geist? — Der Verf. wollte, zur Warnung derjenigen, welche über viele Gegenstände wie Hippias denken, ohne die Folgen seiner Grundsätze zu übersehen, zeigen, daß sie gerades Weges zum Atheismus führen. Hippias läugnet zwar das Daseyn eines höchsten Wesens nicht; aber er behauptet, daß man es nicht beweisen könne, und daß der Begriff desselgen kein Verhältniß gegen unsre übrigen Begriffe habe, folglich gar nicht in die Reihe unsrer Begriffe gehöre. Diese Art von Skepticismus ist wahre Atheisterei, und raubt dem Menschen, wie Agathon ganz richtig bemerkt, das kräftigste Mittel, alle die Hindernisse, welche sich der Tugend entgegensetzen, zu überwinden. Agathon hält sich bei diesem Beweise gegen die Grundsätze des Hippias am meisten auf, weil er der einleuchtendste ist. Wir wollen damit den sogenannten metaphysischen Beweisen nicht allen Werth abgesprochen haben: aber selbst diejenigen, die ihnen eine Evidenz, wobei die Vernunft sich beruhigen könne, zuschreiben, können nicht in Abrede seyn, daß der moralische Beweis, welchen Agathon gegen den Sophisten geltend macht, das Herz überzeugt; und dieß war, nach Agathons damaliger Gemüthsstimmung, die vollkommenste Art von Ueberzeugung. Daß übrigens dem Hippias nicht zu viel geschehen sey, indem man ihn als einen skeptischen Atheisten vorgestellt hat, ist desto wahrscheinlicher, da wir von einem seiner Professionsverwandten, dem Protagoras, zuverlässig wissen, daß er aus Athen verbannt worden, weil er öffentlich gelehrt hatte: „Er sehe keine Gründe, das Daseyn der Götter weder zu bejahen, noch zu verneinen.“ *Cic.* de Nat. Deor. I. c. 28. W.

S. 72. Z. 21 Sylphen — Sind in des Hippias Mund ohne Zweifel nur aus Vergeßlichkeit des Dichters gekommen.

S. 75. Z. 5. Damon — Von Athen, ein Freund des Sokrates, bildete Platon zufolge den rhythmischen Theil der Musik vorzüglich aus. Aristides Quintilianus rühmt seine Kunst, den Melodien Charakter und Bedeutung zu geben.

S. 77. Z. 4. Theophrast — (Der vorzüglichste unter den Schülern des großen Aristoteles, und den Lesern des Agathon vermuthlich aus seinen Charaktern bekannt) soll, da er in einem Alter von fünfundachtzig (oder, wie der heilige Hieronymus sagt, von hundert und sieben) Jahren sein Ende herankommen sah, sich bitterlich über die Natur beklagt haben, daß sie dem Menschen nur eine so kurze Lebenszeit zugestehe. „Ich habe nun, sprach er, gerade so lange gelebt, um mich in der Welt umsehen und lernen zu können, wozu das Leben gut ist; und nun, da ich Gebrauch davon machen möchte, muß ich abtreten.“ Es ist der nämliche Gedanke, welchen Pope mit der ihm eigenen Kunst in die berühmte Zeile zusammen gezogen hat:

Since Life can little more supply,
Than just to look about us and to die. W.

Buch 3.

S. 84. Z. 25. Alkamenes und Polygnotes — Griechische Maler, die in ihrer Kunst so berühmt waren als Homer in der Poesie.

S. 89. Z. 5. Heraklitus — Dieser tiefforschende Jonische Naturphilosoph, Verfasser eines Werks über die Natur, wurde von den Alten der Dunkle genannt.

S. 90. Z. 4. Ambrosischer Geruch — S. Anmerk zu Bd. 26.

S. 90. Z. 7. Empyräische Gegenden — S. Anmerk. zu Bd. 26.

S. 95. Z. ?. Sogdianer — Am Oxus zwischen Indien und Scythien der alten Geographie.

S. 102. Z. 15. Merkure und Musen — Werden hier zusammengestellt wie Beredsamkeit und Poesie, denn jener stand Merkur vor wie dieser die Musen. Der Götterbote und Geschäftsträger konnte nicht ohne Beredsamkeit seyn.

S. 103. Z. 27. Stein der Weisen — Mit diesem dürfte es sich hier schwerlich anders verhalten als oben mit den Sylphen.

S. 106. Z. 8. Nur in freien Staaten — Hippias spricht hier als ein Mann, der von einer auf Grundsätze gebauten und mit der Freiheit des Volkes sehr wohl verträglichen monarchischen Verfassung keinen Begriff hatte. Zu seiner Zeit kannte man nichts als despotische Reiche und Freistaaten. W.

S. 109. Z. 16. Antiphon — Dieser Antiphon soll der erste gewesen seyn, der die Kunst vor Gerichte zu reden zu einer gewissen Vollkommenheit gebracht. Auch von ihm rühmt man, daß er seine Zuhörer alles, was er gewollt, habe überreden können. (Philostr. vit. Sophist. I. 15.) Gleichwohl konnte er, da er wegen eines Staatsverbrechens angeklagt wurde, die Athener nicht überreden, ihn los zu sprechen, wiewohl Thucydides, der selbst dabei zugegen war, versichert, neminem unquam melius ullam oravisse capitis causam. Cicero de Clar. Or. XII. W.

S. 110. Z. 7. Gnathonen — Gnatho ist der Name eines aus den Lustspielen des Terenz bekannten Schmarotzers.

S. 110. Z. 22. Aspasia — — die Rolle des Körpers durch andre spielen ließ — Wir haben keinen sittsamern Ausdruck für die Gefälligkeit finden können, deren Aspasia von einem gewissen Komödienmacher Hermippus öffentlich beschuldiget wurde. Plutarch und sein ehrlicher wälscher Uebersetzer Amyot sagen, ohne Umschweife, qu'elle servoit de maquerelle à Periclès, recevant en sa maison des bourgeoises de la ville, dont Periclès jouissoit. W.

S. 111. Z. 10. Was ist das Schöne? das Gute? — Dieß ist dieselbe Frage, über welche der Platonische Sokrates unsern Sophisten in dem Dialog, den man den größern Hippias nennt, schikanirt. Hippias bekannte sich wirklich zu den Grundsätzen, die man ihn in diesem Kapitel behaupten läßt. Sie sind vollkommen das Widerspiel derjenigen, welche Plato in seinem Phädrus lehrt. Nur hat man freilich den Sophisten ein wenig scheinbarer und witziger reden lassen müssen, als ihn Plato reden läßt; er wußte doch wenigstens verdienen angehört zu werden. W.

S. 112. Z. 6. Serer — Ohne Zweifel werden die Chineser unter diesem Namen gemeint. W.

S. 114. Z. 28. Die Perserin für das schönste Weib — Die heutigen Perserinnen, und diejenigen, von welchen Hippias spricht, sind nicht die nämlichen. Die heutigen sind nach dem Zeugnisse der glaubwürdigsten Augenzeugen mehr häßlich als schön. Die Schönen in den Harems der Großen, und selbst diejenigen, welche man öffentlich zu sehen bekommen kann, sind aus Tschirkassien und Georgien. W.

S. 119. Z. 1. Jener Citharschläger von Aspendus — *Cicero* I. in Verrem, c. 20. Illum Aspendium Citharistam, de quo saepe audistis id quod est Graecis hominibus in proverbio, quem *omnia intus canere* dicebant. — W.

S. 119. Z. 24. Dädalus — Dädalus war der erste Griechische Bildhauer, der seinen Bildern abgesonderte Füße, oder (mit dem König Lear beim Shakspeare zu reden) eine gabelförmige Gestalt gab. Dieß wurde für ein so großes Kunststück angesehen, daß in spätern Zeiten die Sage ging, seine Bildsäulen hätten (gleich denjenigen welche Homers Vulcan bildete) von sich selbst wandeln können wohin sie gewollt hätten, und man hätte sie fesseln müssen, damit sie ihrem Besitzer nicht davon liefen. *Plato*, opp. II. 97. W.

Buch 4.

S. 125. Z. 6. Tempel der Diana — Wo die Keuschheit heimisch seyn sollte, etwa wie in unsern Nonnenklöstern.

S. 125. Z. 7. Gymnosophist — Ein indischer Weiser, der, zur Probe seiner Weisheit, nackt sich der größten Gluth und Kälte aussetzte.

S. 136. Z. 19. Standen auch in keiner geringern Achtung — Dem Sophisten Gorgias wurde eine goldne Bildsäule zu Delphi gesetzt. Die nämliche Ehre widerfuhr der berühmten Phryne. S. Plutarch in der Abhandlung von den Orakeln der Pythia, und in einer andern über die Liebe. Ihr Griechen seyd doch ewig Kinder, sagte ein Aegyptischer Priester zu Solon: und der Priester hatte Recht. W.

S. 136. Z. 22. Die Thargelien, die Aspasien, die

Leontion — Namen berühmter Hetären. Thargelia wurde noch mit einem Thessalischen König vermählt.

S. 141. Z. 16. (Plato's) kleine Zerstreuung — Die Verehrer des Plato haben keine Ursache sich an dieser kleinen Anekdote zu ärgern. Die Schwachheit, deren ihn die schöne Danae beschuldiget, wird durch ein bekanntes Distichon, welches ihn unläugbar zum Verfasser hat, mehr als zu gut bestätiget, und es wäre zur Ehre des Philosophen zu wünschen, daß diese Verse wirklich einer Freundin der Danae gegolten hätten. W.

S. 146. Z. 15. Eine Art von pantomimischen Tänzen — Man sehe davon ein Beispiel im Gastmahle des Xenophon. W.

S. 147. Z. 9. (Aspasia's) Frauenzimmerschule — S. Bayle Diction. Article Perikles. Rem. O. W.

S. 148. Z. 15. Jüngere Cyrus — S. Bd. 3.

Buch 5.

S. 173. Z. 1. Diotima — Eine Dame, von welcher Sokrates in dem Gastmahle des Plato seine Theorie von der Liebe und die wahre Kunst zu lieben gelernt zu haben versichert. W.

S. 183 Z. 5. Guidi — Endimione, Atto V. Sc. 2. W.

S. 185. Z. 20. Molly Seagrim — Man kennt diese erste Zuneigung des Fieldingischen Tom Jones aus dem ersten Theile seiner lehrreichen Geschichte. W.

S. 188. Z. 27. Des Liebhabers der schönen Laura — Petrarca schreibt diese Gewalt nicht der Stimme, sondern den Augen seiner Laura zu:

> Possenti a rischiarar abisso e notti
> E torre l'alme a' corpi e darle altrui.
>
> Sonnet. 178. W.

S. 194. Z. 8. Zollus. — S. Anmerk. zu Don Sylvio von Rosalva.

S. 194. Z. 12. *Deux ex machina* — S. Anmerk. zu Don Sylvio von Rosalva.

S. 196. Z. 14. Bescheidne Zurückhaltung Virgils — Aeneis 4, 165.

S. 198. Z. 4. Wenn es ihm möglich gewesen wäre — Widerstand zu thun — In den ältern Ausgaben dieses Werkes lieset man hier folgenden Beisatz: „Wagen wir zu viel, wenn wir einen solchen Widerstand in seinen Umständen für unmöglich erklären, nachdem er einem Agathon unmöglich gewesen ist?“ — Die Frage scheint zwar diesen Ausspruch in ein Problem zu verwandeln: aber es fällt deutlich genug in die Augen, daß sie eine bloße Wendung ist, um das Auffallende desselben in etwas zu mildern. Der Verfasser hat sich also gedrungen gefunden, diese Stelle wegzustreichen, da sie (nach seiner dermaligen Ueberzeugung) zwei falsche Sätze in sich schließt. Denn, erstens ist Agathon, wie groß auch seine Vorzüge seyn mögen, nur ein einzelner Mensch, dessen Tugend nicht zum Maßstabe der moralischen Kräfte der menschlichen Natur gemacht werden kann; und zweitens ist es falsch, daß Agathon selbst den Widerstand, den er nicht gethan hat, nicht hätte thun können, wenn er sich aller Kräfte eines vernünftigen und freien Wesens, folglich aller moralischen Hülfsquellen der Tugend, die in seiner Gewalt waren, so wie es seine Pflicht war, bedient hätte. Der Zusatz: „in seinen Umständen,“ macht die Behauptung nicht richtiger; denn die Umstände könnten wohl die Schuld vermindern, aber nicht entschuldigen, geschweige denn rechtfertigen. W.

S. 206. Z. 16. Tausch der Seelen — Bodmer in der Noachide, u. a. w. W.

S. 206. Z. 25. 26 Shaftesbury. Lukrez. — Shaftesbury (Charakteristicks T. 3.) mußte die Liebe als Enthusiasmus betrachten, weil er die Einbildungskraft zu ihrer Quelle macht, und die menschliche Vollkommenheit in Schönheit setzt. Lukrez nach der Epikurischen Theorie der Natürlichkeit verspottet dagegen jene Art von Liebe, de rerum Natura IV. 1153 fgg.

Buch 6.

S. 227. Z. 19. Dessen Wirkungen Juvenal — — schildert. Satira 6, 63 fgg.

S. 228. Z. 24. Mit Montesquieu — Si je pouvois un moment cesser de penser que je suis chrétien, je ne pourrois m'empêcher de mettre la déstruction de la secte de Zenon au nombre des malheurs du genre humain. *Esprit des Loix*, Livre XXIV. Ch. 10. W.

Kolibri 360 GmbH
Ferdinand-Jühlke-Straße 7
99095 Erfurt, Deutschland
produktsicherheit@kolibri360.de